全国高等院校土建类专业实用型系列教材

JIANZHU SHIGONG JISHU

建筑施工技术

（第2版）

赵育红 主 编

黄 敏 万 健 副主编

中国电力出版社
CHINA ELECTRIC POWER PRESS

图书在版编目（CIP）数据

建筑施工技术/赵育红主编．--2版．--北京：中国电力出版社，2024.8．-- ISBN 978-7-5198-9108-4

Ⅰ．TU7

中国国家版本馆CIP数据核字第2024PQ6474号

出版发行：中国电力出版社
地　　址：北京市东城区北京站西街19号（邮政编码100005）
网　　址：http://www.cepp.sgcc.com.cn
责任编辑：王晓蕾（010-63412610）
责任校对：黄　蓓　常燕昆
装帧设计：赵丽媛
责任印制：杨晓东

印　　刷：北京雁林吉兆印刷有限公司
版　　次：2015年2月第一版　2024年8月第二版
印　　次：2024年8月北京第一次印刷
开　　本：787毫米×1092毫米　16开本
印　　张：22.5
字　　数：562千字
定　　价：68.00元

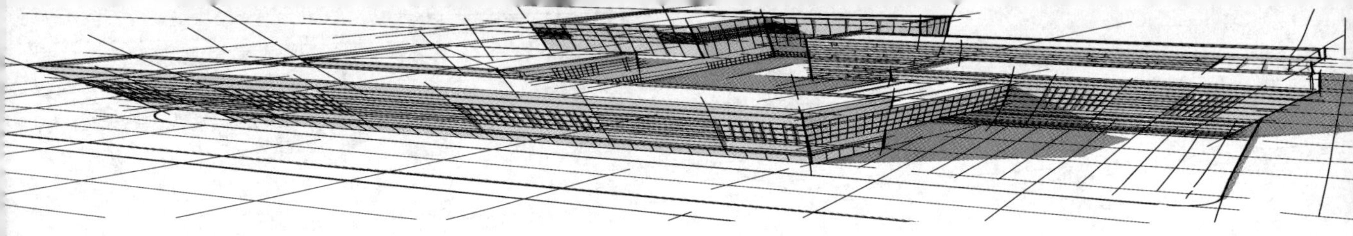

前　言

“建筑施工技术”是建筑工程技术专业的专业核心课之一，它研究建筑工程各主要工种的施工工艺、施工方法、质量控制及安全技术。

“建筑施工技术”课程实践性强、知识面宽、综合性大、发展快，必须结合实际情况，综合运用有关学科的基本理论和知识，采用新技术和现代科学成果，解决生产实践问题。本书于 2015 年 2 月第 1 版，经过 7 次印刷，期间多次完善修改，在长期的使用过程中，得到了广泛师生的一致好评。

目前建筑业处于转型升级阶段，一系列新规范、新标准的颁布对教学内容提出了新的要求。本书响应住建部各项方针政策，结合现行规范，在着重讲述建筑施工基本原理、施工工艺流程、施工要点、施工质量、安全技术外，将信息化、智能化有机融入，如施工软件、建筑机器人、BIM 技术以及绿色施工技术等。

本书在编写中力求按高等职业教育的特点，校企结合编写，编出专业特色，强调实用性，能反映国内外建筑施工的先进技术水平。本书可作为土建类专业高职高专《建筑施工技术》课程教材，特别是土建类高职本科教材，也可作为土建工程技术人员参考用书。

本书由赵育红教授任主编，黄敏教授、万健教授任副主编，夏建中（四川省建大正信建设管理有限公司）主审。编写分工如下：绪论、第 4 章由赵育红编写，第 1、2、12 章由宋丹露编写，第 3 章由廖洪彬编写，第 5 章由万健编写，第 6 章由黄敏编写，第 7、9 章由漆文编写，第 8 章由叶晓艳编写，第 10、11 章由张辉编写。编写团队成员均为四川建筑职业技术学院教师，双师型教师。

在本书编写过程中，得到了中建三局西南公司庞再强、蒋学鹏两位工程师以及中国电力出版社和编写者所在单位的大力支持，在此一并致谢。

限于编者的水平，本书尚有不足之处，恳请读者批评指正。

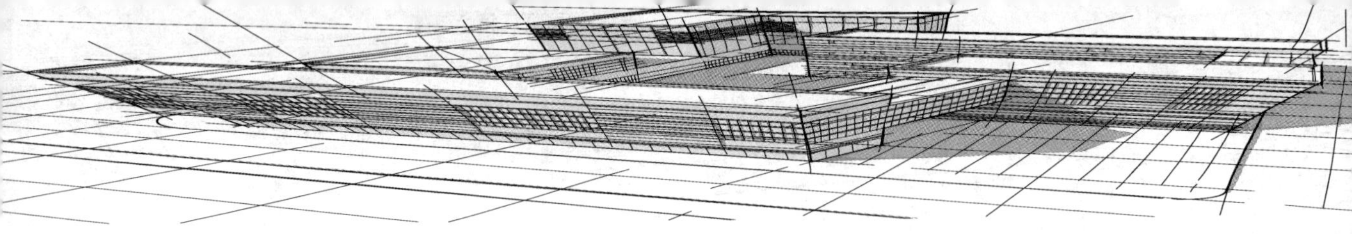

第1版前言

“建筑施工技术”是建筑工程技术专业的主要技术课之一，它研究建筑工程各主要工种的施工工艺、施工技术和方法。

“建筑施工技术”课程实践性强、知识面宽、综合性大、发展快，必须结合实际情况，综合运用有关学科的基本理论和知识，采用新技术和现代科学成果，解决生产实践问题。本书结合现行规范，着重基本理论、基本原理和基本方法的学习和应用，同时强调了保证施工质量、安全生产的措施。

本教材在编写中力求体现高等职业教育的特点，编出专业特色，强调实用性，能反映国内外建筑施工的先进技术水平。本教材既可作为高等院校土建类专业学生的教材，也可供土建工程技术人员参考。

本教材由赵育红主编，李伟、李兴怀、刘益民、范优铭副主编，周和荣主审。第1章由李荣知（四川建筑职业技术学院）编写，第2章、第3章由赵育红（四川建筑职业技术学院）编写，第4章由杨一兴（天津城市建设管理职业技术学院）编写，第5章由李兴怀（黄冈职业技术学院）编写，第6章由许志中（河南工业职业技术学院）编写，第7章由李伟（天津城市建设管理职业技术学院）编写，第8章由范优铭（常州工程职业技术学院）编写，第9章由刘益民、马智鹏（甘肃工业职业技术学院）编写，第10章由孟小鸣（四川建筑职业技术学院）编写。

在本书编写过程中，得到了中国电力出版社和编写者所在单位的大力支持，在此一并致谢。

限于编者的水平，本书尚有不足之处，恳请读者批评指正。

编　者

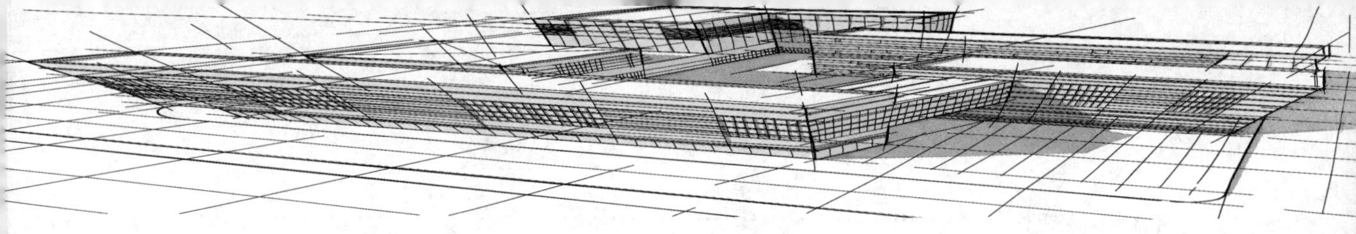

目　　录

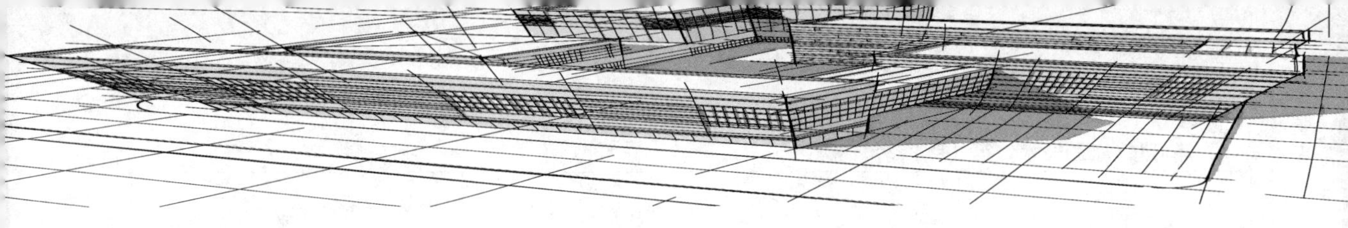

绪　　论

本部分主要介绍“建筑施工技术”这门课程的任务、特点及学习方法；介绍了我国建筑施工的发展方向和基本程序；常用的施工规范（规程、手册）和施工质量验收标准。

6

职业能力目标

1. 具有对建筑施工基本的认知能力。
2. 能查找相关专业资料。

0.1　本课程的任务、特点和学习方法

0.1.1　本课程的任务

“建筑施工技术”是建筑工程技术专业培养职业能力的专业核心课程，主要介绍建筑工程施工工艺和技术（包括新材料、新工艺和新技术）、施工质量控制及施工安全技术等知识。

“建筑施工技术”教学大纲中明确指出：本门课程应使学生掌握建筑施工技术的基本理论知识，具备组织建筑工程项目的施工过程的技术能力以及能进行质量与安全控制的管理能力。所谓掌握基本理论知识，就是通过课堂学习，使学生掌握建筑工程施工过程中主要工种的工艺原理和施工方法，掌握保障工程质量和施工安全的技术要求与措施。培养学生基本技能，就是在学习基本理论的基础上，培养学生在建筑施工活动中分析、解决实际问题的能力；培养学生选择合理施工工艺与施工方法的能力；培养学生正确依照工程质量验收规范检测工程质量，依照安全技术规范指导工程施工以及编制施工方案等方面的能力。

0.1.2　本课程的特点

“建筑施工技术”是一门实践性、综合性很强的课程，内容覆盖面广，与建筑工程测量、建筑材料、建筑力学、建筑结构、房屋建筑学和施工预算等课程有密切联系。另外，建筑施工技术也在不断发展，近几年来不断融入了信息化、装配化、绿色化等先进内容。

0.1.3　本课程的学习方法

在“建筑施工技术”课程学习过程中，应从职业的实际需求出发，选择具体施工项目作为学习的载体，以任务为导向，以学生为主体，以信息化教学为基础，采用多种教学手段（理论＋实践＋虚拟仿真实训），模拟真实工作场景，使学生经历业务承揽→施工准备→施工过程组织控制→竣工验收的整个工作过程，增强学生适应企业的实际工作环境和解决综合问题的能力，真正做到“干中学，学中干”。

0.2 我国建筑施工发展方向

建筑业是国民经济建设中的支柱产业之一，是相关行业赖以发展的基础性先导产业，建筑业在促进我国国民经济和社会发展中起着重要作用。我国建筑施工技术在各个方面都取得了巨大成就：水立方、上海环球金融中心、中央电视台新址和港珠澳大桥等建筑充分彰显了我国建筑施工技术的实力。

2022 年 1 月 19 日，住房和城乡建设部以建市〔2022〕11 号印发通知，公布《“十四五”建筑业发展规划》。《规划》提出：到 2035 年，建筑业发展质量和效益大幅提升，建筑工业化全面实现，建筑品质显著提升，企业创新能力大幅提高，高素质人才队伍全面建立，产业整体优势明显增强，“中国建造”核心竞争力世界领先，迈入智能建造世界强国行列，全面服务社会主义现代化强国建设。

对标 2035 年远景目标，建筑业及建筑施工应基本健全工程质量安全保障体系，建筑工业化、数字化和智能化水平大幅提升，建造方式向绿色转型，建筑业由大向强转变。

0.3 我国建筑施工的基本程序

建筑施工程序是拟建工程项目在整个施工过程中必须遵循的先后次序，它反映了整个施工阶段必须遵循的客观规律。

0.3.1 承接施工任务、签订施工合同

承包商应按照国家关于基本建设的有关法律、法规及政策的规定，通过工程投标竞争，获取工程施工任务。

承包商中标后，应按照《中华人民共和国民法典》《中华人民共和国建筑法》《建筑工程质量管理规定》《建筑安装工程承包合同条例》等相关法律、法规的要求，与工程业主签订建筑工程施工合同，明确双方的权利、义务关系。

0.3.2 全面统筹安排、做好施工计划

签订施工合同以后，施工单位应结合工程施工特点及施工条件，编制施工组织设计文件，对施工项目的实施进行统一规划，并派遣人员与建设单位进行施工场地的交接，按照经过批准的施工组织设计文件进行施工现场的准备工作，为正式施工创造条件。

0.3.3 落实施工程序、提出开工报告

承包商应按照施工组织设计的总体规划，抓紧时间完成开工前的各项准备工作，如图纸会审、劳动力准备、资源供应落实等。在完成各项准备工作后，向监理单位提出开工报告，经批准后，即可正式开挖。

0.3.4 精心组织施工，加强各项管理

正式开工后，承包商应加强施工过程中的“四控制、二管理、一协调”，按照施工合同、

设计文件及国家工程建设标准强制性条文的要求组织施工，努力实现工程项目的建设目标。

0.3.5 进行工程验收，交付使用

工程施工到最后阶段，承包商应及时整理工程建设档案，完成收尾工作，进行工程质量的自评。在自评合格的基础上，向监理单位提交竣工验收申请报告，经监理单位验收合格后，报请建设单位组织正式的工程验收。工程验收合格并经工程备案后，承包商应在总监理工程师的主持下，及时与建设单位办理交接手续，交付使用。

0.4 施工规范（规程、手册）和施工质量验收标准

0.4.1 施工规范（规程、手册）

施工规范是一套用于指导和管理建筑施工过程的标准和准则。它包括技术要求、操作规程和安全措施等，具有保障施工质量、提升施工安全、规范施工流程、统一工程质量标准、保护环境资源等作用。下面列举一些常用的施工规范：

《建设工程施工现场供用电安全规范》（GB 50194—2014）

《土方与爆破工程施工及验收规范》（GB 50201—2012）

《建筑地基基础工程施工规范》（GB 51004—2015）

《砌体结构工程施工规范》（GB 50924—2014）

《混凝土结构工程施工规范》（GB 50666—2011）

《住宅装饰装修工程施工规范》（GB 50327—2001）

《屋面工程技术规范》（GB 50345—2012）

《建筑工程绿色施工规范》（GB/T 50905—2014）

《建筑施工手册》（第五版）

施工规范（规程、手册）每隔几年会更新，施工时执行设计或当年标准。

0.4.2 施工质量验收标准

1. 施工质量验收标准的主要作用

（1）反映了建筑工程施工质量在现阶段应达到的最低质量标准。

（2）有利于承包商制定其内部的施工工艺标准。

（3）有利于业主确定拟建项目的质量标准。

（4）有利于建设工程各个责任主体对工程实施质量监督。

（5）有利于划分和明确建设责任主体的质量责任。

下面列举一些常用的建筑工程施工质量验收标准：

《建筑工程施工质量验收统一标准》（GB 50300—2013）

《钢结构工程施工质量验收标准》（GB 50205—2020）

《建筑装饰装修工程质量验收标准》（GB 50201—2018）

《民用建筑工程室内环境污染控制标准》（GB 50325—2020）

《建筑地基基础工程施工质量验收标准》（GB 50202—2018）

《砌体工程施工质量验收规范》（GB 50203—2011）

《混凝土结构工程施工质量验收规范》（GB 50204—2015）

《屋面工程质量验收规范》（GB 50207—2012）

《地下防水工程质量验收规范》（GB 50208—2011）

《建筑地面工程施工质量验收规范》（GB 50209—2010）

上述各种标准每隔几年会更新，施工时执行设计或当年标准。

2. 建筑材料及建筑工程质量检测方法标准

建筑材料的质量状况对建筑工程质量的影响非常大。因此，必须对影响结构安全和使用安全的建筑材料、成品、半成品及构配件进行现场检验。只有经过具有相应检测资质的检测机构检测，并符合国家有关质量标准的建筑材料、成品、半成品及构配件，才能在建筑工程中使用。

3. 设计文件及业主对工程质量的要求

建筑工程施工质量验收统一标准及各专项工程施工质量验收规范明确了应达到的最低质量标准。在工程建设中应业主要求，设计单位可能提高工程的质量标准，并在设计文件及建筑工程施工合同中反映出来。在施工质量验收中，则应满足这些要求。

4. 新技术项目的验收

对于工程建设中采用的新结构、新材料、新工艺等新技术项目以及施工质量验收标准中未包括的验收项目，业主应组织专家组进行专项论证和专项验收，其质量标准应由专家组共同确定。

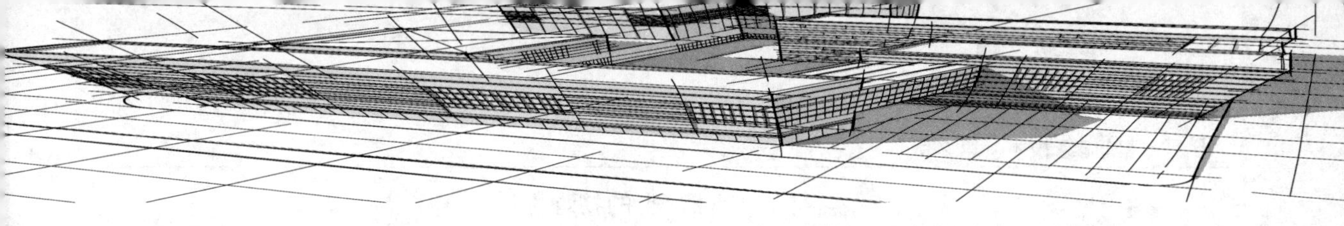

第1章　土方工程施工

本章主要讲述土方工程施工的相关内容，包括土方工程的施工特点；土的基本性质；土方量的计算；土方调配；土方工程的机械化施工；土方开挖回填及回填；土方工程施工的质量通病；土方工程的质量标准及安全技术。

职业能力目标

1. 具有编制土方工程施工方案并组织施工的能力。
2. 具有编制简单地下降水处理方案并组织施工的能力。
3. 能够根据施工内容合理选择土方施工机械。
4. 能够在施工过程中正确执行相关质量、安全标准。

1.1　土方工程

1.1.1　土方工程施工概述

土方工程是建筑工程施工中的重要工作，它包括土的开挖、运输和填筑等主要施工过程，以及排水、降水和土壁支撑等准备工作与辅助工作。

土方工程按开挖和填筑的几何特征不同，可分为场地平整、挖基槽、挖基坑、挖土方、回填土等工程项目。

(1) 场地平整是指厚度在300mm以内的挖填和找平工作。

(2) 挖基槽是指挖土宽度在3m以内，且长度等于或大于宽度3倍的挖方工作。

(3) 挖基坑是指挖土底面积在$20m^2$以内，且底长为底宽3倍以内的挖方工作。

(4) 挖土方是指山坡挖土或基坑宽度大于3m，坑底面积大于$20m^2$或场地平整挖填厚度超过300mm的挖方工作。

1. 土方工程的施工特点

土方工程的工程量大。建筑工地的场地平整，土方工程量有时可达数百万立方米以上，施工面积达数万平方千米；大型基坑的开挖，有的深达20m以上。因此土方工程施工应尽可能采用机械化施工以缩短工期、降低劳动强度。

土方工程施工条件复杂。土方工程施工通常为露天作业，受气候、水文、地质等影响较大，难以确定的因素较多。因此，在组织土方工程施工前，必须做好施工组织设计，选择好施工方法和施工机械，制订合理的土方调配方案，以保证工程质量，并取得较好的经济效果。

2. 土的基本性质

(1) 土的组成。土一般由土颗粒（固相）、水（液相）和空气（气相）三部分组成，如图1-1所示。这三部分之间的比例关系随着周围条件的变化而变化，表现出土的不同物理状态，如干燥与潮湿、密实与松散等。

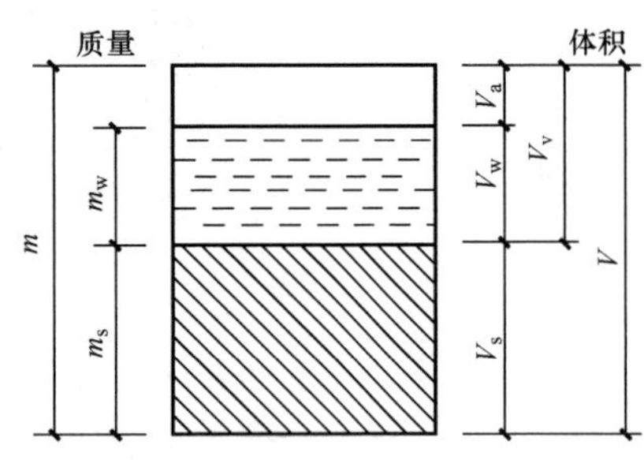

图 1-1 土的三相示意图

m—土的总质量（$m=m_s+m_w$）(kg)；

m_s—土中固体颗粒的质量（kg）；

m_w—土中水的质量（kg）；

V—土的总体积（$V=V_a+V_s+V_w$）(m^3)；

V_a—土中空气体积（m^3）；

V_s—土中固体颗粒体积（m^3）；

V_w—土中水所占的体积（m^3）；

V_v—土中孔隙体积（$V_v=V_a+V_w$）(m^3)

（2）土的物理性质。

1）土的天然密度和干密度。土在天然状态下单位体积的质量，叫土的天然密度（简称密度）。一般黏土的密度为 1800～2000kg/m^3，砂土为 1600～2000kg/m^3。土的密度计算式为

$$\rho=\frac{m}{V} \tag{1-1}$$

干密度是土的固体颗粒质量与总体积的比值，计算式为

$$\rho_d=\frac{m_s}{V} \tag{1-2}$$

式中 ρ、ρ_d——分别为土的天然密度和干密度；

m——土的总质量（kg）；

m_s——土中固体颗粒的质量（kg）；

V——土的体积（m^3）。

2）土的天然含水量。在天然状态下，土中水的质量与固体颗粒质量之比的百分率叫土的天然含水量，反映了土的干湿程度，计算式为

$$\omega=\frac{m_w}{m_s}\times 100\% \tag{1-3}$$

式中 m_w——土中水的质量（kg）；

m_s——土中固体颗粒的质量（kg）。

3）土的孔隙比和孔隙率。孔隙比和孔隙率是土中孔隙的比率，它反映了土的密实程度。孔隙比和孔隙率越小土越密实。

孔隙比 $$e=\frac{V_v}{V_s} \tag{1-4}$$

孔隙率 $$n=\frac{V_v}{V}\times 100\% \tag{1-5}$$

式中 V——土的总体积（m^3），$V=V_s+V_v$；

V_s——土的固体体积（m^3）；

V_v——土的孔隙体积（m^3）。

4）土的可松性。天然土经开挖后，其体积因松散而增加，虽经振动夯实，仍然不能完全复原，这种现象称为土的可松性。土的可松性用可松性系数表示为

土的最初可松性系数 $$K_s=\frac{V_2}{V_1} \tag{1-6}$$

土的最后可松性系数 $$K_s'=\frac{V_3}{V_1} \tag{1-7}$$

式中 K_s、K_s'——土的最初、最后可松性系数；

V_1——土在天然状态下的体积（m^3）；

V_2——土挖后松散状态下的体积（m^3）；

V_3——土经压（夯）实后的体积（m^3）。

5）土的透水性。土的透水性是指水流通过土中孔隙的难易程度，用渗透系数 K（单位时间内水穿透土层的能力，单位为 m/d）表示。根据土的渗透系数不同，可分为透水性土（如砂土）和不透水性土（如黏土）。土的透水性影响施工降水与排水的速度，一般土的渗透系数见表 1-1。

表 1-1　　土的渗透系数参考表

土的名称	渗透系数（m/d）	土的名称	渗透系数（m/d）
黏土、亚黏土	＜0.1	含黏土的中砂及纯细砂	20～25
亚砂土	0.1～0.5	含黏土的细砂及纯中砂	35～50
含黏土的粉砂	0.5～1.0	纯粗砂	50～75
纯粉砂	1.5～5.0	粗砂夹卵石	50～100
含黏土的细砂	10～15	卵石	100～200

1.1.2　土的工程分类与现场鉴别方法

在建筑施工中，根据土开挖的难易程度，将土分为松软土、普通土、坚土、砂砾坚土、软石、次坚石、坚石、特坚石等八类。前四类属一般土，后四类属岩石。土的工程分类及其现场鉴别方法见表 1-2。

表 1-2　　土的工程分类与现场鉴别方法

土的分类	土的名称	可松性系数		现场鉴别方法
		K_s	K_s'	
一类土（松软土）	砂；亚砂土；冲积砂土层；种植土；泥炭（淤泥）	1.08～1.17	1.01～1.03	能用锹、锄头挖掘
二类土（普通土）	亚黏土；潮湿的黄土；夹有碎石、卵石的砂；种植土；填筑土及亚砂土	1.14～1.28	1.02～1.05	用锹、条锄挖掘，少许用镐翻松
三类土（坚土）	软及中等密度黏土；重亚黏土粗砾石；干黄土及含碎石、卵石的黄土、亚黏土；压实的填筑土	1.24～1.30	1.05～1.07	主要用镐，少许用锹、条锄挖掘
四类土（砂砾坚土）	重黏土及含碎石、卵石的黏土；粗卵石；密实的黄土；天然级配砂石；软泥灰岩及蛋白石	1.26～1.35	1.06～1.09	整个用镐、条锄挖掘，少许用撬棍挖掘
五类土（软石）	硬石灰纪黏土；中等密度的页岩、泥灰岩、白垩土；胶结不紧的砾岩；软的石灰岩	1.30～1.40	1.10～1.15	用镐或撬棍、大锤挖掘，部分用爆破方法
六类土（次坚石）	泥岩；砂岩；砾岩；坚实的页岩；泥灰岩；密实的石灰岩；风化花岗岩；片麻岩	1.35～1.45	1.11～1.20	用爆破方法开挖，部分用风镐
七类土（坚石）	大理岩；辉绿岩；玢岩；粗、中粒花岗岩；坚实的白云岩、砂岩、砾岩、片麻岩、石灰岩、风化痕迹的安山岩、玄武岩	1.40～1.45	1.15～1.20	用爆破方法开挖
八类土（特坚石）	安山岩；玄武岩；花岗片麻岩；坚实的细粒花岗岩，闪长岩、石英岩、辉长岩、辉绿岩、玢岩	1.45～1.50	1.20～1.30	用爆破方法开挖

1.2 土方量的计算

1.2.1 基坑、基槽土方量计算

1. 基坑土方量的计算

基坑土方量可按立体几何中的拟柱体（由两个平行的平面做底的一种多面体）体积公式计算（见图1-2）。即

$$V=\frac{H}{6}(A_1+4A_0+A_2) \tag{1-8}$$

式中 H——基坑深度（m）；

A_1、A_2——基坑上、下的底面积（m^2）；

A_0——基坑中截面的面积（m^2）。

2. 基槽土方量的计算

基槽和路堤的土方量可以沿长度方向分段后，再用同样方法计算（见图1-3），即

$$V_1=\frac{L_1}{6}(A_1+4A_0+A_2) \tag{1-9}$$

式中 V_1——第一段的土方量（m^3）；

L_1——第一段的长度（m）。

将各段土方量相加即得总土方量，即

$$V=V_1+V_2+\cdots+V_n \tag{1-10}$$

式中 V_1，V_2，…，V_n——各分段的土方量（m^3）。

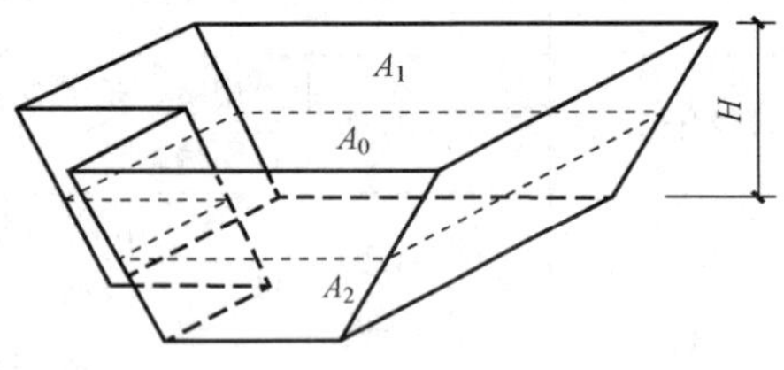

图1-2 基坑土方量计算

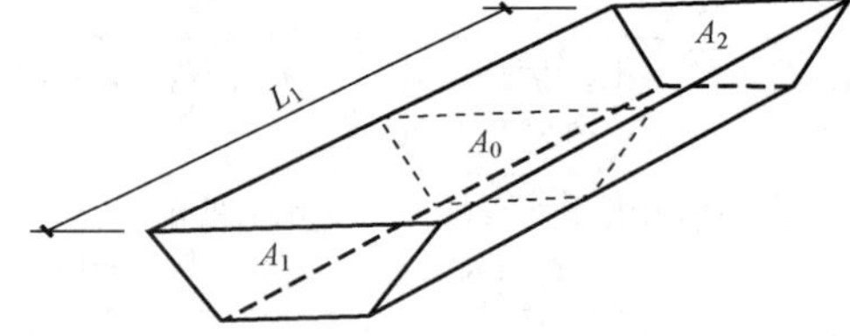

图1-3 基槽土方量的计算

1.2.2 场地平整土方量的计算

场地平整就是将天然地面改造成所要求的设计平面。场地设计平面通常由设计单位在总图竖向设计中确定。由设计平面的标高和天然地面的标高之差，可以得到场地各点的填挖高度，由此可计算场地平整的土方量。

1. 场地平整的土方量计算

通常采用方格网法。计算步骤如下：

（1）划分方格网。根据已有地形图（一般用1/500的地形图），将地面划分成若干个方格网，尽量与测量的纵、横坐标网对应，方格一般采用20m×20m～40m×40m。

（2）在方格网上标注填挖高度。

1）场地设计标高值的确定。在进行场地设计时，设计单位应综合各方面因素确定场地的设计标高，这个设计标高可以是一固定值，但实际上由于场地排水的要求，场地表面均应有一定的泄水坡度。因此，可根据场地泄水坡度的要求（单向泄水或双向泄水），计算出场地内各方格角点实际施工时所采用的设计标高。

①单向泄水时，场地各点设计标高的求法。场地面积较小，采用单向泄水时，以设计给定的场地中心线（与排水方向垂直的中心线）标高 H_0 作为原始标高（见图 1 - 4），场地内任意一点的设计标高为

$$H_n = H_0 \pm li \tag{1-11}$$

式中　H_0——场地内设计确定的标高；

l——该点至场地中心线的距离；

i——场地泄水坡度（不小于 2‰）。

例如，图 1 - 4 中 H_{52} 点的设计标高为

$$H_{52} = H_0 - li = H_0 - 1.5ai$$

②双向泄水时，场地各点设计标高的求法。场地面积较大，采用双向泄水时，设计给定的场地中心点标高 H_0 作为原始标高（见图 1 - 5），场地内任意一点的设计标高为

$$H_n = H_0 \pm l_x i_x \pm l_y i_y \tag{1-12}$$

式中　l_x、l_y——该点对场地中心线 x—x、y—y 的距离；

i_x、i_y——x—x、y—y 方向的泄水坡度。

例如，图 1 - 5 中场地内 H_{42} 点的设计标高为

$$H_{42} = H_0 \pm l_x i_x \pm l_y i_y = H_0 - 1.5ai_x - 0.5ai_y$$

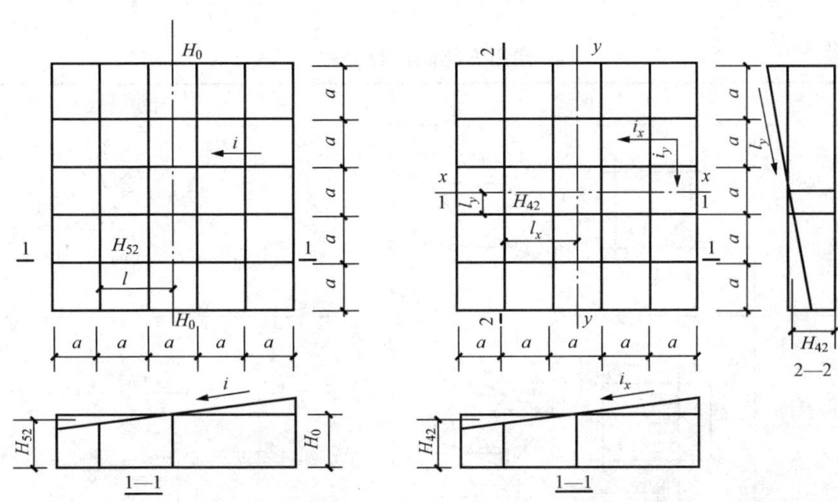

图 1 - 4　单向泄水坡度的场地　　图 1 - 5　双向泄水坡度的场地

2）场地填挖高度的标注。将设计标高和自然地面标高标注在方格点所在方格线的右上角和右下角。设计地面标高与自然地面标高的差值，即各角点的填挖高度，填在方格网的左上角，挖方为（—），填方为（+）。

(3) 计算方格网的零点位置。在一个方格网内同时有填方或挖方时，要先算出方格网的零点位置，并标注于方格网上，连接零点就得零线，它是填方区与挖方区的分界线。零点位

置的确定可用计算法（见图 1 - 6）或图解法。

零点的位置计算式为

$$x_1=\frac{h_1}{h_1+h_2}\cdot a;x_2=\frac{h_2}{h_1+h_2}\cdot a \tag{1-13}$$

式中 x_1、x_2——角点至零点的距离（m）；

h_1、h_2——相邻两角点的施工高度（m），均用绝对值；

a——方格网的边长（m）。

在实际工作中，为省略计算，常采用图解法直接求出零点，如图 1 - 7 所示。方法是用尺子在各角上标出相应比例，再用尺子相连，与方格相交点即为零点位置，甚为方便，同时可避免计算或查表出错。

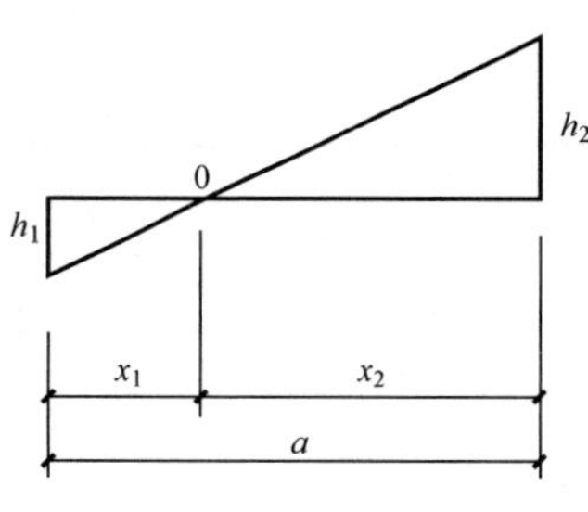

图 1 - 6 零点位置计算法示意图

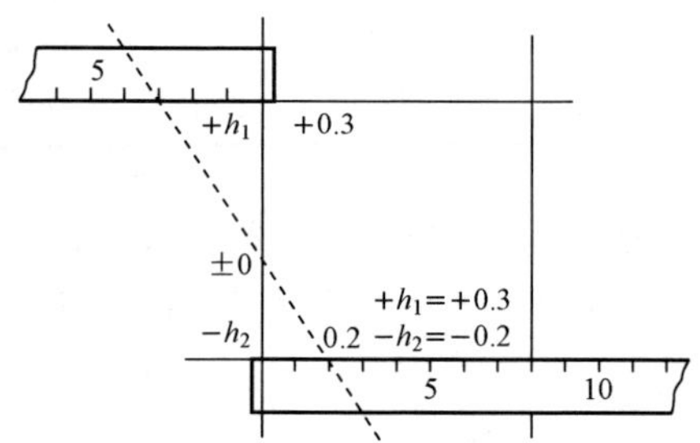

图 1 - 7 零点位置图解法示意图

（4）计算方格网中各方格的土方量。按照表 1 - 3 所列公式，分别计算每个方格内的挖方或填方量。

表 1 - 3 常用方格网计算公式

项目	图式	计算公式
一点填方或挖方（三角形）	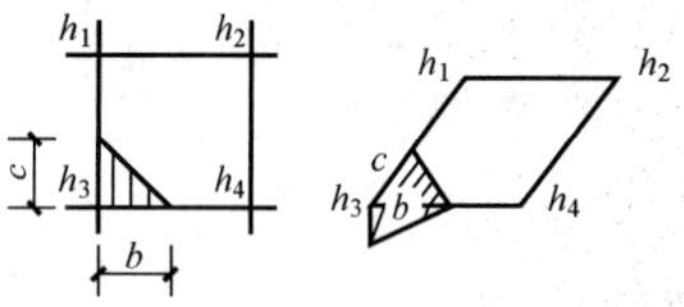	$V=\frac{1}{2}bc\cdot\frac{\sum h}{3}=\frac{bch_3}{6}$ 当 $b=c=a$ 时，$V=\frac{a^2h_3}{6}$
二点填方或挖方（梯形）	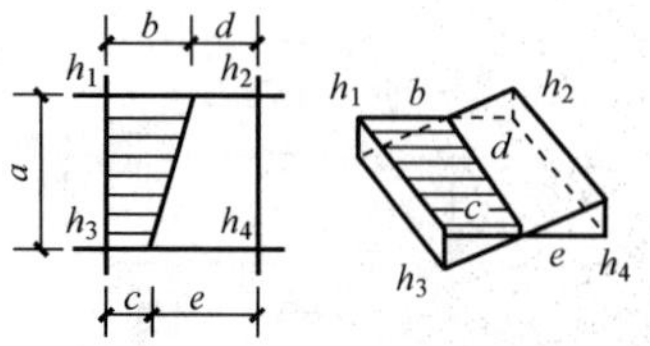	$V_+=\frac{b+c}{2}\cdot a\cdot\frac{\sum h}{4}=\frac{a}{8}(b+c)(h_1+h_3)$ $V_-=\frac{d+e}{2}\cdot a\cdot\frac{\sum h}{4}=\frac{a}{8}(d+e)(h_2+h_4)$
三点填方或挖方（五角形）	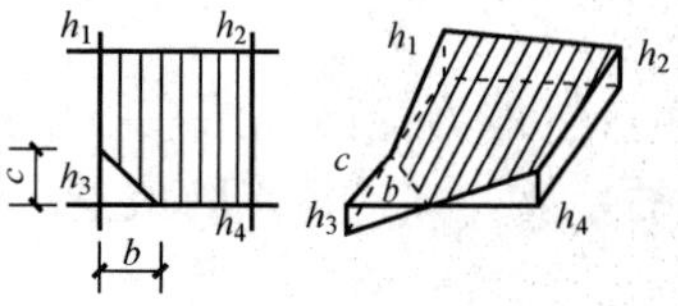	$V=\left(a^2-\frac{bc}{2}\right)\cdot\frac{\sum h}{5}=\left(a^2-\frac{bc}{2}\right)\cdot\frac{h_1+h_2+h_4}{5}$

续表

项目	图式	计算公式
四点填方或挖方（正方形）	h_1 h_2 h_3 h_4	$V=\frac{a^2}{4}\sum h=\frac{a^2}{4}(h_1+h_2+h_3+h_4)$

注　1. a—方格网的边长（m）；b、c—零点到一角的边长（m）；h_1、h_2、h_3、h_4—方格网四角点的填挖高度（m），用绝对值代入；$\sum h$—填方或挖方高度的总和（m），用绝对值代入；V—挖方或填方体积（m^3）。

2. 本表公式是按各计算图形底面积乘以平均施工高程而得出的。

（5）计算边坡土方量。图 1 - 8 是一场地边坡的平面示意图。从图中可看出：边坡的土方量可以划分为两种近似的几何形体进行计算，一种为三角棱锥体（如体积 1～3，5～11），另一种为三角棱柱体（如体积 4）。

1）三角棱锥体边坡体积。例如图 1 - 8 中的①，其体积计算公式为

$$V_1=\frac{1}{3}A_1l_1 \tag{1-14}$$

式中　l_1——边坡①的长度；

A_1——边坡①的端面积，即，$A_1=\frac{h_2(mh_2)}{2}=\frac{mh_2^2}{2}$；

h_2——角点的挖土高度；

m——边坡①的坡度系数。

注：在计算 A_1 时，图 1 - 8 剖面系近似表示，实际上，地表面不完全是水平的。

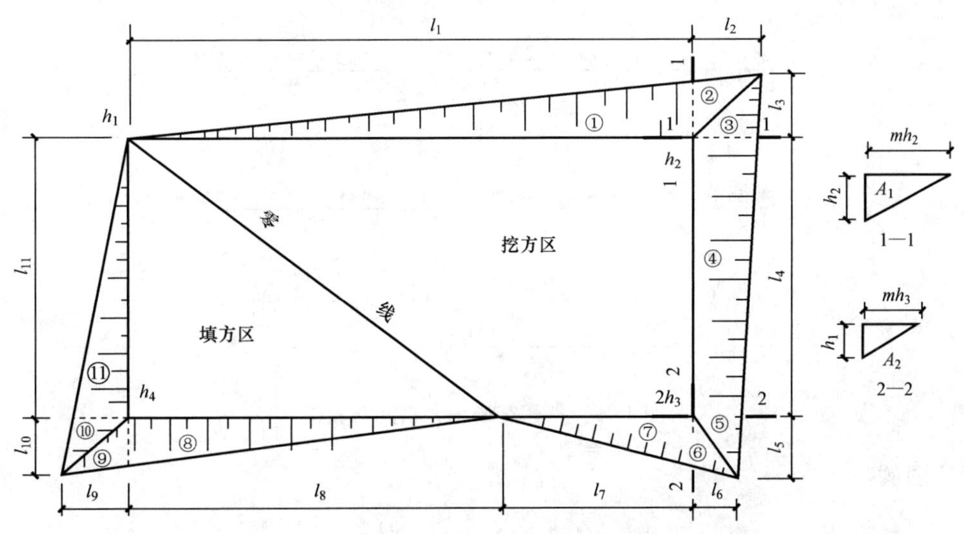

图 1 - 8　场地边坡平面图

2）三角棱柱体边坡体积。例如图 1 - 8 中的④计算公式为

$$V_4=\frac{A_1+A_2}{2}l_4 \tag{1-15}$$

当两端横断面面积相差较大的情况下，则应按下式计算

$$V_4 = \frac{l_4}{6}(A_1 + 4A_0 + A_2) \tag{1-16}$$

式中 l_4——边坡④的长度；

A_1、A_2、A_0——边坡④的两端及中部的横截面面积，算法同上。

（6）计算土方总量。将挖方区（或填方区）的所有方格土方量和边坡土方量汇总后即得场地平整挖（填）方的工程量。

【例1-1】 某建筑场地方格网如图1-9所示，方格边长为20m×20m，填方区边坡坡度系数为1.0，挖方区边坡坡度系数为0.5，试用公式法计算挖方和填方的土方总量。

解：（1）标注施工高度。根据所给方格网各角点的设计地面标高和自然地面标高，计算方格角点的施工高度（填挖高度），计算结果标于图中。

（2）计算零点位置。从图1-9中可知，2—3、7—8、8—13三条方格边两端的施工高度符号不同，说明在此方格边上有零点存在。

由公式 $x_1 = \frac{h_1}{h_1 + h_2} \times a$ 求得如下零点位置。

2—3线 $x_1 = \frac{h_1}{h_1 + h_2} \times a = \frac{0.6}{0.6 + 0.21} \times 20 = 14.81(\text{m})$

7—8线 $x_1 = \frac{h_1}{h_1 + h_2} \times a = \frac{0.26}{0.26 + 0.09} \times 20 = 14.86(\text{m})$

8—13线 $x_1 = \frac{h_1}{h_1 + h_2} \times a = \frac{0.38}{0.38 + 0.09} \times 20 = 16.17(\text{m})$

14点本身就是零点，将各零点标于图上，并将零点连接起来，即得零线位置，如图1-9所示。

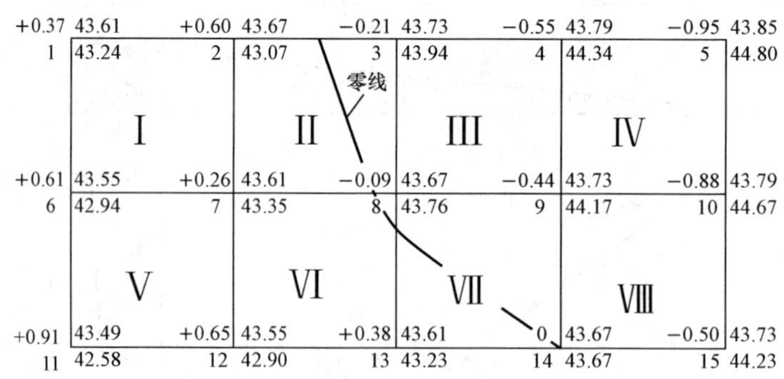

图1-9 某建筑场地方格网布置图

标注图例：

施工高度	设计标高
角点编号	自然地面标高

（3）计算方格土方量。

1）方格Ⅰ、Ⅲ、Ⅳ、Ⅴ、Ⅷ为四点挖方（填方）。

由公式 $V=\frac{a^2}{4}\sum h=\frac{a^2}{4}(h_1+h_2+h_3+h_4)$ 求得如下结果：

$$V_{\text{I}(+)}=\frac{20^2}{4}(0.37+0.6+0.26+0.61)=184(\text{m}^3)$$

$$V_{\text{III}(-)}=\frac{20^2}{4}(0.21+0.55+0.44+0.09)=129(\text{m}^3)$$

$$V_{\text{IV}(-)}=\frac{20^2}{4}(0.55+0.95+0.88+0.44)=282(\text{m}^3)$$

$$V_{\text{V}(+)}=\frac{20^2}{4}(0.61+0.26+0.65+0.91)=243(\text{m}^3)$$

$$V_{\text{VIII}(-)}=\frac{20^2}{4}(0.44+0.88+0.50+0)=182(\text{m}^3)$$

2）方格Ⅱ为二点挖方（填方）。

由公式 $\begin{aligned}V_{+}&=\frac{b+c}{2}a\frac{\sum h}{4}=\frac{a}{8}(b+c)(h_1+h_3)\\ V_{-}&=\frac{d+e}{2}a\frac{\sum h}{4}=\frac{a}{8}(d+e)(h_2+h_4)\end{aligned}$ 求得如下结果：

$$V_{\text{II}(+)}=\frac{20}{8}(14.81+14.86)(0.6+0.26)=63.80(\text{m}^3)$$

$$V_{\text{II}(-)}=\frac{20}{8}[(20-14.81)+(20-14.86)](0.21+0.09)=7.75(\text{m}^3)$$

3）方格Ⅵ为三点填方、一点挖方。

由公式 $V=\left(a^2-\frac{bc}{2}\right)\frac{\sum h}{5}=\left(a^2-\frac{bc}{2}\right)\frac{h_1+h_2+h_4}{5}$ 求得如下结果：

$$V_{\text{VI}(+)}=\left(20^2-\frac{5.14\times3.83}{2}\right)\frac{0.26+0.65+0.38}{5}=100.66(\text{m}^3)$$

由公式 $V=\frac{1}{2}bc\frac{\sum h}{3}=\frac{bch_3}{6}$ 求得如下结果：

$$V_{\text{VI}(-)}=\frac{5.14\times3.83\times0.09}{6}=0.3(\text{m}^3)$$

4）方格Ⅶ为一点填方、二点挖方，其中填方底面为三角形、挖方底面为梯形。

由公式 $V=\frac{1}{2}bc\frac{\sum h}{3}=\frac{bch_3}{6}$ 求得如下结果：

$$V_{\text{VII}(+)}=\frac{16.17\times20\times0.38}{6}=20.48(\text{m}^3)$$

由公式 $V_{+}=\frac{b+c}{2}a\frac{\sum h}{4}=\frac{a}{8}(b+c)(h_1+h_3)$ 求得如下结果：

$$V_{\text{VII}(-)}=\frac{20}{8}(3.83+20)(0.09+0.44)=31.57(\text{m}^3)$$

因此：

方格网的总填方量 $\sum V_{(+)}=184+243+63.8+100.66+20.48=611.94(\text{m}^3)$

方格网的总挖方量 $\sum V_{(-)} = 129 + 282 + 182 + 7.75 + 0.3 + 31.57 = 632.62(\text{m}^3)$

（4）计算边坡土方量。如图1-10所示，除④、11按三角棱柱体计算外，其余均按三角棱锥体计算。

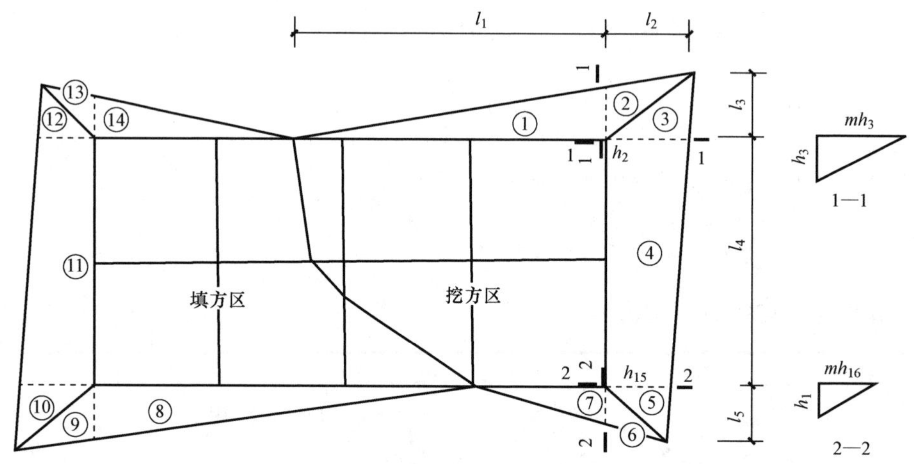

图1-10 场地边坡平面图

由公式 $V = \frac{A_1 + A_2}{2} l$ 求得如下结果：

$$V_{4(-)} = \frac{1}{2}\left(\frac{0.5 \times 0.95^2}{2} + \frac{0.5 \times 0.5^2}{2}\right) \times 40 = 5.76(\text{m}^3)$$

$$V_{11(+)} = \frac{1}{2}\left(\frac{1.0 \times 0.91^2}{2} + \frac{1.0 \times 0.37^2}{2}\right) \times 40 = 9.65(\text{m}^3)$$

由公式 $V = \frac{1}{3} Al$ 求得如下结果：

$$V_{1(-)} = \frac{1}{3} \times \frac{0.5 \times 0.95^2}{2} \times (20 \times 3 - 14.81) = 3.4(\text{m}^3)$$

$$V_{2(-)} = V_{3(-)} = \frac{1}{3} \times \frac{0.5 \times 0.95^2}{2} \times 0.5 \times 0.95 = 0.04(\text{m}^3)$$

$$V_{5(-)} = V_{6(-)} = \frac{1}{3} \times \frac{0.5 \times 0.5^2}{2} \times 0.5 \times 0.5 = 0.01(\text{m}^3)$$

$$V_{7(-)} = \frac{1}{3} \times \frac{0.5 \times 0.95^2}{2} \times 20 = 1.5(\text{m}^3)$$

$$V_{8(+)} = \frac{1}{3} \times \frac{1.0 \times 0.91^2}{2} \times 20 \times 3 = 8.28(\text{m}^3)$$

$$V_{9(+)} = V_{10(+)} = \frac{1}{3} \times \frac{1.0 \times 0.91^2}{2} \times 1.0 \times 0.91 = 0.13(\text{m}^3)$$

$$V_{12(+)} = V_{13(+)} = \frac{1}{3} \times \frac{1.0 \times 0.37^2}{2} \times 1.0 \times 0.37 = 0.02(\text{m}^3)$$

$$V_{14(+)} = \frac{1}{3} \times \frac{1.0 \times 0.37^2}{2} \times (20 + 14.81) = 0.79(\text{m}^3)$$

因此：

边坡的总填方量　$\sum V_{(+)} = 8.28 + 0.13 \times 2 + 9.65 + 0.02 \times 2 + 0.79 = 19.02(\mathrm{m}^3)$

边坡的总挖方量 $\sum V_{(-)} = 3.4 + 0.04 \times 2 + 5.76 + 0.01 \times 2 + 1.5 = 10.76(\mathrm{m}^3)$

2. 土方量计算软件介绍

传统土方量计算程序烦琐，劳动强度大，工作效率低且误差较大，使用基于 AUTOCAD 平台的南 CCASS 软件进行土方量的计算，其结果更加客观、准确。现主要介绍方格网法、DTM 法。

(1) 方格网法。适用于大面积的土石方估算以及一些地形起伏较小，坡度变化平缓的场地。根据实地测定的地面点坐标（X，Y，Z）和设计高程，通过生成方格网来计算每一个正方体的填挖土石方量，最后累计得到指定范围内填方和挖方的土石方量，并绘出填挖方分界线。方格网法简便直观，易于操作，但美中不足的是复杂地形的土方量计算精度相对不高，但可用笔或计算器直接进行复核。一般步骤与前面笔算过程基本相同。

(2) DTM 法。由 DTM 模型来计算土方量是根据实地测定的地面点坐标（X、Y、Z）和设计高程，通过生成三角网来计算每一个三棱锥的填挖土方量，最后累计得到指定范围填方和挖方的土方量，并绘出填挖方分界线。DTM 法图形模型逼真、精度高，但数据量大，对野外数据的采集要求高，建模较为复杂，适合地形条件变化较大，起伏破碎的情况。

1.2.3　土方调配

土方量计算完成后，即可着手土方的调配工作。土方调配，就是在同一或相邻土方工程作业施工中，对挖方弃土量和回填用土量进行综合平衡。好的土方调配方案，应该是既使土方运输量或运输费用达到最小，而且又能方便施工。土方调配应按以下原则进行：

(1) 应力求达到挖方与填方基本平衡和就近调配，使挖方量与运距的乘积之和尽可能为最小，即使土方运输量或费用最小。

(2) 土方调配应考虑近期施工与后期利用相结合的原则，考虑分区与全场相结合的原则，还应尽可能与大型地下建筑物的施工相结合，以避免重复挖运和场地混乱。

(3) 合理布置挖、填方分区线，选择恰当的调配方向、运输线路，使土方机械和运输车辆的性能得到充分发挥。

(4) 好土用在回填质量要求高的地区。

1.2.4　施工准备及辅助工作

土方工程施工前通常需完成下列准备工作：施工现场准备，测量放线和编制施工组织设计等；有时尚需完成下列辅助工作，如基坑、沟槽的边坡保护，土壁的支撑，降低地下水位等。

1. 施工现场准备

(1) 场地清理。场地清理又叫清表，主要包括拆迁或改建通信、电力设备（电杆、高压线等）；拆除房屋，迁移树木，去除耕植土及河塘淤泥等；拆迁或改建通信、电力设备（地下埋设部分），拆除或改建上、下水管道及其他各种管道。

(2) 排除地面水。主要包括场地内低洼地区的积水排除及雨水的排除，使场地保持干燥，以利于土方施工。地面水的排除一般采用排水沟、截水沟、挡水土坝等措施。

应尽量利用自然地形来设置排水沟，使水直接排至场外，或流向低洼处再用水泵抽走。主排水沟最好设置在施工区域的边缘或道路的两旁，其横断面和纵向坡度应根据最大流量确定。一般排水沟的横断面不小于0.5m×0.5m，纵向坡度一般不小于3‰。平坦地区，如出水困难，其纵向坡度不应小于2‰，沼泽地区可减至1‰。场地平整过程中，要注意排水沟保持畅通，必要时应设置涵洞。

（3）修建临时设施。根据施工现场的实际需要，修建临时办公室、宿舍、食堂、厕所、仓库等；修筑临时道路；布置临时水电管线及安全防护设施。

2. 土方边坡保护

土方开挖过程中及开挖完毕后，基坑（槽）边坡土体由于自重产生的下滑力在土体中产生剪应力，该剪应力主要靠土体的内摩阻力和内聚力平衡，一旦土体中剪应力大于内摩阻力和内聚力，边坡就会塌方。

造成边坡塌方的原因有两方面，其一是土体剪应力增加。如坡顶堆物、行车等荷载；基坑边坡太陡；开挖深度较大；雨水或地面水渗入土中，使土的含水量增加而使土的自重增加；地下水的渗流产生一定的动水压力；土体竖向裂缝中的积水产生侧向静水压力；边坡受振动等。其二是土的抗剪强度（土体的内摩阻力和内聚力）降低。如本身土质较差或因气候影响使土质变软；土体内含水量增加而产生润滑作用；饱和的细砂、粉砂受振动而液化等。

为了防止塌方，在基坑（槽）开挖深度超过一定深度时，土壁应做成有斜率的边坡以减少土体自重（放坡开挖），或者增加临时的土壁支撑保持土体稳定（见图1-11）。

土方边坡的坡度以土方挖方深度 H 与底宽 B 之比表示（见图1-12），即

$$\text{土方坡坡度} = \frac{H}{B} = \frac{1}{m}$$

式中　m—坡度系数，$m = \dfrac{B}{H}$。

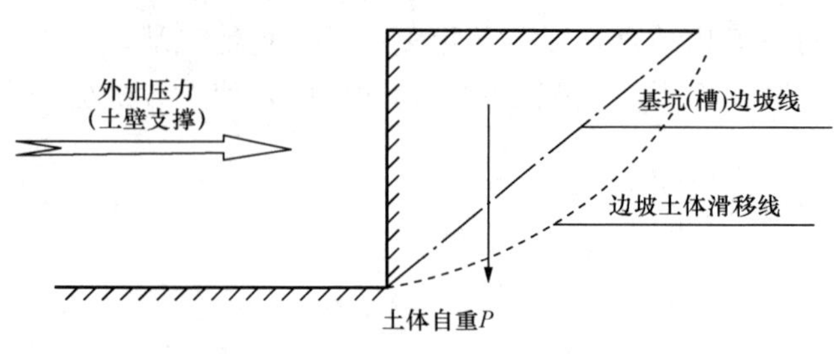

图1-11　防止边坡土体塌方原理示意图

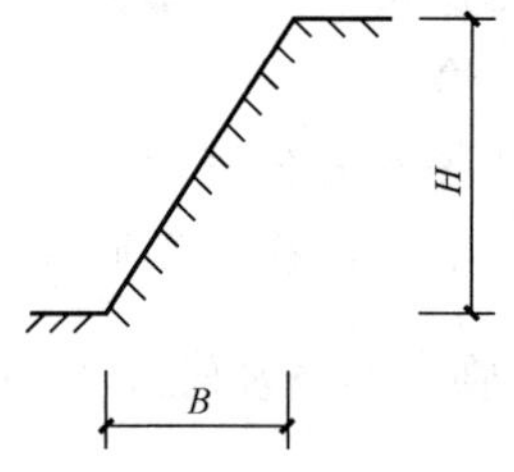

图1-12　边坡坡度示意图

土方边坡的大小主要与土质、开挖深度、开挖方法、边坡留置时间的长短、边坡附近的各种荷载状况及排水情况有关。根据施工经验，当地质条件良好，土质均匀且地下水位低于基坑（槽）或管沟底面标高时，挖方边坡可做成直立壁不加支撑，但深度不宜超过下列规定：

密实、中密的砂土和碎石类土（充填物为砂土）不超过1.0m；

硬塑、可塑的粉土及粉质黏土不超过1.25m；

硬塑、可塑的黏土和碎石类土（充填物为黏性土）不超过1.5m；

坚硬的黏土不超过 2m。

挖方深度超过上述规定时，应考虑放坡或做成直立壁加支撑。

当地质条件良好，土质均匀且地下水位低于基坑（槽）或管沟底面标高时，挖方深度在 5m 以内，根据施工经验，不加支撑的边坡的最陡坡度应符合表 1-4 的规定。

表 1-4　挖方深度在 5m 以内不加支撑的边坡的最陡坡度

土的类别	边坡坡度（高∶宽）		
	坡顶无荷载	坡顶有静载	坡顶有动载
中密的砂土	1∶1.00	1∶1.25	1∶1.50
中密的碎石类土（充填物为砂土）	1∶0.75	1∶1.00	1∶1.25
硬塑的粉土	1∶0.67	1∶0.75	1∶1.00
中密的碎石类土（充填物为黏土）	1∶0.50	1∶0.67	1∶0.75
硬塑的粉质黏土、黏土	1∶0.33	1∶0.50	1∶0.67
老黄土	1∶0.1	1∶0.25	1∶0.33
软土（经井点降水后）	1∶1.00	—	—

注　静载指堆土或材料等；动载指机械挖土或汽车运输作业等。静载或动载距挖方边缘的距离应保证边坡和直立壁的稳定；堆土或材料应距挖方边缘 1.0m 以外，高度不超过 1.5m。

永久性挖方边坡应按设计要求放坡。对于临时性挖方，根据现行规范，其边坡的挖方深度及边坡的最陡坡度应符合表 1-5 的规定。

表 1-5　临时性挖方边坡值

土的类别		边坡值（高∶宽）
砂土（不包括细砂、粉砂）		1∶1.25～1∶1.50
一般性黏土	硬	1∶0.75～1∶1.00
	硬、塑	1∶1.00～1∶1.25
	软	1∶1.50 或更缓
碎石类土	充填坚硬、硬塑黏土	1∶0.50～1∶1.00
	充填砂土	1∶1.00～1∶1.50

注　1. 设计有要求时，应符合设计要求。
2. 如采用降水措施或其他加固措施，可不受本表限制，但应计算复核。
3. 开挖深度，对软土不应超过 4m，对硬土不应超过 8m。

1.2.5　土壁支撑

开挖基坑（槽）时，如地质和周围条件允许，可放坡开挖。但在建筑稠密地区施工或基坑深度较大时，无法按要求放坡的宽度开挖；或者施工时为防止地下水渗入基坑，这时就需要用土壁支撑来支撑土体，以保证施工的顺利和安全，并减少对相邻已有建筑物等的不利影响。土壁支撑的种类甚多，如用于较窄沟槽的横撑式支撑；用于深基坑的支护结构：灌注桩、深层搅拌桩、地下连续墙等。横撑式支撑根据挡土板的不同，分为水平挡土板［见图 1-13（a）］和垂直挡土板［见图 1-13（b）］两类，前者挡土板的布置又分断续式和连续式两种。湿度小的黏性土挖土深度小于 3m 时，可用断续式水平挡土板支撑，松散、湿度大的

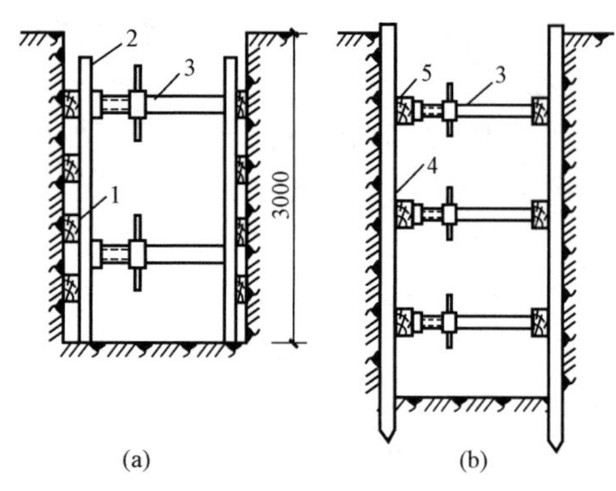

图1-13　横撑式支撑示意图

（a）断续式水平挡土板支撑；（b）垂直挡土板支撑
1—水平挡土板；2—竖楞木；3—工具式横撑；
4—竖直挡土板；5—横楞木

土可用连续式水平挡土板支撑，挖土深度可达5m。对松散和湿度很高的土可用垂直挡土板式支撑，挖土深度不限。

采用横撑式支撑时，应随挖随撑，支撑牢固。施工中应经常检查，如有松动、变形等现象时，应及时加固或更换。支撑的拆除应按回填顺序依次进行，多层支撑应自下而上逐层拆除，随拆随填。

1.2.6　降低地下水位

在开挖基坑、地槽、管沟或其他土方时，土的含水层常被切断，地下水将会不断地渗入坑内。雨季施工时，地面水也会流入坑内。为了保证施工的正常进行，防止边坡塌方和地基被水浸泡导致承载能力的下降，必须做好基坑降水工作。

地下水控制技术方案选择。应根据工程地质、水文地质、周边环境条件、基坑支护设计和降水设计等文件，结合类似工程经验，编制降水施工方案，选择包括集水明排、截水、降水及地下水回灌等地下水控制的方法。施工中地下水位应保持在基坑底面以下0.5～1.5m。

在软土地区开挖深度较浅时，可边开挖边用排水沟和集水井进行集水明排；当基坑开挖深度超过3m，一般就要用井点降水。当因降水而危及基坑及周边环境安全时，宜采用截水或回灌等施工方法。

当基坑底为隔水层且层底作用有承压水时，应进行坑底突涌验算。必要时可采取水平封底隔渗或钻孔减压措施，保证坑底土层稳定，避免突涌的发生。

1. 集水井降水法

这种方法是在基坑或沟槽开挖时，在坑底周边适当位置设置集水井，沿坑底的周围或中央开挖排水沟，使水由排水沟流入集水井内，然后用水泵抽出坑外（见图1-14）。

排水沟及集水井应设置在基础范围以外，地下水流的上游。根据地下水量、基坑平面形状及水泵能力，集水井每隔20～40m设置一个。集水井的直径或宽度，一般为0.7～0.8m。其深度随着挖土的加深而加深，要始终低于挖土面0.8～1.0m。当基坑挖至设计标高后，井底应低于坑底1～2m，井铺设0.3m碎石滤水层，以免在抽水时将泥砂抽出，并防止井底的土被搅动。

从基坑中直接抽出地下水的方法比较简单，应用也较广，但若土质为细砂或粉砂等，地下水渗出时可能产生流砂现象，致使边坡塌方，坑底冒砂，工作条件恶化，并有引起附近建筑物下沉的危险，此时应用井点降水的方法进行降水施工。

2. 井点降水法

（1）井点降水的概念与作用。井点降水就是在基坑开挖前，预先在基坑四周埋设一定数量的滤水管（井），在基坑开挖前和开挖过程中，利用真空原理，不断抽出地下水，使地下水位降低到坑底以下。其作用主要有：①从根本上解决地下水涌入坑内的问题［见图1-15（a）］；②防止边坡由于受地下水流的冲刷而引起的塌方［见图1-15（b）］；③使坑底的土层消除了地下水位差引起的压力，因此防止了坑底土的上冒［见图 1-15（c）］；④由于没有水压力，使板桩减少了横向荷载［见图 1-15（d）］；⑤由于没有地下水的渗流，也就消除了流砂现象［见图 1-15（e）］。降低地下水位后，由于土体固结，还能使土层密实，增加地基土的承载能力。

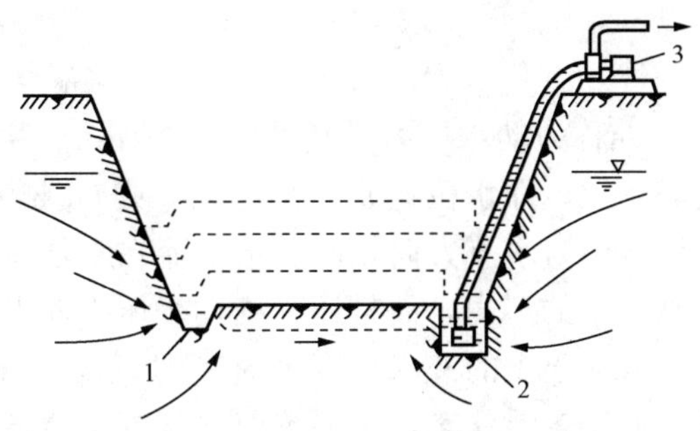

图 1-14　集水井降水示意图

1—排水沟；2—集水坑；3—水泵

（2）流砂现象产生的原因。如图 1-16（a）所示，由于高水位的左端（水头为 h_1）与低水位的右端（水头为 h_2）之间存在压力差，水经过长度为 L，断面积为 F 的土体由左端向右端渗流［见图 1-16（a）］。此时，作用在土体上的力有：

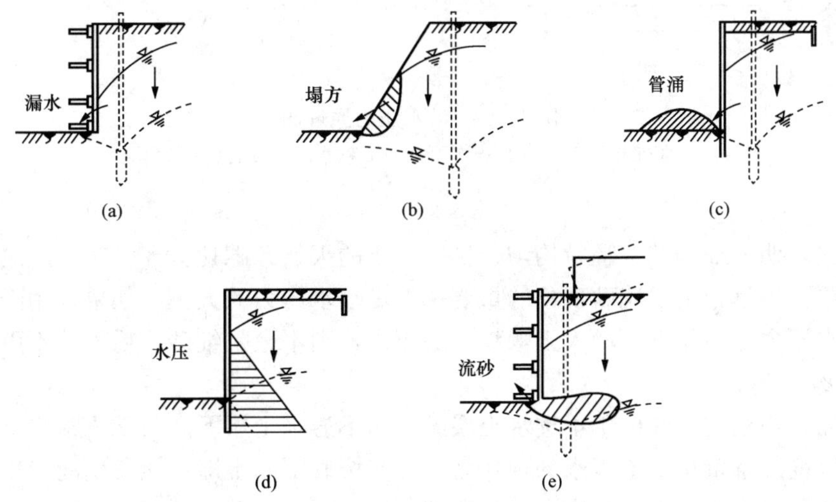

图 1-15　井点降水的概念与作用

（a）防止涌水；（b）使边坡稳定；（c）防止土体上冒；（d）减小横向荷载；（e）防止流砂

$\gamma_w h_1 F$ ——作用在土体左端口 a—a 截面处的总水压力，其方向与水流方向一致（γ_w 为水的重度）；

$\gamma_w h_2 F$ ——作用在土体右端 b—b 截面处的总水压力，其方向与水流方向相反；

TlF ——水渗流时受到土颗粒的总阻力（T 为单位土体阻力）。

由静力平衡条件（设向右的力为正）有

$$\gamma_w h_1 F - \gamma_w h_2 F + TlF = 0 \tag{1-17}$$

得

$$T = -\frac{h_1 - h_2}{l}\gamma_w (- 表示方向向左) \tag{1-18}$$

式中　$\frac{h_1 - h_2}{l}$ ——水头差与渗透路程长度 l 之比，称为水力坡度，以 I 表示。

式（1-18）可写成

$$T = -I \cdot \gamma_w \tag{1-19}$$

由于单位土体阻力 T 与水在土中渗流时对单位土体的压力 G_D 大小相等，方向相反，

所以

$$G_D = -T = I\gamma_w \quad (1-20)$$

G_D称为动水压力，其单位以 N/m²。由式（1-20）可知，动水压力G_D的大小与水力坡度成正比，即水位差h_1-h_2越大，则G_D越大；而渗透路程L越长，则G_D越小。动水压力的作用方向与水流方向相同。当水流在水位差的作用下对土颗粒产生向上压力时，土颗粒不但受到了水的浮力，而且还受到动水压力向上推动的力，如图1-16（b）所示。如果动水压力等于或大于土的浸水重度γ'时，即$G_D \geqslant \gamma'$（浸水重度γ'等于土的重度减去水的重度），则土颗粒处于悬浮状态，土的抗剪强度等于零，土颗粒能随着渗流的水一起流动，这种现象就叫“流砂现象”。

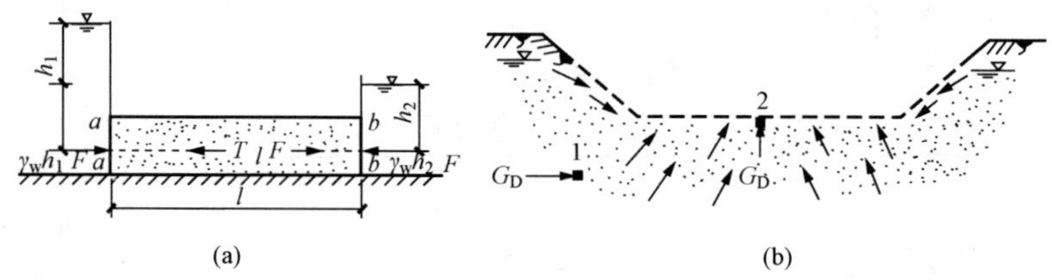

图1-16 动水压力原理图

（a）水在土中渗流时的力学现象；（b）动水压力对地基土的影响

1、2—土颗粒

实践经验表明：细颗粒、颗粒均匀、松散（土的天然孔隙比大于75%）、饱和的土容易发生流砂现象，但是否出现流砂现象的重要条件是动水压力的大小。如果采用降低地下水的方法，使动水压力方向朝下，增大土颗粒间的压力，则不论是细砂，粉砂都不可能出现流砂现象。

（3）管涌。当基坑坑底位于不透水土层内，而不透水土层下面为承压蓄水层，坑底不透水层的覆盖厚度的重量小于承压水的顶托力时，基坑底部的土即可能发生涌冒现象，称为管涌。管涌也会导致土方施工难度增大，甚至基坑坍塌。

（4）井点降水的方法。井点降水有两类：一类为轻型井点（包括一般轻型井点、电渗井点与喷射井点），一类为管井井点（包括深井泵）。各种井点降水方法一般根据土的渗透系数、降水深度、设备条件及经济性选用，见表1-6。以下以轻型井点为例。

表1-6　各种井点的适用范围

井点类型		土层渗透系数（m/d）	降低水位深度（m）
轻型井点	一级轻型井点	0.1～50	3～6
	二级轻型井点	0.1～50	6～12
	喷射井点	0.1～5	8～20
	电渗井点	＜0.1	根据选用的井点确定
管井类	管井井点	20～200	3～5
	深井井点	10～250	＞15

1）一般轻型井点设备。轻型井点设备由管路系统和抽水设备组成（见图1-17）。

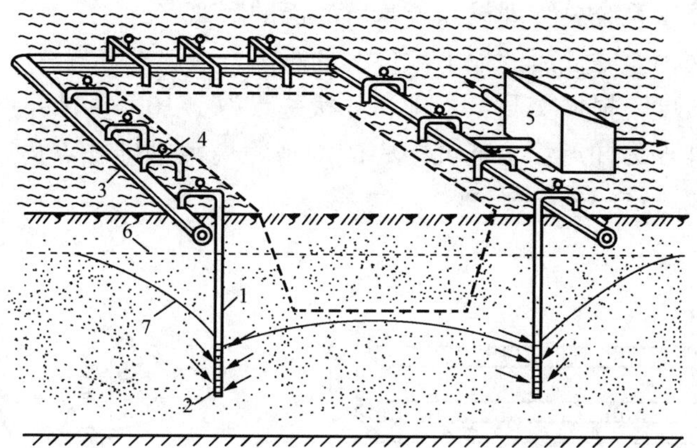

图1-17　轻型井点降低地下水位示意图

1—井点管；2—滤管；3—总管；4—弯联管；5—水泵房；6—原有地下水位线；7—降低后地下水位线

管路系统包括滤管、井点管、弯联管及总管等。

滤管（见图1-18）为进水设备，通常采用长1.0～1.2m，直径38mm或51mm的无缝钢管，管壁钻有直径为12～19mm的呈星棋排列的滤孔，滤孔面积为滤管表面积的20%～25%。骨架管外面包以两层孔径不同的铜丝布或塑料布滤网。

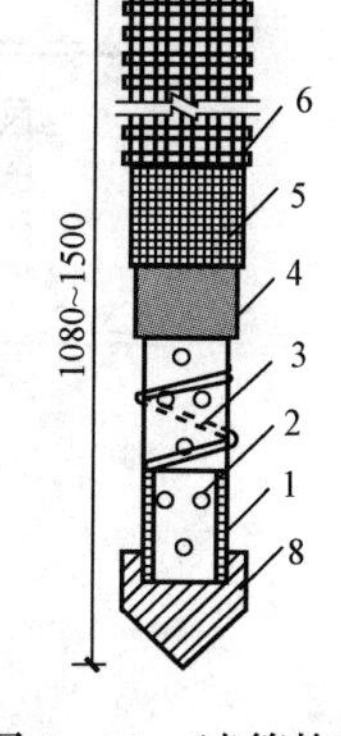

图1-18　滤管构造

1—钢管；2—管壁上的小孔；3—缠绕的塑料管；4—细滤网；5—粗滤网；6—粗铁丝保护网；7—井点管；8—铸铁头

滤管上端与井点管连接。井点管为直径38mm或51mm、长5～7m的钢管，可整根或分节组成。井点管的上端用弯联管与总管相连。集水总管为直径100～127mm的无缝钢管，每段长4m，其上装有与井点管联结的短接头，间距0.8m或1.2m。

抽水设备是由真空泵、离心泵和水气分离器（又叫集水箱）等组成。一套抽水设备的负荷长度（即集水总管长度），采用W5型真空泵时，不大于100m；采用W6型真空泵时，不大于120m。

2）轻型井点的布置。井点系统的布置，包括平面布置与高程布置，应根据基坑大小与深度、土质、地下水位高低与流向、降水深度要求等而确定。

平面布置：

①当基坑或沟槽宽度小于6m，且降水深度不超过5m时，可用单排线状井点，布置在地下水流的上游一侧，两端延伸长度以不小于槽宽为宜（见图1-19）。

②如宽度大于6m或土质不良，则用双排线状井点（见图1-20）。

③面积较大的基坑宜用环状井点（见图1-21），有时也可布置成U形，以利挖土机和运土车辆出入基坑。井点管距离基坑壁一般可取0.7～1.0m，以防局部发生漏气。井点管间距一般为0.8、1.2、1.6m，由计算或经验确定。井点管在总管四角部位应适当加密。

高程布置：井点降水深度，考虑抽水设备的水头损失以后，一般不超过6m。井点管埋设深度为

$$H \geqslant H_1 + h + IL \tag{1-21}$$

式中 H_1——井点降水系统总管埋设面至基坑底面的距离（m）；

h——基坑底面至降低后的地下水位线的距离，一般取0.5～1.0m；

I——水力坡度，根据实测：双排和环状井点为1/10，单排井点为1/4～1/5；

L——双排井点为井点管至基坑中心的水平距离，单排井点为井点管至基坑另一边的距离（m）。

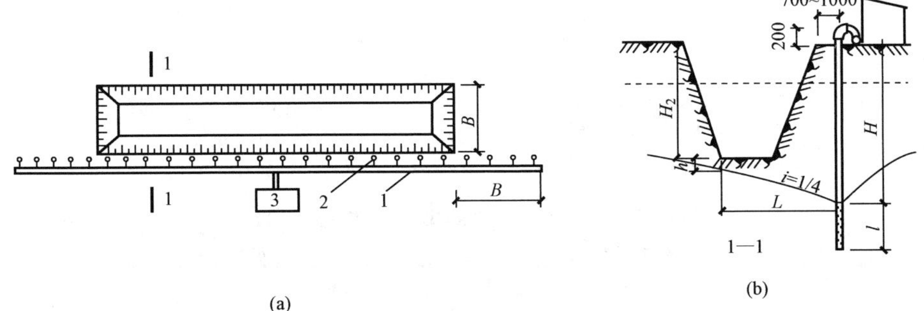

图1-19 单排线状井点的布置

（a）平面布置；（b）高程布置

1—总管；2—井点管；3—抽水设备

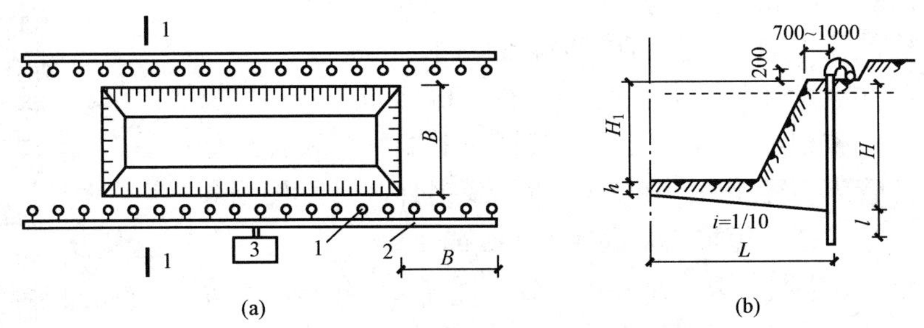

图1-20 双排线状井点布置图

（a）平面布置；（b）高程布置

1—井点管；2—总管；3—抽水设备

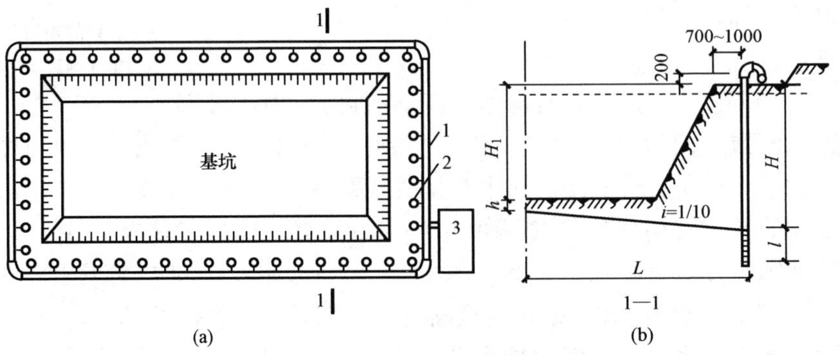

图1-21 环形井点布置简图

（a）平面布置；（b）高程布置

1—总管，2—井点管；3—抽水设备

另外，在确定井点管埋深时，还要考虑井点管一般要露出地面 0.2m 左右。

根据式（1-21）算出的 H 值，如大于 6m，则应降低井点管抽水设备的埋置面，以适应降水深度要求。即将井点系统的埋置面（布置标高）接近原有地下水位线（要事先挖槽），个别情况下甚至稍低于地下水位（当上层土的土质较好时，先用集水井排水法挖去一层土，再布置井点系统），就能充分利用抽吸能力，使降水深度增加。

当一级井点系统达不到降水深度要求时，可采用二级井点，即先挖去第一级井点所疏干的土，然后再在其底部装设第二级井点（见图 1-22）。

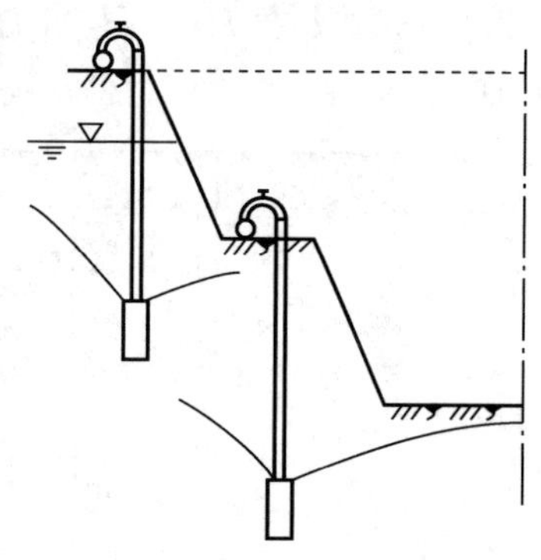

图 1-22　二级轻型井点示意图

3）轻型井点的计算。井点系统涌水量是按水井理论进行计算的。根据井底是否达到不透水层，水井可分为完整井与不完整井，凡井底到达含水层下面的不透水层顶面的井称为完整井，否则称为不完整井。根据地下水有无压力，又分为无压井与承压井，如图 1-23 所示。各类井的涌水量计算方法不同，其中以无压完整井的理论较为完善。

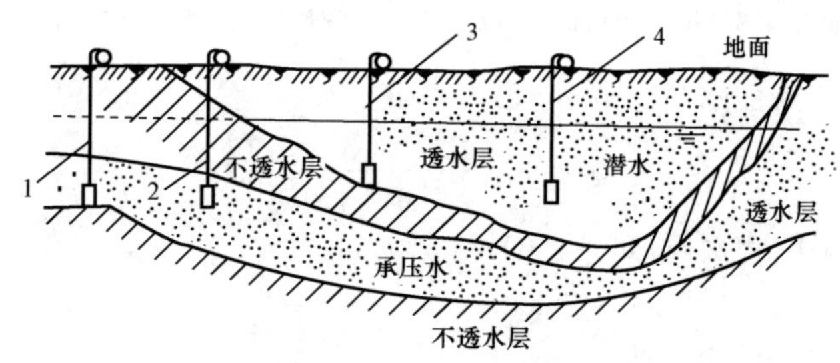

图 1-23　水井的分类

1—承压完整井；2—承压非完整井；3—无压完整井；4—无压非完整井

①群井涌水量计算：对于无压完整井的环状井点系统（见图 1-24），涌水量计算公式为

$$Q = 1.366K\,\frac{(2H-s)s}{\lg R - \lg x_0} Q = 1.366K\,\frac{(2H-s)s}{\lg R - \lg x_0} \tag{1-22}$$

式中　Q——井点系统的涌水量（m^3/d）；

K——土的渗透系数（m/d），可以由实验室或现场抽水试验确定；

H——含水层厚度（m）；

s——水位降低值（m）；

R——抽水影响半径（m），常用下式计算

$$R = 1.95s\sqrt{HK}\,(\mathrm{m}) \tag{1-23}$$

x_0——环状井点系统的假想半径（m），对于矩形基坑，其长度与宽度之比不大于 5 时，可按下式计算

$$x_0 = \sqrt{\frac{F}{\pi}} \tag{1-24}$$

F——环状井点系统所包围的面积（m^2）。

在实际工程中往往会遇到无压非完整井的井点系统，这时地下水不仅从井的侧面流入，

还从井底渗入。因此涌水量要比完整井大。为了简化计算，仍可采用式（1-22）。此时式中 H 换成有效深度 H_0，H_0 可查表1-7。当算得 H_0 大于实际含水层的厚度 H 时，则仍取 H 值。

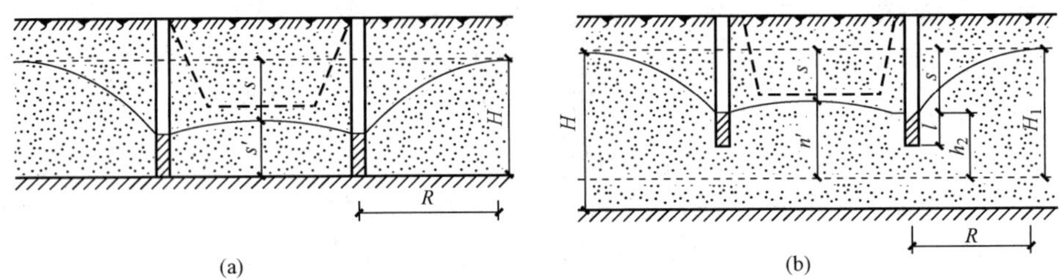

图1-24 环状井点涌水量计算简图

（a）无压完整井；（b）无压不完整井

表1-7 **有效深度 H_0 值**

$s'/(s'+l)$	0.2	0.3	0.5	0.8
H_0	1.3 $(s'+l)$	1.5 $(s'+l)$	1.7 $(s'+l)$	1.85 $(s'+l)$

注 s'为地下水位线至滤管顶部（井点管底部）的长度；l为滤管长度，一般等于1.0m。

承压完整井环状井点涌水量计算公式为

$$Q = 2.73K\frac{Ms}{\lg R - \lg x_0} \tag{1-25}$$

式中 M——承压含水层厚度（m）；

K、s、R、x_0——与式（1-22）相同。

②单根井点管的最大出水量为

$$q = 65\pi dlK^{\frac{1}{3}} \tag{1-26}$$

式中 d——滤管直径（m）；

l——滤管长度（m）；

K——渗透系数（m/d）。

③井点管数量与井点管间距确定。

井点管最少数量为

$$n' = \frac{Q}{q}(\text{根}) \tag{1-27}$$

井点管最大间距为

$$D' = \frac{L}{n'}(\text{m}) \tag{1-28}$$

式中 L——总管长度（m）；

n'——井点管最少根数。

实际采用的井点管间距 D 应与总管上接头尺寸相适应。即采用0.8、1.2、1.6m或2.0m。且 $D<D'$，这样实际采用的井点数 $n>n'$，一般 $n\geqslant 1.1n'$，以防井点管堵塞等影响抽水效果。

4）轻型井点降水工程案例。

【例1-2】 某厂房设备基础施工，基坑底宽8m，长15m，基坑深4.5m，挖土边坡1∶0.5，基坑平、剖面如图1-25所示。经地质勘探，天然地面以下为1.0m厚的亚黏土，其下有8m厚的中砂，$K=12\mathrm{m/d}$。再往下为不透水的黏土层。地下水位在地面以下1.5m。采用轻型井点降低地下水位，试进行井点系统设计。

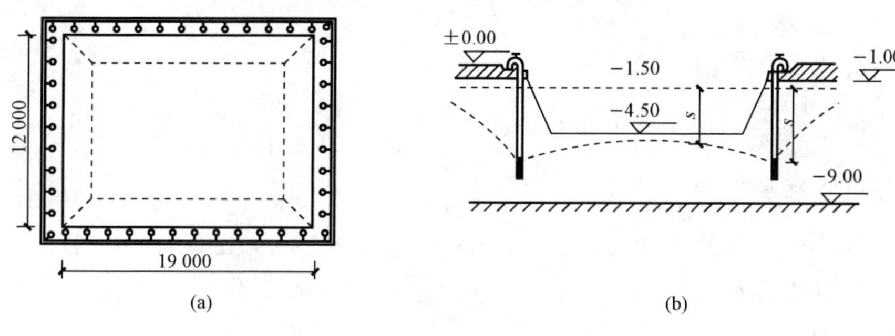

图1-25 基坑平、剖面示意图

(a) 井点系统平面布置；(b) 井点系统的高程布置

解： ①井点系统的布置：为使总管接近地下水位和不影响地面交通，将总管埋设在地面下0.5m处，即先挖0.5m的沟槽，然后在槽底铺设总管，此时基坑上口平面尺寸为12m×19m，井点系统布置成环状。总管距基坑边缘1.0m，总管长度为

$$L=[(12+2)+(19+2)]\times 2=70(\mathrm{m})$$

基坑中心要求降水深度为

$$s=4.5-1.5+0.5=3.5(\mathrm{m})$$

(基坑底面至降低后的地下水位线的距离 h 取0.5m)

采用一级轻型井点，井点管的埋设深度 H（不包括滤管）为

$$H\geqslant H_1+h+IL$$

$$=(4.5-0.5)+0.5+\frac{1}{10}\times\frac{14}{2}=5.2(\mathrm{m})$$

井点管长6m，直径51mm，滤管长1.0m。井点管露出地面0.2m，以便与总管相连接。埋入土中5.8m（不包括滤管），大于5.2m，符合埋深要求。此时基坑中心降水深度 $s=4.1\mathrm{m}$。

井点管及滤管总长6+1=7m，滤管底部距不透水层为1.7m，基坑长宽比小于5，可按无压非完整井环形井点系统计算。

②基坑涌水量为

$$Q=1.366K\frac{(2H_0-s)s}{\lg R-\lg x_0}$$

先求出 H_0、R、s

抽水影响深度 H_0 按表1-7求出：

由 $s'/(s'+l)=4.8/(4.8+1.0)=0.82$

查表得 $H_0=1.85(s'+l)=1.85\times(4.8+1.0)=10.75$ (m)

由于 $H_0>H=7.5$ (m)

取 $H_0=7.5$ (m)

抽水影响半径R为

$$R=1.95s\sqrt{HK}=1.95\times3.5\times\sqrt{7.5\times12}=64.75(\mathrm{m})$$

基坑假想圆半径x_0为

$$x_0=\sqrt{\frac{F}{\pi}}=\sqrt{\frac{14\times21}{\pi}}=9.67(\mathrm{m})$$

将以上各值代入公式：

$$Q=1.366K\frac{(2H_0-s)s}{\lg R-\lg x_0}=1.366\times12\times\frac{(2\times7.5-3.5)\times3.5}{\lg64.75-\lg9.67}=798.94(\mathrm{m^3/d})$$

③单根井点管出水量为

$$q=65\pi dlK^{\frac{1}{3}}=65\times\pi\times0.051\times1.0\times12^{\frac{1}{3}}=23.84(\mathrm{m^3/d})$$

④计算井点管数量及井距。

井点管数量为

$$n'=\frac{Q}{q}=\frac{798.94}{23.84}=33.5(\text{根})$$

考虑安全系数后井点管数量$n=1.1n'=1.1\times33.5=36.85\approx37$（根）

井距为

$$D'=\frac{L}{n}=\frac{70}{37}=1.89(\mathrm{m})$$

取井距为1.6m，井点管实际总根数为70/1.6=43.75≈44（根）

⑤选择抽水设备。根据上述计算过程得出的数据，选择合适的抽水设备。

5）井点管埋设。一般用水冲法，分为冲孔［见图1-26（a）］与埋管［见图1-26（b）］两个过程。

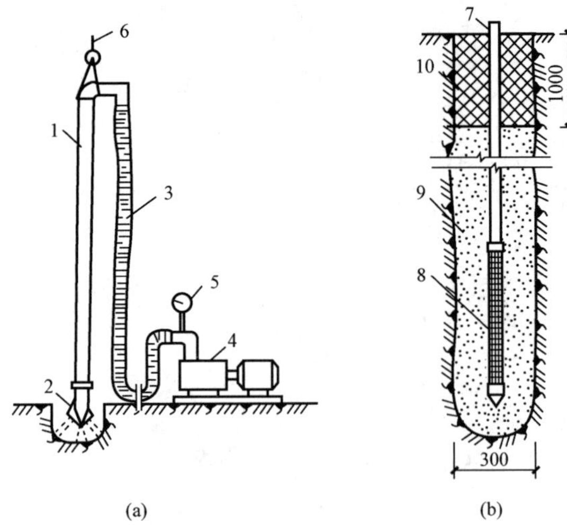

图1-26　井点管的埋设

（a）冲孔；（b）埋管

1—冲管；2—冲嘴；3—胶皮管；4—高压水泵；5—压力表；6—起重机吊钩；7—井点管；8—滤管；9—填砂；10—黏土封口

冲孔时，先用起重设备将冲管吊起并插在井点的位置上，然后开动高压水泵，将土冲松，冲管则边冲边沉。冲孔直径一般为300mm，以保证井管四周有一定厚度的砂滤层，冲孔深度宜比滤管底深0.5m左右，以防冲管拔出时，部分土颗粒沉于底部而触及滤管底部。

井孔冲成后，立即拔出冲管，插入井点管，并在井点管与孔壁之间迅速填灌砂滤层，以防孔壁塌方。砂滤层的填灌质量是保证轻型井点顺利抽水的关键。一般宜选用干净粗砂，填灌均匀，并填至滤管顶上1～1.5m，以保证水流畅通。

井点填砂后，在地面以下0.5～1.0m范围内须用黏土封口，以防漏气。

井点管埋设完毕，应接通总管与抽水设备进行试抽水，检查有无漏水、漏气，出水是否正常，有无淤塞等现象，如有异常情况，应检修好后方可使用。

6）井点管使用。井点管使用时，应保证连续不断地抽水，并准备双电源。正常出水规律是“先大后小，先混后清”。抽水时需要经常观测真空度以判断井点系统工作是否正常，真空度一般应不低于 55.3～66.7kPa，并检查观测井中水位下降情况，如果有较多井点管发生堵塞，影响降水效果时，应逐根用高压水反向冲洗或拔出重埋。井点降水工作结束后所留的井孔，必须用砂砾或黏土填实。

3. 降水对周围环境的影响及防止措施

在弱透水层和压缩性大的黏土层中降水时，由于地下水流失造成的地下水位下降、地基自重应力增加和土层压缩等原因，会产生较大的地面沉降，又由于土层的不均匀性和降水后地下水位呈漏斗曲线，四周土层的自重应力变化不一而导致不均匀沉降，使邻近建筑物、构筑物基础下沉或上部结构开裂。因此，在建筑物构筑物附近进行井点降水时，为防止降水带来的不利影响，就必须阻止原有建筑物构筑物下地下水的流失。为达到此目的，除可在降水区域和原有建筑物之间的土层中设置一道固体抗渗屏幕外，还可用回灌井点补充地下水的办法来保持地下水位。抗渗屏幕施工是指在降水井点和原有建筑物之间打一排井点，向土层灌入足够数量的水，以形成一道隔水帷幕，使原有建筑物下的地下水位保持不变或降低较少。这样，就能防止因降水而造成的地面沉降，或至少可以减少沉降量。

回灌井点法是防止井点降水损害周围建筑物构筑物的一种经济、简便、有效的办法，它能将井点降水对周围建筑物构筑物的影响降低到最小程度。为确保基坑施工的安全和回灌的效果，回灌井点与降水井点之间应保持一定的距离，一般不宜小于 6m。

为了观测降水及回灌后邻近建筑物构筑物、地下管线的沉降情况及地下水位的变化情况，必须设置沉降观测点及水位观测井，并定时测量记录，以便及时调节灌、抽量，使灌、抽基本达到平衡，确保邻近建筑物、构筑物及地下管线等的安全。

1.3　土方工程的机械化施工

常用的土方施工机械包括推土机、铲运机、单斗挖土机、装载机、压路机等，施工时应按照施工机械的特点正确选用，并按照现场条件选择正确的施工方法，以加快施工进度。

1.3.1　常用土方施工机械

1. 推土机

（1）特点及适用条件。推土机操纵灵活，运转方便，所需工作面较小、行驶速度快、易于转移，能爬 30°左右的缓坡，因此应用较广。多用于道路工程、场地清理和平整、开挖深度 1.5m 以内的基坑，填平沟坑，以及配合铲运机，挖土机工作等。此外，在推土机后面可安装松土装置，破、松硬土和冻土，也可拖挂羊足辗进行土方压实工作。推土机可以推挖一～三类土，经济运距 100m 以内，效率最高为 60m。

（2）作业方法。推土机的生产率主要决定于推土刀推移土的体积及切土、推土、回程等工作的循环时间。为了提高推土机的生产率，可采取下坡推土［图 1-27（a）］、并列推土［图 1-27（b）］、多刀送土和利用前次推土的槽推土等方法来提高推土效率，缩短推土时间和减少土的失散。

1）下坡推土。在斜坡上推土机顺下坡方向切土与推运［见图1-27（a）］可以提高生产率，但坡度不宜超过15°，以免后退时爬坡困难。下坡推土也可与其他推土方法结合使用。

2）并列推土。用2～3台推土机并列作业［见图1-27（b）］，铲刀相距15～30cm，可减少土的散失，提高生产率。一般采用两机并列推土可增加推土量15%～30%，采用三机并列可增大推土量30%～40%。平均运距不宜超过50～75m，也不宜小于20m。

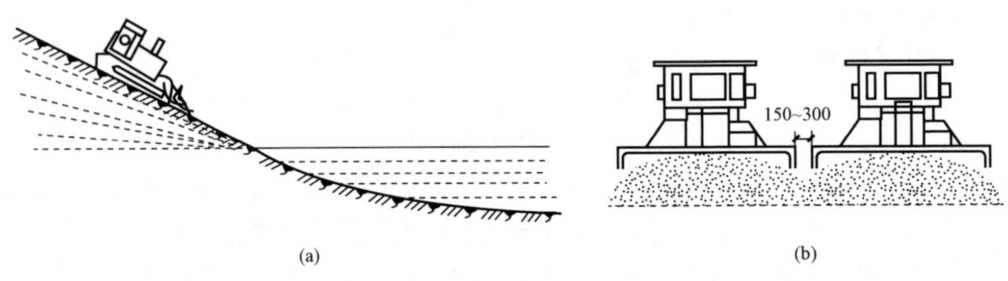

图1-27　推土机推土方法示意图

（a）下坡推土；（b）并列推土

3）多刀送土。在硬质土中，切土深度不大，可将土先堆积在一处，然后集中推送到卸土区。这样可以有效地提高推土的效率，缩短运土时间。但堆积距离不宜大于30m，堆土高度以不大于2m为宜。

4）槽形推土：推土机重复在一条作业线上切土和推土，使地面逐渐形成一条浅槽，在槽中推运土可减少土的散失，可增加10%～30%的推运土量。槽的深度在1m左右为宜，土埂宽约50cm。当推出多条槽后，再将土埂推入槽中运出。当推土层较厚，运距远时，采用此法较为适宜。

2. 铲运机

（1）特点及适用条件。铲运机的特点是能综合完成挖土、运土、平土和填土等全部土方施工工序，对行驶道路要求较低，操纵灵活、运转方便，生产率高，在土方工程中常应用于大面积场地平整，开挖大基坑、沟槽以及填筑路基、堤坝等工程。适宜于铲运含水量不大于27%的松土和普通土，不适于在砾石层和冻土地带及沼泽区工作，当铲运三、四类较坚硬的土时，宜用推土机助铲或用松土机配合将土翻松0.2～0.4m，以减少机械磨损，提高生产率。

（2）铲运机的开行路线。铲运机的开行路线应根据填方、挖方区的分布情况并结合当地具体条件进行合理选择，主要有环形路线和8字形路线开行两种形式。

1）环形路线。这是一种简单而常用的开行路线。根据铲土与卸土的相对位置不同，可分为图1-28（a）与图1-28（b）所示两种情况。每一循环只完成一次铲土与卸土。当挖填交替而挖填方之间的距离又较短时，则可采用大环形路线［图1-28（c）］。其特点是一次循环可完成两次铲土与回填的作业，减少转弯次数，提高生产效率。

2）8字形路线。这种开行路线的铲土与卸土，轮流在两个工作面上进行［图1-28（d）］，机械上坡是斜向开行，受地形坡度限制小。每一个循环完成两次挖土和卸土的作业，比环形路线缩短运行时间，从而提高了生产率。同时每循环两次转弯方向不同，可避免机械行驶时的单侧磨损，但这种开行路线有交叉，应注意交叉点处的交通引导。这种开行路线适用于取土坑较长的路基填筑，以及坡度较大的场地平整。

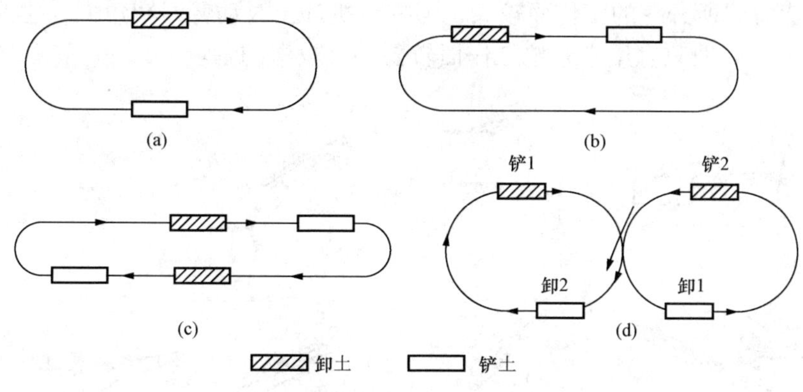

图 1-28　铲运机开行路线

(a)、(b) 环形路线；(c) 大环形路线；(d) 8 字形路线

(3) 铲运机施工方法。为了提高铲运机的生产率，除了合理确定开行路线外，还应根据施工条件选择施工方法。常用的施工方法有：

1) 下坡铲土。铲运机铲运时尽量采用有利地形进行下坡铲土。这样，可以借助铲运机的重力来加大铲土能力，缩短装土时间，提高生产率。一般地面坡度以 5°～7°为宜。平坦地形可将取土地段的一端先铲低，然后保持一定坡度向后延伸，人为创造下坡铲土条件。

2) 跨铲法。在较坚硬的土内挖土时，可采用预留土埂间隔铲土的方法。这样，铲运机在挖土槽时可减少向外撒土量，挖土埂时增加了两个自由面，阻力减小，达到“铲土快，铲斗满”的效果。土埂高度应不大于 300mm，宽度以不大于铲运机两履带间净距为宜。

3) 助铲法。在坚硬的土层中铲土时，可另配一台推土机在铲运机的后拖杆上进行顶推，协助铲土，以缩短铲土的时间。此法的关键是安排好铲运机和推土机的配合，一般一台推土机可配合 3～4 台铲运机助铲。

3. 单斗挖土机

单斗挖土机在土方工程中应用较广，种类很多，按其行走装置的不同，分为履带式和轮胎式两类。单斗挖土机还可根据工作的需要，更换其工作装置。按其工作装置的不同，分为正铲、反铲、拉铲和抓铲等。按其操纵机械的不同，可分为机械式和液压式两类，如图 1-29 所示。

(1) 正铲挖土机。

1) 特点及适用条件。正铲挖土机外形如图 1-30 所示。正铲挖土机的挖土特点是：“向前向上，强制切土”。其挖掘能力大，生产率高，适用于开挖停机面以上的一～三类土，它与运土汽车配合能完成整个挖运任务。可用于开挖大型干燥基坑以及土丘等。

2) 开挖方式。根据挖土机的开挖路线与运输工具的相对位置不同，可分为正向挖土侧向卸土和正向挖土后方卸土两种。

正向挖土侧向卸土：挖土机沿前进方向挖土，运输工具停在侧面装土［见图 1-30 (a)］。采用这种作业方式，挖土机卸土时动臂回转角度小，运输工具行驶方便，生产率高，使用广泛。

正向挖土后方卸土：挖土机沿前进方向挖土，运输工具停在挖土机后方装土［见图 1-30

(b)]，这种作业方式所开挖的工作面较大，但挖土机卸土时动臂回转角大，生产率低，运输车辆要倒车开入，一般只宜用来开挖工作面较狭小且较深的基坑。

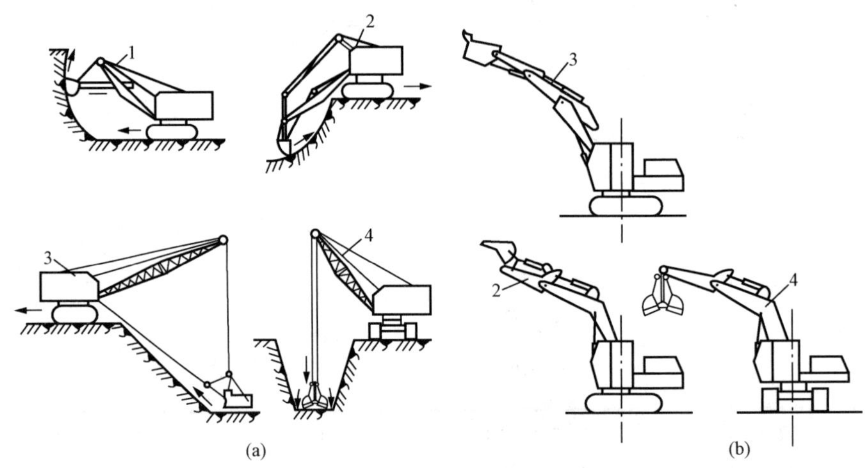

图 1-29 单斗挖土机

(a) 机械式；(b) 液压式

1—正铲；2—反铲；3—拉铲；4—抓铲

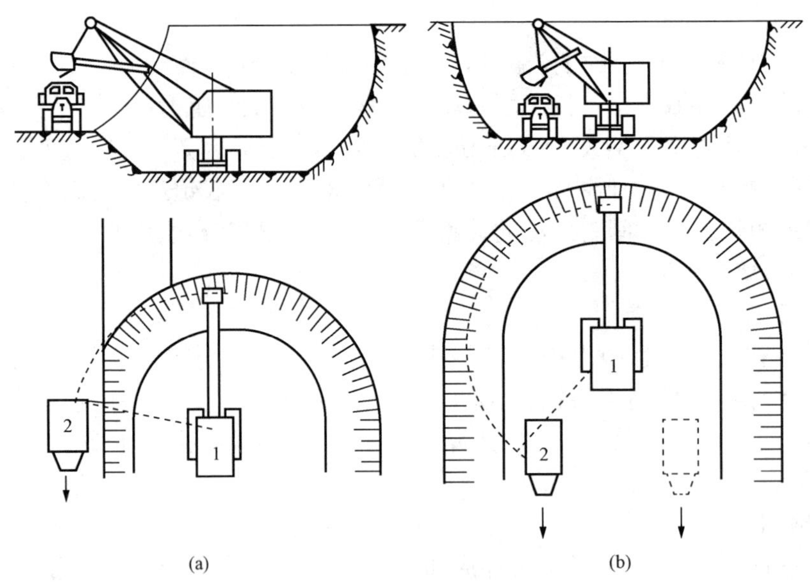

图 1-30 正铲挖土机开挖方式

(a) 侧向卸土；(b) 后方卸土

1—正铲挖土机；2—自卸汽车

(2) 反铲挖土机。

1) 特点及适用条件。反铲挖土机的挖土特点是："后退向下，强制切土"。其挖掘力比正铲小，能开挖停机面以下的一～三类土（索式反铲只宜挖一、二类土），适用于挖基坑、基槽和管沟、有地下水的土壤或泥泞土壤。

2) 开挖方式。反铲挖土机挖土时可采用沟端开挖和沟侧开挖两种方式。

沟端开挖：挖土机停在基槽（坑）的端部，向后侧边退边挖土，汽车停在基槽两侧装土［见图1-31（a)］。沟端开挖工作面宽度为：单面装土时为1.3R，双面装土时为1.7R。基坑较宽时，可多次开行开挖或按Z字形路线开挖。为了能很好地控制所挖边坡的坡度，反铲的一侧履带应靠近边线向后移动挖土。

沟侧开挖：挖土机沿基槽的一侧移动挖土［见图1-31（b)］。沟侧开挖能将土弃于距基槽边较远处，但开挖宽度受限制（一般为0.8R），且不能很好地控制边坡，机身停在沟边稳定性较差，因此只在无法采用沟端开挖或所挖的土不需运走时采用。

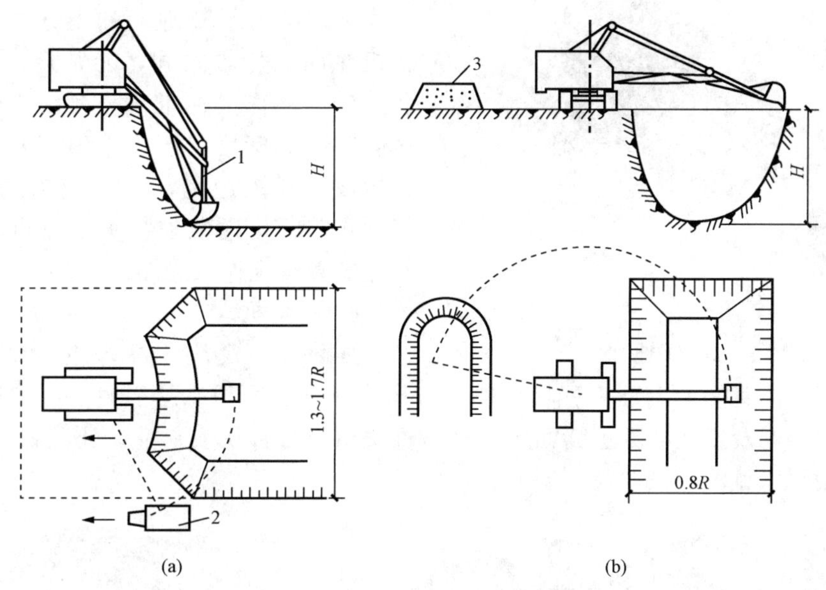

图1-31　反铲挖土机开挖方式

（a）沟端开挖；（b）沟侧开挖

1—反铲挖土机；2—自卸汽车；3—弃土堆

（3）拉铲挖土机。拉铲挖土机的挖土特点是："后退向下，自重切土"，其挖土半径和挖土深度较大，但不如反铲灵活，开挖精确性差。适用于挖停机面以下的一、二类土。可用于开挖大而深的基坑或水下挖土。

拉铲挖土机的开挖方式与反铲挖土机的开挖方式相似，可沟侧开挖也可沟端开挖（见图1-32）。

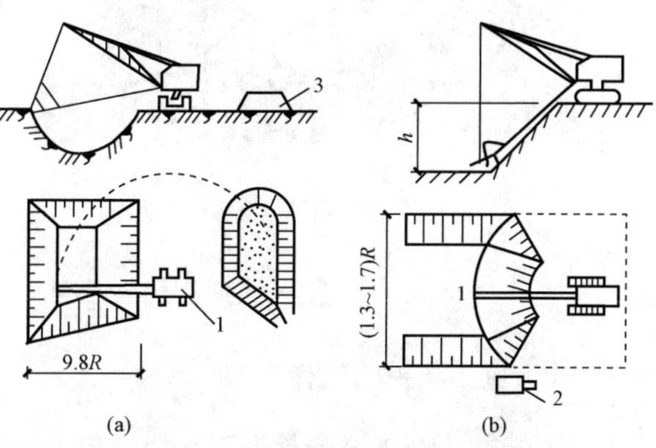

图1-32　拉铲挖土方式

（a）沟侧开挖；（b）沟端开挖

1—拉铲挖土机；2—汽车；3—弃土堆

（4）抓铲挖土机。抓铲挖土机外形如图1-29中4所示。其挖土特点是："直上直下，自重切土"，挖掘力较小，适用于开挖停机面以下的一、二类土，如挖窄而深的基坑、疏通旧有渠道以及挖取水中淤泥等，或用于装卸碎石、矿渣等松散材料。在软土地基的地区，常用于开挖基坑等。

4. 装载机

装载机按行走方式分履带式和轮胎式两种，按工作方式分单斗式装载机、链式和轮斗式装载机。土方工程主要使用单斗铰接式轮胎装载机。它具有操作轻便、灵活、转运方便、快速等特点。用于装卸土方和散料，也可用于松软土的表层剥离、地面平整和场地清理等工作。

图1-33 平地机

5. 平地机

利用刮刀平整地面的土方机械。刮刀装在机械前后轮轴之间，能升降、倾斜、回转和外伸。动作灵活准确，操纵方便，平整场地有较高的精度，用于平整路基和路面、修筑边坡、开挖边沟，也可搅拌路面混合料、扫除积雪、推送散粒物料以及进行土路和碎石路的养护工作（见图1-33）。

6. 压路机

压路机广泛用于高等级公路、铁路、机场跑道、大坝、体育场等大型工程项目的填方压实作业，可以碾压砂性、半黏性及黏性土壤、路基稳定土层及沥青混凝土路面层。压路机适用于各种压实作业。压路机又分光面碾、羊足碾和气胎碾（见图1-34）。

(a)

(b)

图1-34 压路机

（a）光面碾；（b）羊足碾

1.3.2 土方施工机械的选择

选择土方机械，通常先根据工程特点和技术条件提出几种可行方案，然后进行技术经济比较，选择效率高、费用低的机械进行施工。开挖基坑时根据下述原则选择施工机械：

（1）当土的含水量较小时，可结合运距长短、挖掘深浅，分别采用推土机、铲运机或正铲挖土机配合自卸汽车进行施工。当基坑深度在1～2m，基坑不太长时可采用推土机；深度在2m以内长度较大的线状基坑，宜由铲运机开挖；当基坑较大，工程量集中时，可选用正铲挖土机挖土。

（2）如地下水位较高，又不采用降水措施，或土质松软，可能造成正铲挖土机和铲运机陷车时，则采用反铲，拉铲或抓铲挖土机配合自卸汽车较为合适。

（3）移挖作填以及基坑和管沟的回填，运距在60～100m以内可选用推土机施工。

1.3.3　土方机械化施工的配套计算

土方机械配套计算时，应先确定主导施工机械，其他机械应按主导机械的性能进行配套选用。当用挖土机挖土，汽车运土时，应以挖土机为主导机械。

1. 挖土机数量 N

挖土机数量应根据所选挖土机的台班生产率、工程量大小和工期要求进行计算，即

$$N=\frac{Q}{P_{\mathrm{d}}}\cdot\frac{1}{TCK} \tag{1-29}$$

式中　Q——工程量（m^3）；

T——工期（d）；

C——每天工作班数；

K——工作时间利用系数，取0.8～0.9；

P_{d}——挖土机台班产量（m^3/台班）。

2. 运输车辆数量 N'

为了使挖土机充分发挥生产能力，运输车辆的大小和数量应根据挖土机数量配套选用。运输车辆的载重量应为挖土机铲斗土重的整倍数，一般为3～5倍。运输车辆过多，会使车辆窝工，道路堵塞，运输车辆过少，又会使挖土机等车停挖。为了保证都能正常工作，运输车辆数量 N'，按下式计算

$$N'=\frac{T'}{t'} \tag{1-30}$$

式中　T'——运输车辆每装卸一车土循环作业所需时间（s）；

t'——运输车辆装满一车土的时间（s）。

1.4　土方开挖与回填

1.4.1　土方开挖

1. 放线

土方开挖时的放线主要是放出在天然地面上的开挖范围线，俗称放灰线。

基槽放线：根据房屋主轴线控制点，首先将外墙轴线的交点用木桩测设在地面上，并在桩顶钉上铁钉作为标志。房屋外墙轴线测定以后，再根据建筑物平面图，将内部开间所有轴线都一一测出。最后根据中心轴线，再考虑基础宽度、放坡、基础施工工作面等，确定实际开挖的范围，用石灰在地面上标出基槽开挖边线（见图1-35）。在测设作业时，应同时在房屋四周设置龙门板或轴线控制桩，以便于基础施工时复核轴线位置。

基坑放线：在基坑开挖前，从设计图上查看基础的纵横轴线编号和基础施工详图，根据

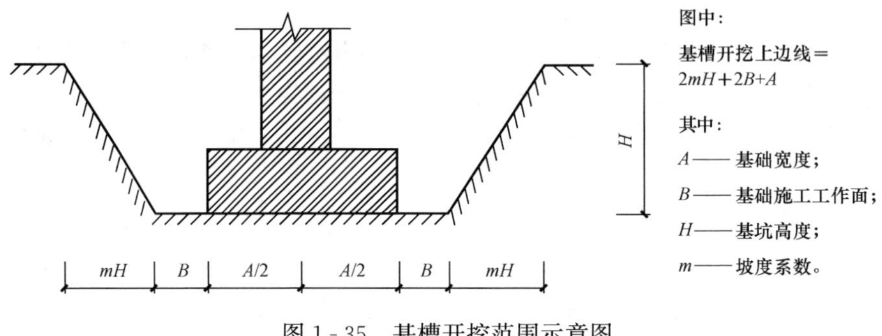

图1-35 基槽开挖范围示意图

柱子的纵横轴线，用经纬仪测定基础中心线的端点，同时在每个柱基中心线上，测定基础定位桩，每个基础的中心线上设置4个定位木桩，其桩位离基础开挖线的距离为0.5～1.0m。若基础之间的距离不大，可每隔1～2个或几个基础打一定位桩，但两定位桩的间距以不超过20m为宜，以便拉线恢复中间柱基的中线。桩顶上钉钉子，标明中心线的位置。然后按施工图上柱基的尺寸再考虑放坡、基础施工工作面等，确定实际开挖的范围，放出基坑上口挖土灰线。

大型基坑开挖，应根据房屋的基础施工图用经纬仪放出基坑四周的挖土边线。

2. 基坑（槽）开挖

在土石方工程开挖施工前，应完成支护结构、地面排水、地下水控制、基坑及周边环境监测、施工条件验收和应急预案准备等工作的验收，并应合理安排土方运输车辆的行走路线及弃土场。

土石方开挖的顺序、方法必须与设计工况和施工方案相一致，并应遵循“开槽支撑，先撑后挖，分层开挖，严禁超挖”的原则。

开挖基坑（槽）应按规定的尺寸合理确定开挖顺序和分层开挖厚度，连续施工。挖出的土除预留一部分用作回填外，不得在场地内任意堆放，应把多余的土运到弃土区，以免妨碍施工。为防止坑槽壁滑坍，在坑槽顶周边一定距离不得堆放弃土。为防止基底土（特别是软土）受到浸水或其他原因的扰动，基坑（槽）挖好后，应立即浇筑混凝土垫层或施工基础。当采用机械挖土时，为防止基底土被扰动，土体结构被破坏，不应直接挖到坑（槽）底，应根据挖土机械种类，在基底标高以上留出200～300mm，待基础施工前用人工铲平修整。挖土不得挖至基坑（槽）的设计标高以下，如局部超挖，应用与基土相同的土料填补，并夯实到要求的密实度。如用当地土填补不能达到要求的密实度时，应用碎石类土填补，并仔细夯实到要求的密实度。如在重要部位出现超挖时，可用低强度等级的混凝土填补。

在土石方工程开挖施工中，应定期测量和校核设计平面位置、边坡坡率和水平标高。平面控制桩和水准控制点应采取可靠措施加以保护，并应定期检查和复测。

在软土地区开挖基坑（槽）时，尚应符合下列规定：

(1) 施工前必须做好地面排水和降低地下水位工作，地下水位应降低至基坑底以下0.5～1.0m后，方可开挖。降水工作应持续到土方回填完毕。

(2) 施工机械行驶道路应填筑适当厚度的碎石或砾石，必要时应铺设工具式路基箱（钢板）等加固。

(3) 相邻基坑（槽）开挖时，应遵循先深后浅或同时进行的施工顺序，并应及时做好基础。

（4）在密集群桩上开挖基坑时，应在打桩完成后间隔一段时间，再对称挖土。在密集群桩附近开挖基坑（槽）时，应采取措施防止桩基位移。

3. 验槽

基坑（槽）挖至基底设计标高并清理后，施工单位必须会同相关单位共同进行验槽，合格后方能进行基础工程施工。

（1）验槽应具备的条件：

1）勘察、设计、建设、监理、施工等相关单位技术人员到场。

2）地基基础设计文件。

3）岩土工程勘察报告。

4）轻型动力触探记录（可不进行时除外）。

5）地基处理或深基础施工质量检测报告。

6）基底应为无扰动的原状土，留置有保护层时其厚度不应超过 100mm。

（2）天然地基验槽。

1）天然地基验槽的步骤。

①根据勘察、设计文件核对基坑的位置、平面尺寸、坑底标高。

②根据勘察报告核对坑底、坑边岩土体及地下水情况。

③检查空穴、古井、古墓、暗沟、地下埋设物及防空掩体等情况，并应查明其位置、深度和性状。

④检查基坑底土质的扰动情况及扰动的范围和程度。

⑤检查基坑底土质受到冰冻、干裂、受水冲刷或浸泡等扰动情况，并查明影响范围和深度。

2）天然地基验槽前应在基坑（槽）底普遍进行轻型动力触探检验，检验数据作为验槽依据。

（3）人工地基验槽。换填地基、强夯地基，应现场检查处理后的地基均匀性、密实度等检测报告和承载力检测资料；增强体复合地基，应现场检查桩头、桩位、桩间土情况和复合地基施工质量检测报告；特殊土地基，应现场检查处理后地基的湿陷性、地震液化、冻土保温、膨胀土隔水等方面的处理效果检测资料。

（4）桩基工程验槽。设计计算中考虑桩筏基础、低桩承台等桩间土共同作用时，应在开挖清理至设计标高后对桩间土进行检验。

（5）验槽方法。验槽主要采用观察法，对于基底以下的土层不可见部位，应辅以钎探法配合共同完成。

1）观察法。

①观察坑槽壁、槽底的土质情况，验证基坑槽开挖深度，初步验证基坑槽底部土质是否与勘察报告相符，观察坑槽底土质结构是否被人为破坏。

②基坑槽边坡是否稳定，是否有影响边坡稳定的因素存在，如地下渗水、坑边堆载或近距离扰动等（对难以鉴别的土质，应采用洛阳铲等工具挖至一定深度仔细鉴别）。

③基槽内有无旧的房基、洞穴、古井、掩埋的管道和人防设施等。如存在上述问题，应沿其走向进行追踪，查明其在基坑槽内的范围、延伸方向、长度、深度及宽度。

④在进行直接观察时，可用袖珍式贯入仪或其他手段辅助验槽。

2）钎探法。钎探法是一种用于地质勘探的技术，它通过将钢钎打入地下一定深度，根据锤击次数和入土难易程度来判断土的软硬程度及土层中可能存在的古井、古墓等。这种方法适用于不同地质条件，如石灰岩、黏土、泥岩等，可以获取地质数据，为建筑设计和施工提供关键依据。

钎探法分为人工和机械两种方式。在钎探过程中，同一工程应使用一致的钎径、锤重和用力，以确保数据的准确性和可靠性。

3）轻型动力触探。轻型动力触探进行基槽检验时，应检查下列内容：

①地基持力层的强度和均匀性。

②浅埋软弱下卧层或浅埋突出硬层。

③浅埋的会影响地基承载力或地基稳定性的古井、墓穴和空洞等。

1.4.2 土方回填

1. 土方回填的要求

（1）对回填土料的选择。选择回填土料应符合设计要求。如设计无要求时，应符合下列规定：

碎石类土、砂土和爆破石碴，可用作表层以下的填料；含水量符合压实要求的黏性土，可用作各层填料；碎块草皮和有机质含量大于 8%的土，仅用于无压实要求的填方；淤泥和淤泥质土一般不能用作填料，但在软土或沼泽地区，经过处理含水量符合压实要求后，可用于填方中的次要部位；含盐量符合规定的盐渍土，一般可以使用，但填料中不得含有盐晶、盐块或含盐植物的根茎。

对碎石类土或爆破石碴用作填料时，其最大粒径不得超过每层铺填厚度的 2/3（当使用振动辗时，不得超过每层铺填厚度的 3/4）。铺填时，大块料不应集中，且不得填在分段接头处或填方与山坡连接处。填方内有打桩或其他特殊工程时，块（漂）石填料的最大粒径不应超过设计要求。

（2）土方回填施工要求。施工前应检查基底的垃圾、树根等杂物清除情况，测量基底标高、边坡坡率，检查验收基础外墙防水层和保护层等。回填料应符合设计要求，并应确定回填料含水量控制范围、铺土厚度、压实遍数等施工参数。

土方回填施工应分层填土、分层压实并分层测定压实后土的干密度，在每层土的压实系数和压实范围符合设计要求后，才能填筑上层土。

填土应尽量采用同类土填筑。如采用不同填料分层填筑时，为防止填方内形成水囊，上层宜填筑透水性较小的填料，下层宜填筑透水性较大的填料，填方基底表面应做成适当的排水坡度，边坡不得用透水性较小的填料封闭。因施工条件限制，上层必须填筑透水性较大的填料时，应将下层透水性较小的土层表面作成适当的排水坡度或设置盲沟。

分段填筑时，各段接缝处应作成斜坡形，且辗迹重叠 0.5～1.0m。上、下层接缝应错缝布置且距离不应小于 1m。

回填基坑和管沟时，应从四周或两侧对称进行，以防基础和管道在土压力作用下产生偏移或变形。

2. 填土压实的方法

填土压实方法有碾压、夯实和振动压实三种。

(1) 碾压法。碾压法是利用机械滚轮的压力压实土壤，使之达到所需的密实度，此法多用于大面积填土工程如场地平整、大型车间的室内填土等工程。碾压机械主要有光面碾（平碾）、羊足碾和气胎碾。光面碾对砂土、黏性土均可压实；羊足碾需要较大的牵引力，且只宜压实黏性土；气胎碾在工作时是弹性体，其压力均匀，填土质量较好。此外，还可利用运土机械进行碾压。

碾压机械压实填方时，行驶速度不宜过快，一般平碾控制在 2km/h，羊足碾控制在 3km/h。用碾压法压实填土时，铺土应均匀一致，碾压遍数要一样，碾压方向从填土区的两边逐渐压向中心，每次碾压压痕应有 150～200mm 的重叠。

(2) 夯实法。夯实法是利用夯锤自由下落的冲击力来夯实土壤，主要用于小面积回填或局部夯填。夯实法分人工夯实和机械夯实两种。人工夯土用的工具有木夯、石夯等。夯实机械主要有夯锤、内燃夯土机和蛙式打夯机等。

(3) 振动压实法。振动压实法是将重锤放置于土层的表面，借助于振动设备的振动，使土壤颗粒发生相对位移从而达到紧密状态。此法用于振实非黏性土效果较好。

3. 填土压实的影响因素

填土压实的影响因素较多，主要有压实功、土的含水量及每层铺土厚度。

(1) 压实功的影响。填土压实后的密度与压实机械在其上所施加的功有一定的关系。土的密度与所耗的功的关系如图 1-36 所示。当土的含水量一定时，一开始压实，土的密度急剧增加，压到接近土的最大密度时，压实功虽然增加许多，而土的密度则增加甚小。此外，松土不宜用重型碾压机械直接碾压，否则土层有强烈起伏现象，效率不高。如果先用轻碾压实，再用重碾压实就会取得较好效果。

(2) 含水量的影响。在同一压实功条件下，填土的含水量对压实质量有直接影响。较为干燥的土颗粒之间的摩阻力较大，因而不易压实；当含水量超过一定限度时，土颗料之间孔隙由水填充而呈饱和状态，也不能压实；只有当土的含水量适当时，水起到了润滑作用，土颗粒之间的摩阻力减少，压实效果最好（见图 1-37）。使用同样的压实功进行压实，土在某一含水量状态下能达到最大密实度，这个含水量称为土的最佳含水量。各种土的最佳含水量和最大干密度可参考表 1-8。

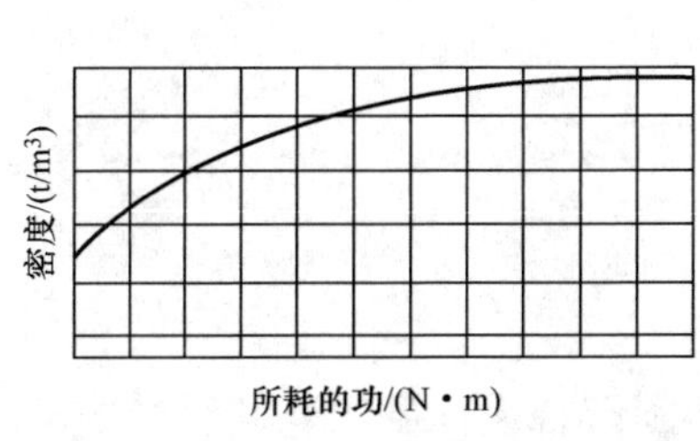

图 1-36　土的密度与压实功的关系示意图

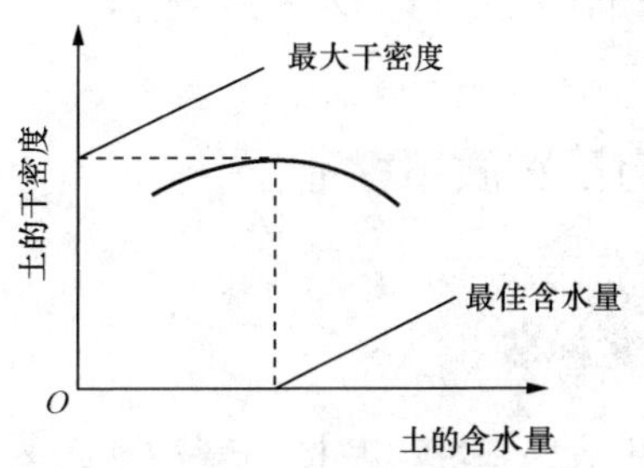

图 1-37　土的干密度与含水量的关系示意图

表1-8　　土的最优含水量和最大干密度

项次	土的种类	变动范围		项次	土的种类	变动范围	
		最佳含水量（%）（质量比）	最大干密度（kN/m³）			最佳含水量（%）（质量比）	最大干密度（kN/m³）
1	砂土	8～12	18.0～18.8	3	粉质黏土	12～15	18.5～19.5
2	黏土	19～23	15.8～17.0	4	粉土	16～22	16.1～18.0

注　1. 表中土的最大干密度应根据现场实际达到的数字为准。
2. 一般性的回填可不作此项测定。

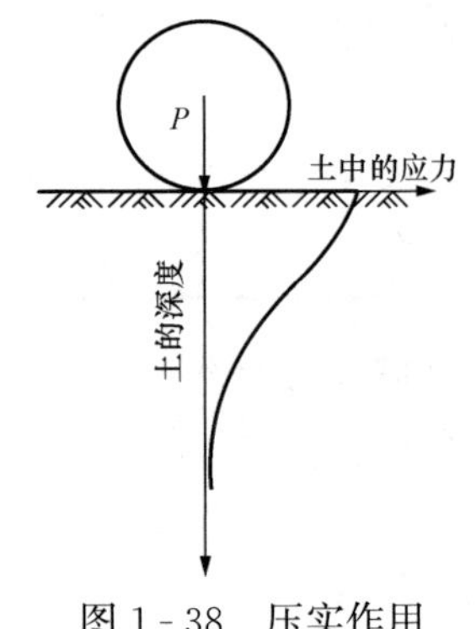

图1-38　压实作用沿深度的变化示意图

检验黏性土最佳含水量的简易方法：以手握成团落地开花为宜。为了保证填土在压实过程中处于最佳含水量状态，当土过湿时，应予翻松晾干，也可掺入同类干土或吸水性土料。当土过干时，则应预先洒水润湿。

(3) 铺土厚度的影响。土在压实功的作用下，土壤内的应力随深度增加而逐渐减小（见图1-38），其影响深度与压实机械、土的性质和含水量等有关。铺土厚度应小于压实机械压土时的作用深度。最优的铺土厚度应能使土方压实而机械的功耗费最少，可按照表1-9选用。在表中规定压实遍数范围内，轻型压实机械取大值，重型压实机械取小值。

表1-9　　填方每层的铺土厚度和压实遍数

压实机具	每层铺土厚度（mm）	每层压实遍数（遍）
平碾	200～300	6～8
羊足碾	200～350	8～16
蛙式打夯机	200～250	3～4
振动压路机	120～150	10
推土机	200～300	6～8
拖拉机	200～300	8～16
人工打夯	不大于200	3～4

注　人工打夯时，土块粒径不应大于50mm。

1.5 土方工程质量控制

1.5.1 质量标准

(1) 柱基、基坑、基槽和管沟基底的土质，必须符合设计要求，并严禁扰动。

(2) 填方的基底处理，必须符合设计要求或施工规范规定。

(3) 填方柱基、坑基、基槽、管沟回填的土料必须符合设计要求和施工规范要求。

(4) 填方和柱基、基坑、基槽、管沟的回填，必须按规定分层夯压密实。每层应分别取样测定压实后土的干密度，符合设计要求后才能施工下一层。

（5）土方工程的允许偏差和质量检验标准，应符合表 1-10 和表 1-11 的规定。

（6）平整后的场地表面坡率应符合设计要求，设计无要求时，沿排水沟方向的坡率不应小于 2‰，平整后的场地表面应逐点检查。土石方工程的标高检查点为每 $100m^2$ 取 1 点，且不应少于 10 点；土石方工程的平面几何尺寸（长度、宽度等）应全数检查；土石方工程的边坡为每 20m 取 1 点，且每边不应少于 1 点。土石方工程的表面平整度检查点为每 $100m^2$ 取 1 点，且不应少于 10 点。

表 1-10　　土方开挖工程质量检验标准表

项目	序号	检查项目	允许偏差或允许值（mm）					检验方法
			柱基、基坑、基槽	挖方场地平整		管沟	地（路）面基层	
				人工	机械			
主控项目	1	标高	−50	±30	±50	−50	−50	用水准仪检查
	2	长度、宽度（由设计中心线向两边量）	+200 −50	+300 −100	+500 −150	+100	—	用全站仪和钢尺量
	3	边坡坡度	按设计要求					目测法或用坡度尺检查
一般项目	1	表面平整度	±20	±20	±50	±20	±20	用 2m 靠尺
	2	基底土性	按设计要求					观察或土样分析

表 1-11　　土方回填工程质量检验标准表

项目	序号	检查项目	允许偏差或允许值（mm）			检验方法
			柱基、基坑、基槽管沟、地（路）面基层	挖方场地平整		
				人工	机械	
主控项目	1	标高	−50	±30	±50	用水准仪检查
	2	分层压实系数	不小于设计值			环刀法、灌水法、灌砂法
一般项目	1	表面平整度	±20	±20	±30	用 2m 靠尺
	2	回填土料	按设计要求			取样检查或直观鉴别
	3	含水量	最优含水率±2%	最优含水率±4%		烘干法
	4	分层厚度	按设计要求			用水准仪及抽样检查
	5	有机质含量	≤5			灼烧减量法
	6	辗迹重叠长度	500～1000			用钢尽量

（7）施工结束后，应检查堆土的平面尺寸、高度、安全距离、边坡坡率、排水、防扬尘措施等内容，并应满足设计或施工组织设计要求。

1.5.2　质量通病

1. 填方出现“橡皮土”现象

填土受夯（压）时，基土出现受压处下陷而四周鼓起，形成软塑状态，而体积并没有压缩。这种地基土承载力低、变形大，长期不能稳定下来。

产生原因：

在含水量很大的腐殖土、泥炭土、黏土或亚黏土等原状土地基上进行回填，或采用这种土作土料进行回填时，特别在混杂状态下进行回填，由于原状土被扰动，颗粒之间的毛细孔遭到破坏，水分不易渗透和散发。当施工时气温较高，对其进行夯击或辗压后，表面易形成一层硬壳，更加阻止了水分的渗透和散发，因而使土形成软塑状态的橡皮土。这种土埋藏越深，水分散发越慢，长时间内不易消失。

预防措施：

（1）避免在腐殖土、淤泥等原状土上回填土，如果由于位置受限制而避不开时，也要将腐殖土，淤泥等软弱土层清除之后再进行回填。

（2）控制好回填土的含水量。

（3）作好填土范围的排水设施，以排除地表水。

处理措施：

（1）用石灰渣、干土、碎砖等吸水材料掺入橡皮土中，吸收土中的水分，降低土中的含水量。

（2）将橡皮土翻松、晾晒、风干至合适的含水量后，再夯（压）实。

（3）如条件许可，可将橡皮土挖除，换填灰土或级配砂、石后夯（压）实。

2. 边坡塌方

在挖方过程中或挖方后，边坡土方局部或大面积滑塌，严重的会危及建筑物的安全及稳定。

产生原因：

（1）基坑（槽）开挖较深，放坡不够，或通过不同土层时，没有根据土的特性分别放成不同坡度，致使边坡失去稳定而造成塌方。

（2）在有地表水、地下水作用的土层开挖基坑（槽）时，未采取有效的降、排水措施，土层受到地表水和地下水的影响而湿化，内聚力降低，在重力作用下失去稳定而引起塌方。

（3）边坡顶部堆载过大，或受外力振动影响，使坡体内剪切应力增大，土体失去稳定而塌方。

（4）土质松软，因开挖次序、方法不当而造成塌方。

预防措施：

（1）根据土的种类、物理力学性质确定适当的边坡坡度。

（2）做好地面排水措施，避免在影响边坡稳定的范围内积水，造成边坡塌方。当基坑（槽）开挖范围内有地下水时，应采取降、排水措施，并持续到回填完毕。

（3）在坡顶上弃土、堆载时，弃土堆坡脚至挖方上边缘的距离，应满足安全距离要求。

（4）土方开挖应自上而下分段分层、依次进行，随时作成一定的坡度，以利泄水，避免先挖坡脚，造成坡体失稳。相邻基坑（槽）和管沟开挖时，应遵循先深后浅或同时进行的施工顺序。

处理措施：

对沟坑（槽）塌方，可将坡脚塌方消除作临时性支护（如堆装土草袋、设支撑、砌护墙等）措施。对永久性边坡局部塌方，可将塌方清除，用块石填砌或回填2∶8或3∶7灰土嵌补，与土接触部位作成台阶搭接，防止滑动；也可将坡顶线后移或将坡度改缓。

3. 回填土密实度达不到要求

回填土经碾压或夯实后，达不到设计要求的密实度，将使填土场地或地基在荷载下变形增大，强度和稳定性降低。

产生原因：

(1) 土的含水量过大或过小，达不到最佳含水量。

(2) 填方土料不符合要求，采用碎块草皮、有机质含量大于 8%的土及淤泥和淤泥质土、杂填土作填料。

(3) 填土厚度过大或压（夯）实遍数不够，或机械碾压行驶速度太快。

(4) 碾压或夯实机具能量不够，达不到影响深度要求，使密实度降低。

预防措施：

(1) 选择符合填土要求的土料回填。

(2) 对有密实度要求的填方，应按所选用的土料、压实机械性能，通过试验确定含水量控制范围、每层铺土厚度、压（夯）实遍数、机械行驶速度等参数，严格进行水平分层回填、压（夯）实。

(3) 加强对土料类型、含水量、施工方法和回填土干密度的现场检查，按规定取样实验，严格每道工序的质量控制。

处理措施：

(1) 土料不符合要求，应挖出换土回填或掺入石灰、砂石等再压（夯）实。

(2) 对由于含水量过大而达不到密实度要求的土层，可采取翻松、晾晒、风干或均匀掺入干土及其他吸水材料，再重新压（夯）实。

(3) 当碾压机具能量过小时，可增加压实遍数或使用大功率机械碾压。

1.6　土方工程安全技术

1.6.1　危险性较大分部分项工程范围

(1) 开挖深度超过 3m（含 3m）的基坑（槽）的土方开挖、支护、降水工程。

(2) 开挖深度虽未超过 3m，但地质条件、周围环境和地下管线复杂，或影响毗邻建、构筑物安全的基坑（槽）的土方开挖、支护、降水工程。

土石方工程中超过一定规模的危险性较大的分部分项工程范围：开挖深度超过 5m（含 5m）的基坑（槽）的土方开挖、支护、降水工程。

上述危险性较大的分部分项工程需要编制专项施工方案，其中超过一定规模的危险性较大的分部分项工程专项施工方案还要经过专家论证。

1.6.2　安全措施

(1) 人工开挖时，两人操作间距应大于 2.5m。多台机械开挖时，挖土机间距应大于 10m。挖土应由上而下，逐层进行，严禁采用先挖空底脚再挖上部（挖神仙土）的施工方法。

(2) 基坑开挖应严格按要求放坡。操作时应随时注意土壁变动情况，如发现有裂缝或坍塌迹象时，应视情况停止施工并及时进行支撑加固。

(3) 基坑（槽）挖土深度超过3m，使用吊装设备吊土时，起吊后，坑内操作人员应立即离开吊点的垂直下方，起吊设备距坑边一般不得少于1.5m，坑内人员应戴好安全帽。

(4) 用手推车运土，应先铺好道路。卸土回填，不得放手让车自动翻转。用翻斗汽车运土，运输道路的坡度、转弯半径应符合有关安全规定。

(5) 深基坑施工人员上下应先挖好阶梯或设置爬梯，或做好斜坡道并采取防滑措施。禁止工人踩踏土壁支撑上下。基坑四周应设安全栏杆或悬挂警示标志。

(6) 基坑（槽）设置的支撑应经常检查是否有松动变形等不安全因素，特别是雨后更应加强检查。

(7) 在基坑（槽）、管沟等周边堆土的堆载限值和堆载范围应符合基坑围护设计要求，严禁在基坑（槽）、管沟、地铁及建（构）筑物周边影响范围内堆土。对于临时性堆土，应视挖方边坡处的土质情况、边坡坡率和高度，检查堆放的安全距离，确保边坡稳定。在挖方下侧堆土时应将土堆表面平整，其顶面高程应低于相邻挖方场地设计标高，保持排水畅通，堆土边坡坡率不宜大于1∶1.5。在河岸处堆土时，不得影响河堤的稳定和排水，不得阻塞污染河道。

习　　题

一、名词解释

1. 土的干密度	2. 土的可松性	3. 土的透水性	4. 土方调配
5. 集水井降水法	6. 井点降水	7. 流砂现象	8. 最佳含水率

二、简答题

1. 土方工程有什么施工特点？
2. 土方边坡及工作面大小如何确定？对开挖有何影响？
3. 如何确定基坑（槽）开挖线？简述其步骤。
4. 常用的土方施工机械有哪些？各适用什么条件？
5. 何谓流砂现象？产生的主要因素有哪些？如何防治？
6. 常用的降水方法有哪些？各适用什么条件？
7. 降水对周围有什么影响？采取什么防止措施？
8. 场地平整土方量的计算步骤是怎样的？
9. 填土压实的影响因素有哪些？回填夯实中应注意什么问题？

三、计算题

1. 一独立柱基埋深2.4m，底面尺寸1.5m×2m，放坡系数m=0.25，每边工作面宽度均为0.5m，基础做好后所占体积为12m^3，已知：该土ks=1.32，ks'=1.10，问回填后所余土方量是多少？

2. 某写字楼工程地下室平面为矩形，基坑底10m×19m，深4.1m，边坡系数m=0.5。根据勘探资料，地下水位在地表下－0.6m，－7.3m处为不透水层，潜水主要在细砂土层中，已知k=5m/d，现采用轻型井点降低地下水位，试对轻型井点降水系统进行设计和计算。如条件不变，采用管井降水又应怎样布置？

3. 某建筑场地方格网如图 1－39 所示，方格网边长 40m×40m，试计算场地总挖方量和总填方量。

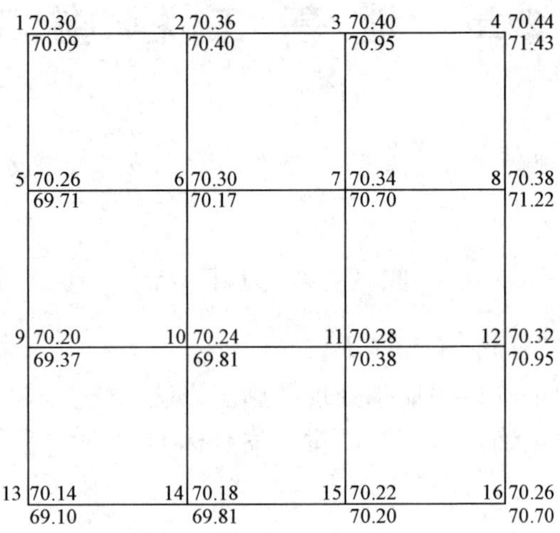

图 1－39　题 3 图

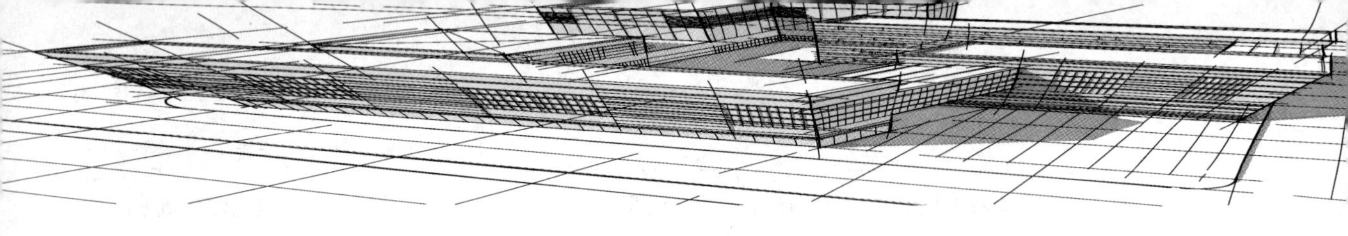

第2章　地 基 工 程 施 工

本章主要讲述地基处理的定义、目的、分类；常见地基处理方法的概念、适用条件、施工方法及质量检验方法。

职 业 能 力 目 标

1. 初步具备组织地基工程施工的能力。
2. 能够在施工过程中正确运用地基处理的施工方法。
3. 能够在施工过程中正确执行相关质量、安全标准。

2.1　概述

2.1.1　地基处理的定义

地基处理是指为提高地基承载力，或改善其变形性质，或渗透性质而采取的工程措施。在施工过程中如发现局部地基土质过软或过硬，不符合设计要求时，应遵循使建筑物各部位沉降尽量趋于一致，以减小地基不均匀沉降的原则对地基进行处理，即地基的局部处理。在软弱地基上建造建筑物或构筑物，利用天然地基有时不能满足设计要求，需要对地基进行人工处理，提高其承载力、减小沉降，以满足结构对地基的要求，即地基的整体加固。

凡是基础直接建造在未经加固的天然土层上时，这种地基称之为天然地基。若天然地基很软弱，不能满足地基强度和变形等要求，则事先要经过人工处理后再建造基础，这种经过加固处理的地基称为人工地基。

2.1.2　地基处理的目的

地基处理的目的是利用换填、夯实、挤密、排水、胶结、加筋和化学等方法对地基土进行加固，用以改良地基土的工程特性。

1. 提高地基土的抗剪强度

由于填土或建筑物荷载，使邻近地基产生隆起；或土方开挖时边坡失稳；或基坑开挖时坑底隆起等均可导致地基的剪切破坏。因此，为了防止剪切破坏，就需要采取一定措施以提高地基土的抗剪强度。

2. 降低地基土的压缩性

地基土的压缩性大表现为：建筑物的沉降或沉降差较大；由于回填土或建筑物荷载，使地基产生固结沉降；作用于建筑物基础的负摩擦力引起建筑物的沉降；大范围地基的沉降和不均匀沉降；基坑开挖引起邻近地面沉降；由于降水地基产生固结沉降等。地基土的压缩性由压缩模量表示。因此，需要采取措施以提高地基土的压缩模量，借以减少地基的沉降或不均匀沉降。

3. 改善地基土的透水特性

地基土的透水性大表现为：基础产生地下水渗漏；基坑开挖工程中，因土层内夹薄层粉砂或粉土而产生流砂和管涌。因此，必须采取措施使地基土降低透水性或减少透水压力。

4. 改善地基土的动力特性

地基土的动力特性表现为：地震时饱和松散粉细砂（包括部分粉土）将产生液化；由于交通荷载或打桩等原因，使邻近地基土产生振动下沉。因此，需要采取措施防止地基土液化，并改善其振动特性以提高地基土的抗震性能。

5. 改善特殊土的不良地基特性

主要是消除或减少特殊土地基的一些不良工程性质，如湿陷性黄土的湿陷性、膨胀土的胀缩性和冻土的冻胀融沉性等。

2.1.3　地基处理方法的分类

地基处理按处理深度分为浅层处理和深层处理；按土性对象分为砂性土处理和黏性土处理，饱和土处理和非饱和土处理；按地基处理范围分为局部处理和整体加固；也可按地基处理的作用机理进行分类。按地基处理的作用机理进行的分类见表 2-1。

表 2-1　地基处理的分类

<table>
<tr><td rowspan="15">物理处理</td><td rowspan="3">换土处理</td><td>挖除换土法</td><td colspan="3">全部挖除换土法、部分挖除换土法</td></tr>
<tr><td>强制换土法</td><td colspan="3">自重强制换土法、强夯挤淤法</td></tr>
<tr><td>爆破换土法
（或称爆破挤淤法）</td><td colspan="3">—</td></tr>
<tr><td rowspan="4">密实处理</td><td>浅层密实处理</td><td colspan="3">碾压法、重锤夯实法、振动压实法</td></tr>
<tr><td rowspan="3">深层密实处理</td><td>冲击密实法</td><td colspan="2">爆破挤密法、强夯法</td></tr>
<tr><td>振冲法（碎石桩法）</td><td colspan="2">—</td></tr>
<tr><td>挤密法</td><td colspan="2">砂（石）桩挤密法、灰土桩挤密法</td></tr>
<tr><td rowspan="6">排水处理</td><td rowspan="4">力学排水</td><td>加压排水</td><td colspan="2">砂井排水法、袋装砂井排水法、塑料排水带法</td></tr>
<tr><td rowspan="2">降水</td><td>水井排水法</td><td>浅井排水法
深井排水法</td></tr>
<tr><td>井点排水法</td><td>普通井点排水法
真空井点排水法</td></tr>
<tr><td>负压排水
（真空排水法）</td><td colspan="2">—</td></tr>
<tr><td>电学排水（电渗排水）</td><td colspan="3">—</td></tr>
<tr><td>其他排水</td><td colspan="3">排水砂（砂石）垫层法、土工聚合物法</td></tr>
<tr><td>加筋处理</td><td>加筋土、土工聚合物、土锚、土钉、树根桩、砂（石）桩</td><td colspan="3">—</td></tr>
<tr><td>热学处理</td><td>热加固法、冻结法</td><td colspan="3">—</td></tr>
</table>

续表

<table>
<tr><td rowspan="4">化学处理</td><td>灌浆法</td><td colspan="3">—</td></tr>
<tr><td rowspan="3">搅拌法</td><td>石灰系搅拌法</td><td colspan="2">—</td></tr>
<tr><td rowspan="2">水泥系搅拌法</td><td rowspan="2">水泥土搅拌法</td><td>湿喷</td></tr>
<tr><td>干喷
高压喷射注浆法</td></tr>
</table>

很多地基处理的方法具有多种处理的效果。如碎石桩具有置换、挤密、排水和加筋的多重作用；石灰桩既挤密又吸水，吸水后又进一步挤密等。另外，为了提高工效和缩短工期，还常常采用一些组合地基处理方法，也就是将几种单一的地基处理方法有机的组合在一起，充分发挥各自的优点，如长板短桩工法（塑料排水板和搅拌桩组合使用）、强夯和降水组合工法等。

2.2 常见地基工程施工

2.2.1 地基局部处理

1. 松土坑（填土、墓穴、淤泥等）的处理

当松土坑的范围较小（在基槽范围内），可将坑中松软土挖除，使坑底及四壁均见天然土为止，回填与天然土压缩性相近的材料。当天然土为砂土时，用砂或级配砂石回填；当天然土为较密实的黏性土，则用3∶7灰土分层回填夯实；如为中密可塑的黏性土或新近沉积黏性土，可用1∶9或2∶8灰土分层回填夯实，每层厚度不大于200mm，如图2-1（a）所示。

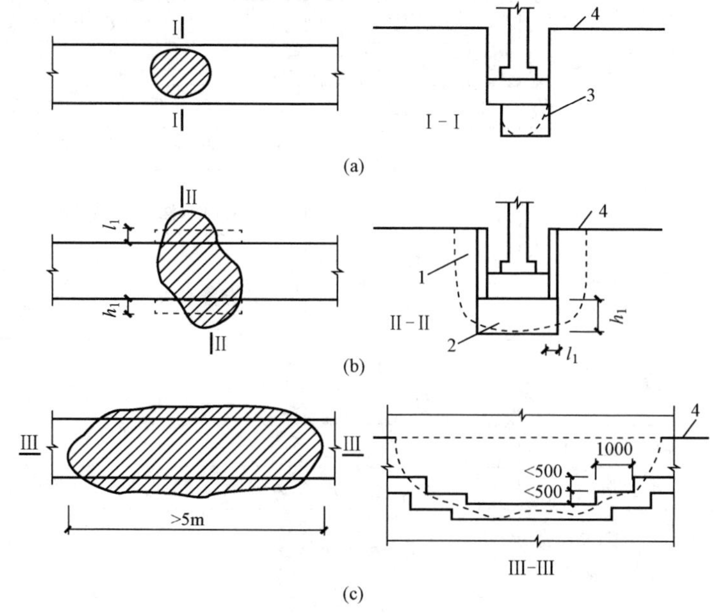

图2-1 松土坑的处理

1—软弱土；2—2∶8灰土；3—松土全部挖除然后填以好土；4—天然地面

当松土坑的范围较大（超过基槽边沿）或因条件限制，槽壁挖不到天然土层时，则应将该范围内的基槽适当加宽，加宽部分的宽度可按下述条件确定：当用砂土或砂石回填时，基槽每边均应按 1：1 坡度放宽；当用 1：9 或 2：8 灰土回填时，按 0.5：1 坡度放宽；当用 3：7 灰土回填时，如坑的长度小于等于 2m，基槽可不放宽，但灰土与槽壁接触处应夯实，如图 2-1（b）所示。

如松土坑在槽内所占的范围较大（长度在 5m 以上），且坑底土质与一般槽底天然土质相同，可将此部分基础加深，做 1：2 踏步与两端相接，踏步多少根据坑深而定，但每步高不大于 0.5m，长不小于 1.0m，如图 2-1（c）所示。

2. 砖井或土井的处理

当砖井在基槽中间，井内填土已较密实，则应将井的砖圈拆除至槽底以下 1m 以上，在此拆除范围内用 2：8 或 3：7 灰土分层夯实至槽底。如井的直径大于 1.5m 时，则应适当考虑加强上部结构的强度，如在墙内配筋或做地基梁跨越砖井。若井在基础的转角处，除采用上述拆除回填办法处理外，还应对基础加强处理。

3. 局部范围内硬土（或其他硬物）的处理

当柱基或部分基槽下，有较其他部分过于坚硬的土质时，如基岩、旧墙基、老灰土、化粪池、大树根、砖窑底、压实的路面等，均应尽可能挖除，以防建筑物由于局部落于较硬物体上造成不均匀沉降，而使上部建筑物开裂。硬土（或硬物）挖除后，视具体情况回填砂土混合物或落深基础。

4. “橡皮土”的处理

当地基为黏性土，且含水量很大趋于饱和时，夯压后会使地基土变成踩上去有一种颤动感觉的“橡皮土”。因此，如发现地基土含水量很大趋近于饱和时，要避免直接夯压，可采用晾槽或掺石灰粉的办法降低土的含水量。如已出现“橡皮土”，可铺填一层碎砖或碎石将土挤紧，或将颤动部分的土挖除，填以砂土或级配砂石。

2.2.2　地基整体加固

1. 换填垫层地基

换填垫层地基是将基础底面下一定范围内的软弱土层挖去，然后分层填入质地坚硬、强度较高、性能较稳定、具有抗腐蚀性的砂、碎石、素土、灰土、粉煤灰及其他性能稳定和无侵蚀性的材料，并同时以人工或机械方法夯实（或振实）使之达到要求的密实度，成为良好的人工地基。按换填材料的不同，将垫层分为砂垫层、碎石垫层、灰土垫层和粉煤灰垫层等。

（1）砂和砂石地基。砂和砂石地基（垫层）采用砂或砂砾石（碎石）混合物，经分层夯（压）实，作为地基的持力层，提高基础下部地基强度，并通过垫层的压力扩散作用，降低地基的压实力，减少变形量，同时垫层可起到排水作用，地基土中孔隙水可通过垫层快速地排出，能加速下部土层的压缩和固结。适于处理 3.0m 以内的软弱、透水性强的地基土；不宜用于加固湿陷性黄土地基及渗透系数小的黏性土地基。

1）材料要求。砂和砂石垫层所用材料，宜采用颗粒级配良好、质地坚硬的中砂、粗砂、砾砂、碎（卵）石、石屑或其他工业废粒料。在缺少中、粗砂和砾砂地区，也可采用细砂，但宜同时掺入一定数量的碎石或卵石，其掺量按设计规定（含石量不应大于 50%）。所用砂石料，不得含有草根、垃圾等有机杂物。兼起排水固结作用时，含泥量不宜超过3%。碎石或卵石最大粒径不宜大于50mm。

2）施工要点。

①施工前应验槽，先将浮土清除；基槽（坑）的边坡必须稳定，防止塌土。槽底和两侧如有孔洞、沟、井和墓穴等，应在未施工前加以处理。

②人工级配的砂、石材料，应按级配拌和均匀，再进行铺填捣实。

③砂地基和砂石地基的底面宜铺设在同一标高上，如深度不同时，施工应按先深后浅的程序进行。土面应挖成台阶或斜坡搭接，搭接处应注意捣实。

④分段施工时，接头处应做成斜坡，每层错开0.5～1.0m，并应充分捣实。

⑤采用碎石换填时，为防止基坑底面的表层软土发生局部破坏，应在基坑底部及四侧先铺一层砂，然后再铺碎石垫层。

⑥换填层应分层铺垫，分层夯（压）实，每层的铺设厚度不宜超过表2-2规定数值。分层厚度可用样桩控制。垫层的捣实方法可视施工条件按表2-2选用。捣实砂层应注意不要扰动基坑底部和四侧的土，以免影响和降低地基强度。每铺好一层垫层，经密实度检验合格后方可进行上一层施工。

⑦冬季施工时，不得采用夹有冰块的砂石作垫层，并应采取措施防止砂石内水分冻结。

表2-2　砂和砂石垫层每层铺设厚度及最佳含水量

捣实方法	每层铺设厚度（mm）	施工时最佳含水量（%）	施工说明	备注
平振法	200～250	15～20	1. 用平板式振捣器往复振捣，往复次数以简易测定密实度合格为准； 2. 振捣器移动时，每行应搭接三分之一，以防振动面积不搭接	不宜使用于细砂或含泥量较大的砂铺筑砂地基
插振法	振捣器插入深度	饱和	1. 用插入式振捣器； 2. 插入间距可根据机械振幅大小决定； 3. 不应插至下卧黏性土层； 4. 插入振捣完毕所留的孔洞，应用砂填实； 5. 应有控制地注水和排水	不宜使用于细砂或含泥量较大的砂铺筑砂地基
水撼法	250	饱和	1. 注水高度略超过铺设面层； 2. 用钢叉摇撼捣实，插入点间距100mm左右； 3. 有控制地注水和排水； 4. 钢叉分四齿，齿的间距30mm，长300mm，木柄长900mm，重4kg	湿陷性黄土、膨胀土、细砂地基上不得使用

续表

捣实方法	每层铺设厚度（mm）	施工时最佳含水量（%）	施工说明	备注
夯实法	150～200	8～12	1. 用木夯或机械夯； 2. 木夯重40kg，落距400～500mm 3. 一夯压半夯，全面夯实	适用于砂石地基
碾压法	150～350	8～12	6～10t压路机往复碾压，碾压次数以达到要求密实度为准	适用于大面积的砂石地基，不宜用于地下水位以下的砂地基

3）质量检查。

①当采用密实度确定换填层的施工质量时，宜采用灌砂法或灌水法进行分层检验。对大基坑每50～100m^{2}应不少于1个点；对基槽每10～20m应不少于1个点，每个单独柱基不少于1个点。

②当采用圆锥动力触探试验确定换填层的施工质量时，对大基坑每50～100m^{2}应不少于1个点，对基槽每10～20m应不少于1个点；每个单独柱基应不少于1个点。

③还可以通过复合地基载荷试验确定承载力，试验数量应不少于3个点。

（2）灰土垫层。灰土垫层是先将基础下一定深度的软弱土层挖去，再用石灰和黏性土拌和均匀，然后分层夯实而成。采用的体积配合比一般为2∶8或3∶7（石灰∶土），其承载能力可达300kPa。适用于一般黏性土地基加固，施工简单，取材方便，费用较低。

1）材料要求。灰土的土料可采用基槽挖出的土，凡有机质含量不大的黏性土都可用作灰土的土料，表面耕植土不宜采用。土料应过筛，粒径不宜大于15mm。用作灰土的熟石灰应过筛，粒径不宜大于5mm，并不得夹有未熟化的生石灰块和含有过多的水分。

2）施工要点。

①施工前应验槽，将积水、淤泥清除干净，待干燥后再铺灰土。

②灰土施工时，应适当控制其含水量，以用手紧握土料成团，两指轻捏能碎为宜，如土料水分过多或不足时可以晾干或洒水润湿。灰土应拌和均匀，颜色一致，拌好后应及时铺好夯实。铺土、夯实应分层进行。

③每层灰土的夯打遍数，应根据设计要求的干密度在现场试验确定。一般夯打（或辗压）不少于4遍。

④灰土分段施工时，不得在墙角、柱墩及承重窗间墙下接缝，上下相邻两层灰土的接缝间距不得小于0.5m，接缝处的灰土应充分夯实。当灰土垫层地基高度不同时，应做成阶梯形，每阶宽度不少于0.5m。

⑤在地下水位以下的基槽、坑内施工时，应采取排水措施，在无水状态下施工。入槽的灰土，不得隔日夯打。夯实后的灰土三天内不得受水浸泡。

⑥灰土夯打完后，应及时进行基础施工，并及时回填土，否则要做临时遮盖，防止日晒雨淋。刚夯打完毕或尚未夯实的灰土，如遭受雨淋浸泡，则应将积水及松软灰土去除并补填夯实，受浸湿的灰土，应在晾干后再使用。

⑦冬季施工时，不得采用冻土或夹有冻土的土料，并应采取有效的防冻措施。

（3）质量检查。可用环刀取样，测定其干密度，从而计算出换填土的压实系数，压实系数应符合设计要求，一般为0.93～0.95。

2. 重锤夯实地基

重锤夯实地基是用起重机将夯锤（1.5～3t）提升到一定高度（2.45～4.5m）后，利用自由下落时的冲击能来夯实基土表面，使其形成一层较为均匀的硬壳层，从而使地基得到加固。加固深度一般为1.2m。该法施工简单，费用较低，但布点较密，夯击遍数多，施工期相对较长，同时夯击能量小，孔隙水难以消散，加固深度有限，当土的含水量稍高，易形成“橡皮土”，处理较困难。适用于处理地下水位以上稍湿的黏性土、砂土、湿陷性黄土、杂填土和分层填土地基。但当夯击振动对邻近的建筑物、设备以及施工中的砌筑工程或浇筑混凝土等产生有害影响时，或地下水位高于有效夯实深度以及在有效深度内存在软黏土层时，不宜采用。

（1）施工要点。地基重锤夯实前，应在现场进行试夯，选定夯锤重量、底面直径和落距，以便确定最后下沉量及相应的最少夯击遍数和总下沉量。试夯及地基夯实时，必须使土保持最佳含水量范围。基槽（坑）的夯实范围应大于基础底面，每边应比设计宽度加宽0.3m以上，以便于底面边角夯打密实。在大面积基坑或条形基槽内夯打时，应一夯挨一夯顺序进行。在一次循环中同一夯位应连夯两击，下一循环的夯位，应与前一循环错开1/2锤底直径（见图2-2），落锤应平稳，夯位应准确。在独立柱基基坑内夯打时，一般采用先周边后中间或先外后里的跳夯法进行（见图2-3）。夯实完后，应将基槽（坑）表面修整至设计标高。

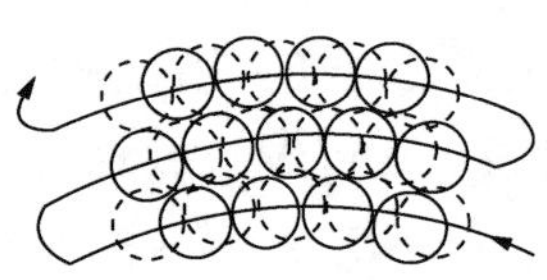

图2-2 夯位搭接示意图

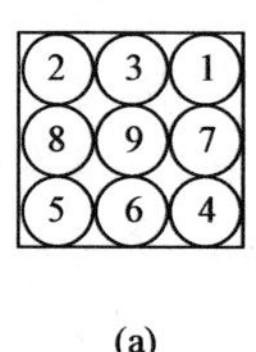

(a)

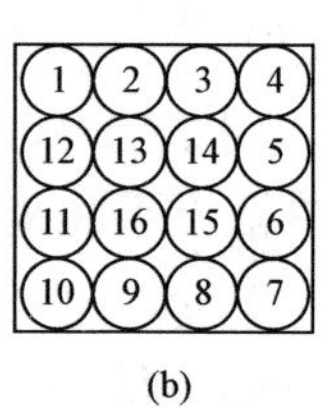

(b)

图2-3 夯打顺序

（a）先外后里跳打法；（b）先周边后中间打法

（2）质量检查。重锤夯实后应检查施工记录，除应符合试夯最后下沉量的规定外，并应检查基槽（坑）表面的总下沉量，以不小于试夯总下沉量的90%为合格。检测点对大基坑每50m^{2}应不少于1个点；对基槽每30m应不少于1个点，每个单独柱基应不少于1个点。

3. 强夯地基

强夯地基是用起重机械将8～40t的夯锤吊起，从6～30m的高处自由下落，对土体进行强力夯实的地基。强夯法属高能量夯击，是用巨大的冲击能使土中出现冲击波和很大的应力，迫使土颗粒重新排列，排除孔隙中的气和水，从而提高地基强度，降低其压缩性。强夯适用于碎石土、砂土、黏性土、湿陷性黄土及杂填土地基的深层加固。地基经强夯加固后，承载能力可以提高2～5倍，压缩性可大幅降低，其影响深度在10m以上，国外加固影响深度已达40m。强夯法是一种效果好、速度快、节省材料，施工简便的地基加固方法。其缺点是施工时噪声和振动很大，离建筑物小于10m时，应挖防震沟，沟深要超过建筑物基础深。

（1）施工要点。

1）强夯施工前，应试夯，做好强夯前后试验结果对比分析，确定正式施工的各项参数。

2）强夯施工必须按试验确定的技术参数进行。以各个夯击点的夯击数为施工控制数值，也可采用试夯后确定的沉降量控制。

3）夯击时，重锤应保持平稳，夯位准确，如错位或坑底倾斜过大，宜用砂土将坑底整平，才能进行下一次夯击。

4）每夯击一遍完成后，应测量场地平均下沉量，然后用土将夯坑填平，方可进行下一遍夯击。最后一遍的场地平均下沉量，必须符合要求。

5）雨天施工，夯击坑内或夯击过的场地有积水时，必须及时排除。冬天施工，首先应将冻土击碎，然后再按各点规定的夯击数施工。

6）强夯施工应做好记录。

7）当加入卵石进行强夯时，可形成强夯置换地基。

（2）质量检查。强夯法施工结束后应间隔一定时间方能对地基质量进行检验。碎石土和砂土地基，其间隔时间应大于 7d，低饱和度的粉土和黏性土地基应大于 15d。一般可采用标准贯入、静力触探、动力触探或土工实验等方法，符合试验确定的指标时即为合格。

检查点数：每加固 $100m^2$ 地基抽查 1 点，检测深度和位置按设计要求确定，并选择 3 个测试结果较低的点进行载荷试验。

4. 振冲地基

利用振动和水冲加固地基土的方法称为振冲法，振冲法分为振冲挤密法和振冲置换法两类。该法具有技术可靠，机具设备简单，操作技术易于掌握，施工简便，节约三材，加固速度快，地基承载力高等特点。

振冲挤密法加固砂层一方面是靠振冲器的强力振动使饱和砂层发生液化，砂颗粒重新排列，孔隙减少；另一方面是靠振冲器的水平振动力，在加回填料情况下通过填料使砂层挤压加密。适用于处理砂土和粉土等地基，不加填料的振冲挤密法仅适用于处理黏土粒含量小于 10%的粗砂、中砂地基。

振冲置换法是利用振冲器在高压水流下边振边冲，在软弱黏性土地基中成孔，再在孔内分批填入碎石等坚硬材料制成一根根桩体，称碎石桩。这些桩体和原来的黏性土构成复合地基从而提高地基整体的承载能力，减少沉降量。主要适用于处理不排水、抗剪强度小于 20kPa 的黏性土、粉土、饱和黄土及人工填土等地基。

（1）施工要点。施工前应先在现场进行振冲试验，以确定其施工参数，如振冲孔间距，达到土体密实时的密实电流值，成孔速度、填料量等。振冲前，应按设计图定出冲孔中心位置并放置醒目标记。振冲器用自行式起重机悬吊，对准桩位，打开下喷水口，启动振冲器［图 2-4（a）］。振冲器在自身重力和振动喷水作用下，逐渐沉入土中，直达设计深度为止。在黏性土中应重复成孔 1～2 次，使孔内泥浆变稀，然后将振冲器提出孔口，形成 0.8～1.2m 直径的孔洞。当下沉达设计深度时，振冲器应在孔底适当留振并关闭下喷口，打开上喷水口，以便排除泥浆进行清孔［见图 2-4（b）］。振冲器提出孔口，向孔内倒入一批填料，约 1m 桩深［见图 2-4（c）］，将振冲器下降至填料中进行振密［见图 2-4（d）］，待密实电流达到规定的数值，将振动器提出孔口。如此自下而上反复进行直至孔口，成桩操作即告完成［见图 2-4（e）］。

（2）质量检查。振冲施工结束后应间隔一定时间方能对地基质量进行检验。对振冲置换

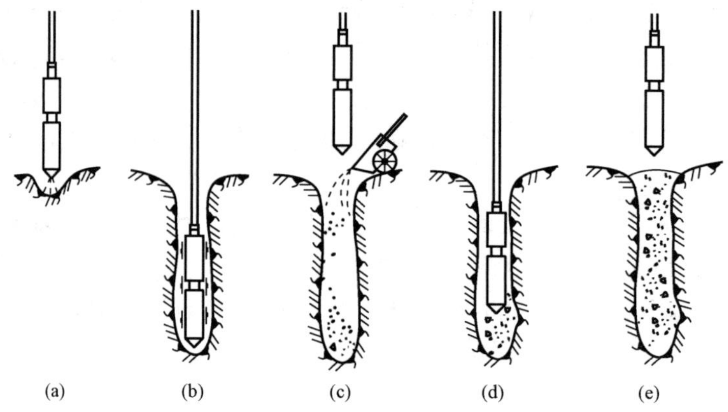

图2-4 碎石桩制桩步骤

（a）定位；（b）振冲下沉；（c）加填料；（d）振密；（e）成桩

法处理黏性土地基时，间隔时间可取15d以上，对振冲密实法处理砂土地基时，间隔时间可取3天以上。

振冲地基的质量检验应抽取振冲总桩数的3%～5%在桩体中心进行动力触探试验。桩间土可用静力触探、动力触探、标准贯入试验或土工试验进行检验。可选取桩体质量较差的3个点进行复合地基载荷试验。

5. 水泥土搅拌桩复合地基

水泥土搅拌桩复合地基是指利用水泥（或水泥系材料）为固化剂，通过特制的搅拌机械，在地基深处对原状土和水泥强制搅拌，形成水泥土圆柱体，与原地基土构成的地基（见图2-5）。水泥土搅拌桩除作为竖向承载的复合地基外，还可用于基坑工程围护挡墙、被动区加固、防渗帷幕等。加固体形状可分为柱状、壁状、格栅状或块状等。根据固化剂掺入状态的不同，分为湿法（浆液搅拌）和干法（粉体喷射搅拌）。

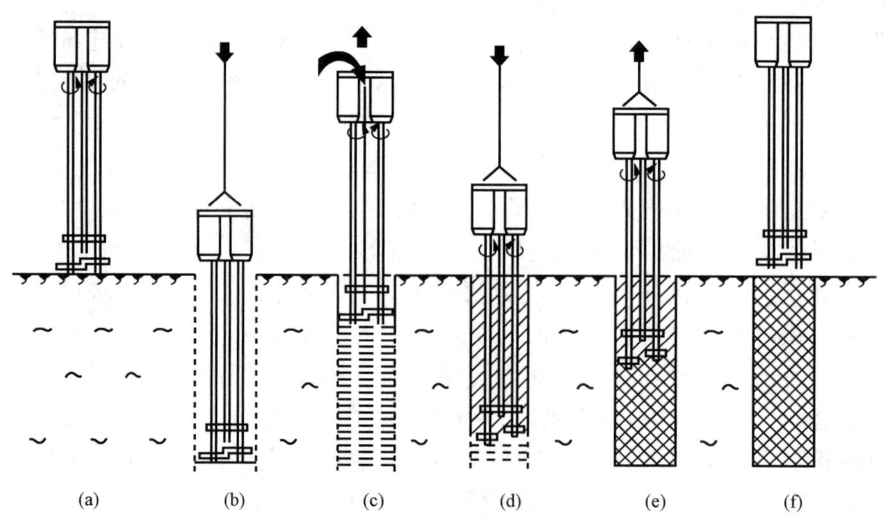

图2-5 深层搅拌法施工工艺流程

（a）定位；（b）预拌下沉；（c）喷浆搅拌机上升；（d）重复搅拌下沉；（e）重复搅拌上升；（f）完毕

水泥土搅拌桩适用于处理正常固结的淤泥与淤泥质土、粉土、饱和黄土、素填土、黏性土以及无流动地下水的饱和松散砂土等地基。

(1) 施工程序。

1) 施工现场事先应予以平整，必须清除地上和地下的障碍物。遇有明浜、池塘及洼地时应抽水和清淤，回填土料应压实，不得回填生活垃圾。

2) 在制定水泥土搅拌施工方案前，应做水泥土的配比试验，测定各水泥土的不同龄期，不同水泥土配比试块强度，确定施工时的水泥土配比。

3) 水泥土搅拌桩施工前应根据设计进行工艺性试桩，数量不得少于 3 根，多头搅拌不得少于 3 组，确定水泥土搅拌施工参数及工艺。即水泥浆的水灰比、喷浆压力、喷浆量、旋转速度、提升速度、搅拌次数等。

4) 搅拌机械就位、调平，为保证桩位准确使用定位卡，桩位对中偏差不大于 20mm，导向架和搅拌轴应与地面垂直，垂直度的偏差不大于 1.5%。

5) 预搅下沉至设计加固深度后，边喷浆（粉）、边搅拌提升直至预定的停浆（灰）面。

6) 重复钻进搅拌，按前述操作要求进行，如喷粉量或喷浆量已达到设计要求时，只需复搅不再送粉或只需复搅不再送浆。

7) 根据设计要求，喷浆（粉）或仅搅拌提升直至预定的停浆（灰）面，关闭搅拌机械。

8) 在预（复）搅下沉时，也可采用喷浆（粉）的施工工艺，必须确保全桩长上下至少再重复搅拌一次。

9) 对地基土进行干法咬合加固时，如复搅困难，可采用慢速搅拌，保证搅拌的均匀性。

(2) 施工要点。

1) 湿法施工要点。

①水泥浆液到达喷浆口的出口压力不应小于 10MPa。

②施工前应确定灰浆泵输浆量、灰浆经输浆管到达搅拌机喷浆口的时间和起吊设备提升速度等施工参数，并根据设计要求通过工艺性成桩试验确定施工工艺。

③所使用的水泥都应过筛，制备好的浆液不得离析，泵送必须连续。拌制水泥浆液的罐数、水泥和外掺剂用量以及泵送浆液的时间等应有专人记录；喷浆量及搅拌深度必须采用经国家计量部门认证的监测仪器进行自动记录。

④搅拌机喷浆提升的速度和次数必须符合施工工艺的要求，并应有专人记录。

⑤当水泥浆液到达出浆口后，应喷浆搅拌 30s，在水泥浆与桩端土充分搅拌后，再开始提升搅拌头。

⑥搅拌机预搅下沉时不宜冲水，当遇到硬土层下沉太慢时，方可适量冲水，但应考虑冲水对桩身强度的影响。

⑦施工时如因故停浆，应将搅拌头下沉至停浆点以下 0.5m 处，待恢复供浆时再喷浆搅拌提升。若停机超过 3h，宜先拆卸输浆管路，并妥加清洗。

⑧壁状加固时，相邻桩的施工时间间隔不宜超过 24h。如间隔时间太长，与相邻桩无法搭接时，应采取局部补桩或注浆等补强措施。

⑨喷浆未到设计桩顶标高（或底部桩端标高），集料斗中浆液已排空时，应检查投料量、有无漏浆、灰浆泵输送浆液流量。处理方法：重新标定投料量，或者检修设备，或者重新标定灰浆泵输送流量。

⑩喷浆到设计桩顶标高（或底部桩端标高），集料斗中浆液剩浆过多时。应检查投料量、输浆管路部分堵塞、灰浆泵输送浆液流量。处理方法：重新标定投料量，或者清洗输浆管路，或者重新标定灰浆泵输送流量。

2）干法施工要点。

①喷粉施工前应仔细检查搅拌机械、供粉泵、送气（粉）管路、接头和阀门的密封性、可靠性。送气（粉）管路的长度不宜大于60m。

②水泥土搅拌法（干法）喷粉施工机械必须配置经国家计量部门确认的具有能瞬时检测并记录出粉体计量装置及搅拌深度自动记录仪。

③搅拌头每旋转一周，其提升高度不得超过16mm。

④搅拌头的直径应定期复核检查，其磨耗量不得大于10mm。

⑤当搅拌头到达设计桩底以上1.5m时，应即开启喷粉机提前进行喷粉作业。当搅拌头提升至地面下500mm时，喷粉机应停止喷粉。

⑥成桩过程中因故停止喷粉，应将搅拌头下沉至停灰面以下1m处，待恢复喷粉时再喷粉搅拌提升。

⑦搅拌机预搅下沉不到设计深度，但电流不高，可能是土质黏性大，搅拌机自重不够造成的。应采取增加搅拌机自重或开动加压装置。

⑧搅拌钻头与混合土同步旋转，是由于灰浆浓度过大或者搅拌叶片角度不适宜造成的。可重新确定浆液的水灰比，或者调整叶片角度、更换钻头等措施。

（3）质量检查。

1）水泥土搅拌施工结束28d后进行检验。

2）水泥土搅拌桩桩体的主要检测内容如下：

①成桩7d后，采用浅部开挖桩头进行检查，开挖深度宜超过停浆（灰）面下0.5m，目测检查搅拌的均匀性，量测成桩直径。检查量为总桩数的5%。

②成桩后3d内，可用轻型动力触探（N_{10}）检查上部桩身的均匀性。检验数量为施工总桩数的1%，且不少于3根。

③桩身强度检验应在成桩28d后，用双管单动取样器钻取芯样作搅拌均匀性和水泥土抗压强度检验，检验数量为施工总桩（组）数的0.5%，且不少于6点。钻芯有困难时，可采用单桩抗压静载荷试验检验桩身质量。

3）承载力检测。竖向承载水泥土搅拌桩复合地基竣工验收时，承载力检验应采用复合地基载荷试验和单桩载荷试验。载荷试验必须在桩身强度满足试验荷载条件时，并宜在成桩28d后进行。验收检测检验数量为桩总数的0.5%～1%，其中每单项工程单桩复合地基载荷试验的数量不应少于3根（多头搅拌为3组），其余可进行单桩静载荷试验或单桩、多桩复合地基载荷试验。

4）基槽开挖后，应检验桩位、桩数与桩顶质量，如不符合设计要求，应采取有效补强措施。

6. 旋喷桩复合地基

旋喷桩复合地基是利用钻机成孔，再把带有喷嘴的注浆管进至土体预定深度后，用高压设备以20～40MPa高压把混合浆液或水从喷嘴中以很高的速度喷射出来，土颗粒在喷射流的作用下（冲击力、离心力、重力），与浆液搅拌混合，待浆液凝固后，便在土中形成一个固结体，与原地基土构成新的地基。

旋喷法分为单独喷射浆液的单管法，浆液和压缩空气同时喷射的二重管法，浆液、压缩空气与高压水同时喷射的三重管法三种。

（1）适用条件。旋喷桩适用于处理砂土、粉土、黏性土（包括淤泥和淤泥质土）、黄土、素填土和杂填土等地基。但对于砾石直径过大，砾石含量高以及含有大量纤维质的腐殖土，喷射质量较差。强度较高的黏性土中喷射直径受到限制。

对于地下水流速过大、无填充物的岩溶地段、永久冻土和对水泥有严重腐蚀的地基，均不宜采用旋喷桩地基。

当土中含有较多的大粒径块石、大量植物根茎或有较高的有机质时，以及地下水流速过大和已涌水的工程，应根据现场试验结果确定其适用性。

旋喷桩法既可用于新建建筑物地基加固，也可用于既有建筑物地基加固。

旋喷桩法不仅仅用于提高地基承载力，还可用于整治局部地基下沉、防止基坑底部隆起、防止小型塌方滑坡、防止地基冻胀、防止砂土液化、减少设备基础振动、止水帷幕等，应用范围很广。

（2）施工工艺流程。施工工艺流程包括机具就位—贯入注浆管—试喷射—喷射注浆—拔管及冲洗等。以单管旋喷桩法为例，如图2-6所示。

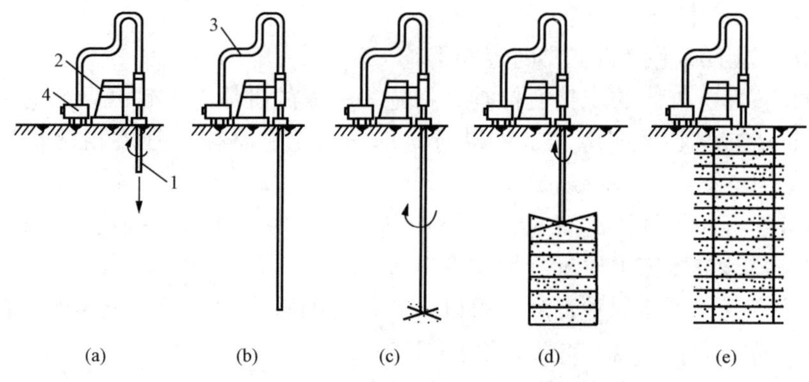

图2-6　单管旋喷桩法施工工艺流程

（a）钻机就位钻孔；（b）钻孔至设计标高；（c）旋喷开始；（d）边旋喷边提升；（e）放喷结束成桩

1—旋喷管；2—钻孔机械；3—高压胶管；4—超高压脉冲泵

（3）施工要点。

1）旋喷桩的施工参数应根据土质条件、加固要求通过试验或根据工程经验确定，并在施工中严格加以控制。

2）对于无特殊要求的工程宜采用强度等级为P.O 42.5级及以上的普通硅酸盐水泥，根据需要可加入适量的外加剂及掺合料。水泥浆液的水灰比应按工程要求确定，可取0.8～1.2，常用0.9。

3）喷射孔与高压注浆泵的距离不宜大于50m。钻孔的位置与设计位置的偏差不得大于50mm。垂直度偏差不大于1%。

4）当喷射注浆管贯入土中，喷嘴达到设计标高时，即可喷射注浆。在喷射注浆参数达到规定值后，随即按旋喷的工艺要求，提升喷射管，由下而上旋转喷射注浆。喷射管分段提升的搭接长度不得小于100mm。

5）在插入旋喷管前先检查高压水与空气喷射情况，各部位密封圈是否封闭，插入后先作高压水射水试验，合格后方可喷射浆液。

6）喷嘴直径、提升速度、旋喷速度、喷射压力、排量等旋喷参数按设计或根据现场试验确定。

7）当采用三重管法旋喷，开始时，先送高压水，再送水泥浆和压缩空气，在一般情况下，压缩空气可晚送30s。在桩底部边旋转边喷射1min后，再进行边旋转、边提升、边喷射。

8）喷射时，先应达到预定的喷射压力、喷浆量后再逐渐提升注浆管。

9）当处理既有建筑地基时，应采取速凝浆液或大间隔孔旋喷和冒浆回灌等措施，以防旋喷过程中地基产生附加变形和地基与基础间出现脱空现象，影响被加固建筑及邻近建筑。

10）旋喷过程中，冒浆量应控制在10%～25%之间。对需要扩大加固范围或提高强度的工程，可采取复喷措施，即先喷一遍清水，再喷一遍或两遍水泥浆。

11）喷到桩高后应迅速拔出注浆管，用清水冲洗管路，防止凝固堵塞。相邻两桩施工间隔时间应不小于48h，间距应不小于4～6m。

（4）质量检查。

1）旋喷桩施工结束28d后进行检验。

2）旋喷桩的施工质量检验主要内容如下：

①桩体的完整性。桩体的完整性检查，在施工完成的桩体上，钻孔取岩芯来观察桩体的完整性，并可将所取岩心做成标准试件进行室内压力试验，获得强度指标，是否满足设计要求。

②桩体的有效直径。桩体的有效直径检查，当旋喷桩具有一定强度后，将桩顶部挖开，检查旋喷桩的直径、桩体施工质量（均匀性）等。

③桩体的垂直度。桩体的垂直度，可以检查钻孔的垂直度，代替桩体的垂直度。在施工中经常测量钻机钻杆的垂直度，或测量孔的倾斜度。

④桩体的强度。桩体的强度，可以采用钻孔取芯检查桩体强度，也可以采用标准贯入度试验、单桩载荷试验等方法检查桩体的强度。

3）施工质量的检验数量，应为喷射孔数量的2%，并不少于5点。

4）承载力的检测。竖向承载旋喷桩地基竣工验收时，承载力检验应采用复合地基载荷试验和单桩载荷试验。载荷试验的数量为总桩数的0.5%～1%，并且每个单体工程不少于3根。

7. 注浆加固地基

注浆加固地基是用压送设备将具有充填和胶结性能的浆液材料注入地层中土颗粒的间隙、土层的界面或岩层的裂隙内，使其扩散、胶凝或固化，以增加地层强度、降低地层渗透性、防止地层变形和进行托换技术的地基处理技术。注浆法可防止或减少渗透和不均匀的沉降，在建筑工程中应用较为广泛。

注浆法适用于加固砂土、淤泥质黏土、粉质黏土、黏土和一般填土层。

（1）施工工艺流程：孔洞定位—钻孔—下注浆管、套管—填砂—拔套管—封口—边注浆边拔注浆管—封孔。

（2）施工要点。

1）注浆孔的孔径宜为 70～110mm，垂直度偏差应小于 1%，注浆孔有设计角度时就预先调节钻杆角度，此时机械必须用足够的锚栓等特别牢固地固定。

2）注浆一经开始即应连续进行，力求避免中断。

3）注浆的流量一般为 7～10L/s，对充填型灌浆，流量可适当加快，但也不宜大于 20L/s。

4）水泥浆的水灰比可取 0.6～2.0，常用的水灰比为 1.0。在满足强度要求的前提下，可用磨细粉煤灰或粗灰部分替代水泥，掺入量宜通过试验确定，也可按水泥重量的 20%～50%掺入。

5）为了改善浆液性能，应在浆液拌制时加入外加剂。

6）浆体应经过搅拌机充分搅拌均匀后才能开始压注，并应在注浆过程中不停缓慢搅拌，搅拌时间应小于浆液初凝时间。浆液在泵送前液压经过筛网过滤。

7）在冬季，当日平均温度低于 5℃或最低温度低于－3℃的条件下注浆时，应在施工现场采取适当措施，以保证不使浆体冻结。在夏季炎热条件下注浆时，用水温度不得超过 30～35℃，并应避免将盛浆桶和注浆管路在注浆体静止状态下暴露于阳光下，以免浆体凝固。

8）每次上拔或下钻高度宜为 0.5m。

（3）质量检查。

1）注浆检验时间应在注浆结束 28d 后进行，对砂土、黄土应在 15d 后进行，对黏性土应在 60d 后进行。可选用标准贯入、轻型动力触探或静力触探对加固地层均匀性进行检测。

2）应在加固土的全部深度范围内每隔 1m 取样进行室内试验，测定其压缩性、强度或渗透性。

3）施工结束后应检查注浆体强度、承载力等。注浆检验点可为注浆孔数的 2%～5%。当检验点合格率小于或等于 80%，或虽大于 80%但检验点的平均值达不到强度或防渗的设计要求时，应对不合格的注浆区实施重复注浆。

8. 预压地基

预压法也称排水固结法，是对地下水位以下的天然地基或设置有砂井（袋装砂井或塑料排水带）等竖向排水体的地基，通过加载系统在地基土中产生水头差，使土体中的孔隙水排出，逐渐固结，地基发生沉降，同时强度逐步提高的方法。该法常用于解决软黏土地基的沉降和稳定问题，可使地基的沉降在加载预压期间基本完成或大部分完成，使建筑物或构筑物在使用期间不致产生过大的沉降和沉降差。同时，可增加地基土的抗剪强度，从而提高地基的承载力和稳定性。

排水固结法适用于处理各类淤泥、淤泥质土及冲填土等饱和黏性土地基。砂井法特别适用于存在连续薄砂层的地基。真空预压法适用于能在加固区形成（包括采取措施后形成）稳定负压边界条件的软土地基，当软土地基中存在连续薄砂层夹层时，需要采用可靠的隔断措施以保证负压的稳定。降低地下水位法、真空预压法和电渗法由于不增加剪应力，地基不会产生剪切破坏，所以它适用于很软弱的黏土地基。

9. 水泥粉煤灰碎石桩复合地基（CFG 桩）

水泥粉煤灰碎石桩（简称 CFG 桩）是由水泥、粉煤灰、碎石、石屑或砂加水拌和形成的高黏结强度桩，与桩间土、褥垫层一起形成复合地基，共同承担上部结构荷载。

水泥粉煤灰碎石桩适用于处理黏性土、粉土、砂土和已自重固结的素填土等地基。对淤泥质土应按地区经验或通过现场试验确定其适用性。就基础形式而言，既可用于扩展基础，又可用于箱形基础、筏形基础。

（1）施工程序。

1）施工前应按设计要求由实验室进行配合比试验，施工时按配合比配制混合料。振动沉管灌注成桩后，桩顶浮浆厚度小于200mm。

2）根据桩位平面布置图及测量基准点，进行桩位施放。桩位定位点应明显且不易破坏。对满堂布桩基础，桩位偏差不应大于0.4倍桩径；对条形基础，桩位偏差不应大于0.25倍桩径，对单排布桩桩位偏差不应大于60mm。

3）水泥粉煤灰碎石桩复合地基施工，成桩工艺包括长螺旋钻孔灌注成桩、长螺旋钻孔、管内泵压混合料灌注成桩、振动沉管灌注成桩、泥浆护壁成孔灌注成桩、锤击或静压预制桩等。

4）水泥粉煤灰碎石桩复合地基施工时应合理安排打桩顺序，宜从一侧向另一侧或由中心向两边顺序施打，以避免桩机碾压已施工完成的桩，或使地面隆起，造成断桩。

5）水泥粉煤灰碎石桩施工完成后，待桩体达到一定强度后（一般为桩体设计强度的70%），方可进行开挖。开挖时，宜采用人工开挖，也可采用小型机械和人工联合开挖，但应有专人指挥，保证小型机械不碰撞桩头，同时应避免扰动桩间土。

6）挖至设计标高后，应剔除多余的桩头。剔除桩头时，应在距设计标高2～3cm的同一平面按同一角度对称放置2个或3个钢钎，用大锤同时击打，将桩头截断。桩头截断后，用手锤、钢钎剔至设计标高并凿平桩顶表面。

7）桩头剔至设计标高以下，或发现浅部断桩时，应提出上部断桩并采取补救措施。

8）褥垫层施工，当厚度大于200mm，宜分层铺设，每层虚铺厚度$H=h/\lambda$，其中h为褥垫层设计厚度，λ为夯实度，一般取0.87～0.90。虚铺完成后宜采用静力压实至设计厚度。褥垫层铺设宜采用静力压实法，当基础底面下桩间土的含水量较小时，也可以采用动力夯实法。对较干的砂石材料，虚铺后可适当洒水再进行碾压或夯实。

（2）施工要点。

1）施工时应调整钻杆（沉管）与地面垂直，保证垂直度偏差不大于1%；桩位偏差符合前述有关规定。控制钻孔或沉管入土深度，保证桩长偏差在±100mm范围内。

2）长螺旋钻孔、管内泵压混合料成桩施工在钻至设计深度后，应掌握提拔钻杆时间，混合料泵送量应与拔管速度相配合，遇到饱和砂土或饱和粉土层，不得停泵待料。沉管灌注成桩施工拔管速度应按匀速控制，拔管速度应控制在1.2～1.5m/min，如遇淤泥或淤泥质土，拔管速度应适当放慢。对遇有松散饱和粉土、粉细砂、淤泥、淤泥质土，当桩距较小时，防止窜孔宜采用隔桩跳打措施。

3）施工时，桩顶标高应高出设计标高，高出长度应根据桩距、布桩形式、现场地质条件和施打顺序等综合确定，一般不宜小于0.5m；当施工作业面与有效桩顶标高距离较大时，宜增加混凝土灌注量，提高施工桩顶标高，防止缩径。

4）成桩过程中，抽样做混合料试块，每台机械每台班应做一组（3块）试块（边长150mm立方体），标准养护，测定其立方体28d抗压强度。施工中应抽样检查混合料坍落度。

5）冬期施工时，混合料入孔深度不得低于 5℃，对桩头和桩间土应采取保温措施。

6）清土和截桩时，不得造成桩顶标高以下桩身断裂和扰动桩间土。

（3）质量检验。

1）施工结束后，应对桩顶标高、桩位、桩体质量、地基承载力以及褥垫层的质量做检查。

2）水泥粉煤灰碎石桩复合地基，其承载力检验应采用复合地基载荷试验，宜在施工结束 28d 后进行。试验数量宜为总桩数的 0.5%～1%，但不应少于 3 处。有单桩强度检验要求时，数量为总数的 0.5%～1%，且每个单体工程不应少于 3 点。

3）应抽取不少于总桩数的 10%的桩进行低应变动力试验，检测桩身完整性。

4）褥垫层夯填度，检验数量，每单位工程不应少于 3 点，1000m^2以上工程，每 100m^2至少应有 1 点，3000m^2以上工程，每 300m^2至少应有 1 点。每一独立基础下至少应有 1 点，基槽每 20 延米应有 1 点。

习　　题

一、填空题

1. 地基处理的目的有________、________、________、________、________。

2. 地基处理按处理深度可分为________和__________。

3. 当地基为黏性土，且含水量很大趋于饱和时，夯拍后会使地基土变成踩上去有一种颤动感觉的________。

4. 重锤夯实后应检查施工记录，除应符合试夯最后下沉量的规定外，并应检查基槽（坑）表面的总下沉量，以不小于试夯总下沉量的____________为合格。

5. 利用振动和水冲加固土体的方法称为振冲法，振冲法分为________和______两类。

二、名词解释

1. 地基处理　　2. 天然地基　　3. 人工地基

4. 水泥土搅拌复合地基　　5. 旋喷桩复合地基　　6. 水泥粉煤灰碎石桩复合地基

三、简答题

1. 简述水泥土搅拌复合地基的施工程序。

2. 简述旋喷桩复合地基的施工程序。

3. 简述水泥粉煤灰碎石桩复合地基的施工程序。

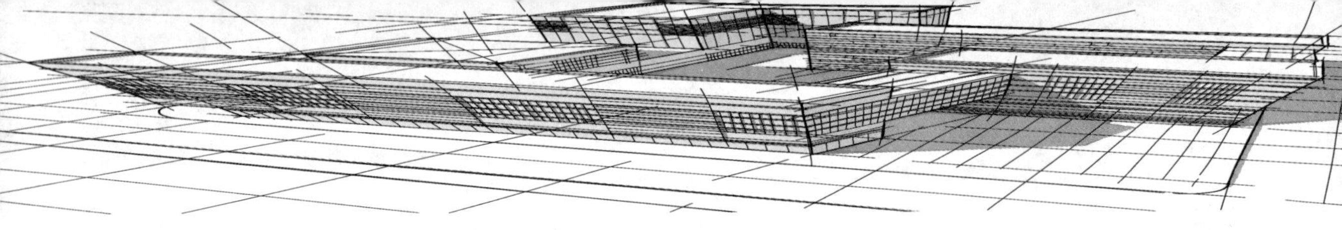

第3章　脚手架工程施工

本章主要讲述脚手架的作用、基本要求、分类；工程上常用脚手架的基本构造、搭设及拆除要求、检查与验收、安全管理与维护等。

职业能力目标

1. 具有编制脚手架施工方案并组织施工的能力。
2. 能够在脚手架施工过程中正确执行相关规范规程。

脚手架是在施工现场为了安全防护以及为工人提供临时操作面、材料的临时堆场、临时的运输道路而搭设的架体。

脚手架的基本要求是：其宽度和高度应满足工人操作、材料堆置、运输及安全防护的需要；坚固稳定；构造简单、装拆方便，并能多次周转使用；因地制宜、就地取材、尽量节约材料。

脚手架的分类：

（1）按其搭设位置分为外脚手架和里脚手架。

（2）按其所用材料分为钢管脚手架、铝合金脚手架。

（3）按其构造形式分为承插型盘扣式、多立柱式、门式、桥式、悬吊式、挂式、挑式和爬升式脚手架等。

（4）按其立杆排数分为单排、双排和满堂脚手架。

（5）按其用途分为砌筑脚手架、装修脚手架、防护脚手架和承重脚手架等。

3.1　承插型盘扣式钢管脚手架

承插型盘扣式钢管脚手架（以下简称盘扣架）是立杆之间采用外套管或内插管连接，水平杆和斜杆采用杆端扣接头卡入连接盘，用楔形插销连接，具有保障作业安全和防护功能的结构架体。盘扣架是继扣件式和碗扣式脚手架之后的升级产品，具有安全、高效、承载力高等优点。

盘扣架根据使用用途可分为支撑脚手架和作业脚手架。支撑脚手架支承于地面或结构上承受各种荷载，具有安全防护功能，为建筑施工提供支撑和作业平台，包括模板支撑脚手架和结构安装支撑架，简称支撑架。作业脚手架支承于地面、建筑物上或附着于工程结构上，为建筑施工提供作业平台与安全防护，简称作业架。

支撑脚手架组成如下：

基本组件：包括立杆、横杆、斜杆、定位杆、底座、顶托。

节点：包括圆盘、横杆铸头、斜杆铸头、销板。

特殊构件：包括踏板、步梯、钢桁架、三脚架、钢斜撑。

配套产品：包括铝合金梁等。

3.1.1　构造组成

盘扣架的构件、材料及其制作质量应符合现行行业标准《承插型盘扣式钢管支架构件》的规定，其基本构造组成如下。

盘扣架的支撑架分为立杆及水平杆（横杆）、斜杆，连接盘。横杆、斜杆的连接方式均为插销式，可以确保杆件与立杆牢固连接。连接盘有八角形盘和圆盘，本书以圆盘为例讲述。连接盘上有 8 个孔，4 个小孔为横杆专用，4 个大孔为斜杆专用。盘扣架的节点示意图与现场图如图 3-1 和图 3-2 所示，盘扣架现场图如图 3-3 所示。

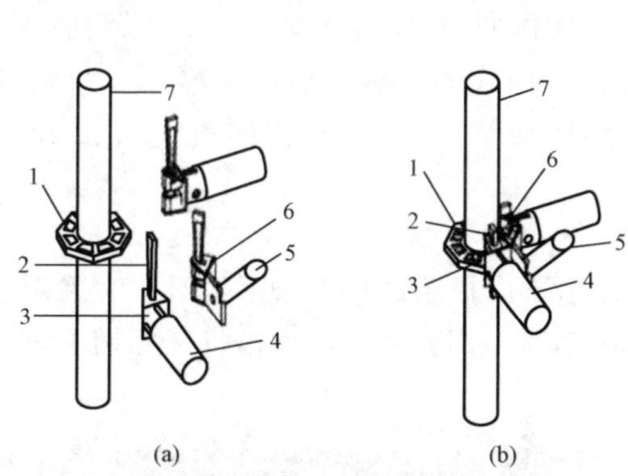

图 3-1　盘扣架节点示意图

(a) 连接前；(b) 连接后

1—连接盘；2—插销；3—水平杆杆端扣接头；4—水平杆；5—斜杆；6—斜杆杆端扣接头；7—立杆

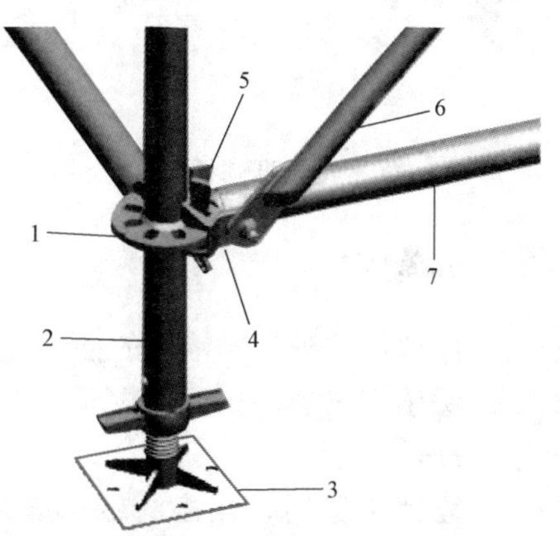

图 3-2　盘扣架节点现场

1—连接盘；2—立杆；3—可调底座；4—扣接头；5—插销；6—竖向斜杆；7—水平杆

1. 立杆 LG

盘扣架根据立杆外径大小可分为标准型和重型，其中标准型简称为 B 型，重型简称为 Z 型。标准型立杆钢管的外径应为 48.3mm，重型立杆钢管的外径应为 60.3mm，壁厚均不应小于 3.2mm。立杆盘扣宜按 0.5m 模数设置，长度 L 为 500、1000、1500、2000、2500、3000、4000mm。

起始杆（起步杆，标准基座）高度为 200mm，作为架体搭设起步之用，上部连立杆，下部与可调底座直接连接。

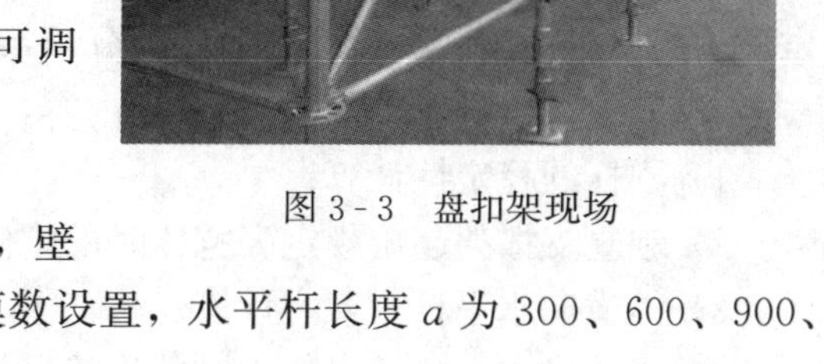

图 3-3　盘扣架现场

2. 水平杆 SG 和水平斜杆 SXG

水平杆和水平斜杆钢管的外径应为 48.3mm，壁厚均不应小于 2.5mm。水平杆长度宜按 0.3m 模数设置，水平杆长度 a 为 300、600、900、1200、1500、1800、2100、2400、2700、3000mm。

3. 竖向斜杆钢管 XG

竖向斜杆钢管外径可为 33.7、38、42.4、48.3mm。外径为 33.7mm 时，壁厚不应小于

2.3mm；外径为38、42.4、48.3mm时，壁厚不应小于2.5mm。长度 a（b）为300、600、900、1200、1500、1800、2100、2400、2700、3000mm；步距 h 为500、1000、1500、2000mm。

图3-4 可调托撑

4. 可调托撑KTC和可调底座KDZ

标准型可调托撑（见图3-4）和可调底座的螺杆外径不应小于38mm，重型可调托撑和可调底座的螺杆外径不应小于48mm。长度 X 为500、600mm。

5. 其他构配件

其他构配件还有连接套管、冲压钢脚手板、挡脚板、挂扣式脚手板、挂扣式楼梯、悬挑三脚架、双槽托梁等。主要构配件如图3-5所示。

3.1.2 基本规定

（1）杆端扣接头与连接盘的插销连接锤击自锁后不应拔脱。搭设脚手架时，宜采用不小于0.5kg锤子敲击插销顶面不少于2次，直至插销销紧。销紧后应再次击打，插销下沉量不应大于3mm。

（2）插销销紧后，扣接头端部弧面应与立杆外表面贴合。

（3）脚手架结构设计应根据脚手架种类、搭设高度和荷载采用不同的安全等级。脚手架安全等级的划分应符合规定。

（4）脚手架结构重要性系数应按规定取值。

盘扣架施工前必须先按用途确定是支撑架还是作业架，两者的设计与施工都有不同的要求。

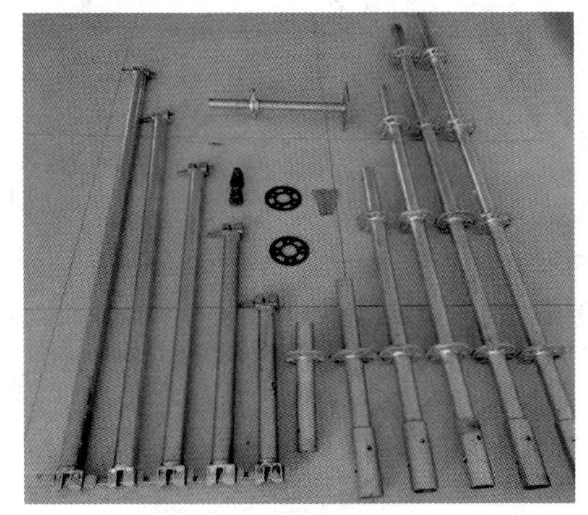

图3-5 主要构配件

3.1.3 盘扣架结构设计的一般规定

（1）脚手架的结构设计应根据现行国家标准《建筑施工承插型盘扣式钢管脚手架安全技术标准》《建筑结构荷载规范》《钢结构设计标准》和《建筑结构可靠性设计统一标准》的规定，采用概率极限状态设计法，采用分项系数的设计表达式。

（2）支撑架设计计算应包括下列内容：

1）立杆的稳定性计算；

2）独立支撑架超出规定高宽比时的抗倾覆验算；

3）纵横向水平杆承载力计算；

4）当通过立杆连接盘传力时的连接盘抗剪承载力验算；

5）立杆地基承载力计算。

（3）作业架设计计算应包括下列内容：

1）立杆的稳定性计算；
2）纵横向水平杆的承载力计算；
3）连墙件的强度、稳定性和连接强度的计算；
4）当通过立杆连接盘传力时的连接盘抗剪承载力验算；
5）立杆地基承载力计算。

3.1.4 构造要求

1. 一般规定

（1）脚手架的构造体系应完整，脚手架应具有整体稳定性。

（2）应根据施工方案计算得出的立杆纵横向间距选用定长的水平杆和斜杆，并应根据搭设高度组合立杆、基座、可调托撑和可调底座。

（3）脚手架搭设步距不应超过2m。

（4）脚手架的竖向斜杆不应采用钢管扣件。

（5）当标准型（B型）立杆荷载设计值大于40kN，或重型（Z型）立杆荷载设计值大于65kN时，脚手架顶层步距应比标准步距缩小0.5m。

2. 支撑架

（1）支撑架的高宽比宜控制在3以内，高宽比大于3的支撑架应与既有结构进行刚性连接或采取增加抗倾覆措施。

（2）对标准步距为1.5m的支撑架，应根据支撑架搭设高度、支撑架型号及立杆轴向力设计值进行竖向斜杆布置，竖向斜杆布置型式选用应符合表3-1、表3-2的要求。

表3-1　标准型（B型）支撑架竖向斜杆布置型式

立杆轴力设计值 N（kN）	搭设高度 H（m）			
	$H \leqslant 8$	$8 < H \leqslant 16$	$16 < H \leqslant 24$	$H > 24$
$N \leqslant 25$	间隔3跨	间隔3跨	间隔2跨	间隔1跨
$25 < N \leqslant 40$	间隔2跨	间隔1跨	间隔1跨	间隔1跨
$N > 40$	间隔1跨	间隔1跨	间隔1跨	每跨

表3-2　重型（Z型）支撑架竖向斜杆布置型式

立杆轴力设计值 N（kN）	搭设高度 H（m）			
	$H \leqslant 8$	$8 < H \leqslant 16$	$16 < H \leqslant 24$	$H > 24$
$N \leqslant 40$	间隔3跨	间隔3跨	间隔2跨	间隔1跨
$40 < N \leqslant 65$	间隔2跨	间隔1跨	间隔1跨	间隔1跨
$N > 65$	间隔1跨	间隔1跨	间隔1跨	每跨

注 1. 立杆轴力设计值和脚手架搭设高度为同一独立架体内的最大值。
2. 每跨表示竖向斜杆沿纵横向每跨搭设（见图3-6）；间隔1跨表示竖向斜杆沿纵横向每间隔1跨搭设（见图3-7）；间隔2跨表示竖向斜杆沿纵横向每间隔2跨搭设（见图3-8）；间隔3跨表示竖向斜杆沿纵横向每间隔3跨搭设（见图3-9）。

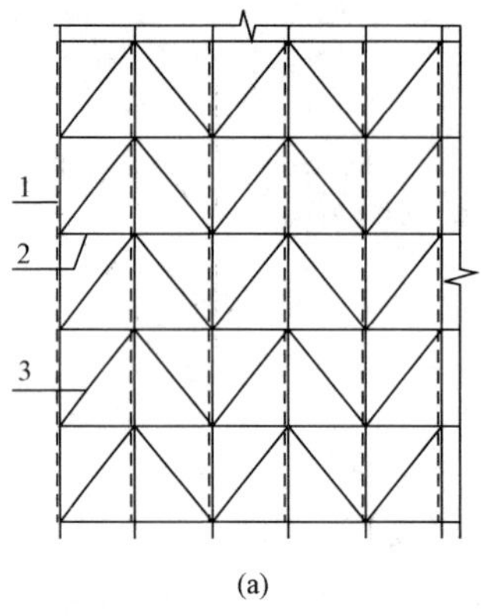

(a)

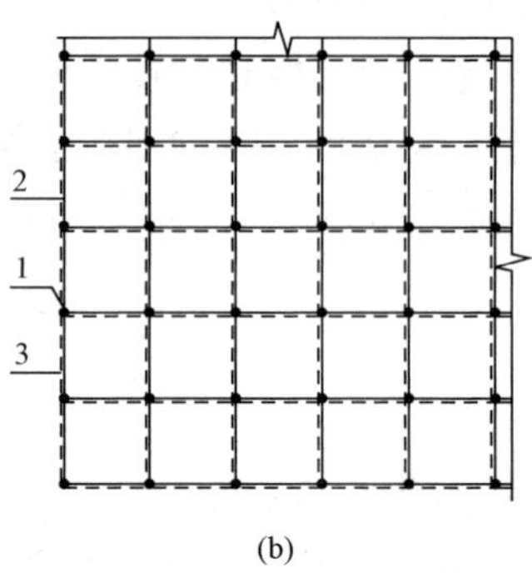

(b)

图3-6 每跨型式支撑架斜杆设置图

（a）立面图；（b）平面图

1—立杆；2—水平杆；3—竖向斜杆

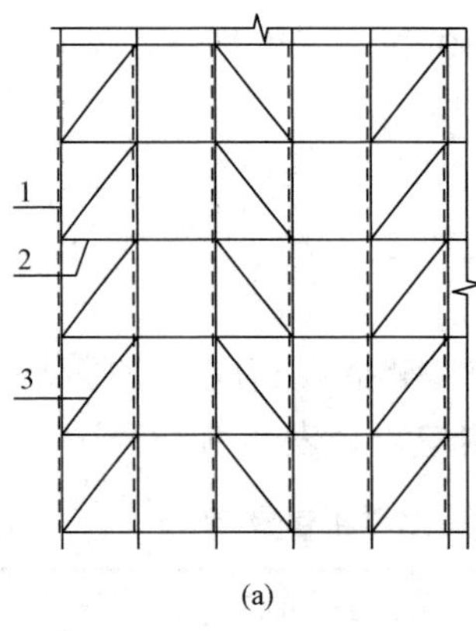

(a)

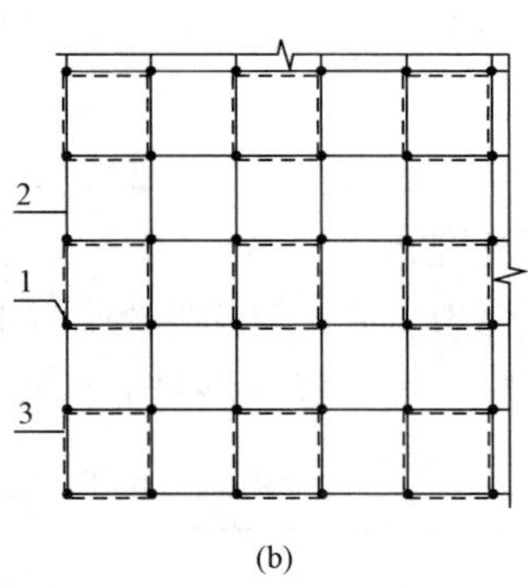

(b)

图3-7 间隔1跨型式支撑架斜杆设置图

（a）立面图；（b）平面图

1—立杆；2—水平杆；3—竖向斜杆

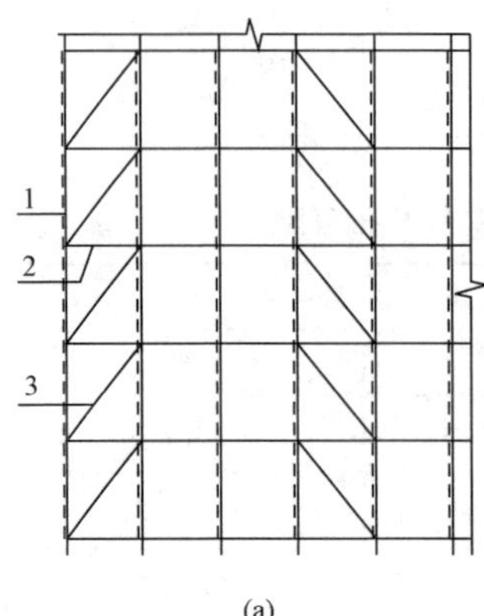

(a)

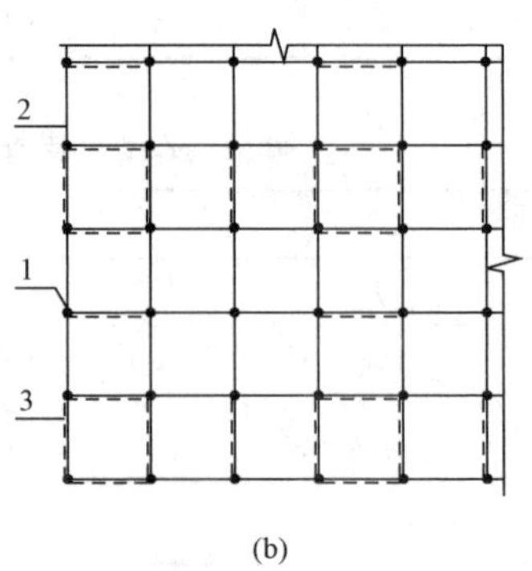

(b)

图3-8 间隔2跨型式支撑架斜杆设置图

（a）立面图；（b）平面图

1—立杆；2—水平杆；3—竖向斜杆

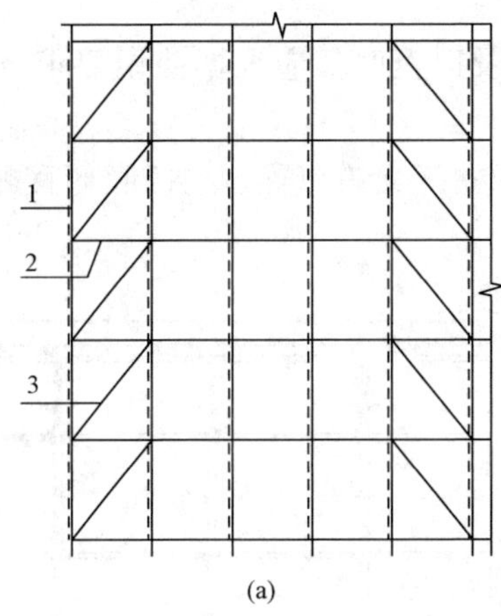

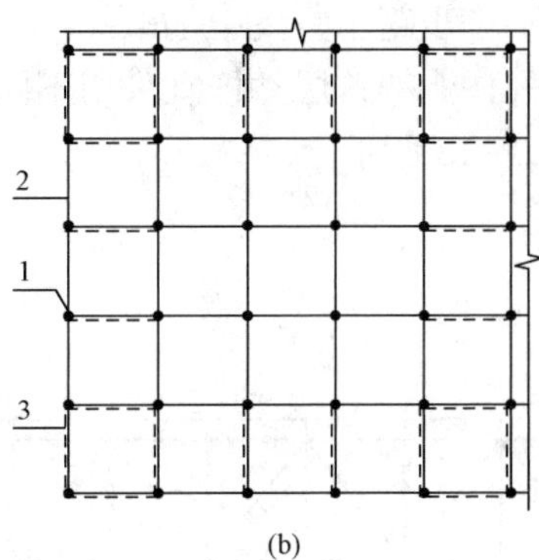

图 3-9　间隔 3 跨型式支撑架斜杆设置图

（a）立面图；（b）平面图

1—立杆；2—水平杆；3—竖向斜杆

（3）当支撑架搭设高度大于 16m 时，顶层步距内应每跨布置竖向斜杆。

（4）支撑架可调托撑伸出顶层水平杆或双槽托梁中心线的悬臂长度（见图 3-10）不应超过 650mm，且丝杆外露长度不应超过 400mm，可调托撑插入立杆或双槽托梁长度不得小于 150mm。

（5）支撑架可调底座丝杆插入立杆长度不得小于 150mm，丝杆外露长度不宜大于 300mm，作为扫地杆的最底层水平杆中心线高度离可调底座的底板高度不应大于 550mm。

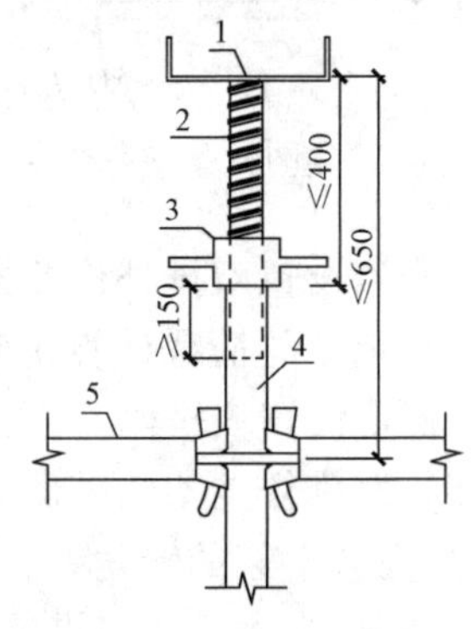

图 3-10　可调托撑伸出顶层水平杆的悬臂长度

1—可调托撑；2—螺杆；3—调节螺母；4—立杆；5—水平杆

（6）当支撑架搭设高度超过 8m、有既有建筑结构时，应沿高度每间隔 4～6 个步距与周围已建成的结构进行可靠拉结。

（7）支撑架应沿高度每间隔 4～6 个标准步距设置水平剪刀撑，并应符合现行行业标准《建筑施工扣件式钢管脚手架安全技术规范》中钢管水平剪刀撑的相关规定。

（8）当以独立塔架形式搭设支撑架时，应沿高度间隔 2～4 个步距与相邻的独立塔架水平拉结。

（9）当支撑架架体内设置与单支水平杆同宽的人行通道时，可间隔抽除第一层水平杆和斜杆形成施工人员进出通道，与通道正交的两侧立杆间应设置竖向斜杆；当支撑架架体内设置与单支水平杆不同宽人行通道时，应在通道上部架设支撑横梁（见图 3-11），横梁的型号及间距应依据荷载确定。通道相邻跨支撑横梁的立杆间距应根据计算设置，通道周围的支撑架应连成整体。洞口顶部应铺设封闭的防护板，相邻跨应设置安全网。通行机动车的洞口，应设置安全警示和防撞设施。

3. 作业架

（1）作业架的高宽比宜控制在 3 以内；当作业架高宽比大于 3 时，应设置抛撑或缆风绳等抗倾覆措施。

（2）当搭设双排外作业架时或搭设高度 24m 及以上时，应根据使用要求选择架体几何尺寸，相邻水平杆步距不宜大于 2m。

（3）双排外作业架首层立杆宜采用不同长度的立杆交错布置，立杆底部宜配置可调底座或垫板，如图 3-12 所示。

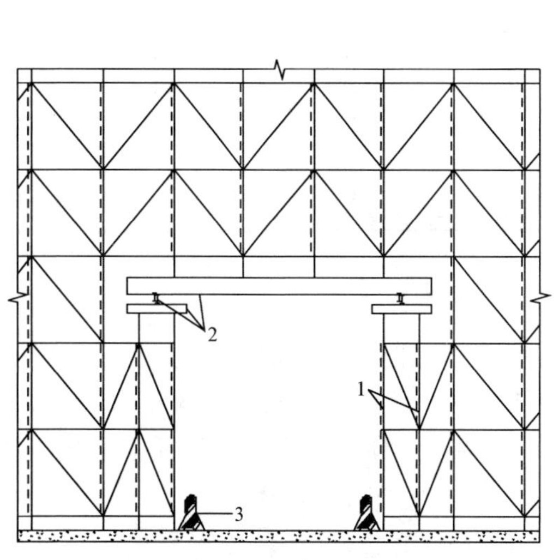

图 3-11　支撑架人行通道设置图

1—立杆；2—支撑横梁；3—防撞设施

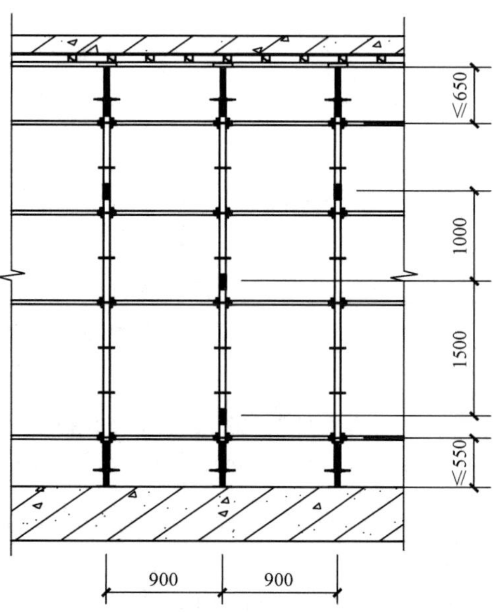

图 3-12　立杆示意图

（4）当设置双排外作业架人行通道时，应在通道上部架设支撑横梁，横梁截面大小应按跨度以及承受的荷载计算确定，通道两侧作业架应加设斜杆。洞口顶部应铺设封闭的防护板，两侧应设置安全网。通行机动车的洞口，应设置安全警示和防撞设施。

（5）双排作业架的外侧立面上应设置竖向斜杆，并应符合下列规定：

1）在脚手架的转角处、开口型脚手架端部应由架体底部至顶部连续设置斜杆。

2）每隔不大于 4 跨设置一道竖向或斜向连续斜杆；当架体搭设高度在 24m 以上时，应每隔不大于 3 跨设置一道竖向斜杆。

3）竖向斜杆应在双排作业架外侧相邻立杆间由底至顶连续设置（见图 3-13）。

（6）连墙件。连墙件的设置应符合下列规定：

1）连墙件应采用可承受拉、压荷载的刚性杆件，并应与建筑主体结构和架体连接牢固。

2）连墙件应靠近水平杆的盘扣节点设置。

3）同一层连墙件宜在同一水平面，水平间距不应大于 3 跨；连墙点件之上架体的悬臂高度不得超过 2 步。

4）在架体的转角处或开口型双排脚手架的端部应按楼层设置，且竖向间距不应大于 4m。

5）连墙件宜从底层第一道水平杆处开始设置。

6）连墙件宜采用菱形布置，也可采用矩形布置。

7）连墙点应均匀分布。

8）当脚手架下部不能搭设连墙件时，宜外扩搭设多排脚手架并设置斜杆形成外侧斜面状附加梯形架。

（7）三脚架与立杆连接及接触的地方，应沿三脚架长度方向增设水平杆，相邻三脚架应连接牢固。

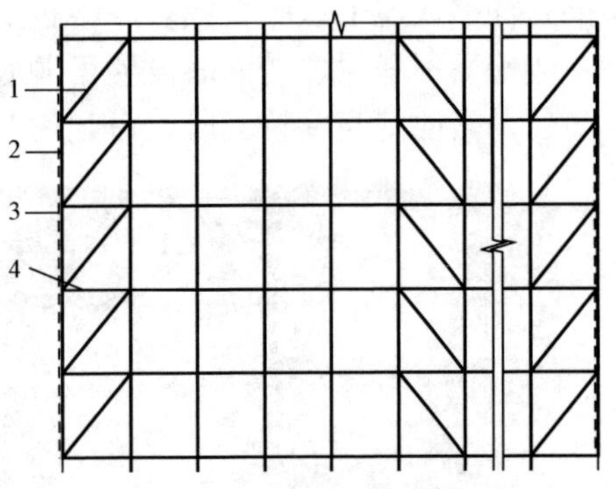

图3-13　斜杆搭设示意图

1—斜杆；2—立杆；3—两端竖向斜杆；4—水平杆

3.1.5　搭设与拆除

1. 施工准备

（1）脚手架施工前应根据施工现场情况、地基承载力、搭设高度编制专项施工方案，并应经审核批准后实施。

（2）操作人员应经过专业技术培训和专业考试合格后，持证上岗。脚手架搭设前，应按专项施工方案的要求对操作人员进行技术和安全作业交底。

（3）经验收合格的构配件应按品种、规格分类码放，并应标挂数量、规格铭牌。构配件堆放场地应排水畅通、无积水。

（4）作业架连墙件、托架、悬挑梁固定螺栓或吊环等预埋件的设置，应按设计要求预埋。

（5）脚手架搭设场地应平整、坚实，并应有排水措施。

2. 施工方案

专项施工方案应包括下列内容：

（1）编制依据：相关法律、法规、规范性文件、标准及施工图设计文件、施工组织设计等；

（2）工程概况：危险性较大的分部分项工程概况和特点、施工平面布置、施工要求和技术保证条件；

（3）施工计划：包括施工进度计划、材料与设备计划；

（4）施工工艺技术：技术参数、工艺流程、施工方法、操作要求、检查要求等；

（5）施工安全质量保证措施：组织保障措施、技术措施、监测监控措施、应急预案等危险源清单；

（6）施工管理及作业人员配备和分工：施工管理人员、专职安全生产管理人员、特种作业人员、其他作业人员等；

（7）验收要求：验收标准、验收程序、验收内容、验收人员等；

（8）应急处置措施；

（9）计算书及相关施工图纸。

3. 地基与基础

（1）脚手架基础应按专项施工方案进行施工，并应按基础承载力要求进行验收，脚手架应在地基基础验收合格后搭设。

（2）土层地基上的立杆下应采用可调底座和垫板，垫板的长度不宜少于2跨。

立杆底部设置底座和垫板应具体情况具体分析，对一般建筑工程立杆底部应硬化处理，如果立杆撑在地下室底板或较厚楼板上，也可不设垫板，如图3-14所示。但当立杆基础有高差或地面不平时，需同时设置可调底座和垫板。

（3）当地基高差较大时，可利用立杆节点位差配合可调底座进行调整（见图3-15）。

图3-14　盘扣架立杆底部设置

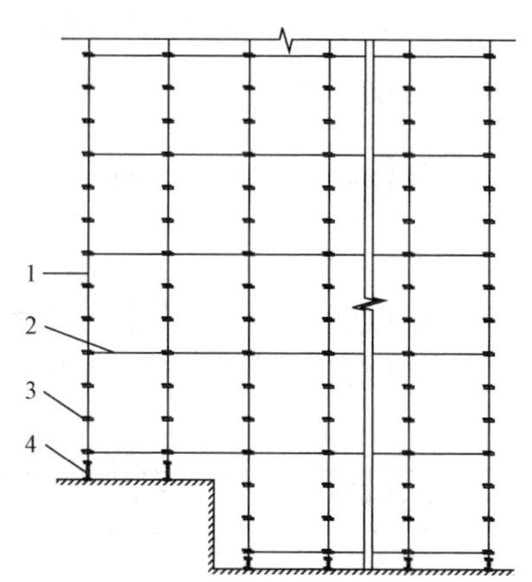

图3-15　可调底座调整立杆连接盘示意

1—立杆；2—水平杆；3—连接盘；4—可调底座

4. 支撑架搭设与拆除

（1）支撑架立杆搭设位置按专项施工方案放线确定。

（2）支撑架搭设应根据立杆放置可调底座，按先立杆后水平杆再斜杆的顺序搭设，形成基本的架体单元，并以此扩展搭设成整体脚手架体系。

（3）可调底座和土层基础上垫板应水平放置在定位线上并保持水平。垫板应平整、无翘曲，不得采用已开裂木垫板。

（4）在多层楼板上连续设置支撑架时，上下层支撑立杆宜在同一轴线上。

（5）支撑架搭设完成后应对架体进行验收，并应确认符合专项施工方案要求后再进入下道工序施工。

（6）可调底座和可调托撑安装完成后，立杆外表面应与可调螺母吻合，立杆外径与螺母台阶内径差不应大于2mm。

（7）水平杆及斜杆插销安装完成后，应采用锤击方法抽查插销，连续下沉量不应大于3mm。

（8）当架体吊装时，立杆间连接应增设立杆连接件。

（9）架体搭设与拆除过程中，可调底座、可调托撑、基座等小型构件宜采用人工传递。吊装作业应由专人指挥信号，不得碰撞架体。

（10）脚手架搭设完成后，立杆的垂直偏差不应大于支撑架总高度的1/500，且不得大于50mm。

（11）拆除作业应按先装后拆、后装先拆的原则进行，从顶层开始、逐层向下进行，不得上下同时作业，不应抛掷。

（12）当分段或分立面拆除时，应确定分界处的技术处理方案，分段后架体应稳定。

5. 作业架安装与拆除

(1) 作业架立杆应定位准确，并配合施工进度搭设，双排外作业架一次搭设高度不应超过最上层连墙件两步，且自由高度不应大于 4m。

(2) 双排外作业架连墙件应随脚手架高度上升同步在规定位置处设置，不得滞后安装和任意拆除。

(3) 作业层设置应符合下列规定：

1) 满铺脚手板。

2) 双排外作业架外侧设挡脚板和防护栏杆，防护栏杆可在每层作业面立杆的 0.5m 和 1.0m 的连接盘处布置两道水平杆，并在外侧满挂密目安全网。

3) 作业层与主体结构间的空隙设置水平防护网。

4) 当采用钢脚手板时，钢脚手板的挂钩稳固扣在水平杆上，挂钩处于锁住状态。

(4) 加固件、斜杆应与作业架同步搭设。当加固件、斜撑采用扣件钢管时，应符合现行行业标准《建筑施工扣件式钢管脚手架安全技术规范》的有关规定。

(5) 作业架顶层的外侧防护栏杆高出顶层作业层的高度不应小于 1500mm。

(6) 当立杆处于受拉状态时，立杆的套管连接接长部位应采用螺栓连接。

(7) 作业架分段搭设、分段使用，并经验收合格后方可使用。

(8) 作业架应经单位工程负责人确认并签署拆除许可令后，方可拆除。

(9) 当作业架拆除时，应划出安全区，设置警戒标志，并派专人看管。

(10) 拆除前清理脚手架上的器具、多余的材料和杂物。

(11) 作业架拆除按先装后拆、后装先拆的原则进行，不应上下同时作业。双排外脚手架连墙件随脚手架逐层拆除，分段拆除的高度差不应大于两步。如因作业条件限制，当出现高度差大于两步时，应增设连墙件加固。

(12) 拆除至地面的脚手架及构配件应及时检查、维修及保养，并按品种、规格分类存放。

6. 盘扣架安装施工工艺流程及要点

(1) 施工工艺流程。测量放线，确定可调底座安放位置→安放可调底座→安装起步杆→安装扫地杆→将立杆插入起步杆→按步距（一般 1.5m）安装第二层水平杆→安装第一层斜杆→按步距安装第三层水平杆→安装第二层斜杆→重复以上步骤安装立杆、水平杆、斜杆→安装 U 形顶托调整螺母至所需高度。

以上施工工艺流程是以支撑架为例讲述的。如果是外脚手架，则应在安装第二层水平杆后，按要求设置连墙件。

(2) 施工要点。

1) 调整可调底座的调节螺母，使调节螺母在同一水平面上，调节时模板支架可调底座调节丝杆外露长度不应大于 300mm。

2) 安装扫地杆，将横杆头套入圆盘小孔位置使横杆头前端抵住主架圆管，再以斜楔贯穿小孔敲紧固定。插销连接应保证锤击自锁后不拔脱，抗拔力不得小于 3kN，作为扫地杆的最底层水平杆离地高度不应大于 550mm，如扫地杆未水平，可调节可调底座。

3) 安装第一层斜杆，将斜杆全部按顺时针或全部按逆时针方向组搭。将斜杆套圆盘大孔位置，使斜杆头前端抵住立杆，再以斜楔贯穿大孔敲紧固定。

4）安装第二层斜杆：按前面组搭方式，与第一层相同方向搭接第二层斜杆。若第一层为逆时针方向组装，则第二层以上的斜杆同样需以逆时针方向组装。

5）安装U形顶托。将U形顶托插入立杆中，调整螺母至所需高度。U形顶托安装要求：模板支架可调托座伸出顶层水平杆或双槽钢托梁的悬臂长度严禁超过650mm，且丝杆外露长度严禁超过400mm，可调托座插入立杆或双槽钢托梁长度不得小于150mm，见图3-10。

3.1.6 检查与验收

（1）对进入施工现场的脚手架构配件的检查与验收应符合下列规定：

1）应有脚手架产品标识及产品质量合格证、型式检验报告。

2）应有脚手架产品主要技术参数及产品使用说明书。

3）当对脚手架及构件质量有疑问时，应进行质量抽检和整架试验。

（2）当出现下列情况之一时，支撑架应进行检查和验收：

1）基础完工后及支撑架搭设前；

2）超过8m的高支模每搭设完成6m高度后；

3）搭设高度达到设计高度后和混凝土浇筑前；

4）停用一个月以上，恢复使用前；

5）遇6级以上强风、大雨及冻结地区解冻后。

（3）支撑架检查和验收应符合下列规定：

1）基础应符合设计要求并平整坚实，立杆与基础间无松动、悬空现象，底座、支垫符合规定；

2）搭设的架体符合设计要求，搭设方法和斜杆、剪刀撑等设置符合标准规定；

3）可调托撑和可调底座伸出水平杆的悬臂长度应符合相关标准规定；

4）平杆扣接头、斜杆扣接头与连接盘的插销应销紧。

（4）当出现下列情况之一时，作业架应进行检查和验收：

1）基础完工后及作业架搭设前；

2）首段高度达到6m时；

3）架体随施工进度逐层升高时；

4）搭设高度达到设计高度后；

5）停用一个月以上，恢复使用前；

6）遇6级以上强风、大雨及冻结的地基土解冻后。

（5）作业架检查和验收应符合下列规定：

1）搭设的架体符合设计要求，斜杆或剪刀撑设应符合相关标准规定；

2）立杆基础没有不均匀沉降，可调底座与基础面的接触没有松动和悬空现象；

3）连墙件设置符合设计要求，并与主体结构、架体可靠连接；

4）外侧安全立网、内侧层间水平网的张挂及防护栏杆的设置应齐全、牢固；

5）周转使用的脚手架构配件使用前应进行外观检查，并作记录；

6）搭设的施工记录和质量检查记录及时、齐全；

7）水平杆扣接头、斜杆扣接头与连接盘的插销应销紧。

（6）支撑架和作业架验收后应形成记录。

3.2　扣件式钢管脚手架

3.2.1　构造组成

扣件式钢管脚手架由钢管、扣件、脚手板、底座和安全网等组成，如图 3-16 所示。钢管一般用直径 48.3mm、厚 3.6mm 的焊接钢管。每根钢管的最大质量不应大于 25.8kg。扣件用于钢管之间的连接，其基本形式有三种，如图 3-17 所示：(a) 直角扣件，用于两根钢管呈垂直交叉的连接；(b) 旋转扣件，用于两根钢管呈任意角度交叉的连接；(c) 对接扣件，用于两根钢管的对接连接。立柱底端立于底座上，以传递荷载到地面上，底座如图 3-18 所示。脚手板可采用冲压钢脚手板、钢木脚手板、竹脚手板等。每块脚手板的质量不宜大于 30kg。

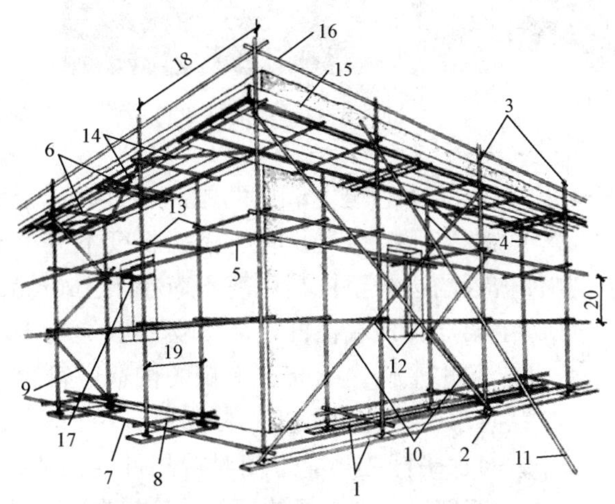

图 3-16　扣件式钢管脚手架构造

1—垫板；2—底座；3—外立柱；4—内立柱；5—纵向水平杆；6—横向水平杆；7—纵向扫地杆；8—横向扫地杆；9—横向斜撑；10—剪刀撑；11—抛撑；12—旋转扣件；13—直角扣件；14—水平斜撑；15—挡脚板；16—防护栏杆；17—连墙固定件；18—柱距；19—排距；20—步距

3.2.2　构造要求

扣件式钢管脚手架构造如图 3-16 所示。

（1）单排脚手架搭设高度不应超过 24m；双排脚手架搭设高度不宜超过 50m，高度超过 50m 的双排脚手架，应采用分段搭设措施。

（2）立杆。

1）每根立杆底部应设置底座或垫板。

2）脚手架必须设置纵、横向扫地杆。纵向扫地杆应采用直角扣件固定在距底座上皮不大于 200mm 处的立杆上，横向扫地杆应采用直角扣件固定在紧靠纵向扫地杆下方的立杆上。如图 3-19 所示。

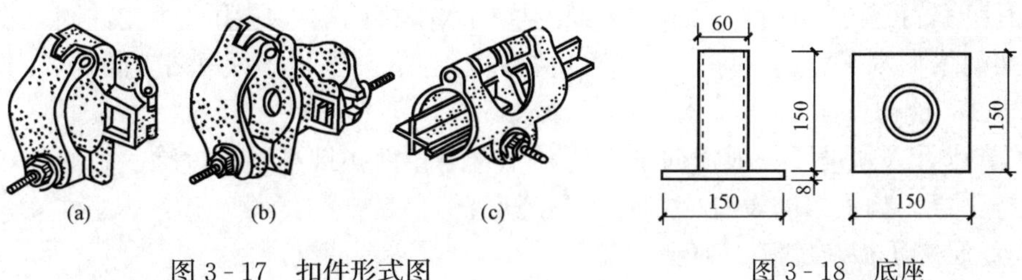

图 3-17　扣件形式图

(a) 直角扣件；(b) 旋转扣件；(c) 对接扣件

图 3-18　底座

图3-19 钢管脚手架扫地杆搭设

3）单、双排脚手架底层步距均不应大于2m。

4）单排、双排与满堂脚手架立杆接长除顶层顶步外，其余各层各步接头必须采用对接扣件连接。

5）脚手架立杆对接、搭接应符合下列规定：

①当立杆采用对接接长时，立杆的对接扣件应交错布置，两根相邻立杆的接头不应设置在同步内。同步内隔一根立杆的两个相隔接头在高度方向错开的距离不宜小于500mm。各接头中心至主节点的距离不宜大于步距的1/3。

②当立杆采用搭接接长时，搭接长度不应小于1m，并应采用不少于2个旋转扣件固定。端部扣件盖板的边缘至杆端距离不应小于100mm。

③脚手架立杆顶端栏杆宜高出女儿墙上端1m，宜高出檐口上端1.5m。

（3）纵向水平杆。纵向水平杆的构造应符合下列规定：

1）纵向水平杆应设置在立杆内侧，单根杆长度不应小于3跨。

2）纵向水平杆接长应采用对接扣件连接或搭接，并应符合下列规定：

①两根相邻纵向水平杆的接头不应设置在同步或同跨内；不同步或不同跨两个相邻接头在水平方向错开的距离不应小于500mm；各接头中心至最近主节点的距离不应大于纵距的1/3。

②搭接长度不应小于1m，应等间距设置3个旋转扣件固定，端部扣件盖板边缘至搭接纵向水平杆杆端的距离不应小于100mm。

③当使用冲压钢脚手板、木脚手板、竹串片脚手板时，纵向水平杆应作为横向水平杆的支座，用直角扣件固定在立杆上；当使用竹笆脚手板时，纵向水平杆应采用直角扣件固定在横向水平杆上，并应等间距设置，间距不应大于400mm。

（4）横向水平杆。横向水平杆的构造应符合下列规定：

1）作业层上非主节点处的横向水平杆，宜根据支承脚手板的需要等间距设置，最大间距不应大于纵距的1/2。

2）当使用冲压钢脚手板、木脚手板、竹串片脚手板时，双排脚手架的横向水平杆两端均应采用直角扣件固定在纵向水平杆上。单排脚手架的横向水平杆的一端应用直角扣件固定在纵向水平杆上，另一端应插入墙内，插入长度不应小于180mm。

3）当使用竹笆脚手板时，双排脚手架的横向水平杆两端，应用直角扣件固定在立杆上。单排脚手架的横向水平杆的一端，应用直角扣件固定在立杆上，另一端应插入墙内，插入长度不应小于180mm。

4）主节点处必须设置一根横向水平杆，用直角扣件扣接且严禁拆除。

（5）脚手板。脚手板的设置应符合下列规定：

1）作业层脚手板应铺满、铺稳、铺实。

2）冲压钢脚手板、木脚手板、竹串片脚手板等，应设置在三根横向水平杆上。当脚手板长度小于2m时，可采用两根横向水平杆支承，但应将脚手板两端与其可靠固定，严防倾翻。脚手板的铺设应采用对接平铺或搭接铺设。脚手板对接平铺时，接头处必须设两根横向水平杆，脚手板外伸长应取 130～150mm，两块脚手板外伸长度的和不应大于 300mm［见图 3 - 20（a）］；脚手板搭接铺设时，接头必须支在横向水平杆上，搭接长度不应小于 200mm，其伸出横向水平杆的长度不应小于 100mm［见图 3 - 20（b）］。

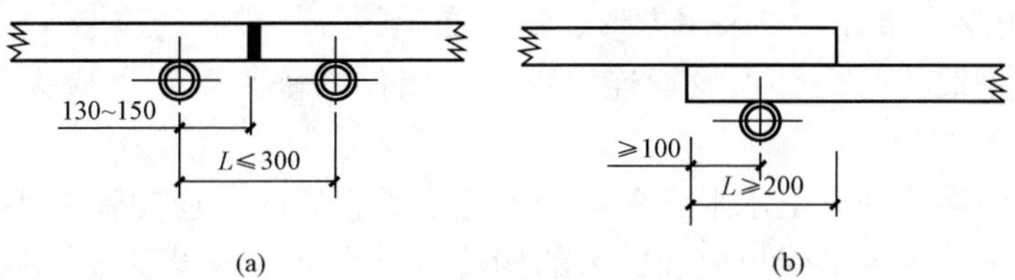

图 3 - 20　脚手板连接

（a）脚手板对接；（b）脚手板搭接

3）竹笆脚手板应按其主竹筋垂直于纵向水平杆方向铺设，且采用对接平铺，四个角应用直径不小于 1.2mm 的镀锌钢丝固定在纵向水平杆上。

4）作业层端部脚手板探头长度应取 150mm，其板的两端均应固定于支承杆件上。

（6）连墙件。连墙件是保证脚手架稳定的重要措施，应符合下列要求：

1）连墙件设置的位置、数量应按专项施工方案确定。

2）连墙件的连接一般有软连接与硬连接之分。软连接是用 8 号或 10 号镀锌铁丝将脚手架与建筑物结构连接起来，软连接的脚手架在受荷载后有一定程度的晃动，如图 3 - 21 所示。硬连接是用钢管、杆件等将脚手架与建筑物结构连接起来，安全可靠，硬连接的示意如图 3 - 22 所示。24m 以下宜采用软硬结合拉结，24m 以上采用硬拉结。

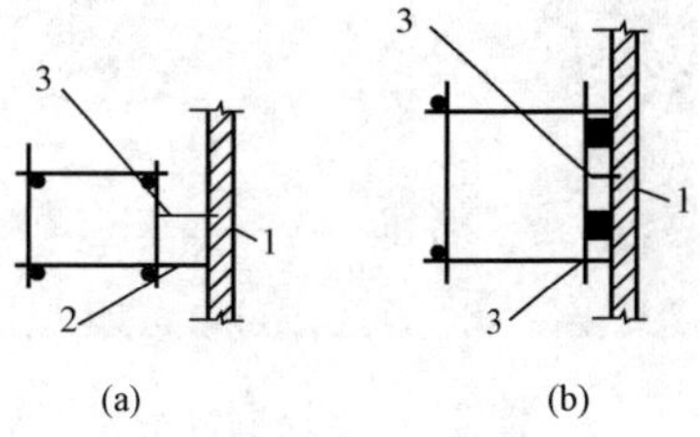

图 3 - 21　软连接

（a）双排剖面；（b）单排剖面

1—墙；2—扣件；3—短钢管

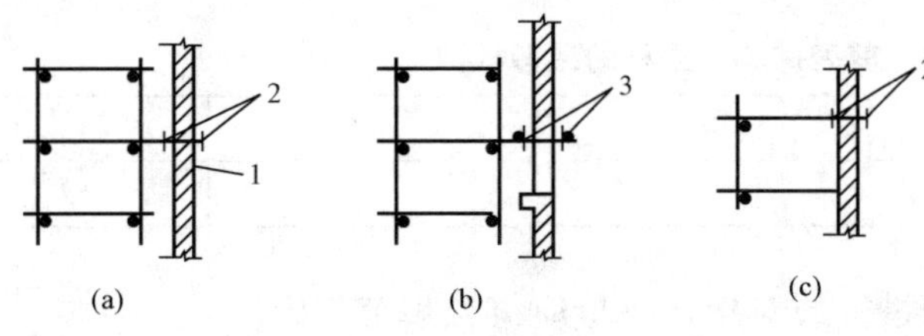

图 3 - 22　硬连接

（a）、（b）双排剖面；（c）、（d）单排剖面

1—墙；2—扣件；3—短钢管；4—楔块

3）脚手架连墙件数量的设置除应满足相关规范的计算要求外，还应符合表 3 - 3 的规定。

表 3 - 3　　连墙件布置最大间距

搭设方法	高度（m）	竖向间距 h	水平间距 l_a	每根连墙件覆盖面积（m^2）
双排	≤50	3	3	≤40
双排	＞50	2	3	≤27
单排	≤24	3	3	≤40

注　h 为步距；l_a 为纵距。

4）连墙件的布置应符合下列规定：

①应靠近主节点设置，偏离主节点的距离不应大于300mm。

②应从底层第一步纵向水平杆处开始设置，当该处设置有困难时，应采用其他可靠措施固定。

③应优先采用菱形布置，或采用方形、矩形布置。

5）开口型脚手架的两端必须设置连墙件，连墙件的垂直间距不应大于建筑物的层高，并不应大于4m。

6）连墙件中的连墙杆应呈水平设置，当不能水平设置时，应向脚手架一端下斜连接。

7）连墙件必须采用可承受拉力和压力的构造。对高度24m以上的双排脚手架，应采用刚性连墙件与建筑物连接，如图3-23所示。

图3-23 连墙件与建筑物刚性连接

8）当脚手架下部暂不能设连墙件时应采取防倾覆措施。当搭设抛撑时，抛撑应采用通长杆件，并用旋转扣件固定在脚手架上，与地面的倾角应在45°～60°之间；连接点中心至主节点的距离不应大于300mm。抛撑应在连墙件搭设后方可拆除。

（7）剪刀撑、横向斜撑、抛撑

1）双排脚手架应设剪刀撑与横向斜撑，单排脚手架应设剪刀撑。

2）单、双排脚手架剪刀撑的设置应符合下列规定：

①每道剪刀撑跨越立杆的根数宜按表3-4的规定确定。每道剪刀撑宽度不应小于4跨，且不应小于6m，斜杆与地面的倾角宜在45°～60°之间。

表3-4　　剪刀撑跨越立杆的最多根数

剪刀撑斜杆与地面的倾角 α	45°	50°	60°
剪刀撑跨越立杆的最多根数 n	7	6	5

②剪刀撑斜杆的接长应采用搭接或对接，搭接应符合规范规定。

③剪刀撑斜杆应用旋转扣件固定在与之相交的横向水平杆的伸出端或立杆上，旋转扣件中心线至主节点的距离不宜大于150mm。

3）高度在24m及以上的双排脚手架应在外侧立面连续设置剪刀撑；高度在24m以下的单、双排脚手架，均必须在外侧立面两端、转角及中间间隔不超过15m的立面上，各设置一道剪刀撑，并应由底至顶连续设置（见图3-24）。

4）双排脚手架横向斜撑的设置应符合下列规定：

①横向斜撑应在同一节间，由底至顶层呈之字形连续布置。

②高度在24m以下的封闭型双排脚手架可不设横向斜撑，高度在24m以上的封闭型脚手架，除拐角应设置横向斜撑外，中间应每隔6跨设置一道。

5）开口型双排脚手架的两端均必须设置横向斜撑。

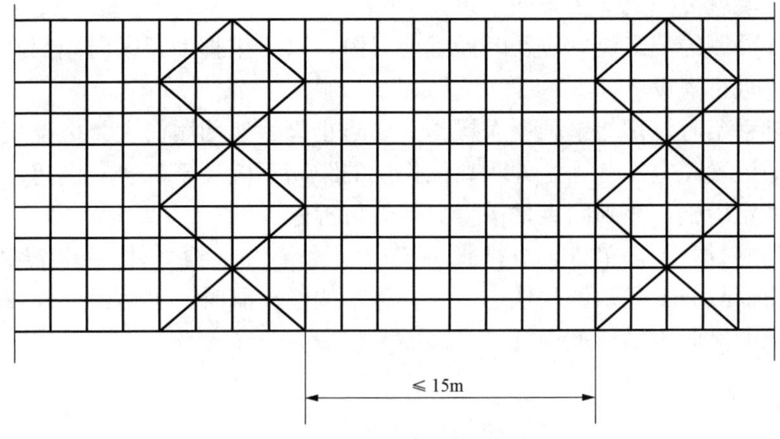

图 3-24　剪刀撑布置

6）在搭设脚手架时，当固定件尚未施工时，为防止其整体横向倾覆，应临时设置抛撑（见图 3-25）。当施工场地足够大且脚手架高度不高时，也可不设置固定件而仅设置抛撑。

图 3-25　抛撑

3.2.3　搭设

1. 施工工艺流程

定位放线→铺垫板→安底座→安起步立杆→搭设纵向扫地杆→搭设横向扫地杆→依次搭设第一、第二、第三步纵横向水平杆→搭设连墙件、剪刀撑、斜撑→操作层安脚手板、栏杆、挡脚板→挂设立面、水平防护网→重复前述步骤直至完成。

2. 施工要点

（1）脚手架搭设范围的地面应表面平整、排水畅通，如表层土质松软，应加 150mm 厚碎石或碎砖夯实。垫板、底座均应准确地放在定位线上。立杆垫板或底座底面标高宜高于自然地坪 50～100mm。垫板宜采用长度不少于 2 跨、厚度不小于 50mm、宽度不小于 200mm 的木垫板。

（2）首步脚手架的步高一般为 1600～2000mm，离立柱底部 200mm 处设置一道大、小横杆（俗称扫地杆），以保持脚手架底部的整体性。底部的立柱应间隔交错，用不同长度的钢管将相邻立柱的对接接头位于不同高度上，使立柱受荷的薄弱截面错开。

（3）脚手架搭设时先立立柱，立立柱时先立里侧立柱，后立外侧立柱，立立柱时要临时固定。临时固定方法可与建筑物结构临时连接，也可设抛撑，每 6 跨应暂设一根抛撑（一端顶在纵向水平杆上，一端支承在地面上），直至固定件搭设好后方可根据情况拆除。立柱立好后，搭设第一步纵向水平杆和横向水平杆，当第一步纵向水平杆和横向水平杆搭设完毕后，重复以上步骤就可完成脚手架的搭设。

（4）在立柱外侧的规定位置应及时设置剪刀撑，以防止脚手架纵向倾倒。剪刀撑要求与脚手架向上同步进行搭设。

（5）搭设脚手架时，切勿单独一人操作，要防止脚手架倒塌伤人。搭设至有固定件的构造层时，应立即设置固定件。固定件距离操作层的距离不应大于二步，当超过时，应在操作层下采取临时稳定措施，直到固定件搭设完后方可拆除。

（6）遇到门洞时，不论单排、双排脚手架均可挑空 1～2 根立柱，并将悬空的立柱用斜杆逐根连接，使荷载分布到两侧立柱上。单排脚手架遇窗洞时，可增设立柱或吊设一短杆将荷载传递到两侧的横向水平杆上。

3.2.4 验收与保养

脚手架在使用前必须进行验收，验收合格后方可投入使用。操作者应在脚手架搭设完成后先进行自检，再经专职人员、搭设者、使用者共同依据安全规范及施工组织设计中有关脚手架部分的内容进行检查验收。经验收合格后办妥脚手架验收手续，在脚手架醒目处挂上脚手架验收的合格标牌，方可投入使用。

1. 脚手架验收

（1）对钢管、扣件、脚手板等材料进行验收。

（2）检查脚手架是否按施工方案的要求搭设。

（3）对扣件的扭力矩进行抽查。

2. 脚手架保养

脚手架必须进行日常的保养和定期的全面检查和整修，才能保证其安全使用，必须设置专职的保养工。日常的检查和保养应每日进行一次，定期的维护一般每月进行一次，如遇强风或雷雨季节应增加检查次数，在每次强风、雷雨过后都要认真检查整修后方可使用。

扣件式钢管脚手架保养的内容主要如下：

（1）检查脚手架的基础有无局部不均匀下沉，排水是否畅通，有无积水，脚手架底部有无堆放杂物。

（2）检查脚手架的整体和局部的垂直偏差，特别要注意脚手架的转角处和断口处的垂直度，如发现垂直度有异常现象，应及时加固和消除隐患。

（3）各类扣件的涂油和紧固。检查扣件时先检查扣件的外观，而后将扣件上的螺栓逆时针方向松几牙螺纹，再涂油紧固螺栓至规定的力矩范围。

（4）检查脚手板有否松动、悬挑。

（5）检查固定件是否齐全和完好，有无松动、移动。如因装饰施工需要移动固定件时，应通知保养工，由保养工移动，并按规定在邻近位置补设固定件。

（6）要对外包安全网、外挑安全网、安全隔离设施、外侧挡板、栏杆、登高设施和接地防雷等安全设施进行检查，保证这些安全设施完整、牢固，能正常发挥安全作用。

（7）如脚手架有开口、断口和出入口，应对该部位进行重点检查，使这些部位始终符合安全规定。

（8）检查脚手架的荷载情况，使其不超过设计荷载，如有超载应及时卸荷至设计荷载。此外，还要逐日清除脚手板上的垃圾。

脚手架的日常保养和定期检查，都要有记录。

3.2.5　拆除

脚手架拆除应按专项方案施工。

脚手架的拆除与搭设顺序正好相反，即后搭设的先拆除，先搭设的后拆除。

1. 施工工艺流程

安全网→挡脚板→脚手板→扶手（栏杆）→剪刀撑（随每步脚手拆除）→小横杆→大横杆→立柱。

2. 施工要点

（1）完成外墙装饰面的最后整修和清洁工作，其质量已符合规定要求，并经验收。

（2）对脚手架进行安全检查，确认脚手架不存在严重隐患。

（3）对参与脚手架拆除的操作人员、管理人员和检查、监护人员进行施工方案、安全、质量和外装饰保护等措施的交底。交底要做记录，双方均应在交底书上签字。

（4）单、双排脚手架拆除作业必须由上而下逐层进行，严禁上下同时作业；连墙件必须随脚手架逐层拆除，严禁先将连墙件整层或数层拆除后再拆脚手架；分段拆除高差大于两步时，应增设连墙件加固。

（5）在拆除的脚手架周围，在坠落范围四周设置明显“禁止入内”的标志，并有专人守护，以保证在拆脚手架时无其他人员入内。

（6）建筑物的外墙门窗都要关紧，并对可能遭到碰撞处给予必要的保护。建筑物如设有临时外挑物，必须在拆除脚手架前拆除。

（7）当脚手架拆至下部最后一根长立杆的高度（约6.5m）时，应先在适当位置搭设临时抛撑加固后，再拆除连墙件。

（8）卸料时各构配件严禁抛掷至地面。

（9）运至地面的构配件应按本规范的规定及时检查、整修与保养，并应按品种、规格分别存放。

3.3　碗扣式钢管脚手架

碗扣式钢管脚手架（以下简称碗扣架）具有结构简单、杆件全部轴向连接、力学性能好、接头构造合理、工作安全可靠、搭拆方便、操作容易、零部件损耗率低等特点。碗扣式接头可同时连接4根横杆，横杆可相互垂直或偏转一定角度，特别适合于搭设扇形表面及高层建筑施工和装修作业两用外脚手架，还可作为模板的支撑。碗扣架常用于立交桥工程和平面变化较大的房屋建筑工程，如图3-26所示。

图3-26　碗扣式钢管脚手架

3.3.1 构造组成

碗扣架的核心部件是碗扣接头（见图3-27），由上、下碗扣，横杆接头和上碗扣的限位销等组成（见图3-28）。上、下碗扣和限位销按600mm间距设置在钢管立杆上，其中下碗扣和限位销直接焊在立杆上。将上碗扣的缺口对准限位销后，即可将上碗扣向上拉起（沿立杆向上滑动），把横杆接头插入下碗扣圆槽内，随后将上碗扣沿限位销滑下，并顺时针旋转以扣紧横杆接头（用锤敲击几下即可达到扣紧要求）。

图3-27 碗扣接头图

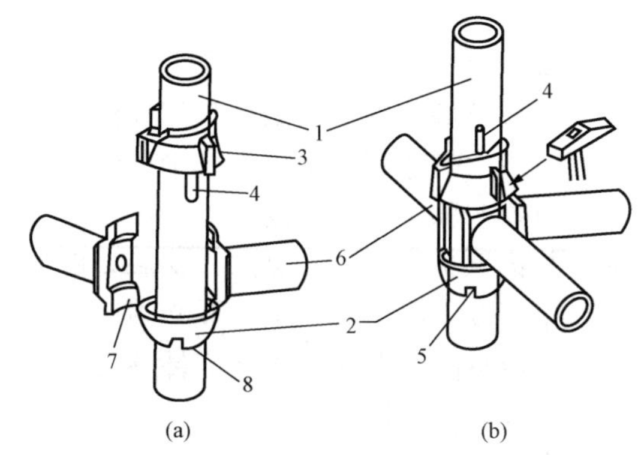

图3-28 碗扣节点示意图

（a）连接前；（b）连接后

1—立杆；2—下碗扣；3—上碗扣；4—定位销；5—流水槽；6—横杆；7—横杆接头；8—焊缝

碗扣架的主要构配件有5种（见图3-29）

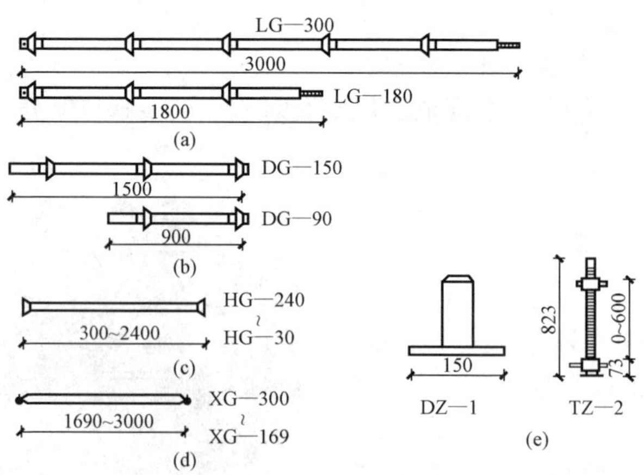

图3-29 碗扣式脚手架的主构配件

（a）立杆；（b）顶杆；（c）横杆；（d）斜杆；（e）支座

（1）立杆：有两种规格，以便于错开接头部位。

（2）顶杆：支撑架的顶部立杆，其上可装设支承座和托座，也有两种规格，在立杆和顶杆上隔600mm设一副碗扣接头。立杆与顶杆配合可以构成任意高度的支撑架。

（3）横杆：用作架子的水平承力杆，有5种规格。

（4）斜杆：用作架子的斜向拉压杆，有5种规格。

(5) 支座：用于支垫立杆底座或作为支撑架顶撑的支垫。有垫座和可调座两种型式。

除主要构配件外，碗扣架尚有：搭边横杆、宽挑梁、立杆连接锁、直角撑、连墙撑、爬升挑梁、梯子等 19 种辅助构配件。

3.3.2　搭设、验收、拆除

碗扣架立杆横距为 1.2m，纵距根据脚手架荷载可分为 1.2、1.5、1.8、2.4m，步距为 1.8、2.4m。双排脚手架的一般构造如图 3-30 所示，曲线形双排脚手架搭设方式如图 3-31 所示。

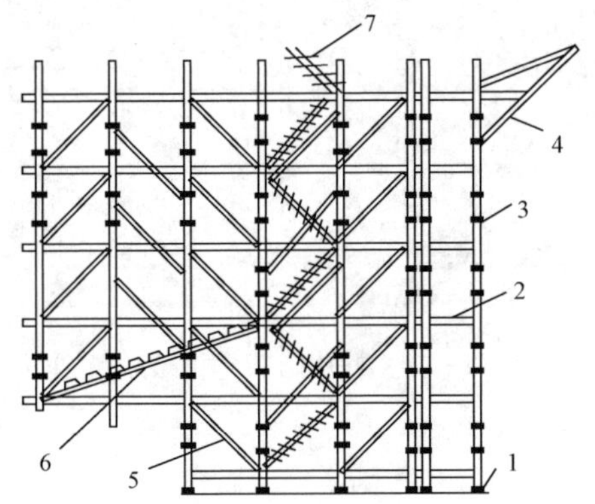

图 3-30　双排脚手架的一般构造

1—垫座；2—横杆；3—立杆；4—安全网支架；5—斜杆；6—斜脚手板；7—梯子

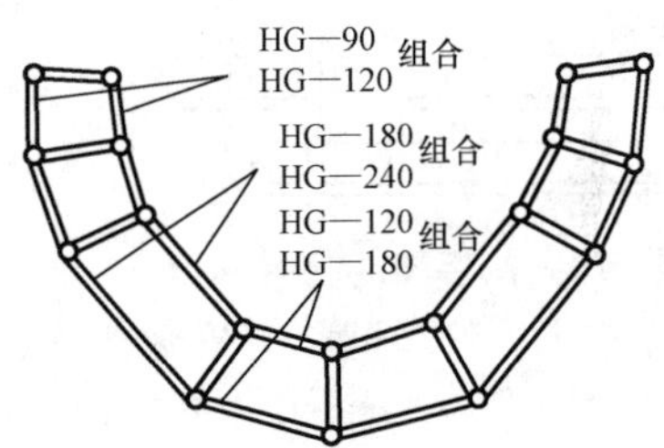

图 3-31　曲线形双排脚手架

碗扣架的立杆之间应设置斜撑，斜撑的网格应与架子的尺寸相适应。斜撑杆为拉压杆，布置方向可任意。一般情况下斜撑应尽量与脚手架的节点相连，但也可以错节布置。斜撑杆的布置密度，当脚手架高度低于 30m 时，为整架面积的 1/2～1/4；架高大于 30m 时，为整架面积的 1/2～1/3。斜撑杆必须双侧对称布置，且应分布均匀。廊道（即架宽方向）的斜杆布置，一般应与连墙点相对应。在进行作业时，作业层的廊道斜撑杆可以暂时拆去，作业完毕后随即装上，以确保脚手架的横向稳定。

碗扣架的连墙杆布置要求：双排脚手架的连墙点在 30～40m^2 范围内设置一点（即大致间隔 3～4 个立杆，垂直相隔 3 步）；架高超过 30m 时，其底部的布点应适当加密。单排脚手架可按每 3 根立杆和 3 步设一点。

碗扣架搭设完成后应进行验收后方可投入使用，其拆除方法与扣件式钢管脚手架类似。

图 3-32　门式脚手架

3.4　门式脚手架

门式脚手架又称多功能门式脚手架，门式脚手架具有质量轻、刚度大、搭拆技术简单、施工速度快等优点，见图3-32。门式钢管支撑架不得用于搭设满堂承重支撑架体系。

门式脚手架是由门式框架、剪刀撑和水平梁架或脚手板构成基本单元（见图3-33）。将基本单元连接起来（或增加梯子、栏杆等部件）即构成整片脚手架（见图3-34）。

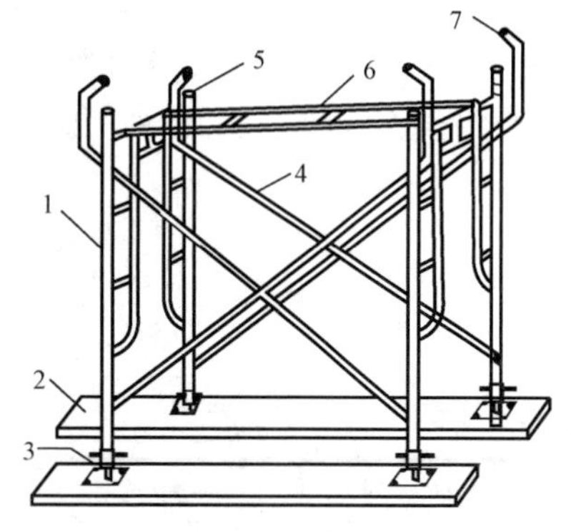

图3-33　门式脚手架的基本单元

1—门架；2—平板；3—可调底座；4—剪刀撑；5—连接棒；6—水平梁架；7—锁臂

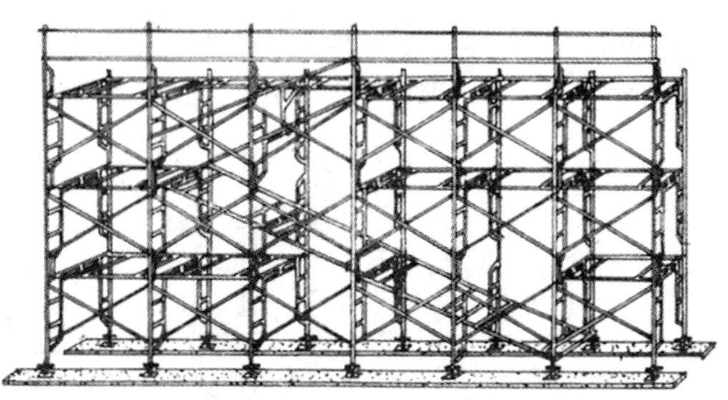

图3-34　整片门式脚手架示意图

3.5　里脚手架

里脚手架主要用于在楼层上砌墙、内装饰和砌筑围墙等。常用的里脚手架有：

（1）角钢（钢筋、钢管）折叠式里脚手架。如图3-35（a）所示，其架设间距：砌墙时宜为1.0～2.0m；粉刷时宜为2.2～2.5m。

（2）支柱式里脚手架。如图3-35（b）所示，由若干支柱和横杆组成，上铺脚手板，搭设间距：砌墙时宜为2.0m，粉刷时不超过2.5m。

（3）钢制马凳式里脚手架。如图3-35（c）所示，马凳间距不大于1.5m，上铺脚手板。

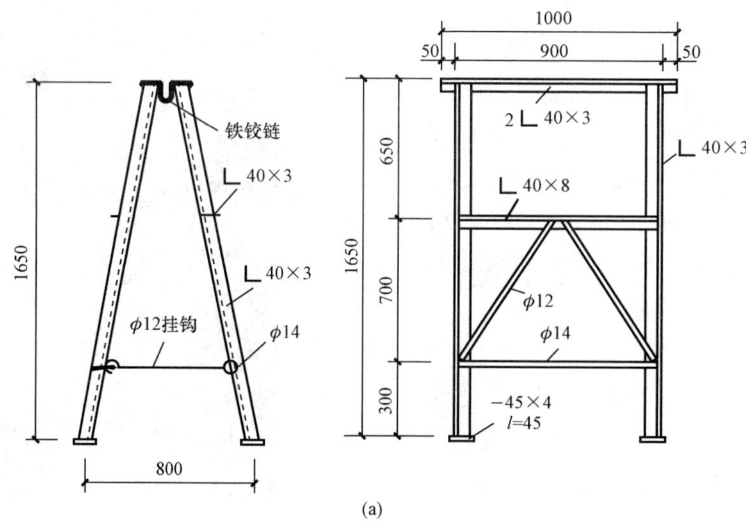

图3-35　常见里脚手架（一）

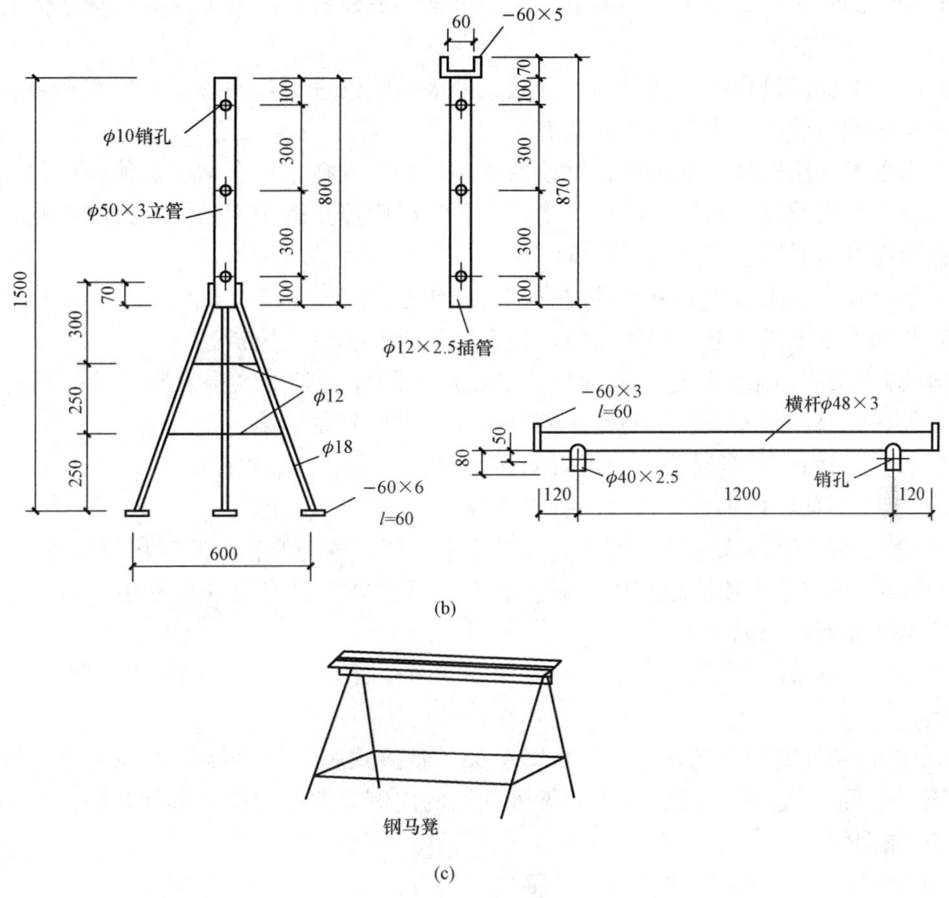

图 3-35　常见里脚手架（二）

3.6　脚手架工程安全技术

搭设高度 24m 及以上的落地式钢管脚手架工程（包括采光井、电梯井脚手架）、附着式升降脚手架工程、悬挑式脚手架工程、高处作业吊篮、卸料平台、操作平台工程以及异型脚手架工程属于危险性较大的分部分项工程，需要编制专项施工方案。

搭设高度 50m 及以上的落地式钢管脚手架工程；提升高度在 150m 及以上的附着式升降脚手架工程或附着式升降操作平台工程；分段架体搭设高度 20m 及以上的悬挑式脚手架工程属于超过一定规模的危险性较大的分部分项工程，需要编制专项施工方案并请专家论证。

3.6.1　安全管理

（1）脚手架安装与拆除人员必须是经考核合格的专业架子工，并应持证上岗。

（2）脚手架搭拆人员必须正确佩戴使用安全帽、安全带和防滑鞋。

（3）脚手架的构配件质量与搭设质量，应按规定进行检查验收，并应确认合格后使用。

（4）作业层上的施工荷载应符合设计要求，不得超载。不得将模板支架、缆风绳、泵送混凝土和砂浆的输送管等固定在架体上。严禁悬挂起重设备，严禁拆除或移动架体上安全防护设施。

（5）脚手架受荷过程中，按对称、分层、分级的原则进行，不应集中堆载、卸载；并派专人在安全区域内监测脚手架的工作状态。

（6）脚手架使用期间，不得擅自拆改架体结构杆件或在架体上增设其他设施。

（7）当有六级及以上强风或浓雾、雨、雪天气时应停止脚手架搭设与拆除作业。雨、雪后上架作业应有防滑措施，并应扫除积雪。

（8）不得在脚手架基础影响范围内进行挖掘作业。

（9）在脚手架上进行电气焊作业时，应有防火措施和专人监护。

（10）脚手架应与架空输电线路保持安全距离，野外空旷地区搭设脚手架按现行行业标准《施工现场临时用电安全技术规范》的有关规定设置防雷措施。

（11）架体门洞、过车通道，应设置明显警示标示及防超限栏杆。

（12）夜间不宜进行脚手架搭设与拆除作业。

（13）满堂脚手架与满堂支撑架在安装过程中，应采取防倾覆的临时固定措施。

（14）满堂支撑架在使用过程中，应设有专人监护施工，当出现异常情况时，应停止施工，并应迅速撤离作业面上人员。

（15）脚手板应铺设牢靠、严实，并应用安全网双层兜底。施工层以下每隔 10m 应用安全网封闭。

（16）钢管扣件式脚手架：单、双排脚手架、悬挑式脚手架沿墙体外围应用密目式安全网全封闭，密目式安全网宜设置在脚手架外立杆的内侧，并应与架体绑扎牢固。

（17）在钢管扣件式脚手架使用期间，严禁拆除下列杆件：

1）节点处的纵、横向水平杆；纵、横向扫地杆。

2）连墙件。

（18）临街搭设脚手架时，外侧应有防止坠物伤人的防护措施。

（19）搭拆脚手架时，地面应设围栏和警戒标志，并应派专人看守，严禁非操作人员入内。

3.6.2 安全监测系统

脚手架垮塌是建筑工程的高发安全事故，随着智能建造的发展，利用互联网、物联网、监控技术、传感器技术搭建安全管理智能平台，可以对脚手架搭设、使用、拆除过程实施智能化、自动化监测和检测。

如 WH - HMS 高支模安全监测系统通过对高大模板支撑系统的模板沉降、支架变形和立杆轴力的实时监测，可以实现实时监测、超限预警、危险报警、趋势预测的监测目标。当监测值超过预警值时，报警器就会自动报警，提醒现场作业人员停止施工，迅速撤离，进而排查安全隐患，有效地防止安全事故发生。

习　　题

1. 脚手架的作用和基本要求是什么？

2. 盘扣架的构配件有哪些?
3. 简述盘扣架支撑架构造要求。
4. 简述盘扣架连墙件设置要求。
5. 盘扣架专项施工方案应包括哪些内容?
6. 简述盘扣架的安装施工工艺及要点。
7. 简述扣件式钢管脚手架的基本构造组成。
8. 简述扣件式钢管脚手架的施工工艺及拆除要求。
9. 简述扣件式钢管脚手架剪刀撑与连墙件的设置要求。
10. 简述碗扣式钢管脚手架的构造组成。
11. 简述落地式钢管脚手架关于危险性较大的分部分项工程的规定。
12. 脚手架工程日常检查的内容包括哪些?

第 4 章　多层现浇钢筋混凝土结构施工

本章主要讲述多层现浇钢筋混凝土结构基础工程和主体工程施工及预应力混凝土工程施工，重点讲述模板工程、钢筋工程和混凝土工程施工的有关内容。

职 业 能 力 目 标

1. 具有编制模板工程、钢筋工程、混凝土工程专项方案并组织施工的能力。
2. 具有编制单位工程钢筋配料单的能力。
3. 能够在施工过程中正确执行相关质量、安全标准。

4.1　模板工程施工基本知识

4.1.1　模板系统的作用、基本要求和组成

任何结构或构件都有一定的形状和尺寸，施工中必须保证其形状和尺寸的正确，以及其表面平整光洁。模板系统的作用：①在混凝土浇筑前要形成结构或构件相应的形状和尺寸并保证在浇筑过程中以及浇筑完成后不发生变化；②混凝土在凝结硬化过程中受到保护而且养护方便；③使混凝土具有一定的观感质量。因此，模板系统有以下要求：

（1）模板系统要保证结构或构件形状和尺寸及相互位置正确。

（2）模板系统本身要有足够的强度、刚度和稳定性。能可靠地承受浇筑混凝土的重量、侧压力以及施工荷载，保证不出现塑性变形、倾覆或失去稳定。

（3）模板板面平整、光滑，还应有一定的耐摩擦、耐冲击、耐碱、耐水及耐热性能。

（4）模板系统应构造简单，质量轻，安装和拆除方便、快捷，并要充分考虑与其他工种的配合。

（5）模板系统的接缝应少且严密。

（6）模板系统应能多次周转使用以降低施工成本。

模板系统一般由模板、支架和紧固件三部分组成。模板提供了平整的板面，支架是解决好支撑问题，紧固件则是使模板相互之间的连接可靠。

4.1.2　模板的种类

模板按材料分为钢模板、木模板（胶合板、覆膜板）、铝合金模板、竹模板、塑料模板、玻璃钢模板等。

按使用部位分为基础模板、柱模板、楼板模板、楼梯模板、墙模板、壳模板、烟囱模板等。

按施工方法分类，通常分为装拆式模板、固定式模板和移动式模板。装拆式模板是指在施工现场先拼装好，混凝土浇筑完成一定时间后再拆除，大部分模板都属于这一种。固定式

模板主要用于预制构件，其模板形状和尺寸一经确定就不再变化，如胎膜等。移动式模板是指随着混凝土的浇筑，模板系统可作竖向或水平方向的移动，直到混凝土浇筑结束，最后才拆除模板，如滑升模板、爬升模板等。

在工程施工中应根据工程结构形式、荷载大小、施工设备和工期、材料供应等条件选用模板系统。

1. 55 型组合钢模板

55 型组合钢模板由模板、连接件和支承件组成。

(1) 模板：模板包括平面模板（代号 P)、阴角模板（代号 E)、阳角模板（代号 Y）和连接角模（代号 J)，如图 4 - 1 所示。

(2) 连接件：组合钢模板连接件，如图 4 - 2 所示。

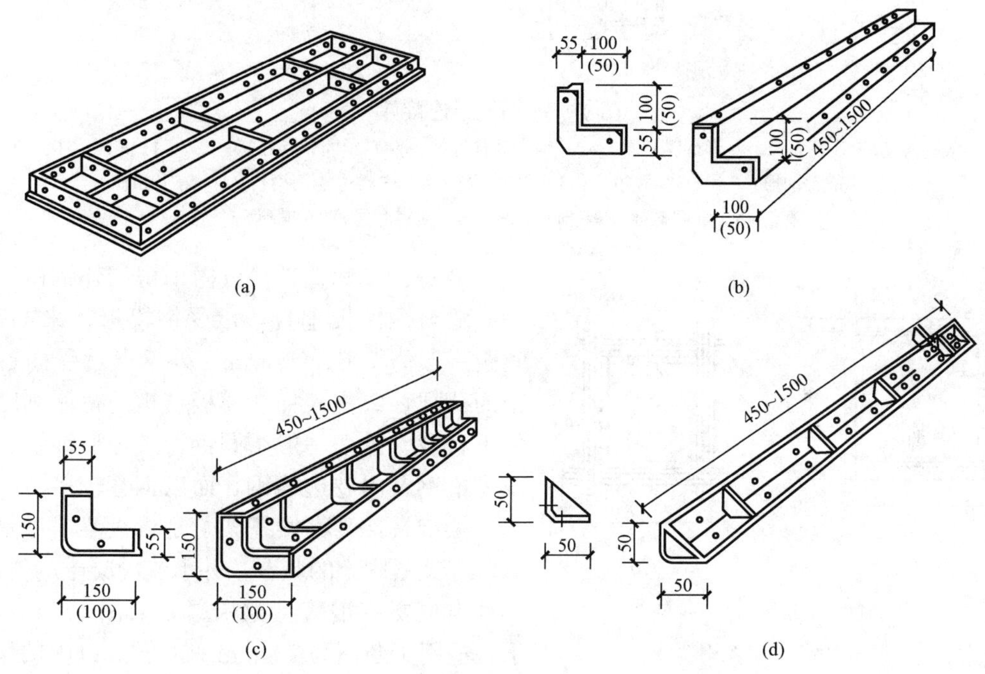

图 4 - 1　组合钢模

(a) 平面模板；(b) 阳角模板；(c) 阴角模板；(d) 连接角模

U 形卡用于相邻模板的拼接，其安装距离不大于 300mm，即每隔一孔卡插一个，安装方向一顺一倒相互错开；L 形插销用于插入钢模板端部横肋的插销孔内，以加强两相邻模板接头处的刚度和保证接头处板面平整；钩头螺栓用于钢模板与内外钢楞的加固，安装间距一般不大于 600mm，长度应与采用的钢楞尺寸相适应；紧固螺栓用于紧固内外钢楞，长度同钢楞尺寸；对拉螺栓用于连接墙体两侧模板，保持模板与模板之间的设计厚度，并承受混凝土侧压力；扣件用于钢楞与钢楞或与钢模板之间的扣紧，按钢楞的不同形状，分别采用蝶形扣件和“3”形扣件。

(3) 支承件。支承件包括柱箍、钢楞、梁卡具、钢支柱、斜撑、早拆柱头等。

柱箍：又称柱卡箍或定位夹箍，用于直接支承和夹紧各类柱模的支承件，可根据柱模的外形尺寸和侧压力的大小选用（见图 4 - 3）。

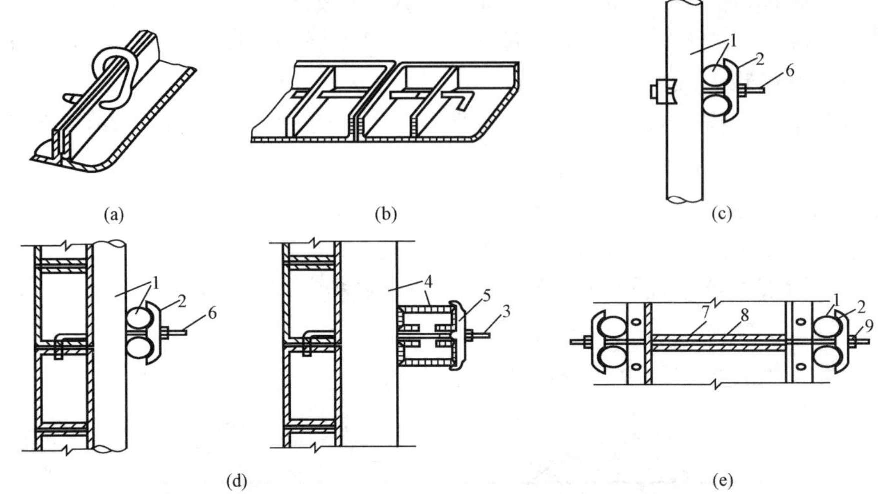

图4-2　钢模板连接件

（a）U形卡连接；（b）L形插销连接；（c）钩头螺栓连接；（d）紧固螺栓连接；（e）对拉螺栓连接

1—圆钢管钢楞；2—“3”形扣件；3—钩头螺栓；4—内卷边槽钢钢楞；5—蝶形扣件；

6—紧固螺栓；7—对拉螺栓；8—塑料套管；9—螺母

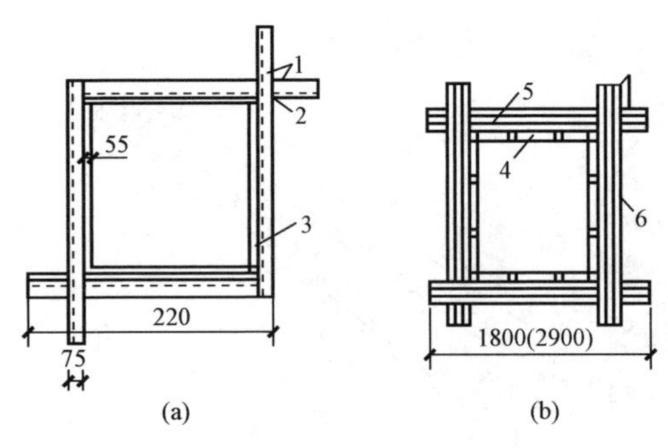

图4-3　柱箍

（a）角钢型；（b）型钢型

1—插销；2—限位器；3—夹板；

4—模板；5、6—型钢

钢楞：又称龙骨，分内钢楞和外钢楞。内钢楞一般与钢模板垂直，承受钢模板传来的荷载，间距一般为700～900mm；外钢楞承受内钢楞传来的荷载，或用来加强模板结构的整体刚度和调整平直度。钢楞一般用圆钢管、矩形钢管、槽钢或内槽钢及内卷边槽钢，而以钢管较多。

梁卡具：又称梁托架，是将大梁、过梁等的钢模板夹紧固定的装置，并承受混凝土的侧压力。其种类主要有钢管型梁卡具，如图4-4（a）所示，适用于断面为700mm×500mm以内的梁；扁钢和圆钢管组合梁卡具，见图4-4（b）所示，适用于断面为600mm×500mm以内的梁。

钢支柱：即大梁、楼板等水平模板的垂直支撑，采用Q235钢管制作，有单管支柱、四管支柱及螺栓千斤顶等多种形式，如图4-5（a）所示。

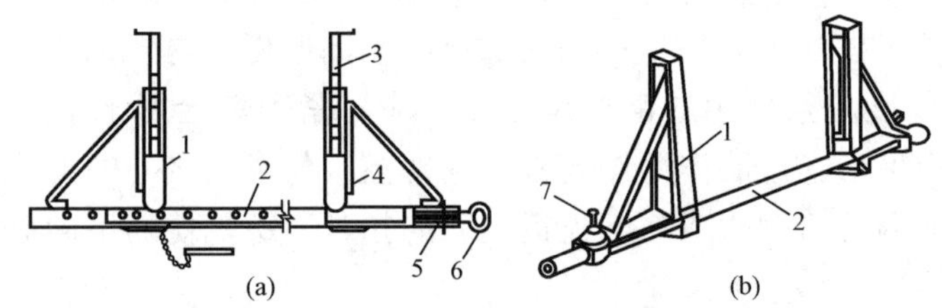

图4-4　梁卡具

（a）钢管型梁卡具；（b）扁钢和圆钢管组合梁卡具

1—三脚架；2—座；3—调节杆；4—插销；5—调节螺栓；6—钢筋环；7—卡销

斜撑：用于承受墙、柱等侧模板的侧向荷载和调整竖向支模时的垂直度，如图 4-5（b）所示。

定型组合钢模是常用的模板系统之一，它可以在现场拼装，还可以预拼为大块模板或某种定型模板再进行吊运安装，因而有较强的适用性。但定型组合钢模板散拼散装的施工工效不高。同时组合钢模板在施工中容易发生变形和锈蚀，因而必须进行矫正、维护和保养，使得模板工程的成本增加，目前有不少地方正限制使用组合钢模板。

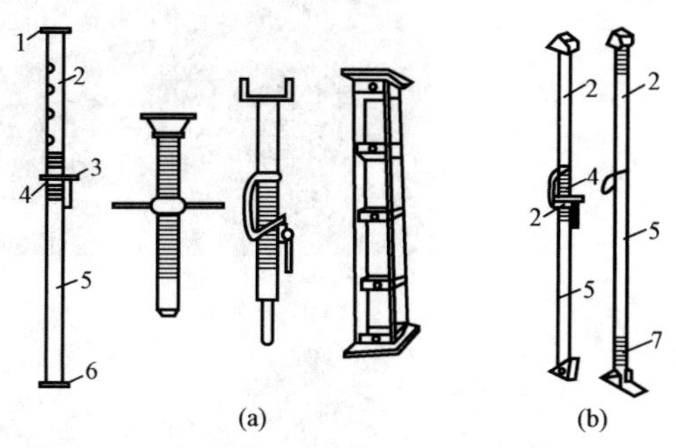

图 4-5　钢支柱、斜撑

（a）钢支柱；（b）斜撑

1—顶板；2—插管；3—插销；4—转盘；

5—套管；6—底板；7—螺杆

2. 木模板

木模板主要有胶合板模板和覆膜板模板两种（见图 4-6）。

胶合板模板是由木、竹碎料加胶热压而成。覆膜板是在木胶合板板面覆上优质的一层覆膜纸（双面）经过二次热力压制而成。覆膜板板面平整光滑，防水、耐磨、耐候性好、抗污能力强，拆模方便且能避免二次披灰，大大提高施工效率，从而降低施工成本。

木模板的尺寸规格比较单一，标准的是 1830mm×915mm 和 1220mm×2440mm，可分 9～11 层，厚度不等，由于其具有优良的加工性能，目前工程使用普遍。

图 4-6　木膜板

（a）胶合板；（b）覆膜板

3. 铝合金模板

铝合金模板是以铝合金型材为主要材料，经过机械加工和焊接等工艺制成的模板，一般按照 50mm 模数设计，由面板、肋、主体型材、平面模板、转角模板、早拆装置组合而成。铝合金模板设计和施工应用是模板技术上的革新，也是装配式混凝土技术的发展助推器，更是建造技术工业化的体现，特别适用于高层建筑施工。

模板体系按照结构形式分为平面模板、转角模板和组件（见图 4-7）。其中，转角模板包括阳角模板、阴角模板和阴转角模板，组件包括单斜铝梁、双斜铝梁、楼板早拆头、梁底早拆头。

支撑体系按照材料分为钢支撑、铝支撑、其他支撑。

紧固体系按照受力形式分为钢背楞加固和拉片对拉加固，加固件按照材料分为铝背楞、钢背楞、轻钢龙骨背楞、其他合金背楞、方管背楞等。

配件体系以螺栓、销钉销片、螺杆、拉片为主构成。

图4-7 模板体系

(a) 平面模板；(b) 转角模板；(c) 钢管支撑；(d) 斜撑；(e) 背楞；(f) 销钉销片

铝合金模板优点很多：强度、稳定性好；拼缝少、精度高；周期短、效率高；能多次循环利用、综合成本较低；应用范围较广；施工现场环保。

缺点主要体现在：深化设计图要求高；配模设计要求高；非标率高；现场加工性差；铁背楞笨重、制约着施工效率；一次性投入大。

铝合金模板在加工前需进行施工策划及施工图深化设计，在图纸深化设计时要充分考虑结构施工可行性，模板施工是否能固定牢固；可以将结构中的二次结构深化进图纸中，施工时随主体结构一次浇筑成型。

铝合金模板在加工场加工成型后，应对模板进行构件分部位编号并堆放整齐，运输至现场时整齐转运到施工现场并整齐堆放到指定存放地点。

4.1.3 模板安装基本要求

（1）模板安装施工中，应对模板及其支架进行观察和维护。发生异常情况时，应按施工技术方案及时进行处理。

（2）安装现浇结构的上层模板及其支架时，下层楼板应具有承受上层荷载的承载能力，或加设支架；上、下支架的立柱应对准，并铺设垫板。

(3) 模板的接缝不应漏浆。在浇筑混凝土前，木模板应浇水湿润，但模板内不得积水。

(4) 模板与混凝土的接触面应清理干净并涂刷隔离剂，但不得采用影响结构性能或妨碍装饰工程施工的隔离剂。在涂刷隔离剂时，不得沾污钢筋和混凝土接槎处。

(5) 浇筑混凝土前，模板内的杂物应清理干净。

(6) 对清水混凝土工程及装饰混凝土工程，应使用能达到设计效果的模板。

(7) 固定在模板上的预埋件、预留孔和预留洞均不得遗漏，且应安装牢固。

预埋件和预留孔洞的允许偏差、现浇结构模板安装的允许偏差见表 4-1 和表 4-2。

表 4-1　　预埋件和预留孔洞的允许偏差

项目		允许偏差 (mm)
预埋钢板中心线位置		3
预埋管、预留孔中心线位置		3
插筋	中心线位置	5
	外露长度	+10，0
预埋螺栓	中心线位置	2
	外露长度	+10，0
预留洞	中心线位置	10
	尺寸	+10，0

注　检查中心线位置时，应沿纵横两个方向量测，并取其中的较大值。

表 4-2　　现浇结构模板安装的允许偏差及检验方法

项目		允许偏差 (mm)	检验方法
轴线位置		5	钢尺检查
底模上表面标高		±5	水准仪或拉线、钢尺检查
截面内部尺寸	基础	±10	钢尺检查
	柱、墙、梁	+4，−5	钢尺检查
层高垂直度	不大于 5m	6	经纬仪或吊线、钢尺检查
	大于 5m	8	经纬仪或吊线、钢尺检查
相邻两板表面高低差		2	钢尺检查
表面平整度		5	2m 靠尺和塞尺检查

注　检查中心线位置时，应沿纵横两个方向量测，并取其中的较大值。

4.1.4 模板拆除基本要求

拆除模板时混凝土必须有一定的强度，同时还应注意不能因为拆除模板而使结构或构件的表面棱角受损坏。模板拆除时，可采取先支的后拆、后支的先拆，先拆非承重模板、后拆承重模板的顺序，并应从上而下进行拆除。

当混凝土强度能保证其表面及棱角不受损伤时，方可拆除侧模。

《混凝土结构工程施工规范》规定：当混凝土强度达到设计要求时，方可拆除底模及支架；当设计无具体要求时，同条件养护试件的混凝土抗压强度应符合表4-3的规定。

表4-3　底模拆除时的混凝土强度要求

构件类型	构件跨度（m）	达到设计的混凝土立方体抗压强度标准值的百分率（%）
板	≤2	≥50
	>2，≤8	≥75
	>8	≥100
梁、拱、壳	≤8	≥75
	>8	≥100
悬臂构件	—	≥100

（1）模板拆除前按要求填写模板拆除申请表，经监理批准后方可拆除。模板拆除后应按要求填写质量验收记录表。

（2）拆除早拆模板时，严禁扰动保留部分的支撑系统；严禁竖向支撑随模板拆除后再进行二次支顶；支撑杆应始终处于承受荷载状态，结构荷载传递的转换应可靠。

（3）模板应根据专项施工方案规定的墙、梁、楼板拆模时间依次及时拆除；模板拆除时应先拆除侧面模板，再拆除承重模板；支承件和连接件应逐件拆卸，模板应逐块拆卸传递，拆除时不得损伤模板和混凝土。

（4）模板拆除前应架设工作平台以保证安全，至少要两人协同工作。

（5）模板拆除时，不应对楼层形成冲击荷载。拆下的模板应及时进行清理，清理后的模板和配件应分类堆放整齐，不得倚靠模板或支撑构件堆放。

（6）铝合金顶模的拆除必须等混凝土强度达到早拆条件，拆除顶模时须逐渐传递下来，切不可把销子和楔子全部取下，再拆除一整面铝板。拆除铝模时切不可松动和碰撞支撑杆。拆下的铝板应立即清理铝板上污物，并及时刷涂脱模剂。施工过程中弯曲变形的铝模板应及时运到加工场进行校正。

（7）拆除木模板时要随手清理板面钉子，将钉子拔出或将钉子砸扁，防止伤人。

4.1.5　模板工程及支撑体系关于危险性较大分部分项工程的规定

搭设高度5m及以上，或搭设跨度10m及以上，或施工总荷载（荷载效应基本组合的设计值，以下简称设计值）10kN/m^{2}及以上，或集中线荷载（设计值）15kN/m及以上，或高度大于支撑水平投影宽度且相对独立无联系构件的混凝土模板支撑工程属于危险性较大的分部分项工程，需要编制专项施工方案。

搭设高度8m及以上，或搭设跨度18m及以上，或施工总荷载（设计值）15kN/m^{2}及以上，或集中线荷载（设计值）20kN/m^2 及以上的混凝土模板支撑工程属于超过一定规模的危险性较大的分部分项工程，需要编制专项施工方案并请专家论证。

4.2　钢筋工程施工

4.2.1　钢筋进场验收与存放

1. 进场验收

产品合格证、质量保证书和检测报告是产品质量的证明资料，因此，钢筋混凝土工程中所用的钢筋，必须提供这“三证”。

进场的每捆（盘）钢筋（丝）均应有标牌，一般不少于两个，标牌上应有供方厂标、钢号、炉罐（批）号等标记，验收时应查对标牌上的标记是否与产品合格证和检测报告上的相关内容一致。

验收时还要进行外观检查。钢筋的外观检查，要求钢筋平直、无损伤、表面不得有裂纹、油污、颗粒状或片状老锈。

钢筋进场时，应按国家现行相关标准的规定抽取试件作屈服强度、抗拉强度、伸长率、弯曲性能和重量偏差检验，检验结果应符合相应标准的规定。

如有一项抽样复试结果不符合国家标准要求，则从同一批钢筋中取双倍试件重做试验。如仍不合格，则该批钢筋为不合格品，应立即清除出施工现场。

当发现钢筋脆断、焊接性能不良或力学性能显著不正常等现象时，应立即停止使用，并对该批钢筋进行化学成分检验或其他专项检验。

2. 钢筋的存放

施工现场的钢筋原材料及半成品存放及加工场地应进行混凝土硬化，且排水效果良好。对非硬化的地面，钢筋原材料及半成品应架空放置。钢筋在运输和存放时，不得损坏包装和标志，并应按牌号、规格、炉批分别堆放整齐，避免锈蚀或油污。钢筋存放时，应挂牌标识出钢筋的级别、品种、状态，加工好的钢筋要分工程名称和构件名称编号挂牌，堆放整齐。钢筋存放及加工过程中，不得污染。

钢筋轻微的浮锈可以在除锈后使用，但锈蚀严重的钢筋，应在除锈后，根据锈蚀情况，降规格使用。冷加工钢筋应及时使用，不能及时使用的应做好防潮和防腐保护。当钢筋在加工过程中出现脆裂、裂纹、剥皮等现象，或施工过程中出现焊接性能不良或力学性能显著不正常等现象时，应停止使用该批钢筋，并重新对该批钢筋的质量进行检测、鉴定。

4.2.2　钢筋的加工

1. 冷拉、冷拔

钢筋的冷拉是在常温下通过冷拉设备对钢筋进行强力拉伸，使钢筋产生塑性变形，以达到调直钢筋、提高强度的目的。对 HPB300、HRB335、HRB400、RRB400 级钢筋都可以进行冷拉。冷拉 HPB300 级钢筋可用做普通混凝土结构中的受拉钢筋，冷拉 HRB335、HRB400、RRB400 级钢筋可用做预应力混凝土结构中的预应力钢筋。冷拉钢筋的检查验收方法和质量要求应符合《混凝土结构工程施工质量验收规范》中的有关规定。

钢筋的冷拔是用强力将直径 6～8mm 的 HPB300 级钢筋在常温下通过特制的钨合金拔丝模，多次拉拔成比原钢筋直径小的钢丝。拉拔中钢筋产生塑性变形，同时其强度也得到较大提高。经冷拔的钢筋称为冷拔低碳钢丝。冷拔低碳钢丝有甲级、乙级两种，甲级钢丝主要用作预应力混凝土结构中的预应力钢筋，乙级钢丝用于焊接网片和焊接骨架、架立钢筋、箍筋、构造钢筋等。冷拔低碳钢丝的质量要求为：表面不得有裂纹和机械损伤，并应按施工规范要求进行拉力试验和反复弯曲试验。

2. 调直、切断、除锈

钢筋调直是指将钢筋调整成为使用时的直线状态，可采用普通钢筋调直机、数控钢筋调直切断机的调直工艺。

钢筋切断可根据钢筋的直径大小采用钢筋切断机、数控激光切割机、等离子切割机或断线钳、手压切断器等设备，但采用机械连接工艺的钢筋不得用剪切原理设计的钢筋切断设备加工。

施工现场的钢筋若在表面产生了颗粒状或片状老锈，则应在除锈后方可使用。钢筋除锈可用钢丝刷人工刷除或用除锈机械（如电动除锈机）。对直径较细的盘条钢筋，通过冷拉和调直过程自动去锈；粗钢筋采用圆盘铁丝刷除锈机除锈。

3. 弯曲成型

弯曲成型是指用钢筋加工设备将钢筋加工成设计图纸要求的形状。常用钢筋弯曲成型机如图4-8所示，也有的采用简易钢筋弯曲成型装置，如图4-9所示。

图4-8 钢筋弯曲机

图4-9 手持式钢筋弯曲机

钢筋加工中其弯曲和弯折应符合下列规定：

(1) HPB300级钢筋末端应做180°弯钩，其弯弧内直径不应小于钢筋直径的2.5倍，弯钩的弯后平直部分长度不应小于钢筋直径的3倍；

(2) 当设计要求钢筋末端需作135°弯钩时，HRB335、HRB400级钢筋的弯弧内直径不应小于钢筋直径的4倍，弯钩的弯后平直部分长度应符合设计要求；

(3) 钢筋作不大于90°的弯折时，弯折处的弯弧内直径不应小于钢筋直径的5倍。

4.2.3 钢筋的连接

钢筋的连接可以采取绑扎连接、焊接连接和机械连接等方式。

绑扎连接用于受拉钢筋直径不大于25mm以及受压钢筋直径不大于28mm钢筋之间的连接；轴心受拉及小偏心受拉杆件（如桁架和拱的拉杆）的纵向受力钢筋不得采用绑扎连接。

细晶粒热轧带肋钢筋以及直径大于28mm的带肋钢筋，其焊接参数应经试验确定；余热处理钢筋不宜焊接。

直接承受动力荷载的结构构件中，其纵向受拉钢筋不得采用绑扎搭接接头，也不宜采用焊接接头，除端部锚固外不得在钢筋上焊有附件。

混凝土结构中受力钢筋的连接接头宜设置在受力较小处；在同一根受力钢筋上宜少设接头。在结构的重要构件和关键传力部位，纵向受力钢筋不宜设置连接接头。

同一构件中相邻纵向受力钢筋的绑扎搭接接头或机械连接接头宜相互错开，焊接接头应相互错开。

1. 绑扎连接

绑扎连接是指钢筋的连接用 20～22 号铁丝将两段钢筋搭接连接起来而达到接长的目的，每一绑扎搭接接头至少绑扎三点。规范规定：同一构件中相邻纵向受力钢筋的绑扎接头宜相互错开。绑扎接头中钢筋的横向净距 s 不应小于钢筋直径 d，且不应小于 25mm。

钢筋绑扎搭接接头连接区段的长度为 1.3L（L 为搭接长度），凡搭接接头中点位于该连接区段长度内的搭接接头均属于同一连接区段。同一连接区段内，纵向钢筋搭接接头面积百分率为该区段内有搭接接头的纵向受力钢筋截面面积与全部纵向受力钢筋截面面积的比值（见图 4-10）。

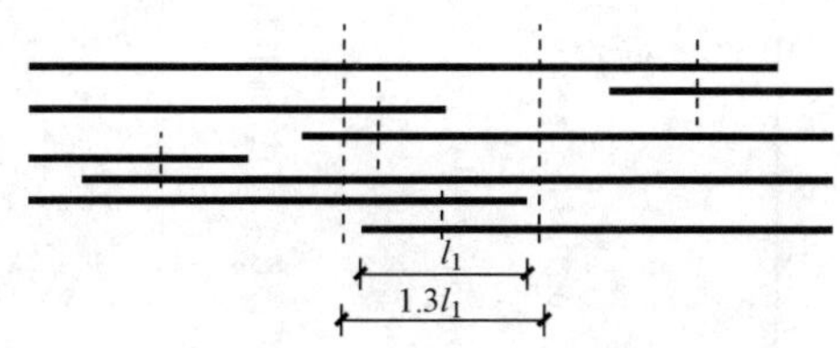

图 4-10　钢筋绑扎搭接接头连接区段及接头面积百分率

注：图中所示搭接接头同一连接区段内的搭接钢筋为两根，当各钢筋直径相同时，接头面积百分率为 50%。

同一连接区段内，纵向受拉钢筋搭接接头面积百分率应符合设计要求；当设计无具体要求时，应符合下列规定：①对梁类、板类及墙类构件，不宜大于 25%；②对柱类构件不宜大于 50%；③当工程中确有必要增大接头面积百分率时，对梁类构件，不应大于 50%；对其他构件，可根据实际情况放宽。

纵向受拉钢筋的搭接长度应符合表 4-4 的规定。

纵向受压钢筋搭接时，其最小搭接长度应根据以上各条确定相应数值后，乘以系数 0.7 取用。任何情况下，受压钢筋的搭接长度不应小于 200mm。

在梁、柱类构件的纵向受力钢筋搭接长度范围内，应按设计要求配置箍筋。当设计无具体要求时，应符合下列规定：①箍筋直径不应小于搭接钢筋较大直径的 0.25 倍；②受拉搭接区段的箍筋间距不应大于搭接钢筋较小直径的 5 倍；③受压搭接区段的箍筋间距不应大于搭接钢筋较小直径的 10 倍；④当柱中纵向受力钢筋直径大于 25mm 时，应在搭接接头两个端面外 100mm 范围内各设置两个箍筋，其间距宜为 50mm。

2. 焊接连接

用焊接方法将钢筋连接起来，与绑扎连接相比，可以改善结构受力性能，提高工效，节约钢材，降低成本。焊接是施工中常用的钢筋连接方法。钢筋的焊接方法有：闪光对焊、电弧焊、电渣压力焊、电阻点焊、气压焊等。钢筋的焊接质量与钢材的可焊性、焊接工艺有关。

（1）闪光对焊。闪光对焊主要用于钢筋接长及预应力钢筋与螺丝端杆的焊接。在非固定的专业预制厂（场）或钢筋加工厂（场）内进行钢筋连接作业，对直径大于或等于 22mm

表 4-4　　纵向受拉钢筋绑扎搭接长度

钢筋种类及同一区段内搭接钢筋面积百分率		C20	C25		C30		C35		C40		C45		C50		C55		C60	
		$d≤25$	$d≤25$	$d>25$	$d≤25$	$d>23$	$d≤25$	$d>25$	$d≤25$	$d>25$	$d≤25$	$d>25$	$d≤25$	$d>25$	$d≤25$	$d>25$	$d≤25$	$d>25$
HPB300	≤25%	47d	41d	—	36d	—	34d	—	30d	—	29d	—	28d	—	26d	—	25d	—
	50%	55d	48d	—	42d	—	39d	—	35d	—	34d	—	32d	—	31d	—	29d	—
	100%	62d	54d		48d	—	45d	—	40d		38d	—	37d	—	35d	—	34d	—
HRB335 HRBF335	≤25%	46d	40d	—	35d	—	32d	—	30d	—	28d	—	26d	—	25d		25d	—
	50%	53d	46d	—	41d	—	38d	—	35d	—	32d	—	31d	—	29d	—	29d	—
	100%	61d	53d		46d	—	43d		40d	—	37d		35d		34d		34d	—
HRB400 HRBF400 RRB400	≤25%	—	48d	53d	42d	47d	38d	42d	35d	38d	34d	37d	32d	36d	31d	35d	30d	34d
	50%	—	56d	62d	49d	55d	45d	49d	41d	45d	39d	43d	38d	42d	36d	41d	35d	39d
	100%	—	64d	70d	56d	62d	51d	56d	46d	51d	45d	50d	43d	48d	42d	46d	40d	45d
HRB500 HRBF500	≤25%	—	58d	64d	52d	56d	47d	52d	43d	48d	41d	44d	38d	42d	37d	41d	36d	40d
	50%	—	67d	74d	60d	66d	55d	60d	50d	56d	48d	52d	45d	49d	43d	48d	42d	46d
	100%	—	77d	85d	69d	75d	62d	69d	58d	64d	54d	59d	51d	56d	50d	54d	48d	53d

（表头“混凝土强度等级”横跨 C20～C60 各列。）

注　1. 表中数值为纵向受拉钢筋绑扎搭接接头的搭接长度。

2. 两根不同直径钢筋搭接时，表中 d 取钢筋较小直径。

3. 当为环氧树脂涂层带肋钢筋时，表中数据尚应乘以 1.25。

4. 当纵向受拉钢筋在施工过程中易受扰动时，表中数据尚应乘以 1.1。

5. 当搭接长度范围内纵向受力钢筋周边保护层厚度为 3d（d 为锚固钢筋的直径）时，表中数据可乘以 0.8；保护层厚度不小于 5d 时，表中数据可乘以 0.7；中间时按内插值。

6. 当上述修正系数（注 3～注 5）多于一项时，可按连乘计算。

7. 当位于同一连接区段内的钢筋搭接接头面积百分率为表中数据中间值时，搭接长度可按内插取值。

8. 任何情况下，搭接长度不应小于 300mm。

9. HPB300 级钢筋末端应做 180°弯钩。

的钢筋连接时，不得使用闪光对焊。

钢筋闪光对焊的原理（见图 4 - 11）是利用对焊机使两段钢筋接触，通过低电压的强电流，待钢筋被加热到一定温度变软后，进行轴向加压顶锻，形成对焊接头。

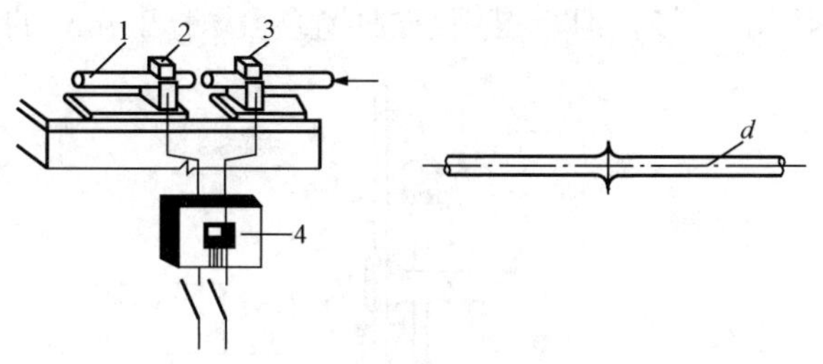

图 4 - 11　钢筋对焊原理

1—焊接的钢筋；2—固定电板；3—可动电板；4—机座

钢筋闪光对焊后，应按国家现行标准《钢筋焊接及验收规程》的规定抽取试件作力学性能试验和进行外观检查。力学性能检验应从每批接头中随机切取 6 个接头，做 3 个拉力试验和 3 个冷弯试验。外观检查要求：无裂纹和烧伤；接头弯折不大于 3°；接头轴线偏移不大于 1/10 钢筋直径，也不大于 2mm。

（2）电弧焊。电弧焊是利用弧焊机使焊条与钢筋之间产生高温电弧，使钢筋熔化而连接在一起，冷却后形成焊接接头。电弧焊广泛用于钢筋接头、钢筋骨架焊接、装配式结构接头的焊接、钢筋与钢板的焊接及各种钢结构焊接。

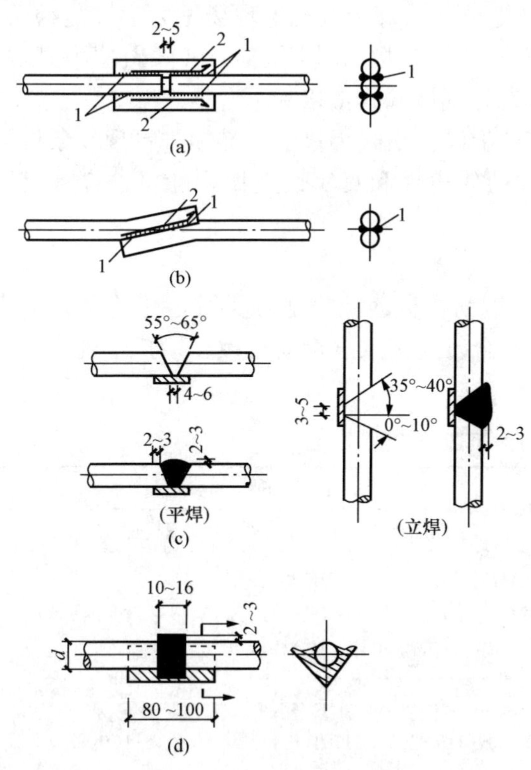

图 4 - 12　电弧焊钢筋接头

（a）帮条焊；（b）搭接焊；（c）坡口焊；（d）熔槽帮条焊
1—定位焊缝；2—弧坑拉出方位

钢筋电弧焊的接头型式（见图 4 - 12）有：搭接接头（单面焊缝或双面焊缝），适用于直径 10～40mm 的 HPB300、HRB335 级钢筋；帮条接头（单面焊缝或双面焊缝），适用于直径 10～40mm 的各级热轧钢筋；坡口接头（平焊或立焊），适用于直径 18～40mm 的各级热轧钢筋；熔槽帮条焊接头；水平钢筋窄间隙焊接头，适用于直径 18～40mm 的 HPB300、HRB335、HRB400 级钢筋。

焊条的种类很多，应根据钢材等级和焊接接头型式选用。焊条必须有合格证。

电弧焊的外观要求是：焊缝表面平整，无裂纹，无较大凹陷、焊瘤，无明显咬边、气孔、夹渣等缺陷。

钢筋电弧焊接头还应按规定取样做力学性能检验，以现场安装条件下每一楼层 300 个同类型接头为一个验收批，每个验收批选取 3 个接头进行拉力试验。如有不合格者，应取双倍试件复验。再有不合格者，则该验收批接头不合格。如对焊接质量有怀疑或发现异常情况，还可以进行非破损方式检验（X 射线、γ 射线、超声波探伤等）。

（3）电渣压力焊。钢筋电渣压力焊是将两钢筋安放成竖向对接形式，利用焊接电流通过两钢筋端面间隙，在焊剂层下形成电弧过程和电渣过程，产生电弧热和电阻热，熔化钢筋，加压完成的一种压焊方法。适用于钢筋混凝土结构中竖向或斜向（倾斜度在 4∶1 范围内）钢筋的连接，但不得用于焊接直径大于 22mm 的钢筋。电渣压力焊设备如图 4-13 所示。

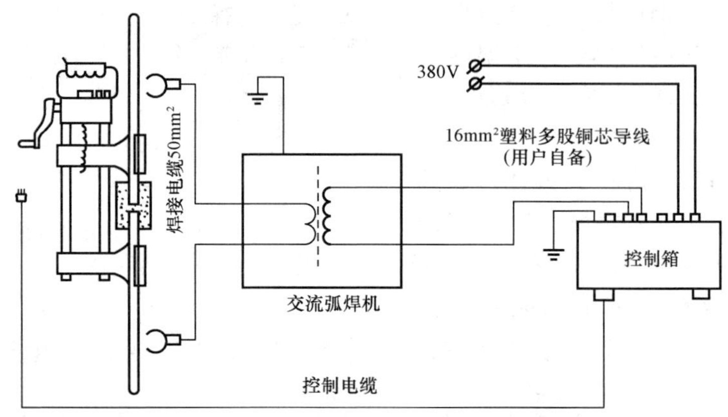

图 4-13　电渣压力焊设备

电渣压力焊的外观质量要求是：不得有裂纹和明显的烧伤；轴线偏移不得大于 1/10 钢筋直径且不得大于 2mm；接头弯折不得大于 3°。电渣压力焊应按规定现场做力学性能检验，以每 300 个接头为一个验收批（不足 300 个也为一个验收批），切取 3 个试件做拉力试验。如有不合格者，应取双倍试件复验。再有不合格者，则该验收批接头不合格。

采用哪种焊接方法，焊接操作人员都必须持证上岗。正式焊接前，必须进行现场条件下的焊接接头力学性能试验，取试件时为保证试件的代表性和真实性应做到随机抽样和见证取样。

3. 机械连接

钢筋机械连接时，应优先采用直螺纹接头。钢筋机械连接方法分类及适用范围，见表 4-5。钢筋机械连接接头的设计、应用与验收应符合行业标准《钢筋机械连接技术规程》和其他机械连接接头技术规程的规定。

表 4-5　　钢筋机械连接方法分类及适用范围

<table>
<tr><th colspan="2" rowspan="2">机械连接方法</th><th colspan="2">适用范围</th></tr>
<tr><th>钢筋级别</th><th>钢筋直径（mm）</th></tr>
<tr><td colspan="2">钢筋套筒挤压连接</td><td>HRB335、HRB400、HRBF335、HRBF400、HRB335E、HRBF335E、HRB400E、HRBF400E、RRB400</td><td>16～40</td></tr>
<tr><td colspan="2">钢筋镦粗直螺纹套筒连接</td><td>HRB335、HRBF335、HRB400、HRBF400、HRB335E、HRBF335E、HRB400E、HRBF400E</td><td>16～40</td></tr>
<tr><td rowspan="3">钢筋滚轧直螺纹连接</td><td>直接滚轧</td><td rowspan="3">HRB335、HRB400、RRB400、HRBF335、HRBF400、HRB335E、HRBF335E、HRB400E、HRBF400E</td><td>16～40</td></tr>
<tr><td>挤肋滚轧</td><td>16～40</td></tr>
<tr><td>剥肋滚轧</td><td>16～40</td></tr>
</table>

（1）套筒挤压连接。套筒挤压连接是把两根待接长钢筋的端头先后插入一个钢套筒，然

后用挤压机侧向分别挤压套筒数次，使套筒产生塑性变形并与带肋钢筋紧密咬合形成连接（见图 4-14）。套筒挤压连接的特点是：接头强度高、质量稳定可靠；连接速度快，适用范围广；挤压设备轻便；但是成本偏高，施工速度慢。

施工工艺流程：半套管插入待连接的钢筋上→放置压模和垫块、挤压→退回柱塞及导向板，装上垫块、挤压→退回柱塞再加垫块、挤压→退回柱塞、取下垫块、压模，卸下挤压机。

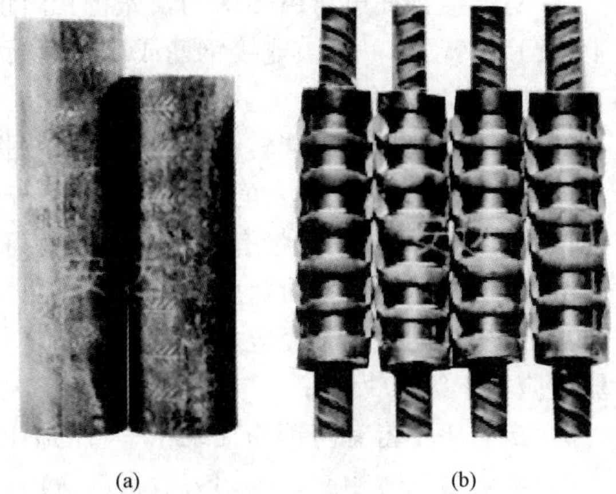

(a)　(b)

图 4-14　套筒挤压连接

(a) 挤压前；(b) 挤压后

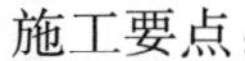

施工要点：

1）一般规定。套筒挤压连接所用钢筋和钢套筒必须有材质证明书，其性能应符合相关标准的要求。对钢套筒要进行外观检查和机械性能检查。钢套筒外观质量要求表面不得有影响性能的裂缝、折叠、分层等缺陷，其表面的压接标志应清晰，中部两压接标志距离应不小于 20mm。钢套筒机械性能检查时，要求同炉号、同规格钢材制成的同一型号的套筒为一批，每批制取 1 根拉伸试件，试验结果应符合相关要求。

2）压接前钢筋及钢套筒的处理。压接之前，要清除钢筋压接部位的铁锈、油污、砂浆等，钢筋端部必须平直。应在钢筋端部做上能准确判断钢筋伸入套筒内长度的位置标记。被连接钢筋的轴心应与钢套筒的轴心保持一致，防止偏心和弯折。

3）压接前设备调试。压接前按设备操作说明书进行设备调试，保持压接设备的正常工作。

4）对挤压连接操作人员的要求。对挤压操作人员实行持证上岗制度。要保持操作人员的固定，要控制好操作程序。

5）压接。挤压时，压钳应对准套筒压痕标志，并垂直于被接钢筋的横肋。挤压应从套筒中部逐道向端部压接，不应由端部向中部挤压或隔标记来回挤压。

(2) 钢筋毛镦粗直螺纹套筒连接（见图 4-15）。采用等直径的直螺纹连接施工操作相对方便，并避免了拧紧配合时可能发生的“自锁”现象。钢筋在加工螺纹之前先行镦粗，截面积可以增加 23%～45%不等。因此，镦粗直螺纹连接不仅可以满足承载传力的强度要求，而且可以达到“超强”，即极限抗拉强度超过被连接钢筋。但是，对钢筋端部镦粗使钢筋延性降低，容易在接头区域截面形状变化的镦粗段发生脆断，并降低了弹性模量。

图 4-15　钢筋冷镦粗直螺纹套筒连接

施工工艺流程：钢筋下料→端头镦粗→螺纹加工→用配套的量规逐根检测→套筒连接。

施工要点：

1）对连接钢筋可自由转动的，先将套筒预先部分或全部拧入一个被连接钢筋的端头螺纹上，而后转动另一根被连接钢筋或反拧套筒到预定位置，最后用扳手转动连接钢筋，使其相互对顶锁定连接套筒；

2）对于钢筋完全不能转动的部位，如弯折钢筋或施工缝、后浇带等部位，可将锁定螺母和连接套筒预先拧入加长的螺纹内，再反拧入另一根钢筋端头螺纹上，最后用锁定螺母锁定连接套筒；或配套应用带有正反螺纹的套筒，以便从一个方向上能松开或拧紧两根钢筋；

3）直螺纹钢筋连接时，应采用扭力扳手按规定的最小扭矩值把钢筋接头拧紧；

4）镦粗头的基圆直径应大于丝头螺纹外径，长度应大于1.2倍套筒长度，冷镦粗过渡段坡度应小于等于1∶3；

5）镦粗头不得有与钢筋轴线相垂直的横向表面裂纹；

6）不合格的镦粗头，应切去后重新镦粗，不得对镦粗头进行二次镦粗；

7）如选用热镦工艺镦粗钢筋，则应在室内进行钢筋镦头加工。

（3）钢筋滚轧直螺纹连接。滚轧直螺纹克服了镦粗直螺纹的缺点，其不用切削方式加工螺纹，而用滚轧方式碾轧钢筋表面形成螺纹，因此避免了镦粗引起的钢材性能劣化，同时基本保持了原钢筋的承载面积。因此截面和材料基本未受影响，强度、延性均无明显变化。

根据滚轧直螺纹成型方式，又可分为：直接滚轧螺纹、挤压肋滚轧螺纹、剥肋滚轧螺纹三种类型。

施工工艺流程：下料→（端头挤压或剥肋）→滚轧螺纹加工→试件试验→钢筋连接→质量检查。

施工要点：

1）连接钢筋时，钢筋规格和套筒规格必须一致，钢筋和套筒的丝扣应干净、完好。

2）采用预埋接头时，连接套筒的位置、规格和数量应符合设计要求。带连接套筒的钢筋应固定牢固，连接套筒的外露端应有保护盖。

3）直螺纹接头的连接应使用管钳和力矩扳手进行；连接时，将待安装的钢筋端部的塑料保护帽拧下来露出丝口，并将丝口上的水泥浆等污物清理干净。将两个钢筋丝头在套筒中央位置相互顶紧，当采用加锁母型套筒时应用锁母锁紧，接头拧紧力矩符合相关规定，力矩扳手的精度为±5%。

4）检查连接丝头定位标色并用管钳旋合顶紧。钢筋连接完毕后，标准型接头连接套筒外应有外露螺纹，且连接套筒单边外露有效螺纹不得超过$2P$（P为螺距）；

5）连接水平钢筋时，必须将钢筋托平。钢筋的弯折点与接头套筒端部距离不宜小于200mm，且带长套丝接头应设置在弯起钢筋平直段上。

4. 机械连接接头质量检验与验收

接头安装前应检查连接件产品合格证及套筒表面生产批号标识；产品合格证应包括适用钢筋直径和接头性能等级、套筒类型、生产单位、生产日期以及可追溯产品原材料力学性能和加工质量的生产批号。

现场检验应按《钢筋机械连接技术规程》进行接头的抗拉强度试验、加工和安装质量检验；对接头有特殊要求的结构，应在设计图纸中另行注明相应的检验项目。

接头的现场检验应按验收批进行。同一施工条件下采用同一批材料的同等级、同型式、同规格接头，应以500个为一个验收批进行检验与验收，不足500个也应作为一个验收批。

对接头的每一验收批，必须在工程结构中随机截取 3 个接头试件作抗拉强度试验，按设计要求的接头等级进行评定。当 3 个接头试件的抗拉强度均符合相应等级的强度要求时，该验收批应评为合格。如有 1 个试件的抗拉强度不符合要求，应再取 6 个试件进行复检。复检中如仍有 1 个试件的抗拉强度不符合要求，则该验收批应评为不合格。

4.2.4　钢筋配料

钢筋配料就是根据结构施工图，分别计算构件中各种钢筋的下料长度、根数及重量，并编制钢筋配料单。钢筋配料是确定钢筋材料计划、进行钢筋加工和结算的依据。

1. 计算依据

(1) 外包尺寸。结构施工图中所标注的钢筋尺寸一律是外包尺寸，即钢筋外边缘至外边缘之间的长度，如图 4 - 16 所示。

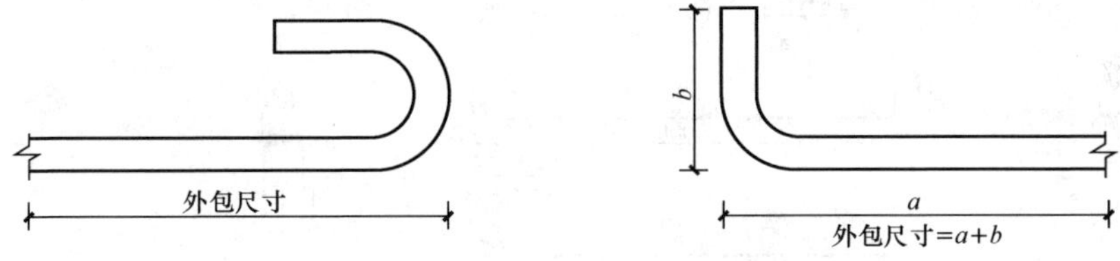

图 4 - 16　钢筋外包尺寸示意图

(2) 量度差值。钢筋加工时需要进行弯曲，钢筋弯曲后，外边缘增长，内边缘缩短，但中心线长度不会发生变化。这样，钢筋的外包尺寸与钢筋中心线长度之间存在一个差值，这个差值称为量度差值。

计算钢筋下料长度时应扣除量度差值。否则由于钢筋下料太长，一方面造成浪费，另一方面可引起钢筋的保护层不够以及钢筋安装的不方便，甚至影响钢筋的位置（特别是钢筋密集时）。

钢筋弯曲处的量度差值见表 4 - 6。

表 4 - 6　钢筋弯曲量度差值表

弯曲角度	量度差值	弯曲角度	量度差值
45°	$0.5d_0$	90°	$2.0d_0$
60°	$0.85d_0$	135°	$2.5d_0$

注　d_0为钢筋直径。

(3) 弯钩增加长度。规范规定，HPB300 级钢筋末端应做 180°弯钩，显然，此类钢筋下料长度要大于钢筋的外包尺寸，此时，计算中每个弯钩应增加一个平直长度，即弯钩增加长度，每个弯钩增加长度为 $6.25d$，如图 4 - 17 所示。

(4) 箍筋弯钩增加值。有抗震或抗扭要求的结构箍筋的常用箍筋弯钩形式如图 4 - 18 所示。箍筋弯后的平直部分长度，对一般结构，不宜小于箍筋直径的 5 倍；对有抗震要求的结构，不应小于箍筋直径的 10 倍且不小于 75mm（$10d$ 或 75mm 取大值）。箍筋的下料长度应比其外包尺寸大，在计算中也要增加一定的长度，即箍筋弯钩增加值。

箍筋弯钩增加值为 $15.78d_0$（$25.78d_0$），括号内数据为有抗震要求时。

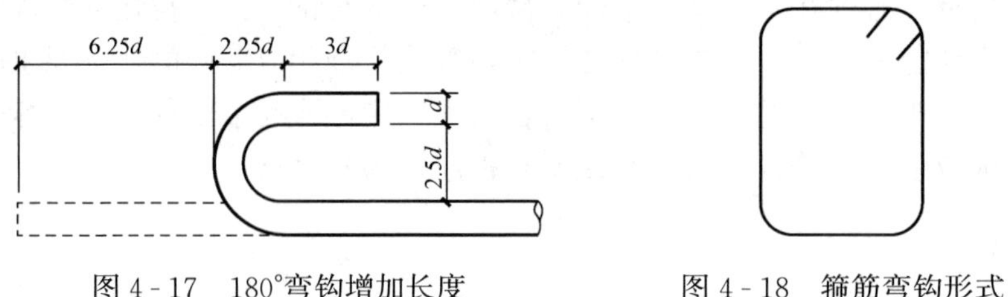

图 4-17　180°弯钩增加长度　　　　图 4-18　箍筋弯钩形式

2. 计算公式

钢筋下料是根据需要将钢筋切断成一定长度的直线段，钢筋的下料长度就是钢筋的中心线长度。计算钢筋下料长度可按以下公式进行：

钢筋下料长度＝外包尺寸－量度差值＋弯钩增加长度（箍筋弯钩增加值）

【例 4-1】 试计算下列钢筋的下料长度。如图 4-19 所示。

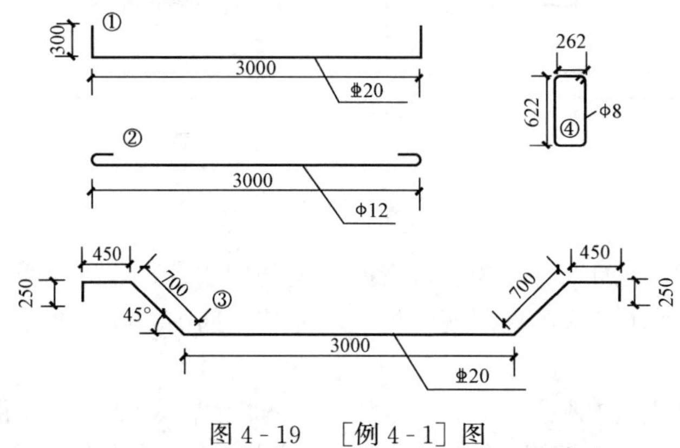

图 4-19　［例 4-1］图

解：根据公式，钢筋下料长度＝外包尺寸－量度差值＋弯钩增加长度（箍筋弯钩增加值），则：

①号钢筋的下料长度为：2×300＋3000－2×2×20＝3520（mm）

②号钢筋的下料长度为：3000＋2×6.25×12＝3150（mm）

③号钢筋的下料长度为：2×（250＋450＋700）＋3000－2×2×20-4×0.5×20＝5680（mm）

④号钢筋的下料长度为：2×（262＋662）－3×2×8＋15.78×8＝1926.24（mm）

若有抗震要求，则下料长度为：2×（262＋662）－3×2×8＋25.78×8＝2006.24（mm）

【例 4-2】 已知某教学楼钢筋混凝土框架梁 KL6 的截面尺寸与配筋如图 4-20 所示，求各种钢筋的下料长度。

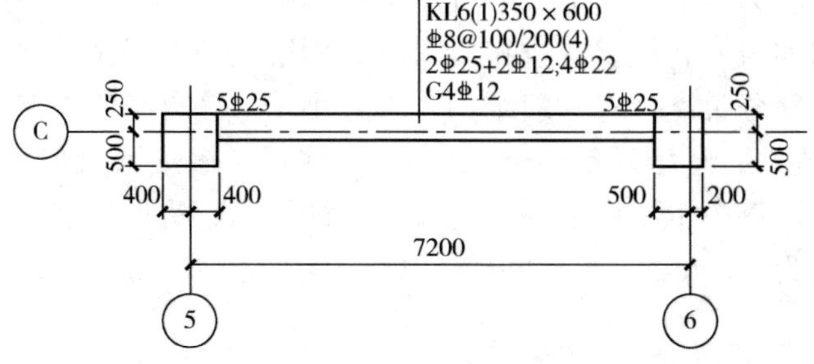

图 4-20　某钢筋混凝土框架梁 KL 平法施工图

解：由结构设计说明以及施工图可见：

1）框架抗震等级为二级；

2）混凝土强度等级为 C30；

3）地上部分环境类别为一类。所以梁钢筋混凝土保护层厚度为 20mm，柱钢筋混凝土保护层厚度地上部分为 20mm。

为便于识读理解，现用传统的剖面详图绘制梁钢筋简图和框架梁钢筋剖面图，并将各种钢筋进行编号（见图 4 - 21 和图 4 - 22）。对照 KL - 6 框架梁尺寸与构造要求，绘制钢筋翻样图（见图 4 - 23）。

图 4 - 21　KL6 配筋简图

3. 梁构造说明

（1）框架梁纵向受力钢筋 ⌀25 的锚固长度

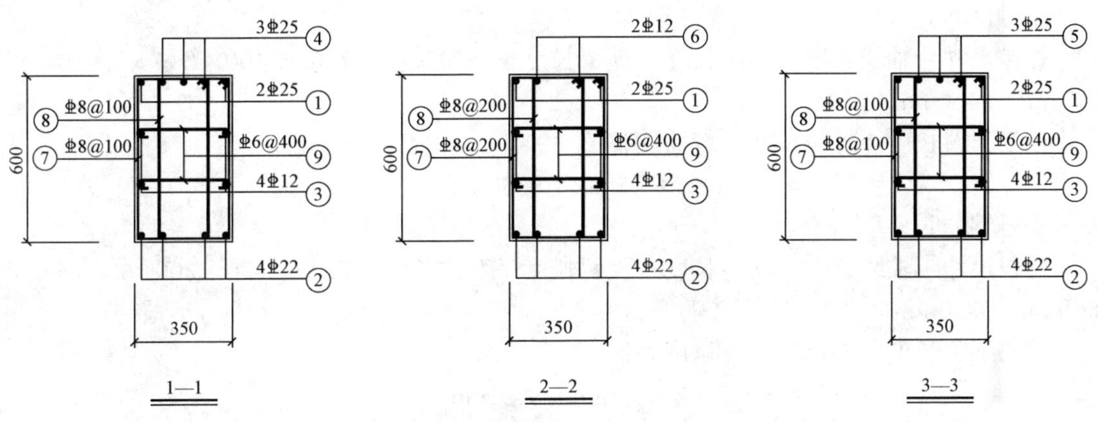

图 4 - 22　KL6 剖面图

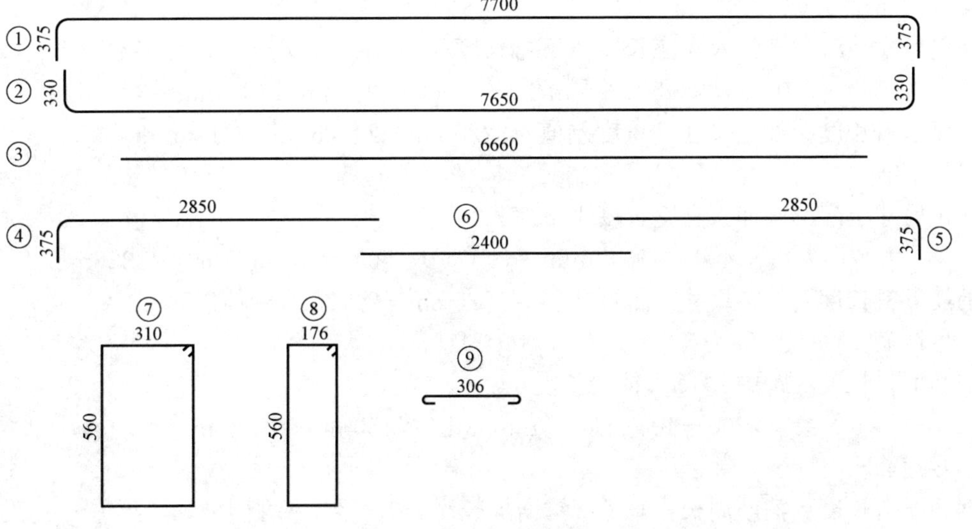

图 4 - 23　KL6 钢筋翻样图

为 l_{aE} =40d=40×25=1000（mm）>柱宽 800mm，故需弯折锚固，弯折长度为 15d=15×25=375（mm）。侧面构造筋 ⏀12 的锚固长度为 15d=15×12=180（mm），采用直锚形式，梁底部纵向钢筋 ⏀22 的锚固长度为l_{aE}=40d=40×22=880（mm）>柱宽 800mm，所以需要弯折锚固，弯折长度为 15×22=330（mm）。

（2）梁侧面根据梁构造钢筋需设置两道拉筋，当梁宽≤350mm 时，拉筋直径为 6mm，间距为非加密区箍筋间距的 2 倍。本例中梁宽为 350mm，所以拉筋按照 ⏀6@400 设置。

（3）梁上部纵向受力筋弯锚要求伸至柱外侧纵筋内侧，柱钢筋保护层厚度 20mm，本题考虑柱箍筋 10mm，柱纵向钢筋直径 20mm，因此，上部纵向钢筋预留 50mm，且需要考虑满足 0.4 l_{abE} =0.4×40d=16d=16×25=400mm；下部纵向钢筋弯锚要求伸至梁上部纵筋弯钩内侧或柱外侧纵筋内侧，考虑梁上部角部钢筋，统一按伸至梁上部纵筋弯钩内侧，预留 50mm+25mm=75mm 考虑，且需要考虑满足 0.4 l_{abE} =0.4×40d=16d=16×22=352mm。

4. 计算钢筋下料长度

①号钢筋。

外包尺寸=轴线长度+支座长度－预留长度+弯钩长度=7200+400+200－2×50+2×375mm=8450mm

钢筋下料长度=外包尺寸－弯曲调整值

=8450mm－2×2×25mm=8350mm

②号钢筋。

外包尺寸=轴线长度+支座长度－预留长度+弯钩长度=7200+400+200－2×75+2×330mm=8310mm

钢筋下料长度=外包尺寸－量度差值

=8310mm－2×2×22mm=8222mm

③号钢筋。

钢筋下料长度=跨中长度+锚固长度=7200－400－500+2×180=6660mm

④号钢筋。

外包尺寸=l_{a1}/3+伸入支座长度+下弯长度

=（7200－400－500）mm/3+（800－50）mm+375mm=3225mm

钢筋下料长度=外包尺寸－量度差值=3225mm－2×25mm=3175mm

⑤号钢筋。

外包尺寸=l_{a1}/3+伸入支座长度+下弯长度

=（7200－400－500）mm/3+（800－50）mm+375mm=3225mm

钢筋下料长度=外包尺寸－量度差值=3225mm－2×25mm=3175mm

⑥号钢筋。

钢筋下料长度=跨中 l_{a1}/3+搭接长度

=（7200－400－500）mm/3+2×150mm=2400mm

⑦号箍筋。

钢筋下料长度=箍筋周长+135°弯钩增加长度×2－量度差值

=（350－20－20+600－20－20）mm×2+25.78×8mm－2×8mm×3

=1898.24mm，取 1898mm。

箍筋根数应考虑加密区与非加密区的设置，根据平法图集对抗震 KL 加密区设置要求。加密区宽度为 max（1.5h，500），即 900mm。第一根筋距离柱边 50mm 开始布置，则箍筋根数=（900−50）/100+1+（900−50）/100+1+（6300−900×2）/200−1=41（根）。

⑧号箍筋。

箍筋水平边长度=（350−20−20−8−8−25）/4×2+25+8+8=175.5mm，取 176mm。

钢筋下料长度=箍筋周长+135°弯钩增加长度×2−量度差值=（176+600−20−20）mm×2+25.78×8mm−2×8mm×3=1630.24mm，取 1630mm。

箍筋根数同外箍筋，为 41 根。

⑨号拉筋。

钢筋弯钩直段取 max（75，10d）=max（75，10×6）=75mm。

拉筋采取勾住箍筋的方式；

钢筋下料长度=拉筋直段长度+135°弯钩增加长度×2=350−20−20+75×2+1.9×6×2=482.8.8mm，取 483mm。

单排箍筋根数=（6300−50×2）/400+1=17（根）总拉筋根数=17×2=34（根）

5. 填写框架梁配料单

框架梁配料单见表 4-7。

表 4-7　框架梁 KL6 配料单

钢筋编号	简图	直径（mm）	钢筋种类	下料长度（mm）	根数	合计根数	重量（kg）
①	7700；375；375	25	—	8350	2	2	64.30
②	330；7650；330	22	—	8222	4	4	90.01
③	6660	12	—	6660	4		23.68
④	2850；375	25	—	3175	3	3	36.68
⑤	2850；375	25	—	3175	3	3	36.68
⑥	2400	12	—	2400	2	2	4.27
⑦	310；560	8	—	1883	41	41	30.50

续表

钢筋编号	简图	直径(mm)	钢筋种类	下料长度(mm)	根数	合计根数	重量(kg)
⑧	176；560	8	—	1630	41	41	26.16
⑨	306	6	—	483	34	34	3.62

钢筋配料计算注意事项：

（1）在设计图纸中，钢筋配置的细节问题未注明时，应按构造要求处理。

（2）配料计算时，要考虑钢筋的形状和尺寸在满足设计要求的前提下还应有利于加工和安装。

（3）配料时，还必须考虑施工中所需要的附加钢筋。例如，后张法预应力构件预留孔道定位用的钢筋井字架、基础双层钢筋网中保证上层钢筋网位置用的钢筋撑脚、墙板双层钢筋网中保证钢筋间距用的钢筋撑铁、柱钢筋骨架增加的四面斜撑等。

（4）计算好各种钢筋的下料长度后还应填写钢筋配料单，要反映工程名称、构件名称、钢筋编号、钢筋简图及尺寸、直径、钢号、数量、下料长度及钢筋重量，以便组织加工。现在市场上有各种算量软件可以进行钢筋下料长度的计算。

4.2.5 钢筋代换

1. 钢筋代换原则

（1）等强度代换：当构件受强度控制时，钢筋可按强度相等的原则进行代换。

（2）等面积代换：当构件按最小配筋率配筋时，钢筋可按面积相等的原则进行代换。

（3）当构件受裂缝宽度或挠度控制时，代换后应进行裂缝宽度或挠度验算。

1）等强度代换。不同级别钢筋的代换，按拉力相等的原则进行。

如设计图中所用的钢筋设计强度为 f_{y1}，钢筋总面积为 A_{s1}，代换后的钢筋设计强度为 f_{y2}，钢筋总面积为 A_{s2}，则应使

$$A_{s1}f_{y1} \leqslant A_{s2}f_{y2} \tag{4-1}$$

$$n_2 \geqslant \frac{n_1 \cdot d_1^2 f_{y1}}{d_2^2 f_{y2}} \tag{4-2}$$

式中 n_2——代换后钢筋根数；

n_1——原设计钢筋根数；

d_2——代换后钢筋直径；

d_1——原设计钢筋直径。

2）等面积代换。相同级别钢筋的代换，按面积相等的原则进行。即

$$A_{s1} \leqslant A_{s2} \tag{4-3}$$

$$n_2 \geqslant n_1 \frac{d_1^2}{d_2^2} \tag{4-4}$$

式中符号同上。

钢筋代换后，有时由于受力钢筋根数增多而使钢筋排数增加，这样构件截面的有效高度 h 减小，截面强度降低。通常对这种影响可凭经验适当增加钢筋面积，然后再作截面强度复核。

对于矩形截面的受弯构件，可根据弯矩相等，按下式复核截面强度：

$$N_2\left(h_{02}-\frac{N_2}{2f_{cm}b}\right)\geqslant N_1\left(h_{01}-\frac{N_1}{2f_{cm}b}\right) \tag{4-5}$$

式中　N_1——原设计钢筋的拉力，即 $N_1=A_{s1}f_{y1}$；

N_2——代换钢筋拉力，即 $N_2=A_{s2}f_{y2}$；

h_{01}——原设计钢筋的合力点至构件截面受压边缘的距离（即构件截面的有效高度）；

h_{02}——代换钢筋的合力点至构件截面受压边缘的距离；

f_{cm}——混凝土的弯曲抗压强度设计值；

b——构件截面宽度。

2. 钢筋代换注意事项

（1）钢筋代换应办理设计变更文件。

（2）对抗裂要求高的构件（如吊车梁、薄腹梁、屋架下弦等），不得用光圆钢筋代替 HRB400、HRB500 带肋钢筋，以免降低抗裂度。

（3）代换后，仍能满足各类极限状态的有关计算要求及必要的配筋构造规定（如受力钢筋和箍筋的最小直径、间距、锚固长度、配筋百分率以及混凝土保护层厚度等）；在一般情况下，代换钢筋还必须满足截面对称的要求。

（4）当构件受裂缝宽度或挠度控制时，钢筋代换后应进行刚度、裂缝计算。当构件受裂缝宽度控制时，如以小直径钢筋代换大直径钢筋，强度等级低的钢筋代替强度等级高的钢筋，则可不作裂缝宽度验算。

（5）梁的纵向受力钢筋与弯起钢筋应分别进行代换。偏心受压构件（如框架柱、有吊车的厂房柱、桁架上弦等）或偏心受拉构件作钢筋代换时，不取整个截面配筋量计算，应按受力面（受拉或受压）分别代换。

（6）有抗震要求的梁、柱和框架，不宜以强度等级高的钢筋代换原设计中的钢筋。如必须代换时，其代换的钢筋还要符合抗震钢筋的要求。

（7）受力预埋件的钢筋应采用未经冷拉的 HPB300、HRB400 级钢筋；预制构件的吊环，必须采用未经冷拉的 HPB300 级钢筋制作，严禁以其他钢筋代换。

4.2.6　钢筋安装程序与质量控制

（1）钢筋绑扎安装工艺：划线→摆纵筋→穿箍筋→绑扎→安放垫块，对不同构件而言，钢筋绑扎安装工艺不同。

（2）钢筋安装质量控制要点。

1）钢筋绑扎的质量控制。

①钢筋的交叉点应扎牢。板和墙的钢筋网，除靠近外围两行钢筋的交叉点全部扎牢外，中间部分的交叉点可相间交错扎牢，但必须保证钢筋不位移。面积较大的网片，可适当地用钢筋斜向加固（见图 4 - 24）。

②梁或柱的箍筋，除设计有特殊要求外，应与受力钢筋保持垂直；箍筋弯钩叠合处，应

错开放置。

③绑扎基础底板的钢筋时，应使钢筋弯钩朝上。当钢筋带有弯起直段时宜设联系钢筋（见图4-25），以防直段倒斜。

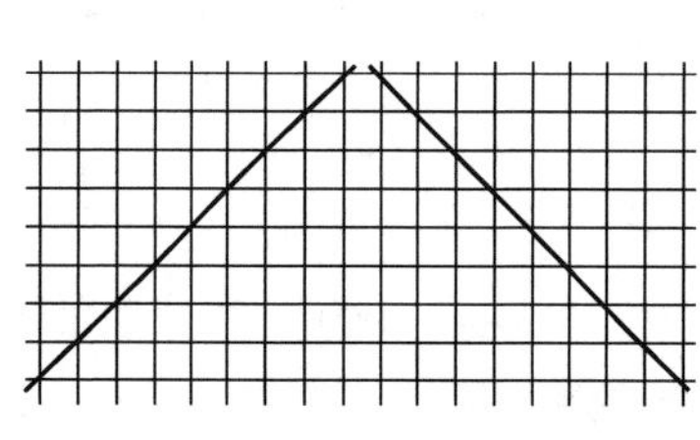

图4-24 钢筋斜向加固示意图

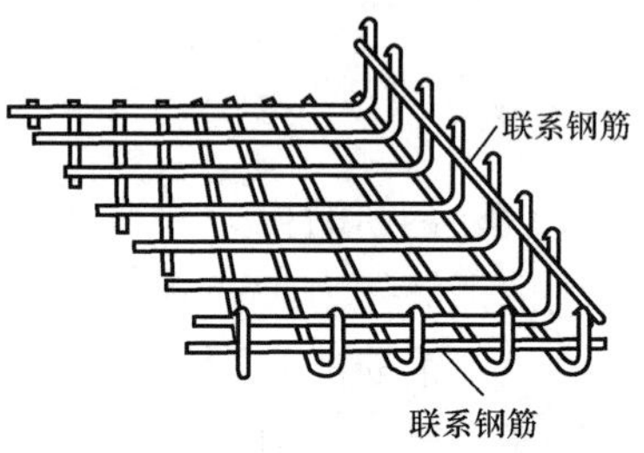

图4-25 联系钢筋示意图

④符合绑扎接头的有关要求。

2）焊接和机械连接的质量控制。

①严格按设计要求选用焊接方法、接头形式以及机械连接的方式。

②加强操作人员的技术培训，努力提高其操作水平，实行持证上岗。

③制订各种焊接及机械连接的操作工艺并严格执行。

④严格进行质量检查。

3）钢筋加工的形状、尺寸应符合设计要求，其偏差应符合表4-8的规定。

表4-8　钢筋加工的允许偏差

项目	允许偏差（mm）
受力钢筋顺长度方向全长的净尺寸	±10
弯起钢筋的弯折位置	±20
箍筋内净尺寸	±5

4）钢筋安装位置的允许偏差应符合表4-9的规定。

表4-9　钢筋安装位置的允许偏差和检验方法

<table>
<tr><th colspan="3">项目</th><th>允许偏差（mm）</th><th>检验方法</th></tr>
<tr><td rowspan="2">绑扎钢筋网</td><td colspan="2">长、宽</td><td>±10</td><td>钢尺检查</td></tr>
<tr><td colspan="2">网眼尺寸</td><td>±20</td><td>钢尺量连续三挡，取最大值</td></tr>
<tr><td rowspan="2">绑扎钢筋骨架</td><td colspan="2">长</td><td>±10</td><td>钢尺检查</td></tr>
<tr><td colspan="2">宽、高</td><td>±5</td><td>钢尺检查</td></tr>
<tr><td rowspan="5">受力钢筋</td><td colspan="2">间距</td><td>±10</td><td rowspan="2">钢尺量两端、中间各一点，取最大值</td></tr>
<tr><td colspan="2">排距</td><td>±5</td></tr>
<tr><td rowspan="3">保护层厚度</td><td>基础</td><td>±10</td><td>钢尺检查</td></tr>
<tr><td>柱、梁</td><td>±5</td><td>钢尺检查</td></tr>
<tr><td>板、墙、壳</td><td>±3</td><td>钢尺检查</td></tr>
<tr><td colspan="3">绑扎箍筋、横向钢筋间距</td><td>±20</td><td>钢尺量连续三挡，取最大值</td></tr>
</table>

续表

<table>
<tr><th colspan="2">项目</th><th>允许偏差（mm）</th><th>检验方法</th></tr>
<tr><td colspan="2">钢筋弯起点位置</td><td>20</td><td>钢尺检查</td></tr>
<tr><td rowspan="2">预埋件</td><td>中心线位置</td><td>5</td><td>钢尺检查</td></tr>
<tr><td>水平高差</td><td>+3，0</td><td>钢尺和塞尺检查</td></tr>
</table>

注　1. 检查预埋件中心线位置时，应从纵、横两个方向量测，并取其中的较大值。

2. 表中梁类、板类构件上部纵向受力钢筋保护层厚度的合格点率应达到 90%及以上，且不得有超过表中数值 1.5 倍的尺寸偏差。

4.3　混凝土工程施工

4.3.1　普通混凝土工程施工

混凝土结构工程中使用的混凝土通常是由专业混凝土生产公司提供的商品混凝土，商品混凝土又叫预拌混凝土，我国商品混凝土行业由传统加工业向现代制造业转型，不断完善绿色生产工艺，通过信息化和智能化的生产管理，在质量控制、节能降耗、资源利用等方面实现突破升级。

1. 混凝土施工配料

（1）混凝土施工配合比。根据国家现行标准《普通混凝土配合比设计规程》和《混凝土强度检验评定标准》的规定，混凝土施工配合比应由有相关资质的试验室提供（试验室配合比），也可以在试验室配合比的基础上根据施工现场砂石含水量情况进行调整。

试验室配合比为：水泥：砂子：石子=1：X：Y，水灰比为 w/c，测得现场砂子含水量为 W_x，石子含水量为 W_y，则施工配合比调整为：1：X（$1+W_x$）：Y（$1+W_y$）。

施工配料中影响混凝土质量的主要原因是：称量不准确；不考虑砂、石骨料的含水量变化。这样的后果就是会改变原混凝土配合比中的水灰比、砂石比（含砂率）及骨胶比，而其中任一项发生改变都会对混凝土质量造成较大的影响。

（2）原材料的计量要求。为严格控制混凝土的配合比，原材料的计量必须准确。原材料每盘称量的允许偏差不得超过以下规定：水泥、掺合料为±1%；粗、细骨料为±2%；水、外加剂为±1%。

对称量用的各种计量设备要定期校验，对粗、细骨料含水量应经常测定，雨天施工时，应增加测定次数。

（3）外加剂、掺合料的使用。混凝土中掺用外加剂的质量及应用技术应符合现行国家标准《混凝土外加剂》《混凝土外加剂应用技术规范》等和有关环境保护的规定。

混凝土中掺用矿物掺合料的质量应符合现行国家标准《用于水泥和混凝土中的粉煤灰》等的规定。矿物掺合料的掺量应通过试验确定。

2. 混凝土搅拌

商品混凝土在混凝土生产公司的搅拌主要是集中拌和，混凝土搅拌站主要由搅拌主机、物料称量系统、物料输送系统、物料储存系统和控制系统等 5 大系统和其他附属设施组成。

搅拌主机按其搅拌方式分为强制式搅拌机和自落式搅拌机。强制式搅拌机是国内外搅拌站使用的主流，它可以搅拌流动性、半干硬性和干硬性等多种混凝土。自落式搅拌主机主要搅拌流动性混凝土，在搅拌站中很少使用。

3. 混凝土运输

混凝土长途运输主要采用搅拌运输车，运输时应将混凝土以最少的转运次数和最短的时间从搅拌地点运送到浇筑地点，并保证混凝土在其初凝之前浇筑完毕。

在施工现场垂直运输多采用塔吊、混凝土输送泵等。水平运输可采用双轮手推车、机动翻斗车、皮带运输机、混凝土输送泵等。混凝土泵能一次连续地完成水平运输和垂直运输，效率高、劳动力省、费用低。

混凝土输送是指对运输至现场的混凝土，采用输送泵、溜槽、吊斗容器、升降设备小车等方式送至浇筑点的过程。为提高机械化施工水平、提高生产效率，保证施工质量，宜优先选用预拌混凝土泵送方式。

（1）混凝土输送泵。混凝土输送泵是将混凝土从混凝土搅拌运输车或混凝土罐车中抽出，并通过管道输送到需要浇筑点的设备，可以有效提高混凝土的输送效率。混凝土输送泵分为汽车式和拖式两种（见图 4－26），汽车式具有灵活性强，适用于各种施工现场的优点，而拖式则便于安装和更换，由于结构较为简单，使用和维护成本更低。

(a)

(b)

图 4－26 混凝土输送泵

（a）混凝土拖泵；（b）混凝土汽车泵

（2）混凝土输送管布置施工要点。

1）应使输送管的路线最短，尽量少用弯管和软管，活动软管不得扭曲。

2）垂直管道和水平管道都应每隔一定间距加以固定，固定方法可参考图 4－27，在穿过楼板时要卡紧。

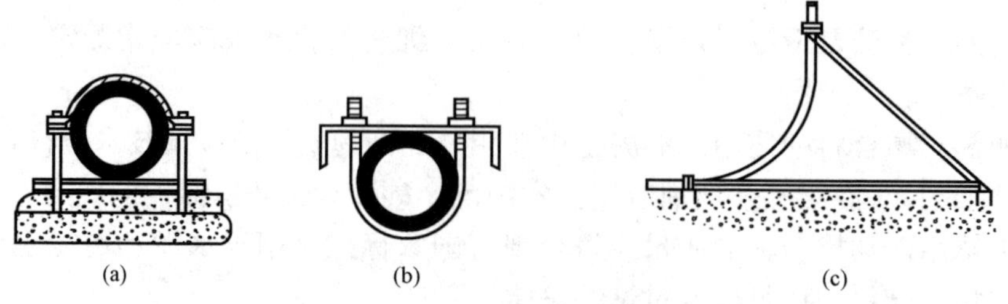

(a) (b) (c)

图 4－27 输送管固定示意图

3）混凝土输送管不得直接支承在钢筋、模板以及预埋件上。管道接头处不得漏浆。

4）混凝土泵出口处不宜变换方向，如场地受限制，应采用半径较大的弯头，以尽量减少压力损失。

5）高寒季节施工时，混凝土输送管应用保温材料包裹。炎热季节施工时，应遮盖湿罩布或湿草袋，并定时浇水湿润。

（3）混凝土泵送作业要点。

1）严格按照混凝土泵的使用说明书操作，操作人员应培训后上岗；混凝土泵送施工要有统一指挥和调度。

2）混凝土布料设备应能覆盖整个结构平面，并能均匀、迅速地布料。

3）在用水泥砂浆湿润管道时，应及时输入混凝土，以防空气进入。如空气已进入，应立即反泵吸出混凝土至料斗中重新搅拌，排除空气后再泵送。

4）刚开始泵送时，其速度应缓慢，还应检查设备运行是否正常，管道接头是否漏浆。泵送时，混凝土应充满料斗。

5）混凝土供应应连续，否则要放慢泵送速度或暂停泵送。暂停期间应每隔 10min 反泵一次，以免混凝土堵塞管道。

6）泵送结束后应及时清洗管道。

7）泵送混凝土施工还应注意：在炎热的夏季以及在冬期施工中要采取相应的技术措施，保证施工质量；在雨期施工时，要及时、快速测定砂、石含水量的变化，并及时调整混凝土配合比。

4. 混凝土进场验收

预拌混凝土进入施工现场时，施工单位应在监理人员的见证下，会同生产单位对进场的每一车混凝土进行进场验收。

主要查验预拌混凝土的“预拌混凝土发货单”及合格证，出厂时间，记录搅拌运输车的进场时间，并测定混凝土的坍落度，填写“混凝土坍落度现场检测记录”，坍落度不能满足规范要求的预拌混凝土不得使用。施工单位认为合同约定的坍落度不能满足泵送要求需要增大坍落度时，应在规范允许的范围内征得监理人员同意后，通知生产单位做出调整。

5. 混凝土浇筑

混凝土浇筑是将混凝土浇入已安装好的模板内并振捣密实以形成符合要求的结构或构件。

（1）混凝土浇筑前的准备工作。

1）制定施工方案，包括混凝土输送、浇筑、振捣、养护的方式和机具设备的选择；混凝土浇筑、振捣技术措施；施工缝、后浇带的留设；混凝土养护技术措施等。

2）由监理工程师组织进行模板工程、钢筋隐蔽工程的验收，验收合格后，方可进行混凝土浇筑。

模板工程验收的内容主要包括：模板的标高、位置、尺寸、垂直度、接缝、支撑等；预埋件以及预留孔洞的位置和数量；模板内是否有垃圾和其他杂物。此外，在浇筑混凝土时还要安排人员对模板及其支架进行观察、维护。发生异常情况时，应按施工技术方案及时进行处理。

钢筋隐蔽工程验收的内容主要包括：纵向受力钢筋品种、规格、数量、位置等；钢筋的连接方式、接头位置、接头数量、接头面积百分率等；箍筋、附加钢筋的品种、规格、数量、间距、钢筋锚固方式、锚固长度等；垫块安装位置、数量等。

3）准备好各种原材料和施工机具设备并做好预案。做好水、电供应工作。

4）检查安全设施是否完备，运输道路是否通畅。

5）要了解天气情况。

图4-28 混凝土泵车（天泵）

6）做好技术和安全交底工作。

（2）混凝土浇筑机械。

1）混凝土泵车。混凝土泵车是利用压力将混凝土沿管道连续输送的机械，由泵体和输送管组成，混凝土泵车有天泵（见图4-28）和地泵两种。天泵一般用于基础、地下室及多层建筑混凝土浇筑，地泵配合布料机及泵管进行高层建筑的混凝土浇筑。

2）混凝土布料机。混凝土布料机（见图4-29）采用混凝土拖泵配合，主要用来弥补混凝土泵车无法达到的位置或者高度进行浇筑混凝土，可以随着建筑的高度变化而爬升，是一款固定式混凝土泵车。

3）混凝土布料杆。采用混凝土泵送施工工艺，布料杆是完成输送、布料、摊铺及浇筑混凝土入模的最佳机械，具有生产效率高、劳动强度低、混凝土浇筑速度快等特点。

图4-29 混凝土布料机

混凝土布料杆按构造可分为汽车布料杆、移置式布料杆、固定式布料杆和起重布料两用机。详见第9章。

（3）混凝土浇筑基本要求。

1）混凝土浇筑应保证混凝土的均匀性和密实性，浇筑过程中应随时抽查混凝土坍落度，当发现坍落度偏差较大时，应立即通知生产单位调整。

2）混凝土运输、输送入模的过程宜连续进行，从搅拌完成到浇筑完毕的延续时间不宜超过表4-10的规定，且不应超过表4-11的限值规定。掺早强型减水外加剂、早强剂的混凝土以及有特殊要求的混凝土，应根据设计及施工要求，通过试验确定允许时间。

表4-10 运输到输送入模的延续时间限值 min

条件	气温	
	≤25℃	>25℃
不掺外加剂	90	60
掺外加剂	150	120

表4-11 混凝土运输、输送、浇筑及间歇的全部时间限值 min

条件	气温	
	≤25℃	>25℃
不掺外加剂	180	150
掺外加剂	240	210

3）混凝土浇筑的布料点宜接近浇筑位置，应采取减少混凝土下料冲击的措施，并应符合下列规定：

①宜先浇筑竖向结构构件，后浇筑水平结构构件。

②浇筑区域结构平面有高差时，宜先浇筑低区部分再浇筑高区部分。

4）柱、墙模板内的混凝土浇筑倾落高度应满足表 4-12 的规定，当不能满足规定时，应加设串筒、溜管、溜槽等装置（见图 4-30）。

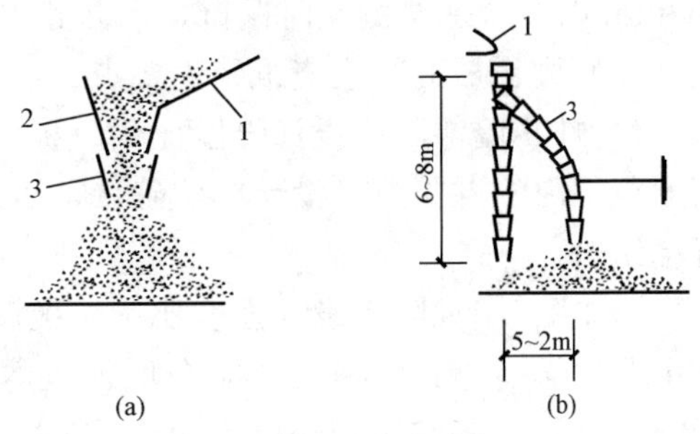

图 4-30　溜槽和串筒

1—溜槽；2—挡板；3—串筒

表 4-12　**柱、墙模板内混凝土浇筑倾落高度限值**　m

条件	混凝土倾落高度	条件	混凝土倾落高度
骨料粒径大于 25mm	≤3	骨料粒径小于或等于 25mm	≤6

注　当有可靠措施能保证混凝土不产生离析时，混凝土倾落高度可不受表中限制。

5）混凝土浇筑后，在混凝土初凝前和终凝前宜分别对混凝土裸露表面进行抹面处理。

6）结构面标高差异较大处，应采取防止混凝土反涌的措施，并且宜按先低后高的顺序浇筑混凝土。

7）浇筑混凝土时应分段分层连续进行，浇筑层高度应根据混凝土供应能力、一次浇筑方量、混凝土初凝时间、结构特点、钢筋疏密综合考虑决定，当使用插入式振捣器时，为振捣器作用部分长度的 1.25 倍（见表 4-13）。

表 4-13　**混凝土分层浇筑厚度**

振捣方法	混凝土分层振捣最大厚度
振动棒	振动棒作用部分长度的 1.25 倍
平板振动器	200mm
附着振动器	根据设置方式，通过试验确定

8）浇筑混凝土应连续进行，如必须间歇，其间歇时间应尽量缩短，并应在前层混凝土初凝之前，将次层混凝土浇筑完毕。间歇的最长时间应按所用水泥品种、气温及混凝土凝结条件确定，一般超过 2h 应按施工缝处理（当混凝土凝结时间小于 2h 时，则应当执行混凝土的初凝时间）。

9）在施工作业面上浇筑混凝土时应布料均衡。应对模板和支架进行观察和维护，发生异常情况应及时进行处理。混凝土浇筑应采取措施避免造成模板内钢筋、预埋件及其定位件移位。

10）在地基上浇筑混凝土前，对地基应事先按设计标高和轴线进行校正，并应清除淤泥和杂物。同时注意排除开挖出来的水和开挖地点的流动水，以防冲刷新浇筑的混凝土。

11）多层框架应分层分段施工，水平方向以结构平面的伸缩缝分段，垂直方向先浇筑柱，再浇筑梁、板。

洞口浇筑混凝土时，应使洞口两侧混凝土高度大体一致。振捣时，振捣棒应距洞边

300mm 以上，从两侧同时振捣，以防止洞口变形，大洞口下部模板应开口并补充振捣。

（4）梁、板混凝土浇筑施工要点。

1）柱、墙混凝土设计强度比梁、板混凝土设计强度高一个等级时，柱、墙位置梁、板高度范围内的混凝土经设计单位确认，可采用与梁、板混凝土设计强度等级相同的混凝土进行浇筑。

2）柱、墙混凝土设计强度比梁、板混凝土设计强度高两个等级及以上时，应在交界区域采取分隔措施；分隔位置应在低强度等级的构件中，且距高强度等级构件边缘不应小于500mm；柱梁板结构分隔位置可参考图 4-31 设置；墙梁板结构分隔位置可参考图 4-32 设置。

3）宜先浇筑强度等级高的混凝土，后浇筑强度等级低的混凝土。

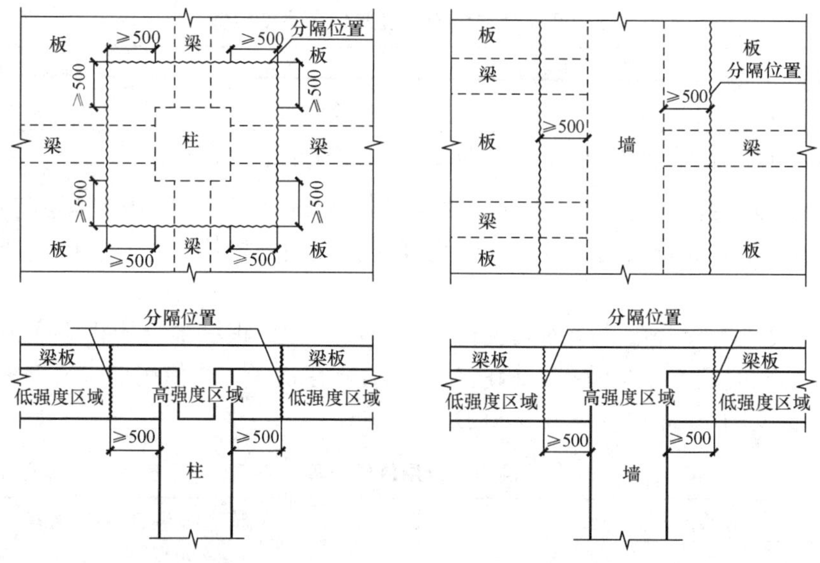

图 4-31　柱梁板结构分隔方法　　图 4-32　墙梁板结构分隔方法

目前常采用钢板（钢丝网片）或者充气气囊来进行分隔，见图 4-33 和图 4-34。

图 4-33　两种快易收口网的布置

4）梁、板同时浇筑，浇筑方法应由一端开始用“赶浆法”，即先浇筑梁，根据梁高分层浇筑成阶梯形，当达到板底位置时再与板的混凝土一起浇筑，随着阶梯形不断延伸，梁板混凝土浇筑连续向前进行。

5）和板连成整体，高度大于 1m 的梁，允许单独浇筑，其施工缝应留在板底以下 20～30mm 处。浇捣时，浇筑与振捣必须紧密配合，第一层下料慢些，梁底充分振实后再下第二层料，用“赶浆法”保持水泥浆沿梁底包裹石子向前推进，每层均应振实后再下料，梁底及梁侧部位要注意振实，振捣时不得触动钢筋及预埋件。

图 4-34　充气气囊分隔

6）浇筑板混凝土的虚铺厚度应略大于板面，用平板振捣器垂直浇筑方向来回振捣，厚板可用插入式振捣器顺浇筑方向托拉振捣，并用铁插尺检查混凝土厚度，振捣完毕后用长木抹子抹平。施工缝处或有预埋件及插筋处用木抹子找平。浇筑板混凝土时不允许用振捣棒铺摊混凝土。

7）肋形楼板的梁板应同时浇筑，浇筑方法应先将梁根据高度分层浇捣成阶梯形，当达到板底位置时即与板的混凝土一起浇捣，随着阶梯形的不断延长，则可连续向前推进。倾倒混凝土的方向应与浇筑方向相反。

8）浇筑无梁楼盖时，在离柱帽下 50mm 处暂停，然后分层浇筑柱帽，下料必须倒在柱帽中心，待混凝土接近楼板底面时，即可连同楼板一起浇筑。

9）当浇筑柱梁及主次梁交叉处的混凝土时，一般钢筋较密集，特别是上部负钢筋又粗又多，因此，既要防止混凝土下料困难，又要注意砂浆挡住石子不下去。必要时，这一部分可改用细石混凝土进行浇筑，与此同时，振捣棒头可改用片式并辅以人工捣固配合。

（5）柱、剪力墙混凝土浇筑施工要点。

1）浇筑墙体混凝土应连续进行，间隔时间不应超过混凝土初凝时间。

2）墙体混凝土浇筑高度应高出板底 20～30mm。柱墙混凝土浇筑完毕之后，将上口甩出的钢筋加以整理，用木抹子按标高线将墙上表面混凝土找平。

3）柱墙浇筑前底部应先填 50～100mm 厚与混凝土配合比相同的减石子砂浆，混凝土应分层浇筑振捣，使用插入式振捣器时每层厚度不大于 50mm，振捣棒不得触动钢筋和预埋件。

4）柱墙混凝土应一次浇筑完毕，如需留施工缝时应留在主梁下面。无梁楼板应留在柱帽下面。在墙柱与梁板整体浇筑时，应在柱浇筑完毕后停歇 2h，使其初步沉实，再继续浇筑。

5）浇筑一排柱的顺序应从两端同时开始，向中间推进，以免因浇筑混凝土后由于模板吸水膨胀，断面增大而产生横向推力，最后使柱发生弯曲变形。

6）剪力墙浇筑应采取长条流水作业，分段浇筑，均匀上升。墙体混凝土的施工缝一般宜设在门窗洞口上，接槎处混凝土应加强振捣，保证接槎严密。

（6）现浇结构叠合层上混凝土浇筑施工要点。

1）在主要承受静力荷载的叠合梁上，叠合面上应有凹凸差不小于6mm的粗糙面，并不得疏松和有浮浆。

2）当浇筑叠合板时，叠合面应有凹凸不小于4mm的粗糙面。

3）当浇筑叠合式受弯构件时，应按设计要求确定支撑的设置。

4）结合面上浇筑混凝土前应洒水进行充分湿润，并不得有积水。

（7）超长结构混凝土浇筑施工要点。

1）可留设施工缝分仓浇筑，分仓浇筑间隔时间不应少于7d。

2）当留设后浇带时，后浇带封闭时间不得少于14d。

3）超长整体基础中调节沉降的后浇带，混凝土封闭时间应通过监测确定，当差异沉降趋于稳定后方可封闭后浇带。

4）后浇带的封闭时间尚应经设计单位认可。

（8）施工缝或后浇带混凝土浇筑施工要点。施工缝是指在混凝土浇筑中，因设计要求或施工需要分段浇筑混凝土而在先、后浇筑的混凝土之间所形成的接缝。

后浇带是指为适应环境温度变化、混凝土收缩、结构不均匀沉降等因素影响，在梁、板（包括基础底板）、墙等结构中预留的具有一定宽度且经过一定时间后再浇筑的混凝土带。

施工缝和后浇带的留设位置应在混凝土浇筑之前确定。施工缝和后浇带宜留设在结构受剪力较小且便于施工的位置。受力复杂的结构构件或有防水抗渗要求的结构构件，施工缝留设位置应经设计单位认可。后浇带留设位置及留设宽度由设计单位确定。

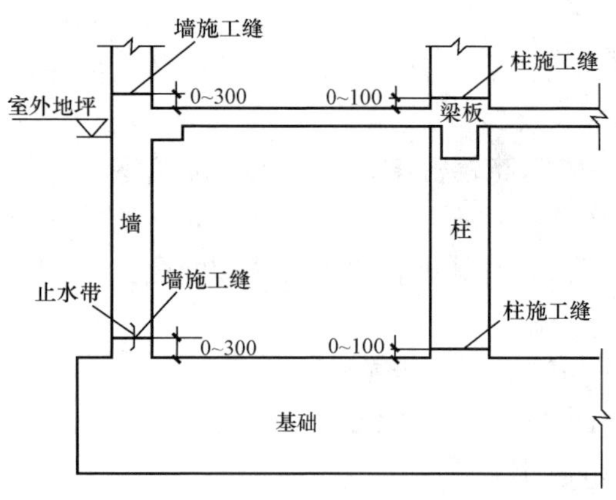

图4-35 基础、楼层结构顶面留设水平施工缝范例

1）常见的混凝土施工缝留置部位。

①柱子、墙：柱、墙混凝土施工缝为水平施工缝，可留设在基础、楼层结构顶面，如图4-35所示。

柱、墙施工缝也可留设在楼层结构底面，施工缝宜距结构下表面0～50mm。柱在楼层结构底面的水平施工缝留设如图4-36所示，墙在楼层结构底面的水平施工缝留设如图4-37所示。

②梁：梁的混凝土施工缝有竖直施工缝（不得留成斜面）和水平施工缝。当梁高度大于1m时可按设计或施工技术方案的要求留置水平施工缝。有主次梁的楼盖结构，施工缝应留置在次梁上约1/3跨度处，而不应留置在主梁上，如图4-38所示。

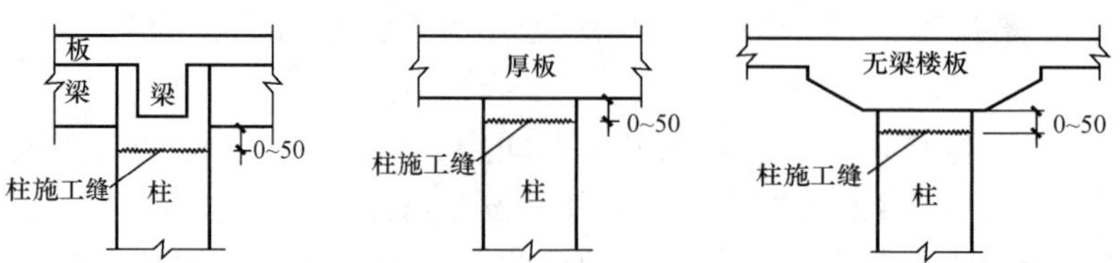

图4-36 柱在楼层结构底面留设水平施工缝范例

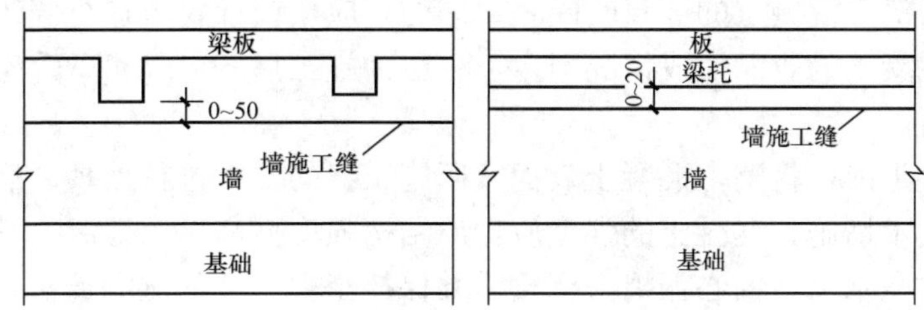

图 4 - 37　墙在楼层结构底面留设水平施工缝范例

③板：单向板可在平行于短边的任何位置留置混凝土施工缝，也可以在次梁施工缝位置同时设置楼板施工缝。双向板施工缝应按设计要求留置。

④楼梯：现浇钢筋混凝土楼梯常采用板式楼梯。楼梯施工缝可留置在 1/3 跨的位置，如图 4 - 39 所示。也有的将楼梯施工缝留置在平台梁上。

⑤大体积混凝土结构、拱、薄壳、蓄水池、多层刚架等，应按设计要求留置施工缝。

2）施工缝处浇筑混凝土应符合下列规定：

①结合面应为粗糙面，并应清除浮浆、松动石子、软弱混凝土层。

②结合面处应洒水湿润，但不得积水。

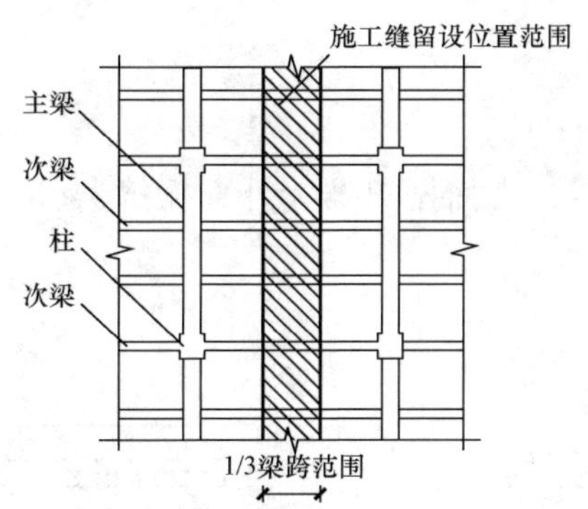

图 4 - 38　主次梁结构垂直施工缝留设位置范例

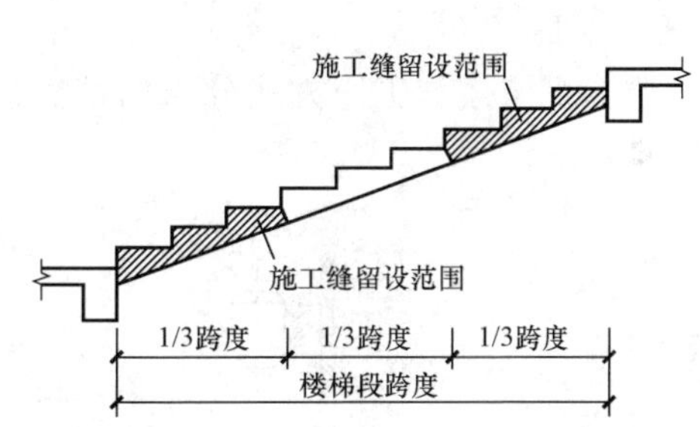

图 4 - 39　楼梯垂直施工缝留设位置范例

③施工缝处已浇筑混凝土的强度不小于 1.2MPa。

④柱、墙水平施工缝水泥砂浆接浆层厚度不应大于 30mm，接浆层水泥砂浆应与混凝土浆液成分相同。

⑤施工缝位置附近回弯钢筋时，要做到钢筋周围的混凝土不得松动和损坏。钢筋上的油污、水泥砂浆及浮锈等杂物也应清除。

⑥从施工缝处开始继续浇筑时，要注意避免直接靠近缝边下料。机械振捣前，宜向施工缝处逐渐推进，并距 800～1000mm 处停止振捣，但应加强对施工缝接缝的捣实工作，使其紧密结合。

3）后浇带处浇筑混凝土应符合下列规定：

①在后浇带四周应做临时保护措施，防止施工用水流进后浇带内，以免施工过程中污染钢筋，堆积垃圾。

②不同类型后浇带混凝土的浇筑时间是不同的，应按设计要求进行浇筑。伸缩后浇带应根据在先浇部分混凝土的收缩完成情况而定，一般为施工后60d；沉降后浇带宜在建筑物基本完成沉降后进行。

③在浇筑混凝土前，将整个混凝土表面按照施工缝的要求进行处理。后浇带混凝土必须采用减少收缩的技术措施，混凝土的强度应比原结构强度提高一个等级，其配合比通过试验确定，宜掺入早强减水剂，精心振捣，浇筑后并保持至少15d的湿润养护。

（9）现浇结构叠合层上混凝土浇筑施工要点。

1）在主要承受静力荷载的叠合梁上，叠合面上应有凹凸差不小于6mm的粗糙面，并不得疏松和有浮浆。

2）当浇筑叠合板时，叠合面应有凹凸不小于4mm的粗糙面。

3）当浇筑叠合式受弯构件时，应按设计要求确定支撑的设置。

4）结合面上浇筑混凝土前应洒水进行充分湿润，并不得有积水。

（10）超长结构混凝土浇筑施工要点。

1）可留设施工缝分仓浇筑，分仓浇筑间隔时间不应少于7d。

2）当留设后浇带时，后浇带封闭时间不得少于14d。

3）超长整体基础中调节沉降的后浇带，混凝土封闭时间应通过监测确定，当差异沉降趋于稳定后方可封闭后浇带。

4）后浇带的封闭时间尚应经设计单位认可。

6. 混凝土振捣

混凝土振捣机械按其工作方式分为内部振捣器、表面振捣器、外部振捣器、振动台等，如图4-40所示。

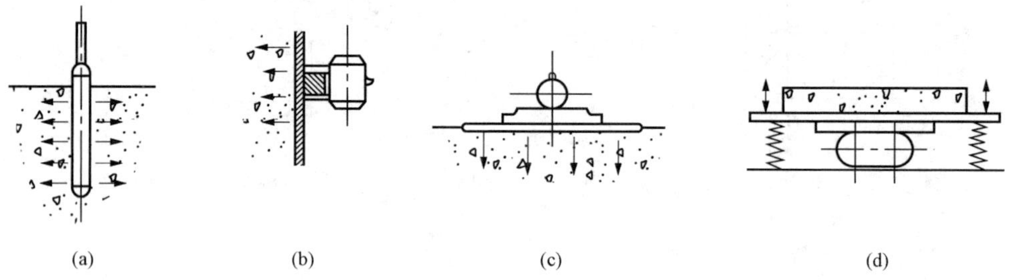

图4-40　振捣机械工作方式示意图

（a）内部振动器；（b）外部振动器；（c）表面振动器；（d）振动台

（1）内部振动器。又称为插入式振动器，其工作部分是一棒状空心圆柱体，内部装有偏心振子，在电动机带动下高速转动而产生高频微幅的振动。多用于振实梁、柱、墙、厚板和大体积混凝土等厚大结构。

（2）表面式振动器。又称平板振动器，它由带偏心块的电动机和平板（木板或钢板）等组成。在混凝土表面进行振捣，适用于楼板、地面等薄型构件。

（3）外部振动器。又称附着式振动器，它通过螺栓或夹钳等固定在模板外部，是通过模板将振动传给混凝土拌和物，因而模板应有足够的刚度。它宜用于振捣断面小且钢筋密的构件。

（4）振动台。是混凝土制品厂中的固定生产设备，用于振捣预制构件。

采用插入式振捣器捣实普通混凝土的移动间距不宜大于作用半径的 1.5 倍，振捣器距离模板不应大于振捣器作用半径的 1/2，不碰撞各种预埋件。

混凝土振捣后是否密实的判断：一是表面泛浆和外观均匀；二是混凝土不再显著下沉和不出现气泡（用内部振捣器时每个插点振捣时间为 20～30s）。振捣时要特别注意竖向结构构件的底部以及结构构件中的配筋密集处等部位。

7. 混凝土养护

浇筑后的混凝土之所以能逐渐凝结硬化，主要是因为水泥水化作用的结果，而水泥的水化作用必须有相应的温度和湿度环境。对混凝土进行养护就是要提供这种环境，使混凝土强度正常增长。

养护方式应根据现场条件、环境温湿度、构件特点、技术要求、施工操作等因素确定。常用的养护方法有自然养护、标准养护、蒸汽养护等。

（1）自然养护。混凝土的自然养护，是指在平均气温高于 5℃的条件下使混凝土保持湿润状态。自然养护又可分为洒水养护和喷洒塑料薄膜养生液养护等。洒水养护是指用吸水保温能力较强的材料（如草帘、芦席、麻袋、锯末等）将混凝土覆盖，经常洒水使其保持湿润，是施工现场使用最多的养护方式。喷洒塑料薄膜养生液养护是将养生液用喷枪喷洒在混凝土表面，形成一层塑料薄膜，使混凝土与空气隔绝，阻止水分的蒸发，保证水化作用的正常进行。它适用于不易洒水养护的高耸构筑物和大面积混凝土结构及缺水地区。

1）自然养护基本要求。

①混凝土养护的时间：对采用硅酸盐水泥、普通硅酸盐水泥或矿渣硅酸盐水泥拌制的混凝土，不得少于 7d；当采用其他品种水泥时，混凝土的养护时间应根据所采用水泥的技术性能确定。

②采用缓凝型外加剂、大掺量矿物掺合料配制的混凝土不应少于 14d。

③抗渗混凝土、强度等级 C60 及以上的混凝土不应少于 14d。

④后浇带混凝土的养护时间不应少于 14d。

⑤地下室底层墙、柱和上部结构首层墙、柱，宜适当增加养护时间。

⑥大体积混凝土养护时间应根据施工方案确定。

2）洒水养护应符合下列规定；

①洒水养护宜在混凝土裸露表面覆盖麻袋或草帘后进行，也可采用直接洒水、蓄水等养护方式；洒水养护应保证混凝土表面处于湿润状态。

②洒水养护用水应与拌制用水相同。

③当日最低温度低于 5℃时，不应采用洒水养护。

3）覆盖养护应符合下列规定：

①覆盖养护宜在混凝土裸露表面覆盖塑料薄膜、塑料薄膜加麻袋、塑料薄膜加草帘进行。

②塑料薄膜应紧贴混凝土裸露表面，塑料薄膜内应保持有凝结水。

③覆盖物应严密，覆盖物的层数应按施工方案确定。

混凝土强度达到 1.2N/mm^2 前，不得在其上踩踏或安装模板及支架。

（2）混凝土标准养护。混凝土的标准养护是指混凝土试件在温度为 20℃±3℃和相对湿度 90%以上的潮湿环境或水中（标准条件）养护 28d。有条件的施工现场可以配备标准养护室，对混凝土试件进行标准养护。

（3）混凝土蒸汽养护。蒸汽养护是指将构件放置在有饱和蒸汽或蒸汽空气混合物的养护室内，在较高的温度和相对湿度的环境中进行养护，以加速混凝土的硬化，使混凝土在较短的时间内达到规定的强度标准值。通常用于预制构件养护。

8. 混凝土机器人的应用

（1）四轮激光整平机器人。四轮激光整平机器人应用于混凝土摊铺后，对混凝土振捣和整平，该机器人通过激光红外线精准控制板面标高，混凝土浇筑后，以最小压强对地面进行无痕施工。该机器系统能实现自动随机调整刮平和振捣，确保地面平整度达到控制标准，减少了人工施工的误差，地面密实均匀，其施工效率能达到 400～600m^2/h。

（2）履带式抹平机器人。混凝土地面初凝后，履带式抹平机器人对地面进行提浆、收面施工作业。该机器回转机臂采用伺服电机驱动，实现大范围摆臂作业，通过抹盘自调平机构，进一步确保高精度施工。收光收面均匀高效，施工效率高，施工效率能达到 200～400m^2/h。

（3）智能地面压光机器人。在混凝土浇筑区域，通过操作员的遥控或者提前进行 AI 设定，机器人便自动进行高精度找平施工，经过实地检验，它施工的混凝土面层精度，高差从传统人工的 10mm/m^2 可以控制到 5mm/m^2 内，满足业内超高精度标准要求。

4.3.2 几种特种混凝土简介

1. 清水混凝土

清水混凝土又称装饰混凝土，一次成型后不做任何其他装饰，以混凝土外观呈现的一种装饰手法。由于担心会被雨水浸透或劣化，可能会喷上一层防水保护膜。与普通混凝土相比，清水混凝土具有表面颜色更好、立体感更强、表面光滑、不污染环境等优点。清水混凝土对模板及混凝土各个施工工序要求更高。

2. 自流平混凝土（SCC）

自流平混凝土是指混凝土在浇筑后能够自然流动、自平整和自充实，而无需人工施工和振捣的一种新型混凝土。

自流平混凝土主要由水泥、砂、骨料、化学掺合料以及特殊的高效分散剂和黏结剂组成。这些特殊添加剂能够改变混凝土的流动性和黏性，使其在浇筑后能够自行流动到所需的位置，并通过自重和表面张力的作用实现自我排平和自我充实。

自流平混凝土强度高、稳定性好，干缩和开裂控制能力强，可以提高施工效率，减少人力和时间成本。它适用于大面积施工、表面平整度要求高以及需要填充复杂形状或有限空间的结构，如地板、台阶、地下室等。

3. 纤维混凝土

纤维混凝土指在水泥基混凝土中掺入乱向均匀分布的短纤维形成的复合材料，包括钢纤维混凝土、玻璃纤维混凝土、合成纤维混凝土等。一般而言，钢纤维混凝土适用于对抗拉、抗剪、弯拉强度和抗裂、抗冲击、抗疲劳、抗震、抗爆等性能要求较高的工程或其局部部位；合成纤维混凝土适用于非结构性裂缝控制，以及对弯曲韧性和抗冲击性能有一定要求的工程或其局部部位。

4. 耐火混凝土

由适当胶结料、耐火骨料、外加剂和水按一定比例配制而成，能长期经受高温作用，并在此高温下能保持所需的物理力学性能的混凝土，称为耐火混凝土。耐火混凝土属于不定型耐火材料。

5. 聚合物水泥混凝土

聚合物水泥混凝土，也称聚合物改性混凝土，是在普通混凝土的拌和物中加入聚合物而制成的性能明显改善的复合材料。聚合物的使用方法与混凝土外加剂一样，可将它们与水泥、骨料、水一起进行搅拌。采用现有普通混凝土的设备，即能生产聚合物水泥混凝土。

其他还有耐腐蚀混凝土、轻骨料混凝土、重混凝土等。

4.3.3　混凝土的质量检查及检验

混凝土结构施工质量检查可分为过程控制检查和拆模后的实体质量检验。过程控制检查应在混凝土施工全过程中，按施工段划分和工序安排及时进行；拆模后的实体质量检验应在混凝土表面未作处理和装饰前进行。

混凝土结构施工的质量检查，应符合下列规定：

（1）检查的频率、时间、方法和参加检查的人员，应根据质量控制的需要确定。

（2）施工单位应对完成施工的部位或成果的质量进行自检，自检应全数检查。

（3）混凝土结构施工质量检查应作出记录；返工和修补的构件，应有返工修补前后的记录，并应有图像资料。

（4）已经隐蔽的工程内容，可检查隐蔽工程验收记录。

（5）需要对混凝土结构的性能进行检验时，应委托有资质的检测机构检测，并应出具检测报告。

混凝土浇筑前应检查混凝土送料单，核对混凝土配合比，确认混凝土强度等级，检查混凝土运输时间，测定混凝土坍落度，必要时还应测定混凝土扩展度。

混凝土结构施工过程中，应对模板工程、钢筋工程及预埋件、混凝土拌和物、混凝土施工（浇筑、振捣、模板变形漏浆、试件制作、养护等）做检查。

混凝土结构拆模后实体质量检查，主要是对混凝土的外观质量、尺寸、混凝土强度等的控制。当设计有特殊要求时，还需对混凝土的抗冻性、抗渗性等进行检查。对涉及混凝土结构安全的重要部位应进行结构实体检验。

1. 混凝土外观缺陷

常见混凝土结构外观缺陷见表 4 - 14。

表 4 - 14　　常见混凝土结构外观缺陷

名称	现象	严重缺陷	一般缺陷
露筋	构件内钢筋未被混凝土包裹而外露	纵向受力钢筋有露筋	其他钢筋有少量露筋
蜂窝	混凝土表面缺少水泥砂浆而形成石子外露	构件主要受力部位有蜂窝	其他部位有少量蜂窝

续表

名称	现象	严重缺陷	一般缺陷
孔洞	混凝土中孔穴深度和长度均超过混凝土保护层厚度	构件主要受力部位有孔洞	其他部位有少量孔洞
夹渣	混凝土中夹有杂物且深度超过保护层厚度	构件主要受力部位有夹渣	其他部位有少量夹渣
疏松	混凝土中局部不密实	构件主要受力部位有疏松	其他部位有少量疏松
裂缝	缝隙从混凝土表面延伸至混凝土内部	构件主要受力部位有影响结构性能或使用功能的裂缝	其他部位有少量不影响结构性能或使用功能的裂缝
连接部位缺陷	构件连接处混凝土有缺陷及连接钢筋、连接件松动	连接部位有影响结构传力性能的缺陷	连接部位有基本不影响结构传力性能的缺陷
外形缺陷	缺棱掉角、棱角不直、翘曲不平、飞边凸肋等	清水混凝土构件有影响使用功能或装饰效果的外形缺陷	其他混凝土构件有不影响使用功能的外形缺陷
外表缺陷	构件表面麻面、掉皮、起砂、沾污等	具有重要装饰效果的清水混凝土构件有外表缺陷	其他混凝土构件有不影响使用功能的外表缺陷

2. 现浇结构的位置和尺寸偏差

现浇结构的位置和尺寸偏差及检验方法应符合表4-15的规定。

表4-15　现浇结构位置和尺寸允许偏差及检验方法

项目			允许偏差（mm）	检验方法
轴线位置	整体基础		15	经纬仪及尺量
	独立基础		10	经纬仪及尺量
	柱、墙、梁		8	尺量
垂直度	层高	≤6m	10	经纬仪或吊线、尺量
		>6m	12	经纬仪或吊线、尺量
	全高 H≤300m		H/30000+20	经纬仪、尺量
	全高 H>300m		H/10 000且≤80	经纬仪、尺量
标高	层高		±10	水准仪或拉线、尺量
	全高		±30	水准仪或拉线、尺量
截面尺寸	基础		+15，−10	尺量
	柱、梁、板、墙		+10，−5	尺量
	楼梯相邻踏步高差		6	尺量
电梯井	中心位置		10	尺量
	长、宽尺寸		+25，0	尺量
表面平整度			8	2m靠尺和塞尺量测

续表

项目		允许偏差（mm）	检验方法
预埋件中心位置	预埋板	10	尺量
	预埋螺栓	5	尺量
	预埋管	5	尺量
	其他	10	尺量
预留洞、孔中心线位置		15	尺量

注　1. 检查柱轴线、中心线位置时，沿纵、横两个方向测量，并取其中偏差的较大值。
2. H 为全高，单位为 mm。

检查数量：按楼层、结构缝或施工段划分检验批。在同一检验批内，对梁、柱和独立基础，应抽查构件数量的 10%，且不应少于 3 件；对墙和板，应按有代表性的自然间抽查 10%，且不应少于 3 间；对大空间结构，墙可按相邻轴线间高度 5m 左右划分检查面，板可按纵、横轴线划分检查面，抽查 10%，且均不应少于 3 面；对电梯井，应全数检查。

3. 混凝土强度

混凝土的强度等级必须符合设计要求。用于检验混凝土强度的试件应在浇筑地点随机抽取。检查数量：对同一配合比混凝土，取样与试件留置应符合下列规定：①每拌制 100 盘且不超过 100m^3时，取样不得少于一次；②每工作班拌制不足 100 盘时，取样不得少于一次；③连续浇筑超过 1000m^2 时，每 200m^3 取样不得少于一次；④每一楼层取样不得少于一次；⑤每次取样应至少留置一组试件。检验方法：检查施工记录及混凝土强度试验报告。

对有抗渗要求的混凝土结构，其混凝土试件应在浇筑地点随机取样。同一工程、同一配合比的混凝土，取样不应少于一次，留置组数可根据实际需要确定。

结构混凝土的强度等级必须符合设计要求。结构构件的混凝土强度应按现行国家标准《混凝土强度检验评定标准》的规定分批检验评定。

4. 结构实体检验

结构实体检验应在监理工程师（建设单位项目专业技术负责人）见证下，由施工项目技术负责人组织实施。承担结构实体检验的试验室应具有相应的资质。

结构实体检验的内容应包括混凝土强度、钢筋保护层厚度以及工程合同约定的项目，必要时可检验其他项目。

当未能取得同条件养护试件强度、同条件养护试件强度被判为不合格或钢筋保护层厚度不满足要求时，应委托具有相应资质等级的检测机构按国家有关标准的规定进行检测。

4.3.4 混凝土质量缺陷的修补

施工过程中发现混凝土结构缺陷时，应认真分析缺陷产生的原因。对严重缺陷施工单位应制定专项修整方案，方案应经论证审批后再实施，不得擅自处理。

（1）混凝土结构外观一般缺陷修整应符合下列规定：

1）露筋、蜂窝、孔洞、夹渣、疏松、外表缺陷，应凿除胶结不牢固部分的混凝土，清理表面，洒水湿润后用 1∶2～1∶2.5 水泥砂浆抹平；

2）应封闭裂缝；

3）连接部位缺陷、外形缺陷可与面层装饰施工一并处理。

（2）混凝土结构外观严重缺陷修整应符合下列规定：

露筋、蜂窝、孔洞、夹渣、疏松、外表缺陷，应凿除胶结不牢固部分的混凝土至密实部位，清理表面，支设模板，洒水湿润，涂抹混凝土界面剂，应采用比原混凝土强度等级高一级的细石混凝土浇筑密实，养护时间不应少于7d。

（3）混凝土开裂缺陷修整应符合下列规定：

1）民用建筑的地下室、卫生间、屋面等接触水介质的构件，均应注浆封闭处理。民用建筑不接触水介质的构件，可采用注浆封闭、聚合物砂浆粉刷或其他表面封闭材料进行封闭。

2）无腐蚀介质工业建筑的地下室、屋面、卫生间等接触水介质的构件，以及有腐蚀介质的所有构件，均应注浆封闭处理。无腐蚀介质工业建筑不接触水介质的构件，可采用注浆封闭、聚合物砂浆粉刷或其他表面封闭材料进行封闭。

清水混凝土的外形和外表严重缺陷，宜在水泥砂浆或细石混凝土修补后用磨光机械磨平。

4.4 基础工程施工

多层现浇钢筋混凝土结构的基础主要有独立基础、桩基础、筏板基础、条形基础等形式。

4.4.1 独立基础施工

1. 独立基础概述

柱下钢筋混凝土独立基础可以做成阶梯形和锥形，如图4-41所示。独立基础下一般设有素混凝土垫层，其厚度一般为100mm，强度等级一般用C15；阶梯形基础的每阶高度宜为300～500mm；锥形基础边缘高度不宜小于200mm。底板受力钢筋的最小直径不宜小于8mm，间距不宜大于200mm，无垫层时钢筋保护层不宜小于70mm，有垫层时钢筋保护层不宜小于35mm；柱子插筋必须与柱子纵向受力钢筋相吻合，其锚固、搭接等必须符合设计要求和规范要求。

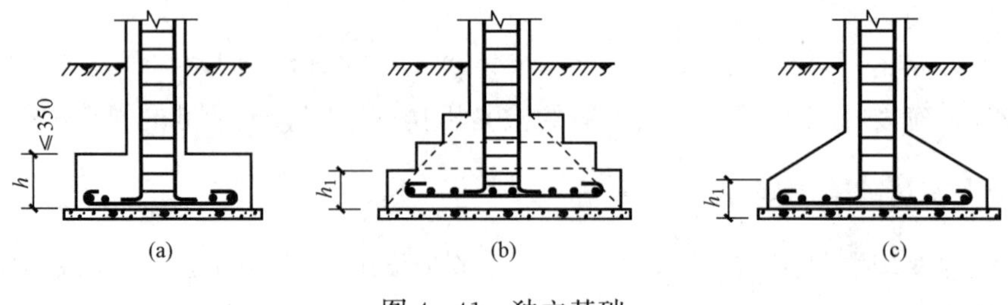

图4-41 独立基础

2. 独立基础施工

（1）施工工艺流程：放线、挖土方、验槽→浇筑混凝土垫层→恢复基础轴线、边线、校正标高→安装基础钢筋、柱、墙钢筋→安装基础模板→钢筋、模板工程验收→浇筑混凝土→养护、拆模。

（2）施工要点。

1）安装基础钢筋、柱、墙钢筋。根据设计要求的规格、品种和间距安装基础钢筋。应使 HPB300 级钢筋的弯钩朝上。设有避雷带时，应与基础钢筋焊接完好。

柱、墙钢筋插入基础时其位置应正确，并保证在混凝土浇筑时不偏斜。一般底部应与基础钢筋点焊固定（防雷接地处应增强焊接），上部则应绑扎一定的箍筋以增加骨架刚度并间隔一定距离用钢管支撑牢牢夹住。

雨后施工应保证钢筋表面不粘泥。涂刷模板隔离剂时不得污染钢筋。

2）安装基础模板。独立基础的模板主要是侧模板。由于独立基础一般都有两阶或两阶以上的台阶，因此，模板安装中必须解决每一阶的模板组成以及各阶模板之间的连接，以保证尺寸形状以及相互位置的正确。

独立基础的侧模板可以用木模或钢模进行拼装。上阶模板可以支撑在下阶模板上，相互之间位置关系可以统一用钢管支撑解决或各自设置支撑。当土质较好时，也可以利用土壁作最下阶模板，即所谓原槽浇筑。图 4－42 是独立基础模板安装的一种形式。

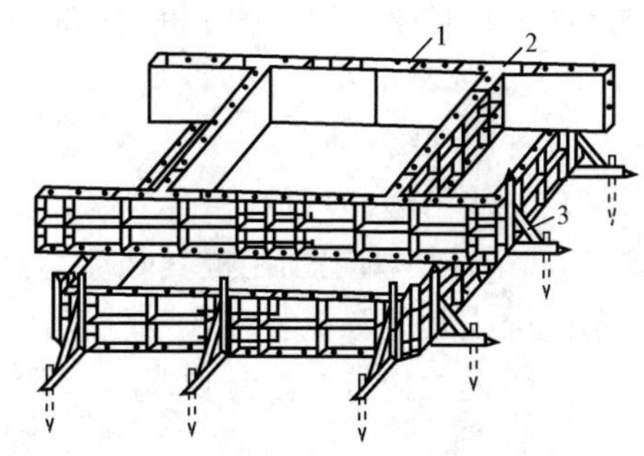

图 4－42　独立基础模板

1—扁钢连接件；2—T 形连接件；3—角钢三角撑

模板安装完毕后，必须复核轴线、标高以及尺寸等，各项偏差应在允许偏差范围内。自检合格后，再报专业监理工程师进行验收。

3）浇筑混凝土。混凝土宜按台阶分层连续浇筑完成，对于阶梯形基础，每台阶作为一个浇捣层，每浇筑完一层台阶宜稍停 0.5～1.0h，待其初步获得沉实后再浇筑上层。基础上有插筋埋件时，应固定其位置。基础混凝土浇筑完后，外露表面应在 12h 内覆盖并保湿养护。

4.4.2　桩基础施工

桩基础由桩和承台组成，如图 4－43 所示。承台一般为钢筋混凝土构件，有低承台和高承台之分。桩一般为钢筋混凝土桩或钢管桩。钢筋混凝土桩按照施工方法的不同分为预制桩和灌注桩；按荷载床底方式分为摩擦桩和端承桩。

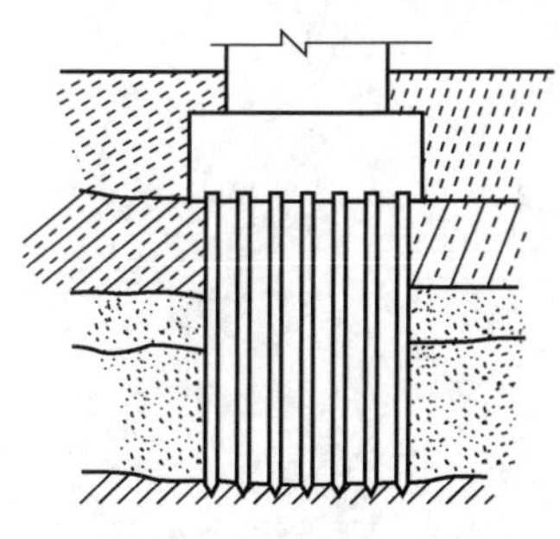
图 4－43　桩基础的组成

1. 预制桩施工

预制桩是指在地面上（工厂或现场）按设计图纸要求直接制作好桩身，然后用各种方法沉入土中的桩。预制桩主要有预制普通钢筋混凝土方桩、预制预应力混凝土管桩等。预制桩进入到土层中可以有打入法、静力压桩法、振动沉桩法、水冲法等多种施工方法。

（1）桩的制作。

1）普通钢筋混凝土方桩制作。

①制作钢筋骨架。按照施工图纸以及施工规范的要求制作好钢筋骨架。

②桩身制作。制作场地应平整、坚实、排水通畅。现场制作桩身时，应考虑打桩机械的

行驶路线，减少场内搬运。桩身可以重叠生产制作，桩的重叠层数一般不超过4层，每层桩的混凝土浇筑可以用并列法（即依次逐根浇筑）或间隔法（即中间一根桩利用两侧的桩身作模板进行浇筑），浇筑前，桩的接触面应涂刷好隔离剂，应注意上层桩或邻桩的浇筑应在下层桩或邻桩混凝土强度达到设计强度的30%以上后才可进行。模板装配前，先放好桩身中心线及四周边线，再安装好模板，要复核长度及截面等尺寸，并涂刷好隔离剂。制作好的钢筋骨架放入模板后，要安装好垫块并进行钢筋检查。混凝土的浇筑应由桩顶向桩尖连续进行，浇筑中应保证钢筋位置正确、模板及支撑牢固、混凝土振捣密实，要制作好混凝土试块。应在桩身上标明编号、制作日期和吊点位置并填写制桩记录。

2）预应力管桩制作。预应力管桩是一种空心截面的预制混凝土构件，是在工厂经先张预应力、离心成型、高压蒸养等工艺生产而成的。预应力管桩按桩身强度等级的不同分为PC桩（C60、C70）和PHC桩（C80）；按桩身抗裂弯矩的大小分为A型、AB型和B型（A型最大，B型最小）。外径有300、400、500、550mm和600mm，壁厚为65～125mm，常用节长为7～12m。

（2）桩的吊运和堆放。

1）起吊。混凝土预制桩其强度达到设计规定的强度后方可起吊。重叠生产的桩在起吊前应用撬棍或其他工具将桩拨动使其脱开，严禁使用千斤顶顶升桩尖。

吊点的设置应符合设计要求，一般可参照图4-44。

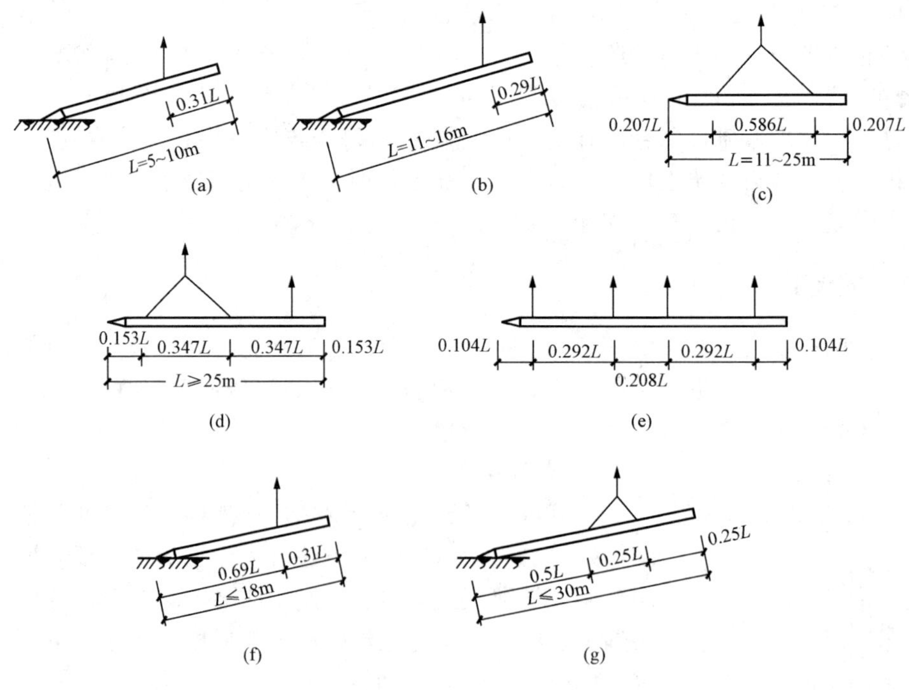

图4-44 桩的起吊吊点

起吊应平稳，并采取适当的保护措施。

2）运输。运输时桩身的混凝土强度应达到设计强度的100%。可以用平板车进行运输，运输中应保持平稳。

3）堆放。桩的堆放场地应平整坚实，不得产生不均匀沉陷。垫木位置应与吊点位置相同，并保持在同一平面上，各层垫木应上下对齐。桩的堆放应按打桩的要求分规格依次进行，堆放层数不宜超过 4 层。

（3）桩的施工。

1）静力压桩法。静力压桩法是利用静力压桩机直接将桩压入土中的一种沉桩工艺。由于静力压桩法是以静力（由自重和配重产生）作用于桩顶，具有对桩无破坏、施工无噪声、无振动、无冲击力、无污染等优点。通常应用于高压缩性黏土层或砂性较轻的软黏土地层。

①打桩前的准备工作：

a. 清理。打桩施工前应认真清除施工现场内所有妨碍打桩施工的障碍物。

b. 场地平整。应进行整个施工场地的平整工作，并保证场地排水良好。

c. 检查打桩机械设备、起重机具、压力表等。

d. 进行打桩试验。沉桩施工前，应先试桩。试桩数量不少于两根，以确定贯入度及桩长，并校验压桩设备和沉桩施工工艺及技术措施是否符合实际要求。

②静压桩机具设备。静力压桩机分为机械式和液压式两类，液压式又分为顶压式液压压桩机和抱压式液压压桩机。静力压桩机的选择应综合考虑桩的截面、长度穿越土层和桩端土的特性，单桩极限承载力及布桩密度等因素。

③压桩顺序。压桩顺序宜根据场地工程地质条件确定，对于场地地层中局部含砂、碎石、卵石时，宜先对该区域进行压桩；当持力层埋深或桩的入土深度差别较大时，宜先施压长桩后施压短桩。

④施工工艺流程。静压法沉桩一般都采取分段压入，逐段接长的方法。

其工艺流程为：测量定位→压桩机就位、对中、调直→压桩→接桩→再压桩→送桩→终止压桩→切桩头，如图 4-45 所示。

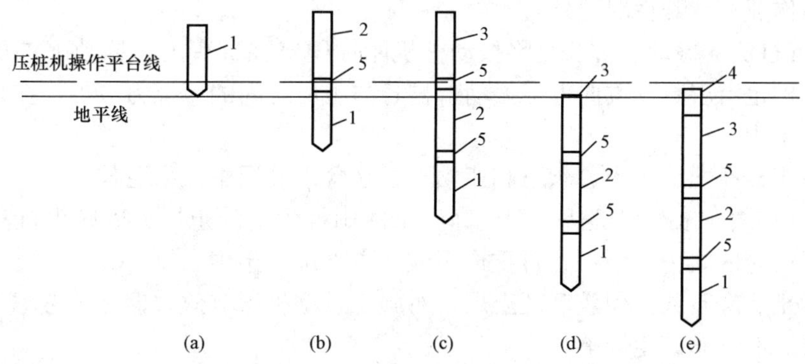

图 4-45　静压法沉桩程序图

（a）准备压第一段桩；（b）接第二段桩；（c）接第三段桩；（d）整根桩压平至地面；（e）采用送桩压桩完毕

1—第一段；2—第二段；3—第三段；4—送桩；5—接桩处

⑤施工要点。

a. 测量定位。通常在桩位中心打 1 根短钢筋，如在较软的场地施工，由于桩机的行走会挤走预定钢筋，故当桩机大体就位之后要重新测定桩位。

b. 桩尖就位、对中、调直。启动压桩机，将桩尖对准桩位；开动压桩油缸将桩压入土中 1m 左右后停止压桩，调整桩在两个方向的垂直度。第一节桩是否垂直，是保证桩身质量的关键。

c. 压桩。通过夹持油缸将桩夹紧，然后使压桩油缸压桩。在压桩过程中要认真记录桩入土深度和压力表读数的关系，以判断桩的质量及承载力。

d. 接桩。桩的单节长度应根据设备条件和施工工艺确定。当桩贯穿的土层中夹有薄层砂土时，确定单节桩的长度时应避免桩端停在砂土层中进行接桩。当下一节桩压到露出地面0.8～1.0m，便可接上一节桩。

e. 送桩或截桩。如果桩顶接近地面，而压桩力尚未达到规定值，可以送桩。如果桩顶高出地面一段距离，而压桩力已达到规定值时则要截桩，以便压桩机移位。

桩头“直接凿除法”工艺不得用于地基基础设计等级为乙级及以上房屋建筑工程，应采用“预先切割法＋机械凿除”桩头处理工艺、“环切法”整体桩头处理工艺等。

f. 压桩结束。当压力表读数达到预先规定值时，便可停止压桩。

⑥终止压桩的控制原则。静压法沉桩时，终止压桩的控制原则与压桩机大小、桩型、桩长、桩周土灵敏性、桩端土特性、布桩密度、复压次数以及单桩竖向设计极限承载力等因素有关。终压条件应符合下列规定：

a. 应根据现场试压桩的试验结果确定终压力标准。

b. 终压连续复压次数应根据桩长及地质条件等因素确定。对于入土深度大于或等于8m的桩，复压次数可为2～3次；对于入土深度小于8m的桩，复压次数可为3～5次。

c. 稳压压桩力不得小于终压力，稳定压桩的时间宜为5～10s。

2）打入法。打桩设备主要包括桩锤、桩架和动力装置。桩锤对桩施加冲击力，将桩打入土中；桩架将桩吊到打桩位置，支持桩身和桩锤，并在打桩过程中引导桩的方向，保证桩锤沿着所要求的方向冲击。

锤击打桩法不得用于医院、学校、科研单位、住宅等有限定噪声或振动要求的区域（工程抢修、抢险作业等特殊情况除外）。

3）振动沉桩法。振动沉桩法是将振动桩机刚性固定在桩头上，振动沉桩机产生垂直方向的振动力，桩也沿着竖直方向上下振动，桩身与土层之间的摩擦力减少，在自重和机械力的作用下沉入土中。

主要适用于砂石土、黄土、软土和亚黏土，在含水砂层中效果更佳。

4）水冲沉桩法。水冲沉桩法是利用高压水冲刷桩尖下的土层，以减少桩身与土层之间的摩擦力和下沉时的阻力，使桩在自重作用或锤击下沉入土中。

适用于砂土、砾石或其他较坚硬土层，对施工重型桩很有效。但必须考虑大量的水进入土中是否会对原有基础产生影响。

（4）质量控制。对于地基基础设计等级为甲级或地质条件复杂的桩，应采用静载荷试验的方法进行检验，检验桩数不应少于总数的1%，且不应少于3根，当总桩数不少于50根时，不应少于2根。预制桩（钢桩）桩位的允许偏差见表4-16，钢筋混凝土预制桩的质量检验标准见表4-17。

表4-16　　预制桩（钢桩）桩位的允许偏差　　mm

序号	项目	允许偏差
1	带有基础梁的桩： （1）垂直基础梁的中心线； （2）沿基础梁的中心线	（1）100＋0.01H； （2）150＋0.01H

续表

序号	项目	允许偏差
2	桩数为 1～3 根桩基中的桩	100
3	桩数为 4～16 根桩基中的桩	1/2 桩径或边长
4	桩数大于 16 根桩基中的桩： （1）最外边的桩； （2）中间桩	（1）1/3 桩径或边长； （2）1/2 桩径或边长

注　H 为施工现场地面标高与桩顶设计标高的距离。

表 4-17　　**混凝土预制桩制作允许偏差**

桩型	项目		允许偏差（mm）
钢筋混凝土预制方桩	横截面边长		±5
	桩顶对角线之差		≤10
	保护层厚度		±5
	桩身弯曲矢高		≤L/1000，且≤20
	桩尖偏心		≤10
	桩顶平面对桩中心线的倾斜		≤3
	桩节长度		±20
钢筋混凝土管桩	直径	300～700mm	+5 −5
		800～1400mm	+7 −4
	长度		±5L/1000
	管壁厚度		≤20
	保护层厚度		≤5
	桩身弯曲（度）矢高	L≤10m	≤L/1000
		15m<L≤30m	≤2L/1000
	桩尖偏心		≤10
	桩头板平整度		≤0.5
	桩头板偏心		≤2

注　L 为桩长。

（5）预制桩施工质量通病。

1）露桩和短桩。露桩是指桩进入持力层一定深度后就无法再打入，桩身露出过多。短桩是指沉桩已经达到设计标高而贯入度还很大或还未进入持力层。

产生原因：

①地质勘察不准确或精度不够，对持力层的变化未查清楚。

②持力层变硬或变软，使桩难以打入或贯入度太大。

③打桩机械与设计桩长以及持力层性质不匹配。

预防措施与处理方法：

①查清原因。从分析地质勘察资料着手，持力层起伏变化较大处应补充勘察。对于重要的建筑物，勘察单位应提交“持力层等高线图”或“持力层等深线图”。

②在现场进行试桩后应确定停锤标准。应根据试桩资料及时调整桩长。

③如打桩机与桩长和地质条件不匹配，应更换打桩机。

④对露出地面的桩应用专用截桩机进行截桩。

⑤短桩在2m以内采用送桩器送桩，超过2m应接桩。

2）斜桩。斜桩是指桩沉入过程中垂直度偏差过大。规范规定，斜桩倾斜度的偏差不得大于倾斜角正切值的15%（倾斜角系桩的纵向中心线与铅垂线间夹角）。

产生原因：

①打桩机基础在打桩中产生不均匀沉降，造成打桩倾斜。

②桩就位时不垂直，桩帽、桩锤、桩身不共线。

③沉桩时遇孤石或其他坚硬物，使桩发生倾斜。

④由于桩过多过密，土层挤压造成桩倾斜。

⑤接桩时，两节桩不在同一轴线上。

预防措施与处理方法：

①场地应平整坚硬，不使打桩机打桩中产生不均匀沉降。

②如有坚硬障碍物应先将障碍物钻穿，再打桩。

③控制垂直度时，应重点注意第一节桩。

④垂直度有偏差时应立即纠正。必要时，可以将桩拔出重打。桩进入土层一定深度后桩发生较大倾斜时，垂直度纠正不宜用桩架进行，以免将桩折断。无法纠正时，应以废桩处理。

⑤应使桩中心距大于$4d$（d为桩径或边长）。

⑥尽量减少接桩。接桩时应使上下两节桩在同一轴线上。

3）沉桩遇到“硬层”桩无法沉入。硬层是指浅层的老基础、孤石和深处的硬塑老黏土、密实砂卵石层等。桩遇这些硬层时无法继续沉桩。

产生原因：

地质勘察时未查清这些“硬层”的分布深度和性质，或者在地质勘察报告中未特别强调，没能引起设计和施工人员的重视。

预防措施与处理方法：

①打桩前应仔细阅读地质勘察报告，认真分析地质情况，采取有效的预防措施。

②先进行探桩。如浅层遇“硬层”，应预先挖除。

③深层遇“硬层”时，可以用钻机将“硬层”钻穿，再继续沉桩。

④施工桩机能量应与桩的设计要求、桩径、桩长以及地质条件相匹配。

2. 灌注桩施工

灌注桩是先在桩位上形成桩孔，然后放入钢筋笼，最后浇筑混凝土所成的桩。灌注桩按成孔方式的不同可分为泥浆护壁成孔灌注桩、沉管灌注桩、干作业成孔灌注桩和爆扩成孔灌注桩等。由于一个基础下可能有多根桩，以及在成孔时因振动等原因可能造成塌孔或造成成桩质量问题，因此，必须采取一定的成孔顺序。施工中对土有挤密作用和振动影响时，可以结合现场情况，采取间隔一或两个桩位成孔、先成中间孔再成周围孔、在临桩混凝土初凝前或终凝后成孔等方式。

（1）泥浆护壁钻孔灌注桩及钻扩桩施工。泥浆护壁钻孔灌注桩是利用原土自然造浆或人工造浆进行护壁，通过循环泥浆将被钻头切下的土排出孔外成孔，放入钢筋笼后，再浇筑混凝土所成的桩。这种方法适用于地下水位下的黏性土、粉土、砂土、人工填土、碎石土及风化岩层，也适用于地质条件复杂、夹层较多、风化不均、软硬变化较大的岩层。

钻扩桩是在直状孔桩的基础上发展起来的。当钻孔达到设计持力层后，换上特殊的扩底钻头，将桩的底部扩大。

1）施工设备。成孔机械主要有回钻钻机、潜水钻机、冲击钻等，以回钻钻机应用最为广泛。

2）施工工艺流程。定位放线→埋设护筒→制备泥浆→钻机就位→钻进成孔（泥浆循环排渣）→成孔检测→清孔→安放钢筋笼→下导管→再次清孔→浇筑混凝土成孔。

对扩底桩，还应包括换扩底钻头、扩底成孔等工序。

3）施工要点。

①埋设护筒。护筒的作用是固定桩孔位置、保护孔口、维持孔内水头、防止塌孔和为钻头导向。护筒用钢板制成，高出地面 0.4～0.6m，内径应比钻头直径大 100～200mm，上部开 12 个溢浆孔。护筒埋置深度在黏土中不小于 1.0m，在砂土中不小于 1.5m，其高度应满足孔内泥浆液面高度要求。护筒内泥浆面应保持高出地下位 1m 以上。护筒应埋设准确，允许偏差不大于 50mm。

②泥浆制备。除能自行造浆的黏性土层外，均应制备泥浆。泥浆制备应选用高塑性黏土或膨润土。泥浆应根据施工机械、工艺及穿越土层情况进行配合比设计。施工期间护筒内的泥浆面应高出地下水位 1.0m 以上，在受水位涨落影响时，泥浆面应高出最高水位 1.5m 以上；在清孔过程中，应不断置换泥浆，直至灌注水下混凝土。

③钻进成孔。回转钻成孔在国内应用最多，有正循环和反循环两种成孔工艺。钻头回转中心对准护筒中心，偏差不大于允许值。先启动砂石泵，待泥浆循环正常后，开动钻机慢速回转下放钻头至孔底。开始钻进时应轻压慢转，待钻头正常工作后，逐渐加大转速，调整压力，并使钻头不产生堵水。在护筒刃脚处应低压慢速钻进，使刃脚处的地层能稳固地支撑护筒，待钻至刃脚以下 1m 以后，可根据土质情况以正常速度钻进。

④成孔检测。应检测成孔孔径、扩底直径、孔深、孔斜、沉渣厚度等指标。

⑤清孔。以原土造浆的钻孔，清孔时注入清水，同时钻具只钻不进，待泥浆的相对密度降至 1.1 左右即可认为清孔合格；对于制备泥浆的钻孔，采用换浆法清孔，至换出泥浆的相对密度为 1.15～1.25 时认为合格。对于扩底桩，宜采用泵吸反循环清孔。应根据不同地质条件选用不同泵量和方法，以利于清孔。

清孔符合要求后应再次验收孔深、沉渣厚度等。

⑥水下混凝土浇筑。因孔内充满了水，混凝土浇筑采取水下导管法。

导管采用直径 200～250mm 的钢管，壁厚不小于 3mm，每节长 2～2.5m，导管与钢筋应保持 100mm 距离，导管使用前应试拼装，以水压力 0.6～1.0MPa 进行试压。

开始灌注水下混凝土时，管底至孔底的距离宜为300～500mm，并使导管一次埋入混凝土面以下0.8m以上，在以后的浇筑中，导管埋深宜为2～6m。

混凝土浇筑应保持连续。边浇筑边拔管，拔管速度应慢，拔管过程中应保持导管埋在混凝土中2～3m。

（2）沉管灌注桩施工。沉管灌注桩是以锤击或振动方式将一定直径的钢管沉入土中形成桩孔，然后放入钢筋笼，最后浇筑混凝土并拔出钢管所成的桩。由于有锤击和振动两种沉管方式，因此，又可分为锤击沉管灌注桩和振动沉管灌注桩。

1）施工设备。沉管灌注桩的施工设备与预制桩打入法和振动沉桩法所用的设备相同。

2）施工工艺流程（见图4-46）。

①锤击沉管灌注桩。定位放线→安放桩尖→桩机就位→安装桩管并套在桩尖上→校正钢管垂直度→锤击沉管至设计要求的贯入度或设计标高→安放钢筋笼→浇筑混凝土→拔管、敲击钢管振实混凝土。

②振动沉管灌注桩。定位放线→桩机就位→安装桩管并校正垂直度→振动沉管至设计要求深度→安放钢筋笼→混凝土浇筑→拔管。

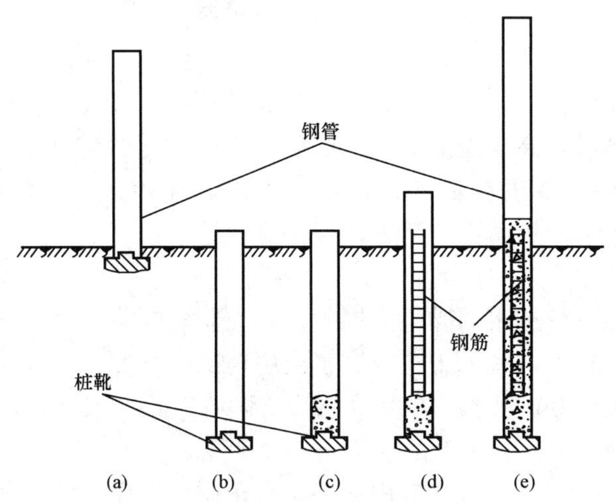

图4-46　沉管灌注桩施工过程

（a）就位；（b）沉钢管；（c）开始灌注混凝土；

（d）下钢筋骨架继续浇筑混凝土；（e）拔管成型

3）施工要点。

①安放桩尖。锤击沉管施工中采用预制混凝土桩尖，应先在桩基中心预埋好桩尖，就位后吊起桩管，对准预先埋好的预制钢筋混凝土桩尖，放置麻（草）绳垫于桩管与桩尖连接处，以作缓冲层和防地下水进入，然后缓慢放入桩管，套入桩尖压入土中。

振动沉管施工中采用活瓣桩尖，由桩管自带。先将桩尖活瓣用麻绳或铁丝捆紧合拢，活瓣间隙应紧密。当桩尖对准桩基中心，并核查高速套管垂直度后，利用振动及套管自重将桩尖压入土中。

②桩管安装和校正。应使桩管、桩锤、桩架等在同一垂直线上，允许偏差应控制在0.5%以内。

③沉管。锤击沉管同预制桩打入施工，应测定好贯入度和标高，使其满足设计要求。

振动沉管应控制好沉管深度使符合设计要求。

④拔管。沉管符合设计要求后，安放好钢筋笼，在管内充满混凝土，进行混凝土浇筑并开始拔管。拔管过程中应保持管内混凝土高度不少于 2m。

拔管要均匀，拔管速度不宜过快，一般土层中以不大于 1m/min 为宜，在软弱土层中应控制在 0.3～0.8m/min 以内。

锤击沉管拔管时应锤击钢管使产生振动而使混凝土密实。锤击次数视桩锤的类型而定。锤击沉管灌注桩施工可以采用单打法、复打法。单打法是指一次完成桩的施工。为提高桩的质量和承载能力，还可采用复打法，其施工顺序是：在第一次混凝土浇筑施工完毕（未放钢筋笼）及拔出钢管后，清除管壁上及桩孔周边地面的污泥，立即在原桩位上再安放桩尖，第二次复打沉管，使未凝固的混凝土向四周挤压扩大桩径，然后再放入钢筋笼和进行第二次混凝土浇筑。复打施工应注意使两次沉管的轴线重合，且必须在第一次浇筑的混凝土初凝前进行。

振动沉管拔管时应开启激振器，边振动边拔管使混凝土密实。振动沉管灌注桩施工可采用单振法、反插法或复振法。①单振法。同锤击沉管的单打法。②反插法。是指开始拔管后，每次拔管高度 0.5～1.0m，向下反插 0.3～0.5m，反复进行直至拔出地面。拔管过程中应始终保持振动。反插法也能增加桩的截面积和提高桩的承载能力。③复插法。同锤击沉管的复打法。

（3）长螺旋干作业钻孔灌注桩。长螺旋干作业钻孔灌注桩是用长螺旋钻机的螺旋钻头，在桩位处就地切削土层，被切削土块钻屑随钻头旋转，沿着带有长螺旋叶片的钻杆上升，输送到出土器后自动排出孔外，然后装卸到翻斗车（或手推车）中运走，其成孔工艺可实现全部机械化的桩。

长螺旋干作业钻孔灌注桩宜用于地下水位以上的黏性土、粉土、填土、中等密实以上的砂土、风化岩层。

1）施工工艺流程。桩位放样→钻机就位→钻机钻进→钻至设计深度→清底→吊放钢筋笼→浇筑混凝土。

2）施工要点。

①钻孔机就位。现场放线、抄平后，移动长螺旋钻机至钻孔桩位置，完成钻孔机就位。钻孔机就位时，必须保持平稳，确保施工中不发生倾斜、位移。使用双向吊锤球校正调整钻杆垂直度，必要时可使用经纬仪校正钻杆垂直度。

②钻进。调直机架挺杆，对好桩位（用对位圈），开动机器钻进、出土。螺旋钻进应根据地层情况，合理选择和调整钻进参数，并可通过电流表来控制进尺速度，电流值增大，说明孔内阻力增大，应降低钻进速度。开始钻进及穿过软硬土层交界处，应保持钻杆垂直，控制速度，缓慢进尺，以免扩大孔径。当钻进中遇到卡钻，不进尺或钻进缓慢时，应停机检查，找出原因，采取措施，避免盲目钻进。遇孔内渗水、跨孔、缩颈等异常情况时，须立即采取相应的技术措施；上述情况不严重时，可调整钻进参数，投入适量黏土球，经常上下活动钻具等，保证钻进顺畅。钻杆在砂卵石层中钻进时，钻杆易发生跳动、晃动现象，影响成孔的垂直度，该过程必须用经纬仪严密监测，并建立控制系统，做到及时控制成孔垂直度。

③停止钻进，读钻孔深度。为了准确控制钻孔深度，钻进中应观测挺杆上的深度控制标尺或钻杆长度，当钻至设计孔深时，需再次观测并做好记录。

④孔底土清理。钻到预定的深度后，必须在孔底处进行空转清土，然后停止转动。孔底的虚土厚度超过质量标准时，要分析原因，采取措施进行处理。

⑤提起钻杆。提起钻杆时，不得曲转钻杆。

⑥检查成孔质量。用测深绳（坠）或手提灯测量孔深及虚土厚度，成孔的控制深度应符合下列要求：

a. 摩擦型桩：摩擦桩以设计桩长控制成孔深度。

b. 端承型桩：必须保证桩孔进入持力层的深度。

c. 端承摩擦桩：必须保证设计桩长及桩端进入持力层深度。检查成孔垂直度、桩径，检查孔壁有无胀缩、塌陷等现象。

⑦复核桩位，移动钻机。经成孔检查后，填好桩钻孔施工记录，并将钻机移动到下一桩位。

⑧下放钢筋笼。

⑨放混凝土溜筒。

⑩灌注混凝土。

⑪拔出混凝土溜筒。

（4）灌注桩质量要求。桩的静载荷载试验根数应不少于总桩数的1%，且不少于3根，当总桩数少于50根时，不应少于2根。

桩身完整性检测的抽检数量：柱下三桩或三桩以下承台抽检桩数不得少于1根；设计等级为甲级，或地质条件复杂，成桩可靠性较差的灌注桩，抽检数量不应少于总桩数的30%，且不少于20根，其他桩基工程的抽检数量不应少于总桩数的20%，且不少于10根。

灌注桩的平面位置和垂直度的允许偏差及质量检验标准见表4-18。

表4-18　灌注桩的平面位置和垂直度的允许偏差

序号	成孔方法		桩径允许偏差（mm）	垂直度允许偏差（%）	桩位允许偏差（mm）	
					1～3根、单排桩基垂直于中心线方向和群桩基础的边桩	条形桩基沿中心线方向和群基础的中间桩
1	泥浆护壁钻孔桩	$d\leqslant1000$mm	±50	<1	$d/6$，且不大于100	$d/4$，且不大于150
		$d>1000$mm	±50		$100+0.01H$	$150+0.01H$
2	沉管成孔灌注桩	$d\leqslant500$mm	−20	<1	70	150
		$d>500$mm			100	150
3	干成孔灌注桩		−20	<1	70	150
4	人工挖孔桩	混凝土护壁	+50	<0.5	50	150
		钢套管护壁	+50	<1	100	200

注　1. 桩径允许偏差的负值是指个别断面；
2. 采用复打、反插法施工的桩径允许偏差不受表中限制；
3. H为施工现场地面标高与桩顶设计标高的距离，d为设计桩径。

（5）灌注桩质量通病。

1）成孔过程中出现的问题。

①塌孔、漏浆、流砂。

产生原因：

护筒周围黏土封填不紧密或者护筒搁置深度不够；泥浆质量不符合地层特性和施工要求；孔内泥浆面低于或过高于孔外水位；在易塌孔地层内钻进，进尺太快或停在一处空转时间太长；遇到透水性强或地下水流动地层。

处理措施：

护筒周围必须用黏土封填紧密；钻进时及时添加泥浆，使泥浆面高于地下水位；当遇到松散地层时，依据现场试验调整泥浆密度；进尺适宜，不快不慢；如遇轻度塌孔，加大泥浆密度和提高水位。严重塌孔，用黏土泥浆投入，待孔壁稳定后采用低速钻进。

②钻孔偏移倾斜。

产生原因：

桩架不稳，钻杆导架不垂直，钻杆弯曲接头不直；土层软硬不均，或有孤石或存在大颗粒。

处理措施：

安装钻机时，对导杆进行水平和垂直校正，检修钻进设备，如有钻杆弯曲，及时更换。遇软硬地层时降低进尺，低速掘进。偏斜过大时，填入黏土，碎石重新掘进，慢速上下提升，往复扫孔。如有孤石，可使用钻机钻透或击碎。如遇倾斜基岩，可投入块石，用锤高频低幅密打。

③缩颈。

产生原因：

由于黏性土层有较强的造浆能力和遇水膨胀的特性，使钻孔易于缩颈。

处理措施：

除严格控制泥浆的黏度增大外，还应适当向孔内投入部分砂砾，钻头宜采用肋骨的钻头，边钻进边上下反复扩孔，防治缩颈。

2）钢筋笼安装过程中的问题。

①钢筋笼偏位、变形、上浮。

产生原因：

钢筋笼过长，未设加筋箍，刚度过低；钢筋笼上未设垫块或耳环控制保护层厚度；钢筋笼未垂直吊放缓慢入底；孔底沉渣未清除干净；导管埋深不足，当混凝土浇至钢筋笼底时，造成钢筋笼上浮。

处理措施：

钢筋过长，应分 2～3 节制作，分段吊放，分段焊接或加设箍筋加强；每隔一定距离设置垫块控制灌注混凝土保护层厚度；孔底沉渣应置换清水或适当密度泥浆清除；浇灌混凝土时，应将钢筋笼固定在孔壁上或者压住，使导管埋入钢筋笼底面以下 1.5m 以上。

②吊脚桩。

产生原因：

清孔后泥浆密度过小，孔壁坍塌或孔底涌进泥浆或未立即灌混凝土；沉渣未清净，残留石渣过厚；吊放钢筋骨架、导管等物碰撞孔壁，使泥土塌落。

处理措施：做好清孔工作，达到要求立即灌注混凝土，注意泥浆密度并使孔内水位经常保持高于孔外水位 0.5m 以上，施工注意保护孔壁，不让重物碰撞，造成孔壁坍塌。

3）浇筑成桩过程中发生断桩的问题。

产生原因：

因混凝土多次浇灌不成功，出现泥质夹层而造成断桩；孔壁塌方将导管卡住，强力拔管时，使泥水混入混凝土内或导管接头不良，泥水进入管内；施工时因雨水等原因造成泥浆冲入管内。

处理措施：

力争混凝土一次浇灌成功，钻孔选用较大密度和黏度、胶体率好的泥浆护壁，控制进尺速度，保持孔壁稳定；导管接头应用方丝扣连接，并使橡皮圈密封严密；孔口护筒不应埋置太浅，下钢筋笼骨架过程中，不碰撞孔壁；施工时如遇下雨，争取一次性浇筑完毕；灌注桩严重塌方或导管无法拔出形成断桩，可在一侧补桩；深部不大可挖出；对断桩处做适当处理后，支模重新浇筑混凝土。如桩体实际情况较好，可采取在断桩或夹渣部位进行注浆加固的处理措施。

4.4.3 筏板基础施工

1. 概述

筏板基础由钢筋混凝土底板、梁等组成，适用于地基承载力较低而上部结构荷载很大的场合。其外形和构造上像倒置的钢筋混凝土楼盖，整体刚度较大，能有效将各柱子的沉降调整得较为均匀。筏式基础一般可分为梁板式和平板式两类，如图 4-47 所示。

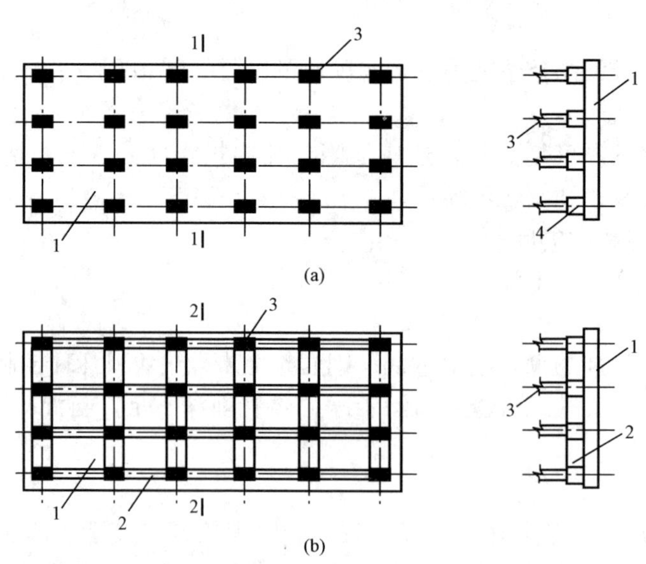

图 4-47 筏形基础形式

（a）平板式；（b）梁板式

1—底板；2—梁；3—柱；4—支墩

2. 施工工艺流程

（1）平板式施工工艺流程。放线、开挖土方、验槽→浇筑混凝土垫层→恢复基础轴线、边线、校正标高→安装底板钢筋、柱插筋→安装侧模板→浇筑混凝土→养护、拆模。

(2) 梁板式施工工艺流程。放线、开挖土方、验槽→浇筑混凝土垫层→恢复基础轴线、边线、校正标高→安装梁钢筋、底板钢筋、柱插筋、梁模板刚支架→安装梁模板、底板侧模板→浇筑混凝土→养护、拆模。

3. 施工要点

(1) 施工前，如地下水位较高，可采用人工降低地下水位至基坑底不小于 500mm，以保证在无水情况下进行基坑开挖和基础施工。

(2) 当有基础底板和基础梁时，基础底板的下部钢筋应放在梁筋的下部。对基础底板的下部钢筋，主筋在下分布筋在上；对基础底板的上部钢筋，主筋在上分布筋在下。

根据设计保护层厚度垫好保护层垫块。垫块间距一般为 1～1.5m。下部钢筋绑扎完后，穿插进行预留、预埋的管道安装。

钢筋马凳可用钢筋弯制、焊制，当上部钢筋规格较大、较密时，也可采用型钢等材料制作，其规格及间距应通过计算确定。常见的样式如图 4-48 所示。

(3) 梁板式筏板基础施工时，可以将底板模板和梁模板同时支好，混凝土一次连续浇筑完成。梁模板的支承支架可以与钢筋支架一并考虑，应将其固定牢固，并保证有足够的数量。也可先浇筑底板混凝土，待达到 25%设计强度后，再在底板上支梁模板，继续浇筑完梁混凝土。

(4) 混凝土浇筑方向宜平行于次梁长度方向，对于平板式筏形基础宜平行于基础长边方向。

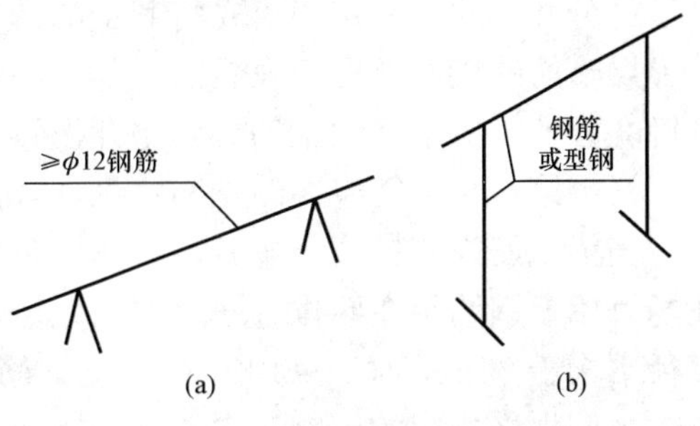

图 4-48　钢筋马凳示意图

(5) 混凝土浇筑应选择合适的布料方案，宜由远而近浇筑，各布料点浇筑速度应均衡。

(6) 混凝土浇筑时一般不留施工缝，必须留设时，应按施工缝要求处理，并应设置止水带。

(7) 基础浇筑完毕，应及时覆盖和洒水养护。基础混凝土应采取减少表面收缩裂缝的二次抹面技术措施。

(8) 属于大体积混凝土施工时，应严格执行经批准的施工技术方案。

(9) 采用泵送混凝土施工时，管道的移动不应造成模板支承体系的变形变位。

4.5　主体工程施工

多层现浇钢筋混凝土框架结构的主要构件是柱、梁、墙、板、楼梯等。一般上下楼层的结构形式没有大的变化，因此，其施工是按楼层重复操作，只是因施工的高度发生了变化，在组织施工中必须考虑好运输、安全、材料周转等问题。

4.5.1　施工工艺流程

抄平、放线→安装底层柱、墙钢筋→安装底层柱、墙等模板→浇筑底层柱、墙等混凝土→养护拆模→轴线引侧、弹线→搭设二层梁、楼板支架→安装二层梁、楼板钢筋→安装二层梁、楼板模板→浇筑二层梁、楼板混凝土→养护拆模→重复操作直至主体施工完毕。

4.5.2 施工要点

1. 钢筋安装

（1）柱子钢筋绑扎。将柱子的主筋接长，并把主筋顶部与脚手架做临时固定，保持柱主筋垂直，然后将箍筋从上至下依次绑扎。

柱箍筋要与主筋相互垂直，矩形柱箍筋的端头应与模板面成 135°角；柱角部主筋的弯钩平面与模板面的夹角，对矩形柱应为 45°角；中间钢筋的弯钩平面应与模板面垂直。

柱箍筋的弯钩叠合处，应沿受力钢筋方向错开设置，不得在同一位置。

绑扎完成后，将保护层垫块或塑料支架固定在柱主筋上。

（2）梁板钢筋绑扎。梁钢筋绑扎前应确定好主梁和次梁钢筋的位置关系，次梁的主筋应在主梁的主筋上面，楼板钢筋则应在主梁和次梁主筋的上面。

先穿梁上部钢筋，再穿下部钢筋，最后穿弯起钢筋，然后根据在事先画好的箍筋控制点将箍筋分开，间隔一定距离先将其中的几个箍筋与主筋绑扎好，然后再依次绑扎其他钢筋。

梁箍筋的接头部位应在梁的上部，除设计有特殊要求外，应与受力钢筋垂直设置；箍筋弯钩叠合处，应沿受力钢筋方向错开设置。

梁端第一个箍筋应在距支座边缘 50mm 处。

当梁主筋为双排或多排时，各排主筋间的净距不应小于 25mm，且不小于主筋的直径。现场可用短钢筋垫在两排主筋之间，以控制其间距，短钢筋方向与主筋垂直。当梁主筋最大直径不大于 25mm 时，采用 25mm 短钢筋作垫铁；当梁主筋最大直径大于 25mm 时，采用与梁主筋规格相同的短钢筋作垫铁。短钢筋的长度为梁宽减两个保护层厚度，短钢筋不应伸入混凝土保护层内。

板钢筋绑扎前先在模板上画出钢筋的位置，然后将主筋和分布筋摆在模板上，主筋在下，分布筋在上，调整好间距后依次绑扎。对于单向板钢筋，除靠近外围两行钢筋的相交点全部扎牢外，中间部分交叉点可间隔交错绑扎牢固，但应保证受力钢筋不产生位置偏移；双向受力的钢筋，必须全部扎牢。相邻绑扎扣应成八字形，防止钢筋变形。

板底层钢筋绑扎完，穿插预留预埋管线的施工，然后绑扎上层钢筋。

在两层钢筋间应设置马凳，以控制两层钢筋间的距离。

马凳的形式如图 4-49 所示，间距一般为 1m。如上层钢筋的规格较小容易弯曲变形时，其间距应缩小，或采用图 4-48 中（a）样式的马凳。

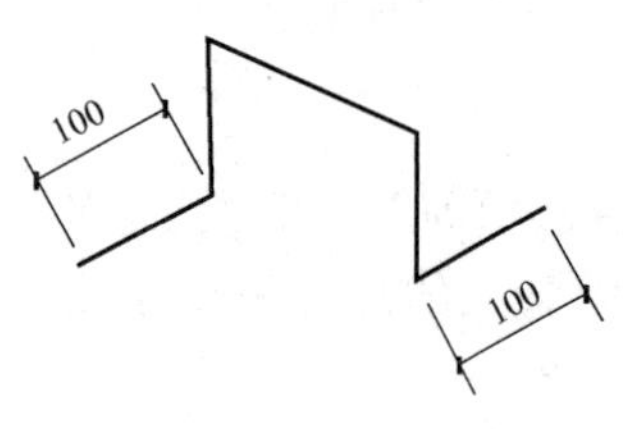

图 4-49 楼板钢筋马凳

钢筋安装完毕，应先进行自检，再报请监理工程师验收，并完成隐蔽验收资料。

（3）墙体钢筋绑扎。根据墙边线调整墙插筋的位置，使其满足绑扎要求。

每隔 2～3m 绑扎一根竖向钢筋，在高度 1.5m 左右的位置绑扎一根水平钢筋。然后把其余竖向钢筋与插筋连接，将竖向钢筋的上端与脚手架作临时固定并校正垂直。

在竖向钢筋上画出水平钢筋的间距，从下往上绑扎水平钢筋。墙的钢筋网，除靠近外围两行钢筋的相交点全部扎牢外，中间部分交叉点可间隔交错扎牢，但应保证受力钢筋不产生位置偏移；双向受力的钢筋，必须全部扎牢。绑扎应采用八字扣，绑扎丝的多余部分应弯入墙内（特别是有防水要求的钢筋混凝土墙、板等结构，更应注意这一点）。

应根据设计要求确定水平钢筋是在竖向钢筋的内侧还是外侧，当设计无要求时，按竖向钢筋在里水平钢筋在外布置。

墙筋的拉结筋应钩在竖向钢筋和水平钢筋的交叉点上，并绑扎牢固。在钢筋外侧绑上保护层垫块或塑料支架。

2. 模板安装

（1）柱子模板安装。采用组合钢模板时，柱子模板如图 4-50 所示。柱子模板由侧模板和支撑组成。安装中应注意以下几点：

1）垂直度：垂直度是柱模板安装中的重要指标，一般通过支撑来解决，可以用吊线锤来检查。

2）侧压力：由于柱子高度相对大些，新浇混凝土对模板有较大的侧压力，柱箍可以抵抗这种侧压力。安装中柱箍应卡紧以防爆模，柱箍的间距与柱子的截面积大小及高度有关，一般间距为 600～1000mm，柱箍越往下应越密，当柱截面积较大时，也可以加设对拉螺栓或对拉片。

3）保证柱模的长度符合模数，不符合的部分放到节点部位处理；或以梁底标高为准，高度≥4m 以上时，一般应四面支撑。当柱高超过 6m 时，不宜单根柱支撑，宜几根柱同时支撑连成构架。

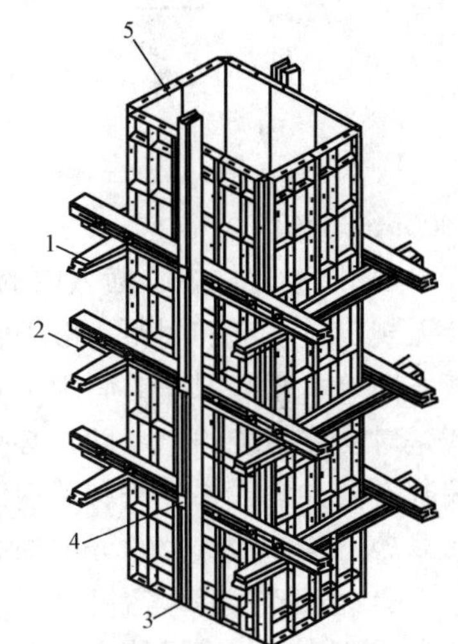

图 4-50　柱模板

1—横楞；2—拉杆；3—竖楞；4—穿柱拉杆；5—模板

4）柱模根部要用水泥砂浆堵严，防止跑浆；配模时留置浇筑口和清扫口。

5）梁、柱模板分两次支设时，在柱子混凝土达到拆模强度时，最上一段柱模先保留不拆，以便于与梁模板连接。

6）柱模的清渣口应留置在柱脚一侧，如果柱子断面较大，为了便于清理，也可两面留设。清理完毕，立即封闭。

7）柱模安装就位后，立即用四根支撑或有张紧器花篮螺栓的缆风绳与柱顶四角拉结，并校正其中心线和偏斜，全面检查合格后，再群体固定。

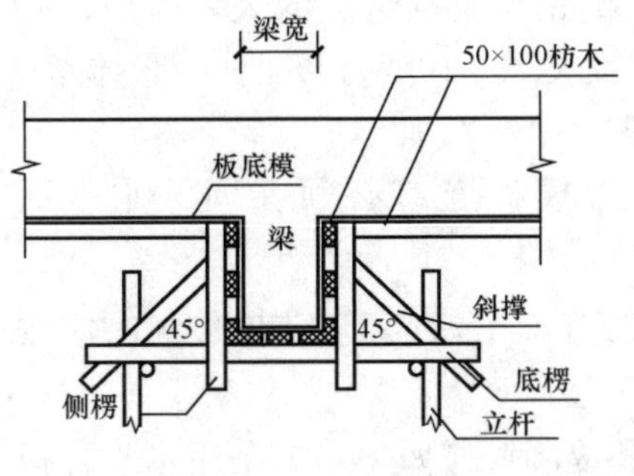

图 4-51　梁板模板

（2）梁模板安装。梁模板由侧模板、底模板和支撑组成，如图 4-51 所示。

梁模板安装中应注意以下几点：

1）梁柱接头模板的连接特别重要，一般可按图 4-52处理或用专门加工的梁柱接头。

2）底模板起拱：当梁或板的跨度大于或等于 4m 时，底模板应按设计要求起拱，以减少在施工荷载下模板的变形。如设计无具体要求时，则起拱高度宜为全跨长度的 1/1000～3/1000（木模板为 1.5/1000～3/1000；钢模板为 1/1000～2/1000）。

3）梁模支柱的设置，应经模板设计计算决定。一般情况下采用双支柱时，间距以600～

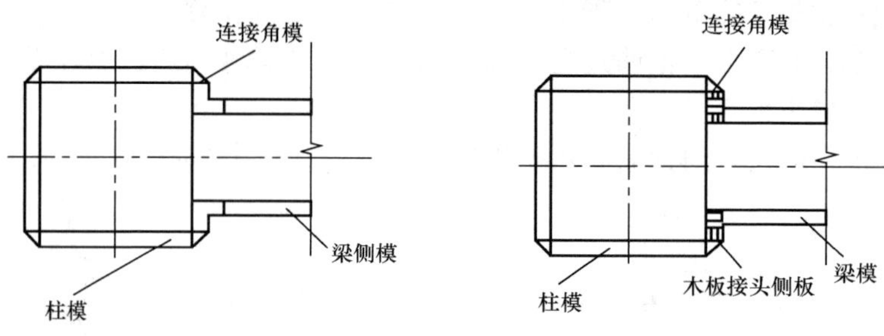

图4-52 梁柱接头模板

1000mm为宜。

4）模板支柱纵、横方向的水平拉杆、剪刀撑等，均应按设计要求布置；一般工程当设计无规定时，支柱间距一般不宜大于2m，纵横方向水平拉杆的上下间距不宜大于1.5m，纵横方向的垂直剪刀撑的间距不宜大于6m；跨度大或楼层高的工程，必须认真进行设计，尤其是对支撑系统的稳定性，必须进行结构计算，按设计精心施工。高大模板的支撑体系必须编制专项方案，并应按有关规定组织专家论证。

5）当梁高超过700mm时，梁侧模板宜加穿梁螺栓加固。

6）由于空调等各种设备管道安装的要求，需要在模板上预留孔洞时，应尽量使穿梁管道孔分散，穿梁管道孔的位置应设置在梁中，以防削弱梁的截面积，影响梁的承载能力。

(3) 墙模板安装。墙模板由侧模板和支撑组成，墙模板安装中主要应注意以下几点：

1）组装模板时，要使两侧穿孔的模板对称放置，确保孔洞对准，以便穿墙螺栓与墙模保持垂直，见图4-53。

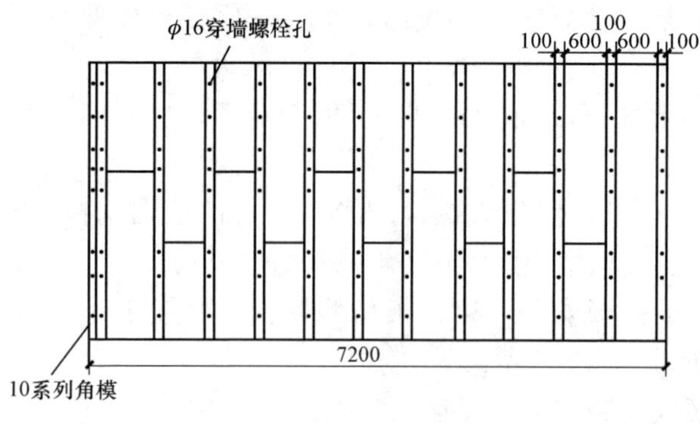

图4-53 墙体模板拼装示意图

2）相邻模板边肋用U形卡连接的间距不得大于300mm，预组拼模板接缝处每一个边孔均宜用U形卡连接。

3）墙模板上预留的小型设备孔洞，当遇到钢筋时，应设法确保钢筋位置正确，不得将钢筋移向一侧。

4）优先采用预组装的大块模板，必须要有良好的刚度，以便于整体装、拆、运。

5）墙模板上口必须在同一水平面上，严防墙顶标高不一。

(4) 楼板模板安装。楼板模板由底模和支撑架组成，如图4-54所示。跨度较大时应按设计要求或施工规范要求起拱。

楼板模板应采用大块模板拼装以提高混凝土观感质量和提高工作效率，如采用木胶合板模板等，此类模板便于加工和造型，下方先用木方做支撑，然后用钢管支撑。模板拼缝可用胶带直接贴上，为防止浇筑混凝土时模板移位，可用钉子将模板钉于木方上。

1）采用立柱作支架时，从边跨一侧开始逐排安装立柱，并同时安装外钢楞（大龙骨）。

立柱和钢楞（龙骨）的间距，根据模板设计荷载计算决定，调平后即可铺设模板。在模板铺设完，并校正标高后，立柱之间应加设水平拉杆，其道数根据立柱高度决定。离地面 200～300mm 处设置扫地杆。

2）采用钢管架作支撑时，在支柱高度方向每隔 1.2～1.3m 设一道水平拉杆。

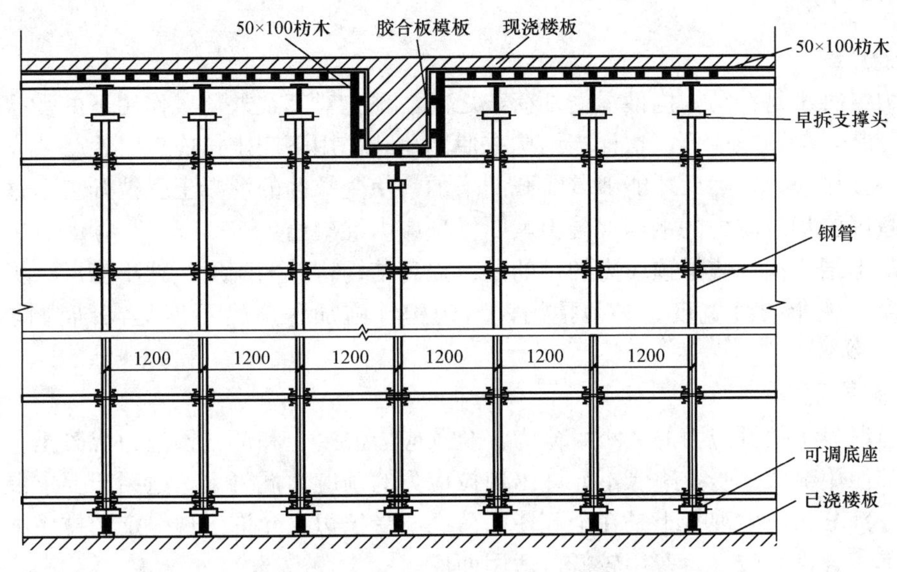

图 4-54　楼板模板示意图

（5）楼梯模板安装。楼梯模板由梯段侧模、底模和踏步侧模以及支撑组成。安装时应注意以下几点：

1）标高。控制好第一步与最后一步标高。

2）支撑。底模板支撑要解决模板不下沉变形或歪斜，且长细比不应过大（常设水平撑或剪刀撑）。应注意使踏步侧模板及梯段侧模板支撑牢固。

3）异形楼梯模板。应按设计图纸的要求进行放样、定位和解决支撑，必要时要进行模板设计。

3. 混凝土浇筑及养护

混凝土浇筑的施工层一般是按结构层划分的。浇筑前还应根据结构特征、混凝土的供应能力、混凝土浇筑的技术要求、工序数量等划分好施工段。

每一施工段内每排柱子的混凝土浇筑应从两端同时向中间推进，以防止柱子模板因湿涨而受推斜产生累积误差难以纠正。截面积在 400mm×400mm 以上、无交叉箍筋的柱子，如柱高不超过 4m，可以从柱顶浇筑；如用轻骨料混凝土从柱顶浇筑，则柱高不得超过 3.5m。柱子浇筑后应留有一定的混凝土沉实时间（一般 1～1.5h），然后再浇筑梁板结构。

梁板一般应同时浇筑，从一端开始向前推进。当梁高大于 1m 时可以先将梁混凝土浇筑至楼板板面下 20～30mm 处。楼板混凝土浇筑应检查其厚度。在施工技术方案中应选择好或按照设计要求留设好施工缝。如有后浇带，则应按设计要求进行处理。

混凝土的浇筑如采用泵送混凝土，注意泵送的连续进行，防止堵管。

必须在规范要求的时间内根据施工现场的情况进行混凝土的养护。养护的方法和采取的措施必须按照施工技术方案的要求。应做到由专人进行养护。

4.6 预应力混凝土工程施工

4.6.1 基本知识

1. 概念

预应力混凝土是在结构构件承受外荷载之前，预先对其在外荷载作用下的受拉区施加预压力，促使其产生预压应力，这样当结构在使用荷载作用下产生拉应力时，必须先抵消事先施加的这一预压应力，然后才能随着荷载的增加，使受拉区的混凝土受拉开裂。这种预先在构件的受拉区施加压应力的钢筋混凝土就叫做预应力混凝土。

对混凝土结构构件施加预应力的目的是：提高结构构件的刚度，减小变形；提高结构构件的抗裂度，减小裂缝宽度。必须指出，结构构件施加预应力不能提高结构构件的承载能力。

2. 分类

预应力混凝土按预应力的大小可分为：全预应力混凝土和部分预应力混凝土。全预应凝土是在全部使用荷载下受拉边缘不允许出现拉应力的预应力混凝土，适用于要求混凝土不开裂的结构。部分预应力混凝土是在全部使用荷载下受拉边缘允许出现一定的拉应力或裂缝的混凝土，其综合性能较好，费用较低，适用面广。

预应力混凝土按施工方式不同可分为：预制预应力混凝土、现浇预应力混凝土和叠合预应力混凝土等。按预加应力的方法不同可分为：先张法预应力混凝土和后张法预应力混凝土。在后张法中，按预应力筋黏结状态又可分为：有黏结预应力混凝土和无黏结预应力混凝土。

3. 特点

预应力混凝土与普通钢筋混凝土比较，具有构件截面积小、自重轻、刚度大、抗裂度高、耐久性好、材料省等优点，在大开间、大跨度与重荷载的结构中，采用预应力混凝土结构，可减少材料用量，扩大使用功能，综合经济效益好，在现代建筑结构中具有广阔的发展前景。缺点是构件制作过程增加了张拉工序，技术要求高，并需要专用的张拉设备、锚具、夹具和台座等。

4.6.2 先张法

先张法是在浇筑混凝土构件之前张拉预应力筋，将其临时锚固在台座或钢模上，然后浇筑混凝土构件，待混凝土达到一定强度（一般不低于混凝土强度标准值的75%），并使预应力筋与混凝土之间有足够黏结力时，放松预应力，预应力筋弹性回缩，借助于混凝土与预应力筋间的黏结，对混凝土产生预压应力。先张法多用于预制构件厂生产定型的中小构件。先张法生产有台座法和台模法两种。

先张法施工。先张法生产工艺流程如图4-55所示。

先张法施工示意图如图4-56所示。

（1）张拉预应力钢筋。预应力筋的张拉工作是预应力施工的关键工序。为了确保施工质量，预应力筋的张拉程序应严格按设计要求进行。

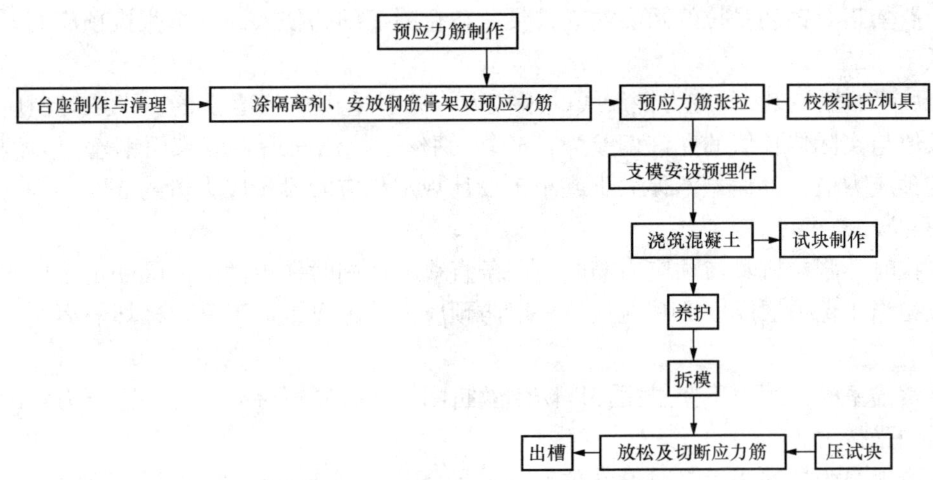

图 4 - 55　先张法生产工艺流程图

1）张拉程序。预应力筋张拉可按下列程序之一进行：

$$0 \longrightarrow 105\%\sigma_{con} \xrightarrow{\text{持荷 2min}} \sigma_{con}$$

$$0 \longrightarrow 103\%\sigma_{con}$$

建立上述张拉程序的目的是为了减少预应力的应力松弛损失。所谓“应力松弛”，即钢筋受到一定张拉力后，在长期保持不变的条件下，钢筋的应力随时间的增加而降低的现象，此降低值即称为松弛损失。

2）张拉控制应力。预应力筋的张拉力 P 可按下式计算

$$P = \sigma_{con} \cdot A_p (\text{kN}) \qquad (4-6)$$

式中　σ_{con}——预应力筋的张拉控制应力；

A_p——预应力筋截面面积（mm^2）。

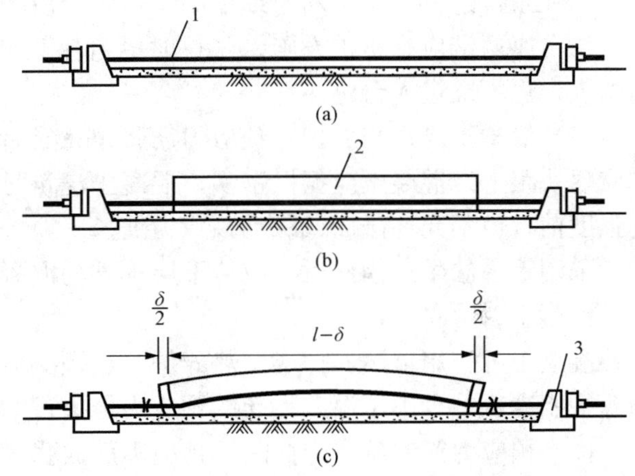

图 4 - 56　先张法施工示意图

（a）预应力筋张拉阶段；（b）混凝土浇筑和养护阶段；（c）预应力筋放松阶段；1—预应力筋；2—混凝土构件；3—台座

预应力筋的张拉控制应力 σ_{con}，不宜超过表 4 - 19 的数值。

表 4 - 19　张拉控制应力 σ_{con} 的允许值

项次	预应力筋种类	张拉方法	
		先张法	后张法
1	消除应力钢丝、钢绞线	$0.75f_{ptk}$	$0.75f_{ptk}$
2	冷轧带肋钢筋	$0.70f_{ptk}$	
3	精轧螺纹钢筋		$0.85f_{pyk}$

注　f_{ptk}为预应力筋极限抗拉强度标准值；f_{pyk}为预应力筋屈服强度标准值。

多根预应力筋同时张拉时，必须事先调整初应力，使相互间的应力一致。施工中必须注

意安全，严禁正对钢筋张拉的两端站立人员，防止断筋回弹伤人。冬季张拉预应筋，环境温度不宜低于－15℃。

3）预应力值校核。预应力钢绞线的张拉力，一般采用伸长值校核，张拉时预应力筋的理论伸长值与实际伸长值的允许偏差为±6%。钢丝张拉锚固后，应采用钢丝内力测定仪检查钢丝的预应力值，其偏差不得大于或小于设计规定相应阶段预应力值的 5%。

4）张拉注意事项。

①张拉时，张拉机具与预应力筋应在一条直线上；同时在台面上每隔一定距离放一根圆钢筋头或相当于保护层厚度的其他垫块，以防预应力筋因自重而下垂，破坏隔离剂，污染预应力筋。

②顶紧锚塞时，用力不要过猛，以防钢丝折断；在拧紧螺母时，应注意压力表读数始终保持所需的张拉力。

③预应力筋张拉完毕后，对设计位置的偏差不得大于 5mm，也不得大于构件截面最短边长的 4%。

④在张拉过程中发生断丝或滑脱钢丝时，应予以更换。

⑤台座两端应有防护设施。张拉时沿台座长度方向每隔 4～5m 放一个防护架，两端严禁站人，也不准进入台座。

（2）混凝土浇筑与养护。预应力筋张拉完成后，钢筋绑扎、模板拼装和混凝土浇筑等工作应尽快跟上。混凝土应振捣密实，混凝土浇筑时，振动器不得碰撞预应力筋。混凝土未达到强度前，也不允许碰撞或踩动预应力筋。

采用重叠法生产构件时，应待下层构件的混凝土强度达到 5.0MPa 后，方可浇筑上层构件的混凝土。

混凝土可采用自然养护或湿热养护，当预应力混凝土构件进行湿热养护时，应采取正确的养护制度以减少由于温差引起的预应力损失。

（3）预应力筋的放张与截断。预应力筋放张时，混凝土的强度应符合设计要求；如设计无规定，不应低于设计的混凝土强度标准值的 75%。

1）放张顺序。预应力筋的放张顺序，如设计无规定，可按下列要求进行：

①轴心受预压的构件（如拉杆、桩等），所有预应力筋应同时放张；

②偏心受预压的构件（如梁等），应先同时放张预压力较小区域的预应力筋，再同时放张预压力较大区域的预应力筋；

③如不能满足①、②两项要求时，应分阶段、对称、交错地放张，以防止在放张过程中构件产生弯曲、裂纹和预应力筋断裂。

2）放张方法。预应力筋的放张工作应缓慢进行，防止冲击。常用的放张方法有千斤顶放张、砂箱放张、楔块放张等，还可以用预热熔割和钢丝钳或氧炔焰切割放张的方法。

放张完后预制构件就可以出槽，按构件的制作时间、构件的种类和规格堆放，并注意成品保护。

4.6.3 后张法

在构件制作时，在设计放置预应力筋的部位预先预留孔道，待混凝土达到规定强度后在孔道内穿入预应力筋，并用张拉机具夹持预应力筋将其张拉至设计规定的控制应力，然后借助锚具将预应力筋锚固在预制构件的端部，最后进行孔道灌浆（无黏结预应力构件不需要灌浆），这种施工方法称为后张法。后张法预应力施工是一项专业性强、技术含量高、操作要求严的作业，故应由具有预应力专项施工资质的施工单位承担。

后张法主要用于施工现场制作大型和重型的构件，如屋架、屋面梁、吊车梁等。该技术可用于多、高层房屋建筑的楼板、转换层和框架结构等，以抵抗大跨度或重荷载在混凝土结构中产生的效应，提高结构、构件的性能，降低造价。该技术还可用于电视塔、核电站安全壳、水泥仓等特种工程结构，以及广泛应用于各类大跨度混凝土桥梁结构。无黏结预应力主要应用在现浇预应力混凝土。

后张法施工分为有黏结后张法预应力施工和无黏结预应力施工。

1. 有黏结后张法施工

后张法施工步骤是先制作混凝土构件，预留孔道；待构件混凝土达到规定强度后，在孔道内穿放预应力筋，预应力筋张拉和锚固后进行孔道灌浆。其制作的工艺流程图如图 4-57 所示。有黏结后张法施工示意图如图 4-58 所示。

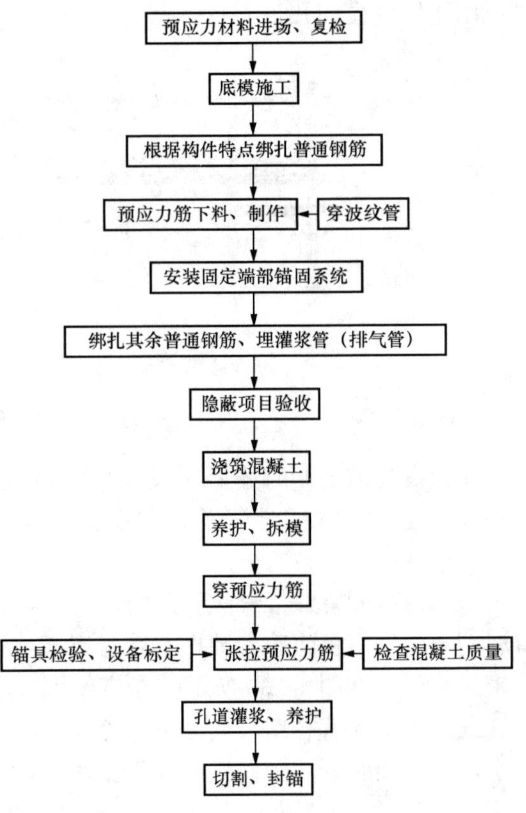

图 4-57　有黏结后张法生产工艺流程图

后张法构件生产中，关于模板、非预应力钢筋、混凝土等工序已在其他相关内容中做了作了相应的介绍，下面只介绍底模、孔道的留设、预应力筋的制作与张拉和孔道灌浆等几部分的内容。

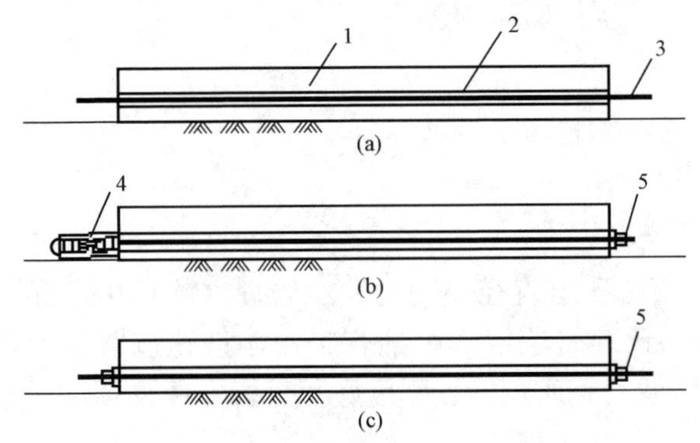

图 4-58　有黏结后张法施工示意图

（a）制作混凝土构件；（b）张拉预应力筋；（c）锚固和孔道灌浆

1—混凝土构件；2—预留孔道；3—预应力筋；4—张拉千斤顶；5—锚具

后张法构件一般在施工现场进行预制，此时其底模一般是临时性和一次性的，一般的做法是采用砖底模或混凝土底模，在设计预制位置的施工现场进行，其做法比较简单，只要满足受力和排水等要求即可。

（1）孔道留设。孔道留设是后张法构件制作中的关键工作。孔道直径取决于预应力筋和锚具，孔道留设方法有钢管抽芯法、胶管抽芯法和预埋波纹管法。预埋波纹管法只适用于曲线形孔道。

1）钢管抽芯法。制作后张法预应力混凝土构件时，在预应力筋位置预先埋设钢管，待混凝土初凝后再将钢管旋转抽出。为防止在浇筑混凝土时钢管产生位移，每隔1.0m用钢筋井字架固定牢靠。钢管接头处可用长度为300～400mm的铁皮套管连接，如图4-59所示。在混凝土浇筑后，每隔一定时间慢慢转动钢管，使之不与混凝土黏结；待混凝土初凝后、终凝前抽出钢管，即形成孔道。钢管抽芯法仅适用于留设直线孔道。

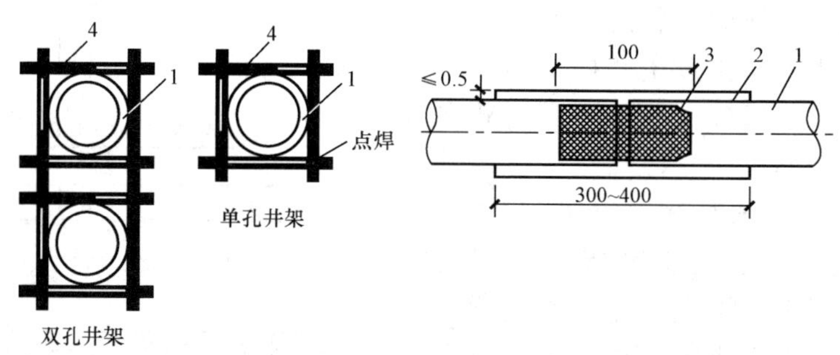

图4-59　钢管连接方法

1—钢管；2—白铁皮套管；3—硬木塞；4—支架

在留设孔道的同时还要在设计规定位置留设灌浆孔，一般在构件两端和中间每隔12m留一个直径20mm的灌浆孔，并在构件两端各设一个排气孔。留设方法：用木塞或白铁皮管。

2）胶管抽芯法。制作后张法预应力混凝土构件时，在预应力筋的位置处预先埋设胶管，待混凝土结硬后再将胶管抽出。胶管有五层或七层夹布胶管和钢丝网胶管两种。胶管两端应有密封装置，如图4-60所示。在浇筑混凝土前，胶管内充入压力为0.6～0.8MPa的压缩空气或压力水，管径增大约3mm。待浇筑的混凝土初凝后，放出压缩空气或压力水，管径缩小，混凝土脱开，随即拔出胶管。胶管抽芯法适用于留设直线与曲线孔道。

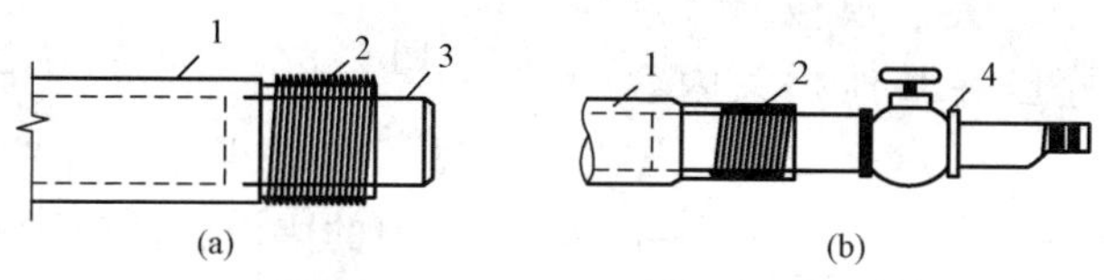

图4-60　胶管密封装置

(a) 胶管封头；(b) 胶管与阀门连接

1—胶管；2—铁丝密缠；3—钢管堵头；4—阀门

3）预埋波纹管法。预埋波纹管法是利用预留孔道直径相同的波纹管埋在构件中，无需抽出，一般采用的波纹管有金属管和塑料管。预埋管法因省去抽管工作，且孔道留设的位置、形状易保证，故目前应用较为普遍。金属波纹管质量轻、刚度好、弯折方便且预混凝土黏结好。

金属螺旋管有不同的形状（见图4-61），标准型圆形螺旋管用途最广，扁形螺旋管仅用于板类构件。

金属螺旋管的固定，采用钢筋支托，间距不大于0.8m，曲线孔应加密，并用铁线绑牢，如图4-62所示。

（2）灌浆孔、排气孔和泌水管留设。在预应力筋孔道两端，应设置灌浆孔和排气孔。灌

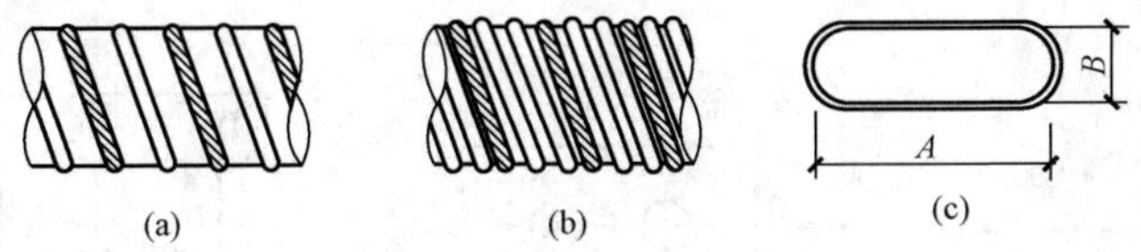

图 4-61　金属螺旋管

（a）圆形单波纹；（b）圆形双波纹；（c）扁形

浆孔可设置在锚垫板上或利用灌浆管引至构件外，其间距对抽芯成型孔道不宜大于 12m，孔径应能保证浆液畅通，一般不宜小于 20mm。

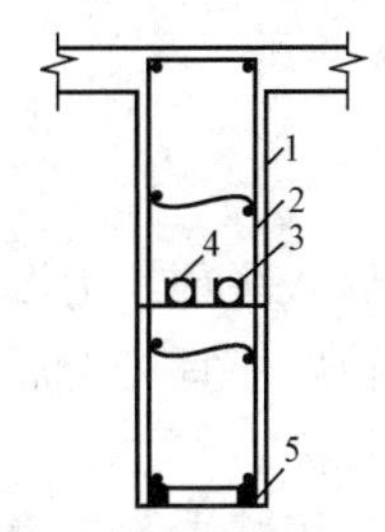

图 4-62　金属螺旋管的固定

1—梁侧模；2—箍筋；3—钢筋支托；4—螺旋管；5—垫块

曲线预应力筋孔道的每个波峰处，应设置泌水管。泌水管伸出梁面的高度不宜小于 0.5m，泌水管也可兼作灌浆孔用。灌浆孔的作法，对一般预制构件，可采用木塞留孔。木塞应抵紧钢管、胶管或螺旋管，并应固定，严防混凝土振捣时脱开，如图 4-63 所示。对现浇预应力结构金属螺旋管留孔，其作法是在螺旋管上开口，用带嘴的塑料弧形压板与海绵垫片覆盖并用铁丝扎牢，再接增强塑料管（外径 20mm、内径 16mm），如图 4-64 所示。为保证留孔质量，金属螺旋管上可先不开孔，在外接塑料管内插一根钢筋；待孔道灌浆前，再用钢筋打穿螺旋管。

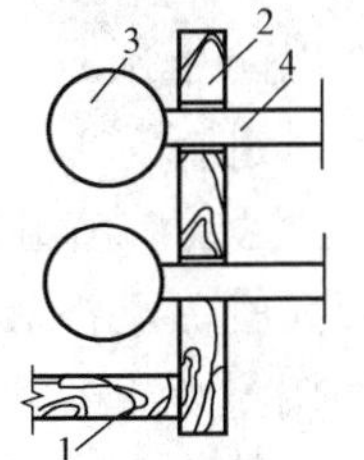

图4-63　用木塞留灌浆口

1—底模；2—侧模；3—抽芯管；4—20 木塞

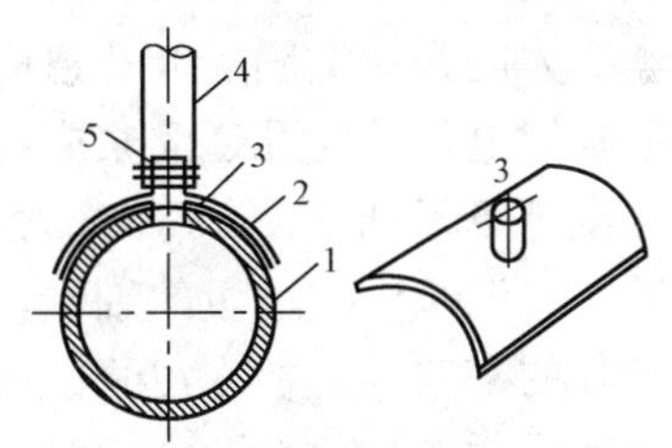

图 4-64　螺旋管上留灌浆口

1—螺旋管；2—海绵垫；3—塑料弧形压板；4—塑料管；5—铁丝扎紧

（3）穿预应力筋。穿筋前，应检查钢筋（或束）的规格、总长是否符合要求，同时要考虑钢筋接头位置是否符合规范的规定。

穿筋时，带有端杆螺丝的预应力筋，应将丝扣保护好，以免损坏。钢筋束或钢丝束应将钢筋或钢丝顺序编号，并套上穿束器。先把钢筋或穿束器的引线由一端穿入孔道，在另一端穿出，然后逐渐将钢筋或钢丝束拉出到另一端。穿完后要将预应力筋的螺纹保护好。

（4）预应力筋张拉。张拉预应力筋时，构件混凝土强度应按设计规定，如设计无规定则不宜低于混凝土标准强度的 75%。

预应力筋的张拉顺序，应使混凝土不产生超应力、构件不扭转与侧弯、结构不变位等，因此，对称张拉是一条重要原则。预应力混凝土屋架下弦杆与吊车梁的预应力筋张拉顺序如图 4-65 所示。

对配有多根预应力筋的预应力混凝土构件，由于不可能同时一次张拉完预应力筋，应分批、对称的进行张拉。

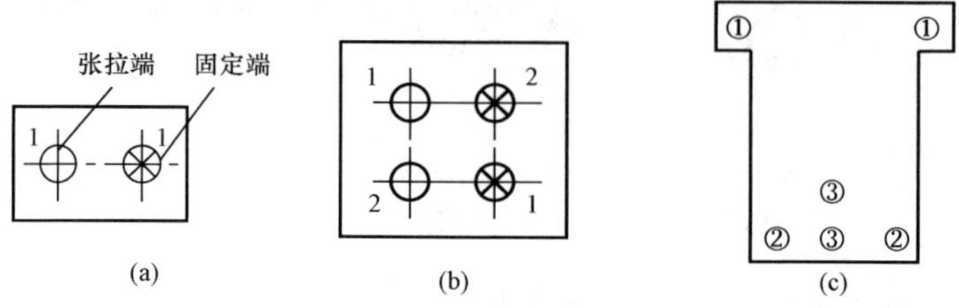

图 4-65 预应力筋的张拉顺序

(a)、(b) 屋架下弦杆；(c) 吊车梁

后张法预应力混凝土屋架等构件一般在施工现场平卧重叠制作，重叠层数为 3～4 层。其张拉顺序宜先上后下逐层进行。为了减少上下层之间因摩擦引起的预应力损失，可逐层加大张拉力。

为了减少预应力筋与预留孔道摩擦引起的损失，对于抽芯成形孔道，曲线形预应力筋和长度大于 24m 的直线形预应力筋，应采取两端同时张拉的方法。长度小于或等于 24m 的直线形预应力筋，可一端张拉。对预埋波纹管孔道：曲线形预应力筋和长度大于 30m 的直线形预应力筋，宜采取两端同时张拉的方法。长度小于或等于 30m 的直线形预应力筋，可一端张拉。同一截面中有多根一端张拉的预应力筋时，张拉端宜分别设置在构件的两端，当两端同时张拉同一根预应力筋时，为减少预应力损失，施工时宜采用先张拉一端锚固后，再在另一端补足张拉力后进行锚固。

(5) 孔道灌浆。预应力筋张拉锚固后，孔道应及时灌浆以防止预应力筋锈蚀，增加结构的整体性和耐久性。但采用电热法时孔道灌浆应在钢筋冷却后进行。

孔道灌浆应采用强度等级不低于 32.5MPa 普通硅酸盐水泥或矿渣硅酸盐水泥配制的水泥浆；对空隙大的孔道，水泥浆中掺适量的细砂，且应有较大的流动性和较小的干缩性、泌水性。为了增加孔道灌浆的密实性，在水泥浆中可掺入水泥用量 0.2%的木质素磺酸钙或其他减水剂，但不得掺入氯化物或其他对预应力筋有腐蚀作用的外加剂，灌浆用水泥浆的水灰比宜为 0.40～0.45。

灌浆前混凝土孔道应用压力水冲刷干净并润湿孔壁。灌浆顺序应先下后上，以避免上层孔道漏浆而把下层孔道堵塞。孔道灌浆可采用电动灰浆泵，灌浆应缓慢均匀地进行，不得中断，灌满孔道并封闭排气孔后，宜再继续加压至 0.5～0.6MPa，并稳压一定时间，以确保孔道灌浆的密实性。对于不掺外加剂的水泥浆可采用二次灌浆法，以提高孔道灌浆的密实性。灌浆后孔道内水泥浆及砂浆强度达到 15MPa 时，预应力混凝土构件即可进行起吊运输或安装。最后把露在构件端部外面的预应力筋及锚具，用封端混凝土保护起来。

2. 无黏结后张法预应力混凝土施工

无黏结预应力筋由单根钢绞线涂抹建筑油脂外包塑料套管组成，它可像普通钢筋一样配置于混凝土结构内，待混凝土硬化达到一定强度后，通过张拉预应力筋并采用专用锚具将张拉力永久锚固在结构中。这种预应力工艺的优点是不需要预留孔道和灌浆，施工简单，张拉时摩阻力小，预应力筋易弯成曲线形状，适用于曲线配筋的结构。

该技术可用于多、高层房屋建筑的楼盖结构、基础底板、地下室墙板等，以抵抗大跨度或超长度混凝土结构在荷载、温度或收缩等效应下产生的裂缝，提高结构、构件的性能，降低造价，也可用于筒仓、水池等承受拉应力的特种工程结构。在双向连续平板和密肋板中应用无黏结预应力束比较经济合理，在多跨连续梁中也很有发展前途。

无黏结后张法预应力混凝土施工工艺如图 4 - 66 所示。

(1) 无黏结预应力钢筋（丝）的铺设。无黏结预应力钢筋（丝）在平板结构中一般为双向曲线配置，因此其铺设顺序很重要。一般是根据双向钢丝束交点的标高差，绘制钢丝束的铺设顺序图，钢丝束波峰低的底层钢丝束先行铺设，然后依次铺设波峰高的上层钢丝束，这样可以避免钢丝束之间的相互穿插。钢丝束铺设波峰的形成是用钢筋制成“马凳”来架设。一般施工顺序是依次放置钢筋马凳，然后按顺序铺设钢丝束，钢丝束就位后，进行调整波峰高度及其水平位置，经检查无误后，用铅丝将无黏结预应力束与非预应力钢筋绑扎牢固，防止钢丝束在浇筑混凝土施工过程中位移。实际工程中预应力筋的安装与张拉如图 4 - 67 和图 4 - 68 所示。

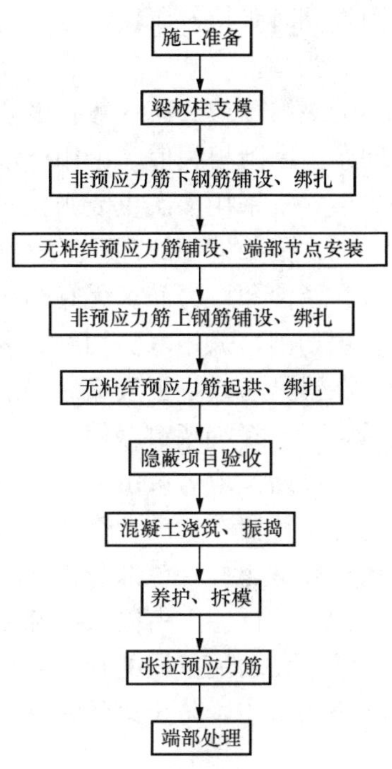

图 4 - 66　无黏结预应力混凝土施工工艺流程图

(2) 无黏结预应力束的张拉。无黏结预应力筋张拉前，应清理锚垫板表面，并检查锚垫板后面的混凝土质量。

无黏结预应力混凝土楼盖结构的张拉顺序，宜先张拉楼板，后张拉楼面梁。板中的无黏结筋，可依次张拉。梁中的无黏结筋宜对称张拉。

无黏结预应力筋张拉伸长值校核与有黏结预应力筋相同；对超长无黏结筋由于张拉初期的阻力大，初拉力以下的伸长值比常规推算伸长值小，应通过试验修正。

图 4 - 67　某工程无黏结预应力筋锚固端施工现场图片

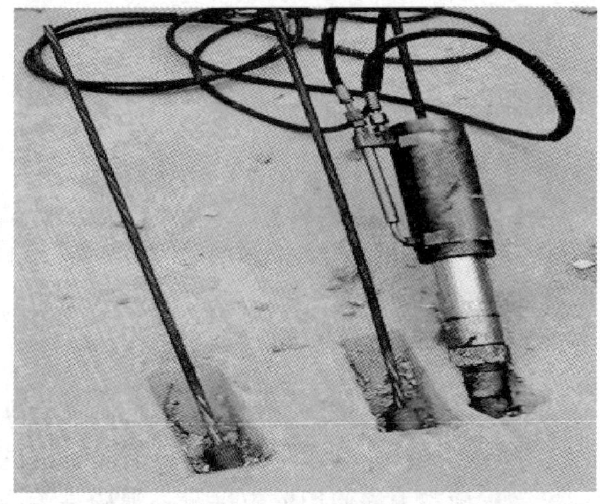

图 4 - 68　某工程无黏结预应力筋的现场张拉图片

无黏结预应力的张拉与普通后张法带有螺丝端杆锚具的有黏结预应力钢丝束张拉方法相似。张拉程序一般采用 $0 \rightarrow 103\% \sigma_{con}$ 进行锚固。由于无黏结预应力一般为曲线配筋，故应采用两端同时张拉。无黏结预应力束的张拉顺序，应根据其铺设顺序，先铺设的先张拉，后铺设的后张拉。

无黏结预应力束一般长度长，有时又呈曲线形布置，如何减少其摩阻损失值是一个重要的问题。摩阻损失值，可用标准测力计或传感器等测力装置进行测定。施工时，为降低摩阻损失值，宜采用多次重复张拉工艺。

（3）锚头端部处理。无黏结预应力筋的锚固区，必须有严格的密封防护措施，严防水汽进入，锈蚀预应力筋。无黏结预应力筋锚固后的外露长度不小于30mm，多余部分宜用手提砂轮锯切割，采用电弧切割。

在锚具与锚垫板表面涂以防水涂料。为了使无黏结筋端头全封闭，在锚具端头涂防腐油脂后，罩上封端塑料盖帽。

无黏结预应力束由于一般采用镦头锚具，锚头部位的外径比较大，因此，钢丝束两端应在构件上预留有一定长度的孔道，其直径略大于锚具的外径。钢丝束张拉锚固以后，其端部便留下孔道，并且该部分钢丝没有涂层，因此应加以处理保护预应力钢线。

无黏结预应力束锚头端部处理，目前常采用两种方法：①系在孔道中注入油脂并加以封闭；②系在两端留设的孔道内注入环氧树脂水泥砂浆，其抗压强度不低于35MPa。灌浆同时将锚头封闭，防止钢丝锈蚀，同时也起一定的锚固作用，如图4-69所示。

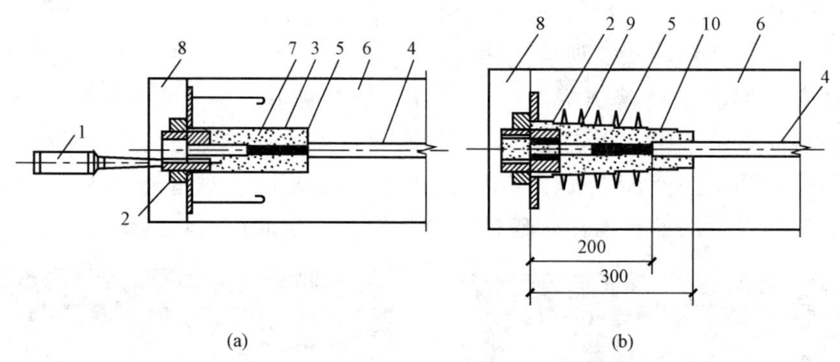

图4-69 锚头端部处理方法

（a）油脂封闭；（b）环氧树脂水泥砂浆封闭

1—油枪；2—锚具；3—端部孔道；4—有涂层的无黏结预应力筋；5—无涂层的端部钢丝；6—构件；7—注入孔道的油脂；8—混凝土封闭；9—端部加固螺旋钢筋；10—环氧树脂水泥砂浆

4.6.4 质量要求

（1）预应力筋进场时，应按现行国家标准《预应力混凝土用钢绞线》等的规定抽取试件作力学性能检验。其质量必须符合有关标准的规定。

（2）预应力筋使用前应进行外观检查，其质量应符合下列要求：

1）有黏结预应力筋展开后应平顺，不得有弯折，表面不应有裂纹、小刺、机械损伤、氧化铁皮和油污等。

2）无黏结预应力筋护套应光滑、无裂缝，无明显褶皱。

（3）预应力筋用锚具、夹具和连接器应按设计要求采用，其性能应符合现行国家标准《预应力筋用锚具、夹具和连接器》等的规定。

（4）预应力筋用锚具、夹具和连接器使用前应进行外观检查，其表面应无污物、锈蚀、机械损伤和裂纹。

（5）预应力混凝土用金属螺旋管的尺寸和性能应符合国家现行标准《预应力混凝土用金属波纹管》的规定。

（6）预应力混凝土用金属螺旋管在使用前应进行外观检查，其内外表面应清洁，无锈蚀，不应有油污、孔洞和不规则的褶皱，咬口不应有开裂或脱扣。

（7）预应力筋安装时，其品种、级别、规格、数量必须符合设计要求。

（8）预应力筋下料应符合下列要求：

1）预应力筋应采用砂轮锯或切断机切断，不得采用电弧切割；

2）当钢丝束两端采用镦头锚具时，同一束中各根钢丝长度的极差不应大于钢丝长度的 1/5000，且不应大于 5mm。当成组张拉长度不大于 10m 的钢丝时，同组钢丝长度的极差不得大于 2mm。

（9）后张法有黏结预应力筋预留孔道的规格、数量、位置和形状除应符合设计要求外，尚应符合下列规定：

1）预留孔道的定位应牢固，浇筑混凝土时不应出现移位和变形。

2）孔道应平顺，端部的预埋锚垫板应垂直于孔道中心线。

3）成孔用管道应密封良好，接头应严密且不得漏浆。

4）灌浆孔的间距：对预埋金属螺旋管不宜大于 30m，对抽芯成形孔道不宜大于 12m。

5）在曲线孔道的曲线波峰部位应设置排气兼泌水管，必要时可在最低点设置排水孔。

6）灌浆孔及泌水管的孔径应能保证浆液畅通。

（10）无黏结预应力筋的铺设应符合下列要求：

1）无黏结预应力筋的定位应牢固，浇筑混凝土时不应出现移位和变形。

2）端部的预埋锚垫板应垂直于预应力筋。

3）内埋式固定端垫板不应重叠，锚具与垫板应贴紧。

4）无黏结预应力筋成束布置时应能保证混凝土密实并能裹住预应力筋。

5）无黏结预应力筋的护套应完整，局部破损处应采用防水胶带缠绕紧密。

（11）浇筑混凝土前穿入孔道的后张法有黏结预应力筋，宜采取防止锈蚀的措施。

（12）张拉过程中应避免预应力筋断裂或滑脱；当发生断裂或滑脱时，必须符合下列规定：

1）对后张法预应力结构构件，断裂或滑脱的数量严禁超过同一截面预应力筋总根数的 3%，且每束钢丝不得超过一根；对多跨双向连续板，其同一截面应按每跨计算。

2）对先张法预应力构件，在浇筑混凝土前发生断裂或滑脱的预应力筋必须予以更换。

（13）先张法预应力筋张拉后与设计位置的允许偏差不得大于 5mm，且不得大于构件截面短边边长的 4%。

（14）后张法有黏结预应力筋张拉后应尽早进行孔道灌浆，孔道内水泥浆应饱满、密实。

（15）锚具的封闭保护应符合设计要求；当设计无具体要求时，应符合下列规定：

1）应采取防止锚具腐蚀和遭受机械损伤的有效措施。

2）凸出式锚固端锚具的保护层厚度不应小于 50mm。

3）外露预应力筋的保护层厚度：处于正常环境时，不应小于 20mm；处于易受腐蚀的环境时，不应小于 50mm。

（16）后张法预应力筋锚固后的外露部分宜采用机械方法切割，其外露长度不宜小于预应力筋直径的 1.5 倍，且不宜小于 30mm。

4.7 施工安全技术

4.7.1 模板工程施工安全技术

（1）进入施工现场的所有人员必须戴好安全帽，高空操作时必须按要求拴好安全带。

（2）经医生检查认为不适宜高空作业的人员，不得进行高空作业。

（3）工作中应防止工具落下伤人。

（4）安装与拆除 5m 以上的模板，应搭设脚手架，并设防护栏，上下操作不得在同一垂直面进行。

（5）高空、复杂结构的模板安装与拆除，应有切实可行的安全措施。

（6）六级以上大风时，应停止高空作业；雨雪霜后应先清扫施工现场，略干后不滑时再进行工作。

（7）两人抬运模板时要互相配合、协同工作。传递模板、工具应用运输工具或绳子系牢后升降，不得乱扔。装拆时，上下应有人接应，钢模板及配件应随拆运送，严禁从高处掷下。高空拆模时，应有专人指挥，并在下面标出工作区，用绳子和红白旗加以围栏，暂停人员过往。

（8）不得在脚手架上堆放大批模板等材料。

（9）支撑、牵杠等不得搭在门框架和脚手架上。通路中间的斜撑、拉杠等应设在高度 18m 以上。

（10）支撑、过程中，如需中途停歇，应将支撑、搭头、柱头板等钉牢。拆模间歇应将已活动的模板、牵杠等运走或妥善堆放，防止因扶空、踏空而坠落。

（11）模板上有预留洞口，应在安装后将空洞口盖好。混凝土板上的预留洞口，应在模板拆除后随即将洞口盖好。

（12）拆除模板一般用长撬棍。人不许站在正在拆除的模板上。在拆除楼板模板时，要注意防止整块模板掉下伤人。

（13）在组合钢模板上架设的电线和使用电动工具，应用 36V 低压电源或采取其他有效措施。

4.7.2 钢筋施工安全技术

（1）钢筋加工机械安装应稳固，外作业应设置机棚，机旁应有堆放原料、半成品的场地。

（2）加工较长的钢筋时，应有专人帮扶，要听从操作人员的指挥。

（3）钢筋加工完毕，应堆放好成品，清理好场地，并切断电源，锁好电闸。

（4）焊机必须接地，导线和焊钳接导处绝缘必须可靠。

（5）焊接变压器不得超负荷运行，变压器升温不得超过 60℃。

(6) 点焊、对焊时必须开放冷却水，焊机出水温度不得超过 40℃，排水量应符合要求。天冷时应放尽焊机内存水，以免冻塞。

(7) 对焊机闪光区域，须设铁皮隔挡，焊接时禁止其他人员停留在闪光区范围内，以防火花烫伤。焊机工作范围内严禁堆放易燃物品，以免引起火灾。

(8) 室内电弧焊时，应有排气装置。焊工操作地点相互之间设挡板，以防弧光刺伤眼睛。

4.7.3　混凝土施工安全技术

1. 垂直运输设备的规定

(1) 垂直运输设备，应有完善可靠的安全保护装置（如起重量及提升高度的限制、制动、防滑、信号等装置及紧急开关等），严禁使用安全保护装置不完善的垂直运输设备。

(2) 垂直运输设备安装完毕后，应按出厂说明要求进行无负荷、静负荷、动负荷试验及安全保护装置的可靠性实验。

(3) 对垂直运输设备应建立定期检修和保养责任制。

(4) 操作垂直运输设备的司机，必须通过专业培训，考核合格后持证上岗，严谨无证人员操作垂直运输设备。

(5) 操作垂直运输设备，有下列情况之一时，不得操作设备。

1) 司机与起重机之间视线不清、夜间照明不足，而又无可靠的信号和自动停车、限位等安全装置。

2) 设备的传动机构、制动机构、安全保护装载有故障，问题不清，动作不灵。

3) 电气设备无接地或接地不良、电气线路有漏电。

4) 超负荷或超定员。

5) 无明确统一信号和操作规程。

2. 混凝土机械

(1) 混凝土搅拌机的安全规定。

1) 进料时，严禁将头或手伸入料斗与机架之间察看或探摸进料情况，运转中不得用手或工具等物伸入搅拌筒内扒料出料。

2) 料斗升起时，严禁在其下方工作或穿行。料坑底部要设料斗枕垫，清理料坑时必须将料斗用链条扣牢。

3) 向搅拌筒内加料应在运转中进行；添加新料必须先将搅拌机内原有的混凝土全部卸出来才能进行，不得中途停机或在满载荷时启动搅拌机，反转出料者除外。

4) 作业中，如发生故障不能继续运转时，应立即切断电源，将筒内的混凝土清除干净，然后进行检修。

(2) 混凝土泵送设备作业的安全注意事项。

1) 支腿应全部伸出并支固，未支固前不得启动布料杆。布料杆升离支架后方可回转。布料杆伸出时应按顺序进行。严禁用布料杆起吊或拖拉物件。

2) 当布料杆处于全伸状态时，严禁移动车身。作业中需要移动时，应将上段布料杆折叠固定，移动速度不超过 10km/h。布料杆不得使用超过规定直径的配管，装接的软管应系防脱安全绳带。

3）应随时监视各种仪表和指示灯，发现不正常应及时调整或处理。如出现输送管道堵塞时，应进行逆向运转使混凝土返回料斗，必要时应拆管排除堵塞。

4）泵送工作应连续作业，必须暂停时应每隔5～10min（冬季3～5min）泵送一次。若停止较长时间后泵送时，应逆向运转一至二个行程，然后顺向泵送。泵送时料斗内应保持一定量的混凝土，不得吸空。

5）应保持储满清水，发现水质浑浊并有较多砂粒时应及时检查处理。

6）泵送系统受压力时，不得开启任何输送管道和液压管道。液压系统的安全阀不得任意调整，蓄能器只能冲入氮气。

（3）混凝土振捣器的使用规定。

1）使用前应检查各部件是否连接牢固，旋转方向是否正确。

2）振捣器不得放在初凝的混凝土上、地板、脚手架、道路和干硬的地面上进行试振。维修或作业间断时，应切断电源。

3）插入式振捣器软轴的弯曲半径不得小于500mm，并不多于两个弯，操作时振动棒应自然垂直地沉入混凝土，不得用力硬插、斜推或使钢筋夹住棒头，也不得全部插入混凝土中。

4）振动棒应保持清洁，不得有混凝土粘接在电动机外壳上妨碍散热。

5）作业转移时，电动机的导线应保持有足够的长度和松度。严禁用电源线拖拉振捣器。

6）用绳拉平板振捣器时，绳应干燥绝缘，移动或转向时不得用脚踢电动机。

7）振捣器与平板应保持紧固，电源线必须固定在平板上，电器开关应装在手把上。

8）在一个构件上同时使用几台附着式振捣器工作时，所有振捣器的频率必须相同。

9）操作人员必须穿戴绝缘手套。

10）作业后，必须做好清洗、保养工作。振捣器要放在干燥处。

4.7.4 桩基础工程安全技术

（1）进场前应对施工人员作好技术、安全、环保等方面的书面交底。

（2）钻机周围5m以内应无高压线路，作业区应有明显标志或围栏，严禁闲人入内。

（3）电缆尽量架空设置；钻机行走时一定要有专人提起电缆同行；不能架起的绝缘电缆通过道路时应采取保护措施，以免机械车辆压坏电缆，发生事故。

（4）施工场地应按坡度不大于1%，地基承载力小于83kPa的要求时应进行整平压实。

（5）钻机所配置的电动机、卷扬机、内燃机、液压装置等应按有关安全操作规定执行。

（6）钻机应安装漏电保护器，并保持完好状态。

（7）钻机要站在平整坚实的平面上，其平坦度和承载力要满足钻机施工的要求。

（8）启动前应将操纵杆放在空挡位置，启动后应空挡运转试验，检查仪表、制动等各项工作正常，方可作业。

（9）在成孔施工前，认真查清邻近建（构）筑物情况，采取有效的防振安全措施，以避免成孔施工时，振坏邻近建（构）筑物，造成裂缝、倾斜，甚至倒塌事故。

（10）成孔机械操作时安放平稳，防止作业时突然倾倒，造成人员伤亡或机械设备损坏。

（11）钻孔时若遇卡钻，应立即切断电源，停止进钻，未查明原因前不得强行启动。

（12）钻孔时若遇机架晃动、移动、偏斜或钻头内发生有节奏声响时，应立即停钻，经处理后方可继续下钻。

(13) 钻机作业中，电缆应有专人负责收放，如遇停电，应将控制器放置零位，切断电源，将钻头接触地面。

(14) 灌注桩成孔后在不灌注混凝土之前，用盖板封严，以免掉土或发生人身安全事故。

(15) 恶劣气候停止成孔作业，休息或作业结束时，应切断电源总开关。

4.7.5　预应力混凝土工程安全技术

(1) 预应力筋的规格和力学性能应符合现行国家标准《预应力混凝土用钢绞线》的规定，进场后应分批验收，确认合格并形成文件。

(2) 预应力施工应划定张拉作业区，并设防护栏杆，非作业人员不得进入。

(3) 预应力施工，应根据预应力筋的种类及张拉锚固工艺情况，合理选用张拉设备。张拉设备及配套仪表应按规定进行标定。

(4) 张拉设备使用应符合下列规定：

1) 预应力张拉设备在使用中，不得大于额定的张拉力。

2) 不得在负荷时，拆换油管或压力表。

3) 接通电源时，机壳应接保护零线（PE 线），检测绝缘合格后，方可试运转。

4) 操作人员应站在油泵外侧（两侧）进行操作。千斤顶后面不得站人。

5) 所有的连接部件应完好、连接牢固。

6) 作业人员应服从专人指挥，不得擅离岗位，并应确定联络信号，必要时应配备对讲机。

7) 高压油泵不得超载作业。

8) 千斤顶张拉油缸进油时，回程油缸应处于回油状态；千斤顶回程油缸进油时，张拉油缸应处于回油状态。

9) 施工张拉中如出现异常情况（如油表剧烈振动、漏油、电机声音异常、发生断丝、滑丝）应立即停机检查，经处理确认正常后，方可恢复正常操作。

10) 张拉作业区两端应设防护挡板。

(5) 预应力筋材料加工应符合下列规定：

1) 预应力筋的切断，宜使用砂轮锯，不得采用电弧切割。

2) 钢绞线下料及切割时应有防止回弹的安全防护措施，钢绞线切割部位两端应用铅丝绑牢。

(6) 张拉作业应符合下列规定：

1) 张拉作业应符合专项施工方案规定的张拉方法、张拉顺序和控制应力。

2) 高处张拉作业应设置操作平台。

3) 张拉平台四周设防护栏杆，作业面满铺脚手板，梁端设上下马道。

4) 高空作业、吊运机械时设专人指挥，作业人员应配戴劳动防护用品。

5) 张拉区应设有明显标记，非作业人员不得进入，千斤顶后不得站人。

6) 千斤顶量取伸长值的作业人员应在千斤顶的侧面操作。

7) 张拉过程应有专人指挥，技术和质量人员在张拉过程中随时监测张拉设备及记录张拉数据。

8）张拉时应在张拉端设置5cm厚的防护木板。

（7）张拉及封锚全过程不得用重物去敲击锚头，不得随意碰撞锚头及钢绞线。

习　　题

一、名词解释

1. 钢筋的弯曲量度差值　2. 施工缝　3. 后浇带　4. 自然养护
5. 标准养护　6. 灌注桩　7. 预应力混凝土　8. 先张法
9. 后张法

二、简答题

1. 试述模板系统的作用、要求及组成。
2. 列表比较常见模板的优缺点、组成及适用范围。
3. 跨度在4m及4m以上的梁模板为什么需要起拱？起拱多少？
4. 模板拆除顺序是什么？底模板拆除时间有什么要求？
5. 钢筋进场验收有哪些内容？储存堆放有什么要求？
6. 钢筋的连接方式有哪几种？
7. 列表比较钢筋的各种焊接方式。
8. 列表比较钢筋机械的几种方式（各自的适用范围及特点等）。
9. 列表比较钢筋代换的两种方式（公式、适用范围等）。
10. 混凝土运输过程中有哪些要求？
11. 施工缝留设原则是什么？如何处理施工缝？
12. 列表比较混凝土的各种振捣设备（适用范围）。
13. 现浇混凝土结构的养护方法有哪些？
14. 预制桩常用的打桩顺序是什么？
15. 泥浆护壁钻孔灌注桩的施工工艺是怎样的？
16. 沉管灌注桩的施工工艺是怎样的？
17. 独立基础的施工工艺流程是怎样的？
18. 多层现浇钢筋混凝土结构主体施工的一般施工工艺流程是怎样的？
19. 先张法的施工工艺主要包括哪些？
20. 后张法的施工工艺主要包括哪些？

三、计算题

1. 某简支梁配筋如图4-70所示。试计算各钢筋的下料长度，并编制钢筋配料单（梁端保护层取25mm）。

2. 某梁设计主筋为3根HRB335级ϕ20钢筋（$f_{y1}=310\text{N/mm}^2$），现场无该钢筋，拟用HPB235ϕ25钢筋（$f_{y2}=210\text{N/mm}^2$）代换，试计算需几根钢筋？若用ϕ20钢筋（$f_{y2}=210\text{N/mm}^2$）替换，当梁宽为250mm时，钢筋按一排布置能否排下？

3. 某结构采用C20混凝土，试验室配合比为1∶2.12∶4.37，$W/C=0.62$，混凝土用量为290kg/m³，实测现场砂含水量3%，石含水量1%。试求：①施工配合比；②当用250L（出料容量）搅拌机搅拌时，每拌一次投料水泥、砂、石、水各多少？

I
50
500
Ⅱ
Φ6@200 ⑤
2Φ12 ②
200
I
1Φ20 ④
Ⅱ
③ 1Φ20
① 2Φ20
240
240
6240
② 2Φ20
④ 1Φ20
③ 2Φ12
⑤ Φ6
@200
500
①
200
I－I
②
⑤
③
④
①
Ⅱ－Ⅱ

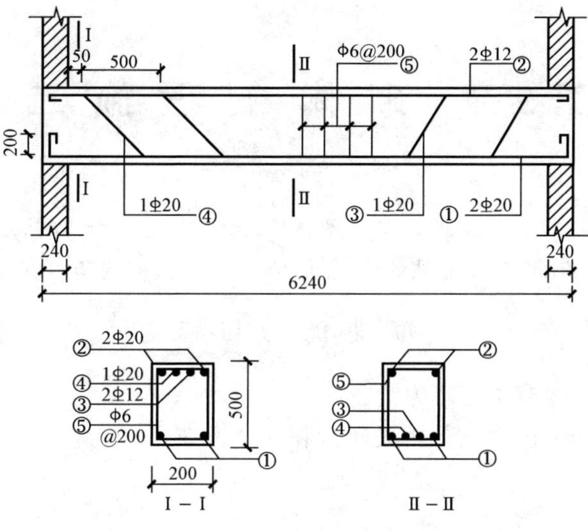

图 4 - 70　题 1 图

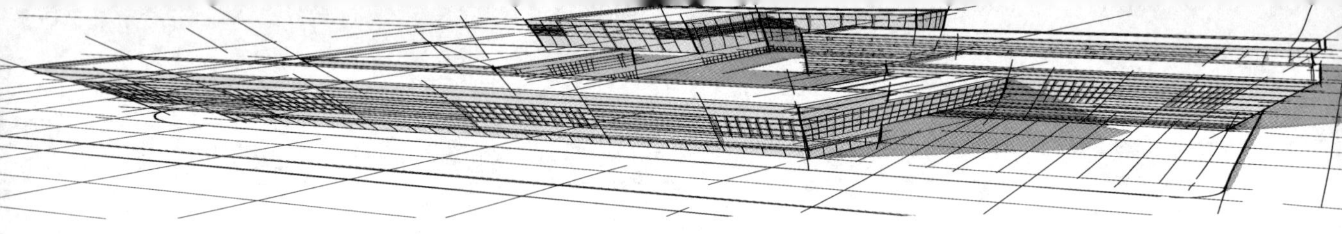

第5章 砌体工程施工

本章主要讲述砌体结构工程施工中的基本知识、砌体基础工程施工、砌体主体工程施工、填充墙砌筑施工、砌筑工程常见的质量通病及防治、砌筑工程安全技术等内容。

职业能力目标

1. 具有组织砌筑工程施工的能力。
2. 能够在施工过程中正确执行相关质量和安全标准。

5.1 基本知识

5.1.1 主要材料

砌筑材料包括块体和砌筑砂浆，块体主要有砖、石、砌块。

1. 砖

砌筑用砖主要有烧结普通砖、烧结多孔砖、混凝土多孔砖、混凝土实心砖、蒸压灰砂砖、蒸压粉煤灰砖等种类。烧结普通砖按主要原料分为黏土砖、页岩砖、煤矸石砖和粉煤灰砖。

常用的烧结普通砖，外形为长方体，标准尺寸为240mm×115mm×53mm，其容积密度为16～18kN/m^3。砖的强度等级以其抗压强度来确定，有MU5.0、MU7.5、MU10、MU15四级。外观要求应尺寸准确，无裂纹、缺棱掉角和翘曲等严重外观质量缺陷。烧结普通砖根据尺寸偏差、外观质量、是否有泛霜和石灰爆裂分为优等品、一等品、合格品三个质量等级。优等品用于清水墙砌筑，一等品、合格品用于混水墙砌筑。

在冻胀环境和条件的地区，地面以下或防潮层以下的砌体，不宜采用多孔砖。

砌筑烧结普通砖、烧结多孔砖、蒸压灰砂砖、蒸压粉煤灰砖砌体时，砖应提前1～2d适度湿润，不得采用干砖或处于吸水饱和状态的砖砌筑，块体湿润程度宜符合下列规定：

(1) 烧结类块体的相对含水率为60%～70%。

(2) 混凝土多孔砖及混凝土实心砖不宜浇水湿润，但在气候干燥炎热的情况下，宜在砌筑前对其浇水湿润。其他非烧结类块体的相对含水率为40%～50%。

施工现场抽查砖的含水率的简易方法是现场断砖，砖截面四周融水深度为15～20mm视为符合要求。

砌筑用砖进场时应提供出厂证明和试验报告，并应进行外观检查，同时应抽样复试，抽样工作应在现场监理人员的见证下进行。因抽检结果有滞后性，因此应提前进料并及时安排抽检以保证施工的正常开展。

2. 石

砌筑用石分为毛石、料石两类。

毛石又分为乱毛石和平毛石。乱毛石指形状不规则的石块；平毛石指形状不规则但有两个平面大致平行的石块。毛石应呈块状，其中部厚度不应小于 150mm。

料石按其加工面的平整程度分为细料石、半细料石、粗料石和毛料石四种。料石的宽度、厚度均不宜小于 200mm，长度不宜大于厚度的 5 倍。

石材的强度等级是以 70mm 边长的立方体试块的抗压强度表示的，划分为 MU100、MU80、MU60、MU50、MU40、MU30、MU20、MU15 和 MU10 九个等级。

3. 砌块

砌块按用途分为承重砌块与非承重砌块；按有无孔洞分为实心砌块和空心砌块（包括单排孔砌块和多排孔砌块）；按尺寸大小分为小型砌块和中型砌块，目前常用小型砌块主规格为 390mm×190mm×190mm，中型砌块的规格有 880mm×380mm×190mm、580mm×380mm×190mm 等，在使用时需辅助其他规格使用；按使用的原材料分为普通混凝土砌块、粉煤灰砌块、加气混凝土砌块和轻骨料混凝土砌块等。

用碎石、卵石、石屑、山砂、河砂等配制而成的普通混凝土小型空心砌块，块体密度为 1000～1500kg/m^3，适用于承重墙砌筑。用水泥、石灰、砂和膨胀剂等配制而成的加气混凝土砌块，块体密度为 500～700kg/m^3，具有轻质多孔、保温隔热、防水性能好、加工性能好、抗震性能好且环保等优点，广泛用于填充墙砌筑。用浮石、火山渣、煤渣、陶粒、自然煤矸石等配制而成的轻质混凝土小型砌块，块体密度为 700～1000kg/m^3，适用于填充墙砌筑。

砌块生产单位供应砌块时，必须提供产品出厂合格证，写明砌块的强度等级和质量指标等。施工单位应按规定的质量标准及出厂合格证进行验收，必要时可在施工现场取样检验。

4. 砂浆

（1）原材料要求。

1）水泥：水泥宜采用普通硅酸盐水泥或矿渣硅酸盐水泥，并应有出厂合格证或试验报告。砌筑砂浆用水泥的强度等级应根据设计要求进行选择，一般不低于 32.5 级。水泥应按品种、标号、出厂日期分别堆放，并保持干燥。如遇水泥标号不明或出厂日期超过三个月（快硬硅酸盐水泥超过一个月）时，应复查试验，并按试验结果使用。不同品种的水泥不得混合使用。

2）砂：宜用中砂，其中毛石砌体宜用粗砂。砂浆用砂不得含有有害杂物。砂浆的含泥量应满足规范要求。

3）石灰膏：建筑生石灰熟化成石灰膏时，应用孔径不大于 3mm×3mm 的网过滤，熟化时间不得少于 7d；建筑磨细生石灰粉的熟化时间不少于 2d。配制水泥石灰砂浆时，不得采用脱水硬化的石灰膏。消石灰粉不得直接使用于砌筑砂浆中。

4）粉煤灰：应采用Ⅰ、Ⅱ级粉煤灰。

5）水：宜采用可饮用水，其他水源水质应符合现行行业标准《混凝土用水标准》的规定。

6）外加剂：均应经检验和试配符合要求后，方可使用。

（2）砂浆配合比。

1）砌筑砂浆应进行配合比设计，根据现场的实际情况进行计算和试配确定，并同时满足稠度、保水率和抗压强度的要求。

2）砌筑砂浆的稠度（流动性）宜按表 5-1 选用。

表 5-1 砌筑砂浆的稠度（流动性）

序号	砌体种类	砂浆稠度（mm）
1	烧结普通砖砌体	70～90
2	混凝土实心砖、混凝土多孔砖砌体，普通混凝土小型空心砌块砌体，蒸压灰砂砖砌体，蒸压粉煤灰砖砌体	50～70
3	烧结多孔砖、空心砖砌体，轻骨料混凝土小型空心砌块砌体，蒸压加气混凝土砌块砌体	60～80
4	石砌体	30～50

当砌筑材料为粗糙多孔且吸水较大的块料或在干热条件下砌筑时，应选用较大稠度值的砂浆；反之，应选用较小稠度值的砂浆。

3）砌筑砂浆的分层度不得大于 30mm，确保砂浆具有良好的保水性。

4）施工中不应采用强度等级小于 M5 的水泥砂浆替代同强度等级水泥混合砂浆，如需替代，应将水泥砂浆提高一个强度等级。

（3）砂浆的拌制及使用。

1）砂浆现场拌制时，各组分材料应采用重量计量。

2）砂浆应采用机械搅拌，搅拌时间自投料完算起，应为：

①水泥砂浆和水泥混合砂浆，不得少于 2min。

②水泥粉煤灰砂浆和掺用外加剂的砂浆，不得少于 3min。

③预拌砂浆及加气混凝土砌块专用砂浆的搅拌时间应符合相关技术标准或按产品说明书采用。

3）现场拌制的砂浆应随拌随用，拌制的砂浆应在 3h 内使用完毕；当施工期间最高气温超过 30℃时，应在 2h 内使用完毕。预拌砂浆及蒸压加气混凝土砌块专用砂浆的使用时间应按照厂家提供的说明书确定。

4）在潮湿环境中砌筑砌体时，必须使用水泥砂浆。

（4）砂浆强度评定。砂浆强度由边长为 70.7mm 的正方体试件，经过 28d 标准养护，测得一组三块的抗压强度值来评定。砂浆试块应在卸料过程中的中间部位随机取样，现场制作，同盘砂浆只应制作一组试块。每一检验批且不超过 250m^3 砌体的各种类型及强度等级的砌筑砂浆，每台搅拌机应至少抽验一次。

5.1.2 砖砌体的组砌形式

1. 砍砖

砖墙砌筑一般采用普通黏土砖，根据其表面尺寸分大面（240mm×115mm），条面（240mm×53mm），顶面（115mm×53mm）。砌筑过程中有时需要砍砖，按砍砖尺寸不同分为“七分头”（也称七分找），“半砖”“二寸条”和“二寸头”（也称二分找），如图 5-1 所示。

2. 组砌形式

用普通砖砌筑的砖墙，依其墙面组砌形式不同有一顺一丁、三顺一丁、梅花丁等。

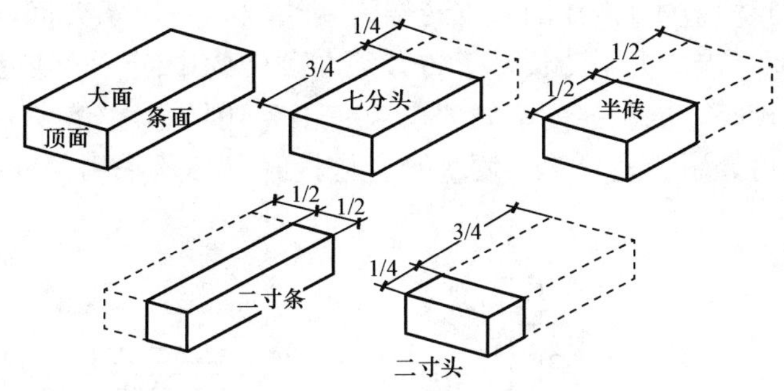

图 5-1　砖的名称

(1) 一顺一丁（满顶满条）：由一皮顺砖与一皮丁砖相互交替砌筑而成，上下皮间的竖缝相互错开 1/4 砖长。这种砌法在砌筑中采用较多，它的墙面形式有两种：一种是顺砖层上下对齐（称十字缝），一种是顺砖层上下相错半砖（称骑马缝）。这种砌筑法调整错缝搭接时，可用“内七分头”或“外七分头”，但“外七分头”较为常用，如图 5-2 所示。

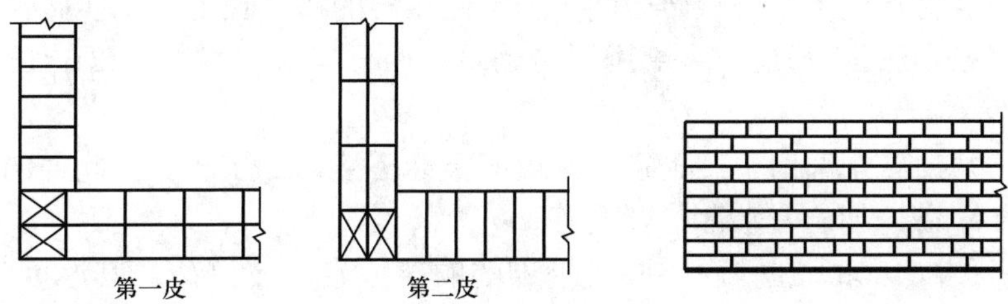

图 5-2　一顺一丁

(2) 三顺一丁：由三皮顺砖与一皮丁砖相互交替叠砌而成，上下皮顺砖搭接为 1/2 砖长，同时要求檐墙与山墙的丁砖层不在同一皮以利于搭接。该法砌的墙，抗压强度接近一顺一丁砌法，受拉受剪力学性能均较“一顺一丁”为强。此外，在头角处用“七分头”调整错缝搭接时，通常在顶砖层采用“内七分头”，如图 5-3 所示。

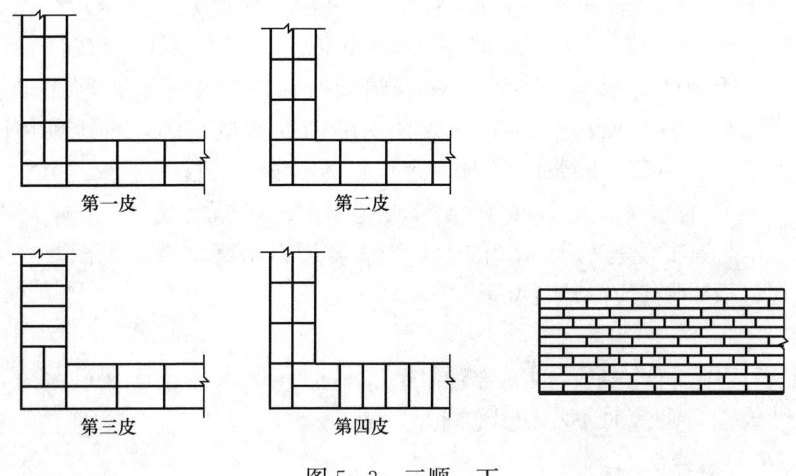

图 5-3　三顺一丁

（3）梅花丁（又叫沙包式）：在同一皮砖层内一块顺砖一块丁砖间隔砌筑（转角处不受此限），上下两皮间竖缝错开1/4砖长，丁砖必须在顺砖的中间。该砌法内外竖缝每皮都能错开，故抗压整体性较好，抗拉强度不如“三顺一丁”。因外形整齐美观，所以多用于砌筑外墙。此种砌法在头角处用“七分头”调整错缝搭接时，必须采用“外七分头”，如图5-4所示。

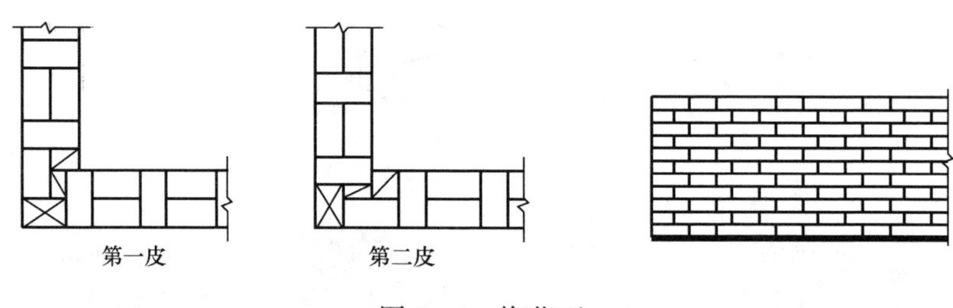

图5-4 梅花丁

（4）三三一（又称三七缝法）：在同一皮砖层里三块顺砖一块丁砖交替砌成，上下皮叠砌时上皮丁砖应砌在下皮第二块顺砖中间，上下两皮砖的搭接长度为1/4砖长。

（5）全顺（条砌法）：每皮砖全部用顺砖砌筑，两皮间竖缝搭接1/2砖长。此种砌法仅用于半砖隔断墙。

（6）全丁：每皮砖全部用丁砖砌筑，两皮间竖缝搭接为1/4砖长。此种砌法一般多用于圆形建筑物，如水塔、烟囱、水池、圆仓等。

（7）两平一侧（180mm厚墙）：两皮平砌的顺砖旁砌一皮侧砖，其厚度为180mm。两平砌层间竖缝应错开1/2砖长，平砌层与侧砌层间竖缝可错开1/4或1/2砖长。此种砌法比较费工，墙体的抗震性能较差，但能节约用砖量。

3. 砖砌体质量基本要求

砖砌体的质量应符合《砌体结构工程施工质量验收规范》的要求，做到横平竖直、灰浆饱满、错缝搭接、接槎可靠。

（1）砌体灰缝横平竖直、灰浆饱满。为了使砖受力均匀，保证砌体紧密结合，不产生附加剪应力，砖砌体的灰缝应横平竖直，厚薄均匀，并应填满砂浆，不准产生游丁走缝（竖向灰缝上下不对齐称游丁走缝），因此，墙厚370mm以上的墙应双面挂线，砌体水平灰缝的砂浆饱满度不得小于80%，竖向灰缝不得出现瞎缝（砌体中相邻块体间无砌筑砂浆，又彼此接触的水平缝或竖向缝）、假缝（为掩盖砌体灰缝内在质量缺陷，砌筑砌体时仅在靠近砌体表面处抹有砂浆，而内部无砂浆的竖向灰缝）和透明缝，砖柱水平灰缝和竖向灰缝饱满度不得低于90%。砌体的水平灰缝厚度和竖向灰缝厚度一般规定为10mm，不应小于8mm，也不应大于12mm。施工现场水平灰缝的砂浆饱满度用百格网检查（见图5-5）。

为使砌体灰缝横平竖直、灰浆饱满可采取以下措施：

1）挂线砌筑。

2）墙体砌筑宜用混合砂浆，因混合砂浆的和易性和保水性比水泥砂浆好，水泥砂浆的和易性和保水性较差，砌筑时不易铺开铺平。

3）砖在砌筑前适当浇水。

4）砌砖操作采用“三一”砌法。

（2）错缝搭接。为了提高砌体的整体性、稳定性和承载力，砖块排列应遵守上下错缝、内外搭接的原则，不准出现通缝，错缝或搭接长度一般不小于 1/4 砖长（60mm），在砌筑时尽量少砍砖，承重墙最上一皮砖应采用丁砖砌筑，在梁或梁垫的下面、砖砌体台阶的水平面上以及砌体的挑出层（挑檐、腰线），也应整砖丁砖砌筑。砖柱或宽度小于 1m 的窗间墙，应选用整砖砌筑。

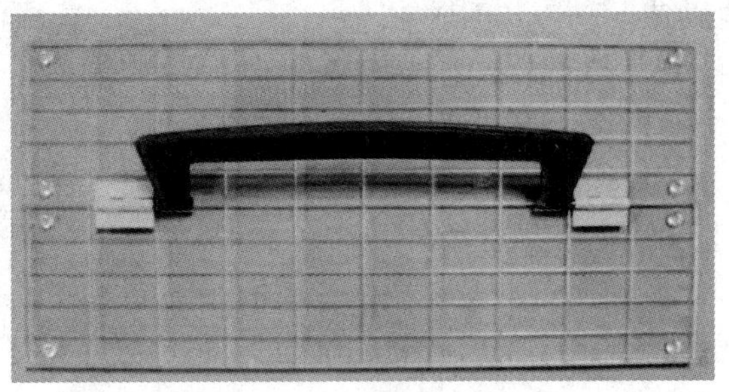

图 5-5　百格网

（3）接槎可靠。砖墙的转角处和交接处一般应同时砌筑，若不能同时砌筑，应将留置的临时间断做成斜槎，实心墙的斜槎长度不应小于墙高度的 2/3。接槎时必须将接槎处的表面清理干净，浇水湿润，填实砂浆并保持灰缝竖直。如临时间断处留斜槎确有困难时，非抗震设防及抗震设防烈度为 6 度、7 度地区，除转角处外也可留直槎，但必须做成凸槎，并加设拉结筋。拉结筋的数量为每 120mm 墙厚放置一根直径 6mm 的钢筋，间距沿墙高不得超过 500mm，埋入长度从墙的留槎处算起，每边均不得少于 500mm，对抗震设防烈度为 6 度、7 度地区，不得小于 1000mm，末端应有 90°弯钩，如图 5-6 所示。

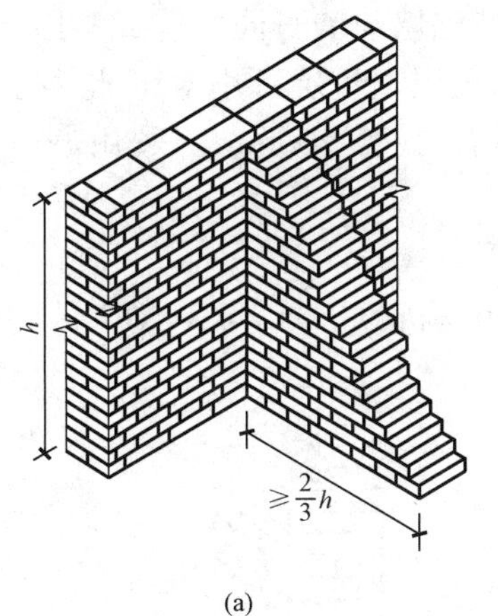

(a)

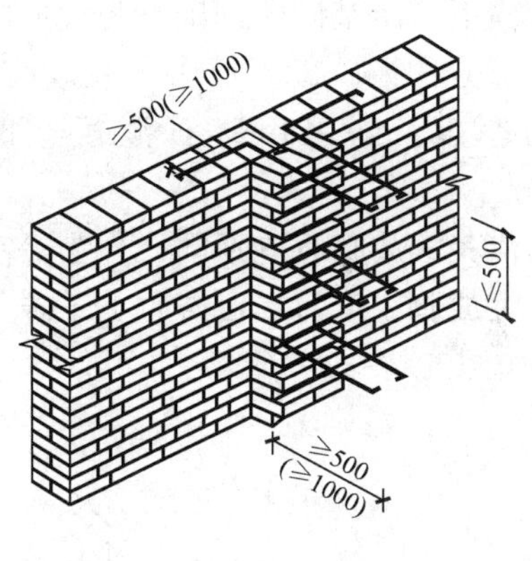

(b)

图 5-6　砖砌体接槎形式

（a）斜槎；（b）直槎

砌体的转角处和交接处同时砌筑可以保证墙体的整体性，从而大大提高砌体结构的抗震性能。从震害调查看到，不少多层砖混结构建筑，由于砌体的转角处和交接处接槎不良而导致外墙甩出和砌体倒塌。因此，必须重视砌体的转角处和交接处应同时砌筑。当不能同时砌筑时，应按规定留槎并做好接槎处理。

在墙上留置临时施工洞口，其侧边离交接处墙面不应小于 500mm，洞口净宽度不应超过 1m。抗震设防烈度为 9 度的地区建筑物的临时施工洞口位置，应会同设计单位确定。不得在下列墙体或部位设置脚手眼：

1）120mm 厚墙、清水墙、料石墙、独立柱和附墙柱。

2）过梁上与过梁成 60°的三角形范围及过梁净跨度 1/2 的高度范围内。

3）宽度小于 1m 的窗间墙。

4）门窗洞口两侧石砌体 300mm，其他砌体 200mm 范围内；转角处石砌体 600mm，其他砌体 550mm 范围内。

5）梁或梁垫下及其左右 500mm 范围内。

6）设计不允许设置脚手眼的部位。

7）轻质墙体。

8）夹心复合墙外叶墙。

另外，尚未安装楼板或屋面板的墙和柱，有可能遇到大风时，其允许自由高度不得超过规定，否则应采取必要的临时加固措施。

5.2 基础工程施工

5.2.1 常见的基础形式

砖基础是由普通黏土砖和水泥砂浆砌筑而成。砖的强度等级应不低于 MU10，砂浆强度等级应不低于 M5。

砖基础根据其不同形式，有条形基础和独立基础。条形基础一般设在砖墙下，独立基础一般设在砖柱下。砖基础由基础墙与大放脚组成，基础墙与墙身同厚（或略厚一些），基础墙下部扩大部分称为砖砌大放脚。大放脚下是基础垫层，垫层可用 C15 混凝土或 3∶7 灰土。垫层的厚度：当采用碎石混凝土时一般不宜小于 200mm，采用灰土时不宜小于 300mm。

砖基础依其大放脚收皮不同，分为等高式和不等高式。

等高式大放脚一般每二皮砖收 1/4 砖（角 120mm 高收 60mm 宽），即大放脚台阶的宽高比为 1/2，如图 5-7（a）所示。

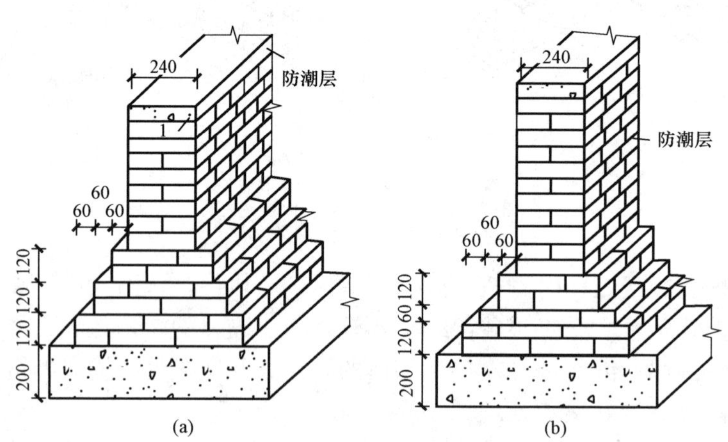

图 5-7 砖砌大放脚

（a）等高式大放脚；（b）不等高式大放脚

不等高式大放脚一般为二皮一收与一皮一收相间隔，两边各收进 1/4 砖长，但最底下为两皮砖，这种构造方法在保证刚性角的前提下，可以减少用砖量，如图 5-7（b）所示。

砖砌大放角连续放级时，可以是一级、二级、三级或四级等，要视砖墙的厚度、荷载的大小和地基的承载力而定。各层大放脚的宽度应为 1/2 砖宽的整数倍。大放脚顶面应低于地面不小于150mm。

为防止地基土中水分沿砖块毛细管上升而对墙体的侵蚀，砖基础应设防潮层。基础墙的防潮层，当设计无具体要求，宜用1∶2.5水泥砂浆加适量防水剂铺设在离室内地面下一皮砖处（60mm），其厚度宜为20mm。若有钢筋混凝土地圈梁时，地圈梁能起到防潮层的作用，因而不需再做防潮层。

5.2.2　基础施工

1. 砌筑前准备

（1）垫层检查及清理：砖基础砌筑前，应检查验收垫层的质量、标高及位置。当垫层低于设计标高20mm以上时，应用C15混凝土找平；当垫层高于设计标高，但在规范允许范围内时，对灰土垫层可将高出部分铲平。清除垫层表面的杂物及浮土，适量洒水湿润。

（2）放线：基础施工前，应在建筑物的主要轴线部位设置标志板。标志板上应标明基础、墙身和轴线的位置及标高。外形或构造简单的建筑物，可用控制轴线的引桩代替标志板。根据标志板放线，先弹出外墙基础轴线，再弹出内墙基础轴线，如图5-8所示。基础轴线的尺寸允许偏差应符合表5-2的规定。轴线弹完后，根据大放脚剖面弹出大放脚最下一皮的边线。

（3）立基础皮数杆：皮数杆一般是用50mm×70mm的方木做成，上面划有砖的皮数、灰缝厚度、门窗、楼、圈梁、过梁、屋架等构件位置及建筑物各种预留洞口和加筋的高度，它是墙体竖向尺寸的标志。划皮数杆时应从±0.000开始，从±0.000向下到基础垫层以上为基础部分皮数杆，±0.000以上为墙身皮数杆。在基础墙转角或纵横墙交接处应设置皮数杆用以控制砌筑质量，皮数杆间距不宜大于15m。

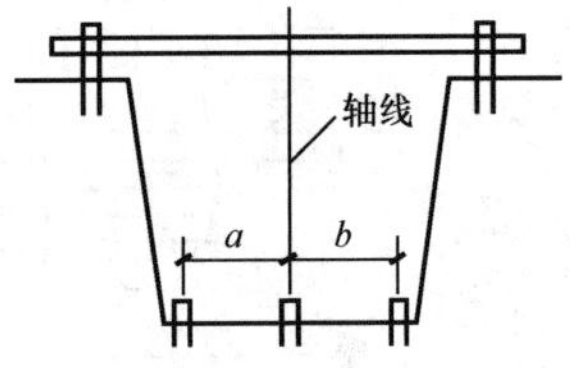

图5-8　基础顶面放线

表5-2　放线尺寸允许偏差

长度 L、宽度 B 的尺寸（m）	允许偏差（mm）	长度 L、宽度 B 的尺寸（m）	允许偏差（mm）
L（或 B）≤30	±5	60＜L（或 B）≤90	±15
30＜L（或 B）≤60	±10	L（或 B）＞90	±20

2. 砖基础砌筑

（1）砖基础组砌方法。砖基础采用一顺一丁的组砌方法，上下皮竖缝至少错开1/4砖长。大放脚的最下一皮及每一层的上面一皮应以丁砖为主，这样传力较好，砌筑及回填土时也不易碰坏。砖基础的转角处应根据错缝需要加砌七分头砖及二分头砖。图5-9为二砖半宽等高式大放脚转角处分皮砌法。

砖基础的十字交接处，纵横大放脚要隔皮砌通。图5-10为二砖半宽等高式大放脚十字交接处分皮砌法。

（2）砖基础砌筑要点。

1）砖基础砌筑时，应依皮数杆先在转角处及交接处翻几皮砖（俗称盘角），每次盘角宜不超过5皮砖，再在两盘角之间拉准线，按准线逐皮砌筑中间部分，如图5-11所示。

2）内外墙砖基础应同时砌筑，当不能同时砌筑时，应留斜槎，斜槎的水平投影长度不应小于墙高的2/3。

3）当砖基础的基底标高不同时，应从低处砌起，并应由高处向低处搭接。当设计无要求时，搭接长度不应小于大放脚的高度，并不小于500mm，如图5-12所示。

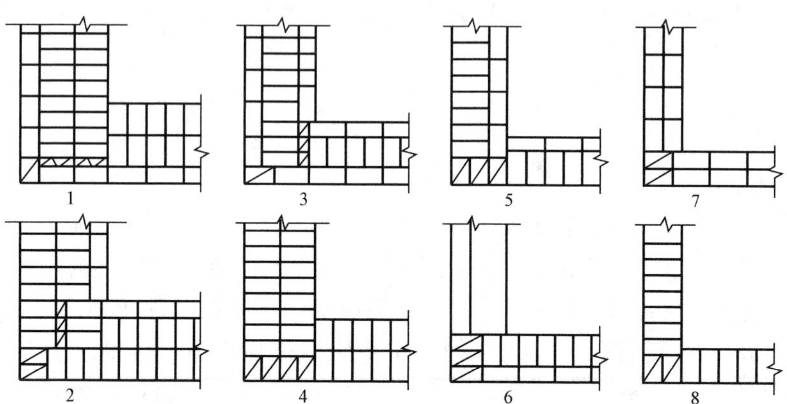

图5-9　砖基础大放脚转角处砌法

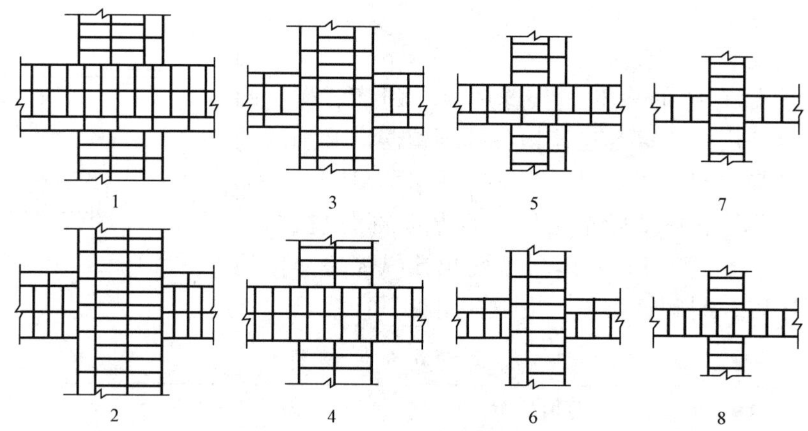

图5-10　砖基础大放脚十字交接处砌法

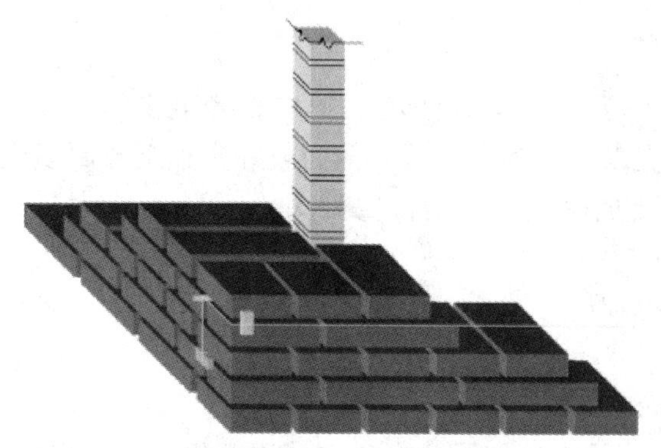

图5-11　砖基础盘角

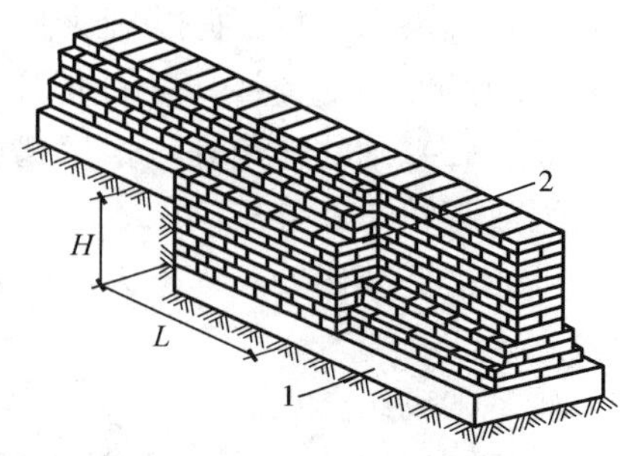

图5-12　基础标高不同时的搭砌示意图（条形基础）

1—混凝土垫层；2—基础扩大部分

4）砖基础砌筑时如有沉降缝，其两边的墙角应按直角要求砌筑。先砌一边的墙要把舌头灰刮尽，后砌的墙可采用缩口灰砌筑。掉入沉降缝内的砂浆、杂物，应随时清理干净。

5）砖砌大放脚如遇洞口时，应预留出位置，不得事后凿打。洞宽超过 300mm 时，应砌平拱或设置过梁。

6）大放脚砌到最上一皮后，要从定位桩（或标志板）上拉线，把基础墙的中心线及边线引到大放脚最上皮表面上，以保证基础墙位置正确。基础墙砌法同砖墙砌法。

7）砌完砖基础，应及时做防潮层。

8）基础完工后，要及时双侧回填，单侧填土应在砌体达到侧向承载能力要求后进行。

9）基础高低台的合理搭接，对保证基础砌体的整体性至关重要。从受力角度考虑，基础扩大部分的高度与荷载、地耐力等有关。对有高低台的基础，应从低处砌起，在设计无要求时，也对高低台的搭接长度做了规定。

5.3　主体工程施工

5.3.1　施工工艺流程

抄平放线→摆砖样→立皮数杆→砌筑、勾缝。

1. 抄平放线

建筑物的基础施工完成之后，应进行一次基础砌筑情况的复核。利用定位主轴线的位置来检查砌好的基础有无偏移，避免进行上部结构放线后，墙身按轴线砌时出现半面墙跨空的情形（见图 5-13），这是结构上不允许的。

基础墙检查合格后，利用墙上的主轴线，用小线在防潮层面上将两头拉通，抽一人在小线通过的地方选几个点划上红痕，间距 10～15m，便于墨斗弹线。若墙的长度较短，也可直接用墨斗弹出。如果上部结构墙的厚度比基础窄，还应将墙的边线也弹出来。

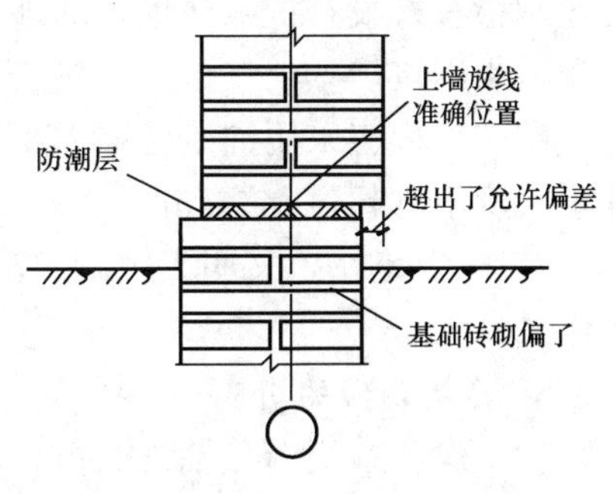

图 5-13　基础放线

轴线放完之后，检查无误，再根据图纸上标出的门、窗口位置，在基础墙上量出尺寸，用墨线弹出门口的大小，并打上交错的斜线以示洞口，如图 5-14 所示，窗口一般画在墙的侧立面上，用箭头表示其位置及宽度尺寸。同时在门、窗口的放线处还应标注宽、高尺寸，如门口为 1m 宽、2.7m 高时，标成 1000×2700。

主结构墙线放完之后，对于非承重的隔断墙的线也要同时放出。

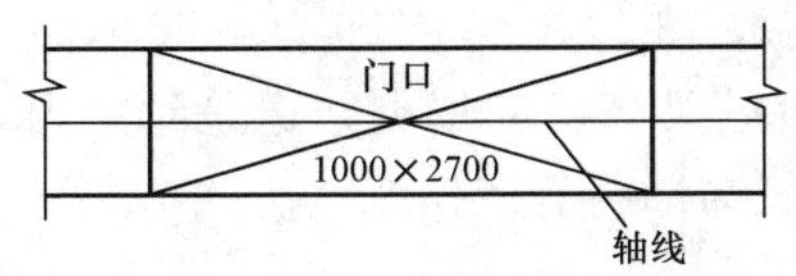

图 5-14　基础门洞放线

2. 摆砖样

摆砖样也称撂底，是在弹好线的基础顶面上按选定的组砌方式先用砖试摆，核对所弹出的墨线在门窗洞口、墙垛等处是否符合砖模数，以便借助灰缝调整，使砖的排列和砖缝宽度均匀合理。摆砖时，要求山墙摆成丁砖，横墙摆成顺砖，又称“山丁檐跑”。

摆砖结束后，用砂浆把干摆的砖砌好，砌筑时注意其平面位置不得移动。

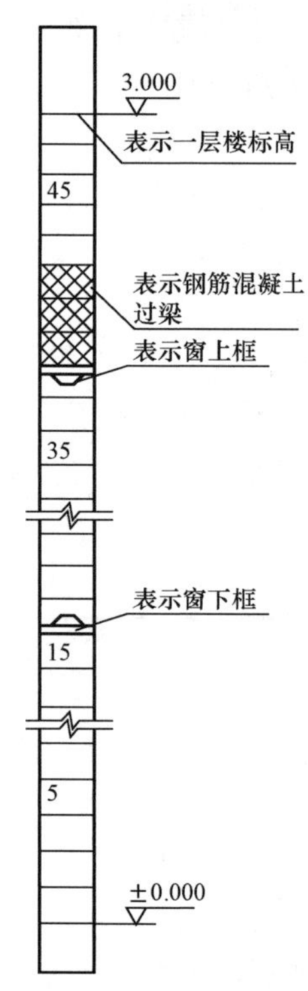

图5-15 皮数杆

3. 立皮数杆

楼房如每层高度相同时划到二层楼地面标高为止，平房划到前后檐口为止。划完后在杆上以每五皮砖为级数，标上砖的皮数，如5，10、15…，并标明各种构件和洞口的标高位置及其大致图例，如图5-15所示。

墙上的线放完之后，根据瓦工砌砖的需要在一些部位钉立皮数杆，皮数杆应立在墙的转角，内外墙交接处、楼梯间及墙面变化较多的部位。立皮数杆时可用水准仪测定标高，使各皮数杆立在同一标高上。在砌筑前，应先检查皮数杆上±0.000与抄平桩上的±0.000是否符合，检查合格后才可砌墙。

立皮数杆时有个“规矩”：使用外脚手架砌砖时，线杆应立在墙内侧；当采用里脚手架砌砖时，线杆则立在墙外面。

4. 砌筑、勾缝

墙体砌砖时，一般先砌砖墙两端大角，然后再砌墙身。大角砌筑主要是根据皮数杆标高，依靠线锤、托线板使之垂直；中间墙身部分主要是依靠准线使之灰缝平直，一般“三七”墙以内单面挂线，“三七”墙以上宜双面挂线。砌筑时要“三皮一吊，五皮一靠”，以保证墙身的垂直。

挂准线时，两端必须将线拉紧，并在墙角用别棍（小竹片或22号铅丝）别住，防止线陷入灰缝中。准线挂好拉紧后，在砌墙过程中，要经常检查有没有抗线或塌腰的地方（中间下垂）。要注意准线不能向上拱起，使准线平直无误后再砌筑。

砌砖工程当采用铺浆法砌筑时，铺浆长度不宜超过750mm，施工期间气温超过30℃，铺浆长度不宜超过500mm。

“三一”砌法，又叫大铲砌筑法，采用一铲灰、一块砖、一挤揉的砌法，也叫满铺满挤操作法。

5. 楼层轴线的引测

为了保证各层墙身轴线的重合和施工方便，在弹墙身线时，应根据龙门板上标注的轴线位置将轴线引测到房屋的外墙基上。二层以上各层墙的轴线，可用经纬仪引测到楼层上去，同时还需根据图上轴线尺寸用钢尺进行校核。

6. 各层标高的控制

当砖墙砌起一步架高后，应随即用水准仪在墙内进行抄平，并弹出离室内地面高500mm的线，在首层即为0.5m标高线（现场叫五零线），在以上各层即为该层标高加0.5m的标高线。这道水平线是用来控制层高及放置门、窗过梁高度的依据，也是到室内装饰施工时做地面标高，墙裙、踢脚线、窗台及其他有关的装饰标高的依据。

5.3.2 施工要点

(1) 全部砖墙除分段处外，均应尽量平行砌筑，并使同一皮砖层的每一段墙顶面均在同一水平面内，作业中以皮数杆上砖层的标高进行控制。每层墙砌完后，必须校正一次水平、标高和轴线，偏差在允许范围之内的，楼板施工时加以调整，实际偏差超过允许偏差的（特别是轴线偏差），应返工重砌。

（2）砖墙砌筑前，应将砌筑部位的顶面清理干净，并放出墙身轴线和墙身边线，浇水润湿。

（3）宽度小于 1m 的窗间墙应选用质量好的整砖砌筑，半头砖和有破损的砖应分散使用在受力较小的墙体内侧。

（4）墙中的洞口、管道、沟槽和预埋件等，均应在砌筑时正确留出或预埋，宽度超过 300mm 的洞口应设置过梁。砖墙中留设临时施工洞口时，其侧边离交接处的墙面不应小于 500mm；洞口顶部宜设置过梁，也可在洞口上部采取逐层挑砖方法封口，并预埋水平拉结筋；洞口净宽不应超过 1m。临时洞口补砌时，应将洞口周围砖块表面清理干净，并浇水润湿后再用与原墙相同的材料补砌严密、砂浆饱满。

（5）砖墙工作段的分段位置，宜设在变形缝、构造柱或门窗洞口处；相邻工作段的砌筑高度不得超过一个楼层高度，也不宜大于 5m。

（6）正常施工条件下，砖砌体每日砌筑高度宜控制在 1.5m 或一步脚手架高度内。尚未施工楼板或屋面的墙或柱，当可能遇到大风时，其允许自由高度不得超过规范规定；否则，必须采取临时支撑等有效措施。

5.3.3　砌体结构中的混凝土构件施工

在砌体结构中设置钢筋混凝构件是提高多层砌体房屋抗震能力的一种重要措施。

1. 钢筋混凝土构造柱施工

（1）构造要求。构造柱的截面尺寸一般为 240mm×180mm 或 240mm×240mm；竖向受力钢筋常采用 4 根直径为 12mm 的Ⅰ级钢筋；箍筋一般部分采用 ϕ6@200mm，楼层上、下 500mm 范围内宜采用 ϕ6@100mm。

砖墙与构造柱应沿墙高每隔 500mm 设置 2ϕ6 的水平拉结钢筋，两边伸入墙内不宜小于 1m。若外墙为一砖半墙，则水平拉结钢筋应用 3 根。一砖墙、一砖半墙转角处和交接处构造柱水平拉结钢筋的布置如图 5-16 和图 5-17 所示。

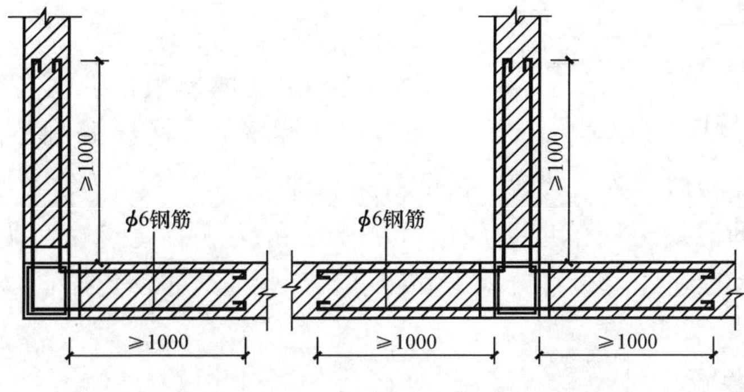

图 5-16　一砖墙构造柱钢筋配置

砖墙与构造柱相接处，砖墙应砌成马牙槎，从每层柱脚开始，先退后进；每个马牙槎沿高度方向的尺寸不宜超过 300mm（或 5 皮砖高）；每个马牙槎退进应不小于 60mm，如

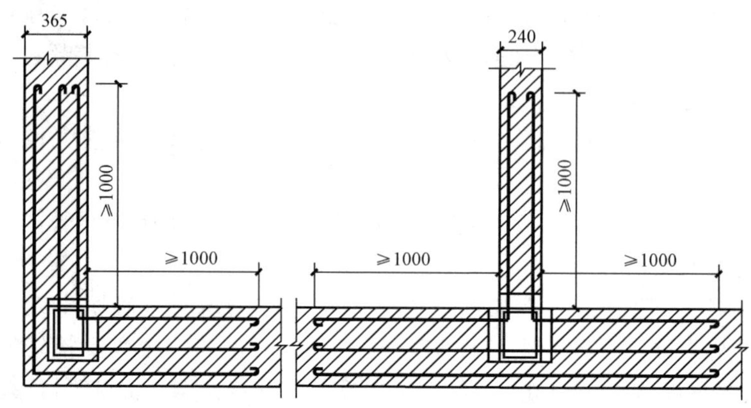

图 5 - 17 一砖半墙构造柱钢筋配置

图 5 - 18 所示。构造柱处模板及支撑设置如图 5 - 19 所示。

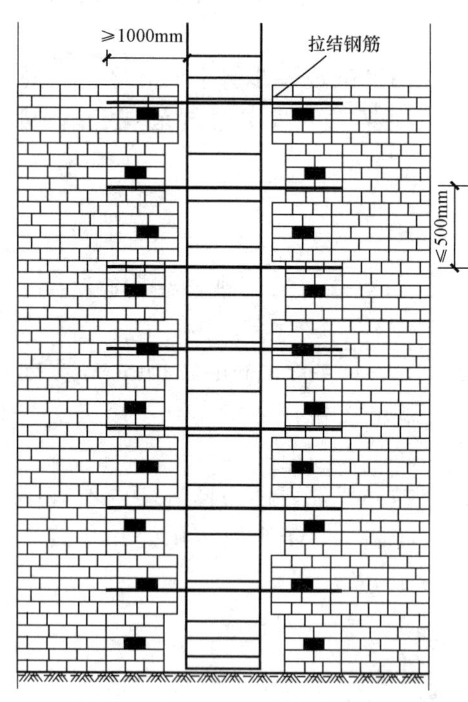

图 5 - 18 马牙槎设置立面图

构造柱必须与圈梁连接。其根部可与基础圈梁连接，无基础圈梁时，可增设厚度不小于 120mm 的混凝土底脚，深度从室外地坪以下不应小于 500mm。

（2）钢筋混凝土构造柱施工。

1）施工工艺流程：绑扎钢筋→砌砖墙→支模板→浇筑混凝土。必须在该层构造柱混凝土浇筑完毕后，才能进行上一层的施工。

2）施工要点。

①构造柱的竖向受力钢筋伸入基础圈梁或混凝土底脚内的锚固长度，以及绑扎搭接长度，均不应小于 35 倍钢筋直径。接头区段内的箍筋间距不应大于 200mm。钢筋混凝土保护层厚度一般为 20mm。

②砌砖墙时，每楼层马牙槎应先退后进，以保证构造柱脚为大断面。

③构造柱的模板，必须与所在砖墙面严密贴紧，以防漏浆。在浇筑混凝土前，应将砖墙和模板浇水湿润，并将模板内的砂浆残块、砖渣等杂物清理干净。

④浇筑构造柱的混凝土坍落度一般以 50～70mm 为宜。浇筑时宜采用插入式振动器，分层捣实，但振捣棒应避免直接触碰钢筋和砖墙，严禁通过砖墙传振，以免砖墙变形和灰缝开裂。

2. 圈梁及现浇楼板

圈梁与现浇楼板多为整浇，其模板安装形式如图 5 - 20 所示。

模板的支撑体系应视楼板跨度大小及厚度，合理布置立杆纵横间距。一般为 800～1000mm，三道水平横杆，其中一道为扫地杆，距支承面约 200mm，使支撑体系有较好的整体刚度和稳定性。

底模用胶合板或覆模板制作，其接缝应平接，并在上面用不干胶封贴，防止漏浆。为防止模板移位，可用钉子在适当的位置与下面的木格栅连接。模板拆除时，注意及时拔出钉子，防止伤人。

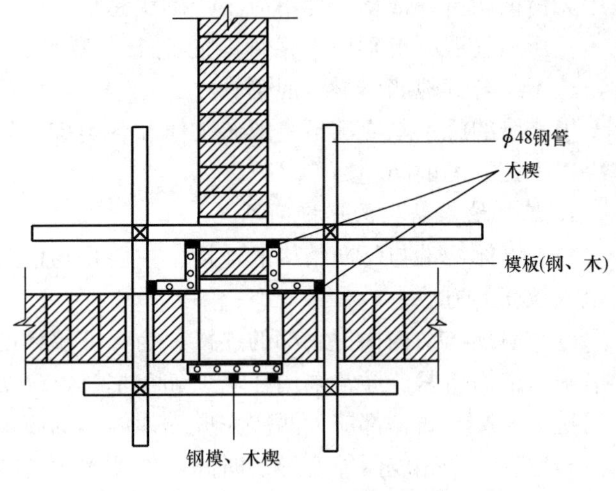

图5-19 构造柱示意图

5.3.4 填充墙施工

填充墙主要是高层建筑框架及框剪结构或钢结构中用于维护或分隔区间的墙体。大多采用小型空心砌块、烧结多孔砖、空心砖、轻骨料小型砌块、加气混凝土砌块及其他工业废料掺水泥加工而成的轻质块体等，一般要求有一定的强度，轻质，隔声隔热等效果。

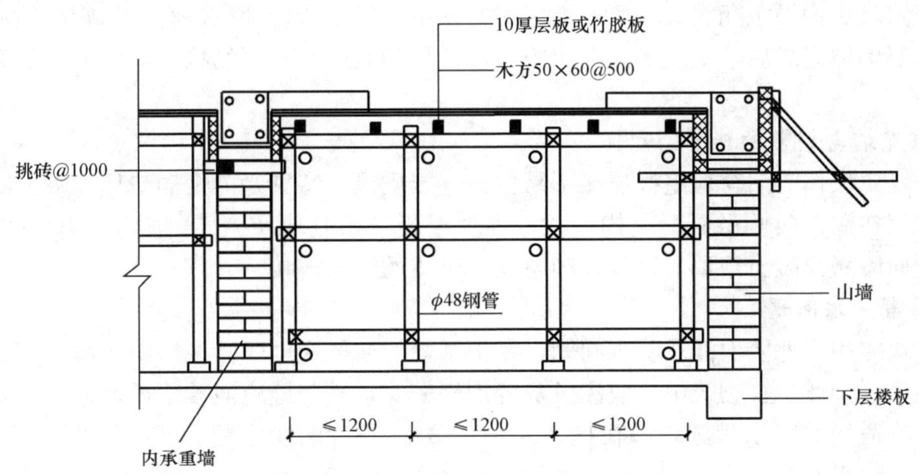

图5-20 圈梁及楼板模板搭设

轻骨料混凝土小型空心砌块、蒸压加气混凝土砌块砌筑时，其产品龄期应大于28d，蒸压加气混凝土砌块的含水率宜小于30%。

吸水率较小的轻骨料混凝土小型空心砌块及采用薄层砂浆砌筑法施工的蒸压加气混凝土砌块，砌筑前不应对其浇水湿润；在气候干燥炎热的情况下，对吸水率较小的轻骨料混凝土小型空心砌块宜在砌筑前浇水湿润。

在没有采取有效措施的情况下，不应在下列部位或环境中使用轻骨料混凝土小型空心砌块或蒸压加气混凝土砌块砌体：建筑物防潮层以下墙体；长期浸水或化学侵蚀环境；砌体表面温度高于80℃的部位；长期处于有振动源环境的墙体。

填充墙砌体砌筑，应在承重主体结构检验批验收合格后进行；填充墙顶部与承重主体结构之间的空隙部位，应在填充墙砌筑15d后进行砌筑。

轻骨料混凝土小型空心砌块应采用整块砌块砌筑；当蒸压加气混凝土砌块需断开时，应采用无齿锯切割，裁切长度不应小于砌块总长度的1/3。

蒸压加气混凝土砌块、轻骨料混凝土小型空心砌块等不同强度等级的同类砌块不得混砌，也不应与其他墙体材料混砌。

填充墙的施工除应满足一般砖砌体和各类砌块等相应技术、质量、工艺标准外，主要应解决以下几方面的问题。

1. 填充墙与结构的连接问题

（1）墙体两端与竖向结构的连接。主要是与混凝土柱或剪力墙的连接，一般采用在墙柱上植入拉筋的方法。

（2）墙顶与结构构件底部的连接。为保证墙体的整体性稳定性，填充墙顶部应采取相应的措施与结构挤紧。通常采用在墙顶加小木楔，砌筑侧砖或立砖等方式与填充墙连接。不论采用哪种连接方式，都应分两次完成一片墙体的施工，其中间间隔5～7d时间。这是为了让砌体砂浆有一个完成压缩变形的时间，保证墙顶与构件连接的效果。

（3）施工注意事项。填充墙施工最好从顶层向下层砌筑，防止因结构变形量向下传递而造成早期下层先砌筑的墙体产生裂缝。特别是空心砌块，裂缝的发生往往是在工程主体完成3～5个月后，通过墙面抹灰在跨中产生竖向裂缝得以暴露，因而质量问题的滞后性给后期处理带来困难。如果工期太紧，填充墙施工必须由底层逐步向顶层进行时，则墙顶的连接处理需待全部砌体完成后，从上层向下层施工，此目的是给每一层结构一个完成变形的时间和空间。

2. 填充墙与门窗的连接问题

由于轻质块体与门窗框直接连接不易保证连接质量，特别是门窗洞口尺寸较大时，施工中通常采用在洞口两侧做混凝土构造柱，预埋混凝土预制块及镶砖的方法。砌块砌筑窗台时，其顶面应做混凝土压顶，以保证门窗框与砌体的可靠连接。

3. 防潮防水问题

轻质块体用于外墙面涉及防水问题，在雨季墙的迎风迎雨面，在风雨作用下灰缝处易产生渗漏现象。因此，在砌筑中，应注意灰缝饱满密实，其竖缝应灌砂浆插捣密实。外墙面的装饰层采取适当的防水措施，如在抹灰层中加3%～5%的防水粉，或抹灰面刷防水剂等，确保外墙的防水效果。

在厨房、卫生间、浴室等处采用轻骨料混凝土小型空心砌块、蒸压加气混凝土砌块砌筑墙体时，墙体底部宜现浇混凝土坎台，其高度宜为150mm。

用于室内隔墙时，砌体下应用实心混凝土块或实心砖砌180mm高的底座，也可采用混凝土现浇。

4. 单片面积较大的填充墙施工问题

大空间的框架结构填充墙，设计中会在墙体中根据墙体长度高度设置构造柱和水平现浇混凝土腰梁，以提高砌体的稳定性。当大面积的墙体有转角时，可以在转角处设芯柱。施工中注意预埋构造柱钢筋的位置应正确。

由于不同的块料填充墙做法各异，因此要求也不尽相同，有关方面的内容请参照相应设计要求及施工质量验收规范和各地颁布实施的标准图集、施工工艺标准等。

填充墙砌体质量检查见表5-3和表5-4。

表 5 - 3　填充墙砌体一般尺寸允许偏差

<table>
<tr><th>项次</th><th colspan="2">项目</th><th>允许偏差（mm）</th><th>检验方法</th></tr>
<tr><td rowspan="3">1</td><td colspan="2">轴线位移</td><td>10</td><td>用尺检查</td></tr>
<tr><td rowspan="2">垂直度</td><td>≤3m</td><td>5</td><td rowspan="2">用 2m 托线板或吊线、尺检查</td></tr>
<tr><td>>3m</td><td>10</td></tr>
<tr><td>2</td><td colspan="2">表面平整度</td><td>8</td><td>用 2m 靠尺和楔形塞尺检查</td></tr>
<tr><td>3</td><td colspan="2">门窗洞口高、宽（后塞口）</td><td>±5</td><td>用尺检查</td></tr>
<tr><td>4</td><td colspan="2">外墙上、下窗洞口偏移</td><td>20</td><td>用经纬仪或吊线检查</td></tr>
</table>

表 5 - 4　填充墙砌体的砂浆饱满度及检验方法

<table>
<tr><th>砌体分类</th><th>灰缝</th><th>饱满度要求</th><th>检验方法</th></tr>
<tr><td rowspan="2">空心砖砌体</td><td>水平</td><td>≥80%</td><td rowspan="4">采用百格网检查块材底面砂浆的黏结痕迹面积</td></tr>
<tr><td>垂直</td><td>填满砂浆，不得有透明缝、瞎缝、假缝</td></tr>
<tr><td rowspan="2">加气混凝土砌块和轻骨料混凝土小砌块砌体</td><td>水平</td><td>≥80%</td></tr>
<tr><td>垂直</td><td>≥80%</td></tr>
</table>

5.4　砌筑工程质量通病

（1）基础墙身位移：大放脚两侧收退要均匀，砌到基础墙身时，要拉线找正墙的轴线和边线；砌筑时保持墙身垂直。

（2）基础墙与上部墙错台：基础砖撂底要正确，收退大放脚两边要相等，退到墙身之前要检查轴线和边线是否正确，如偏差较小可在基础部位纠正，不得在防潮层以上退台或出沿。

（3）清水墙游丁走缝：排砖时必须把立缝排匀，砌完一步架高度，每隔 2m 间距在丁砖立楞处用托线板吊直弹线，二步架往上继续吊直弹粉线，由底往上所有七分头的长度应保持一致，上层分窗口位置时必须同下窗口保持垂直。

（4）灰缝大小不匀：立皮数杆要保证标高一致，盘角时灰缝要掌握均匀，砌砖时小线要拉紧，防止一层线松，一层线紧。

（5）混水墙粗糙：舌头灰未刮尽，半头砖集中使用，造成通缝；一砖厚墙背面偏差较大。半头砖应分散使用在墙体较大的面上。首层或楼层的第一皮砖要查对皮数杆的标高及层高，防止到顶砌成螺丝墙。

（6）构造柱处砌筑不符合要求：构造柱砖墙应砌成大马牙槎，从柱脚开始两侧都应先退后进，档凿深 120mm 时，宜伤口一皮进 60mm，再上一皮进 120mm，以保证混凝土浇筑时上角密实。构造柱内的落地灰、砖渣等杂物必须清理干净，防止混凝土内夹渣。

（7）埋入砌体中的拉结筋位置不准：应随时注意正在砌的皮数，保证按皮数杆标明的位置放拉结筋，其外露部分在施工中不得任意弯折，并保证其长度符合设计要求。

（8）留槎不符合要求：砌体的转角和交接处应同时砌筑，否则应砌成斜槎。

（9）砌体砂浆不饱满：改善砂浆和易性，确保砌筑砂浆的饱满；反对铺灰过长的盲目操作；改进砌筑方法，推广“三一”砌筑法。

5.5 砌筑工程安全技术

（1）严禁在墙顶上站立划线、刮缝，清扫墙、柱面和检查等工作。

（2）砍砖应面向内打，避免落下碎砖伤人。

（3）超过胸部以上的墙面，不得继续砌筑，必须及时搭设好架设工具。不准用不稳定的工具或物体在脚手板上面垫高而继续作业。

（4）从砖垛上取砖时，应先取高处的后取低处的，防止垛倒砸人。

（5）垂直运输机械吊运材料时不得超载，使用过程中应经常检查，若发现有不符合规定者，应及时采取措施。

（6）起重机械吊运砖时，应采用砖笼，不得直接放于跳板上。吊砂浆的料斗不能装载得过满。吊运砖时吊臂回转范围内的人员不得在下面行走或停留。

（7）夏季要做好防雨措施，严防雨水冲走砂浆，致使砌体倒塌。

（8）各种脚手架在投入使用前，必须由专人负责与安全人员共同进行检查，履行交接验收手续。

（9）钢管脚手架应用外径为51～58mm，壁厚3～3.5mm，无严重锈蚀、弯曲、压扁或裂纹的钢管。

（10）钢管脚手架杆件的连接必须使用合格的扣件，不得使用铅丝和其他材料绑扎。

（11）脚手架立杆间距不得大于1.5m，大横杆间距不得大于1.2m，小横杆间距不得大于1m。

（12）脚手架必须按楼层与结构拉结牢固，拉结点垂直距离不得超过5m，水平距离不得超过6m。拉接材料必须有可靠的强度。

（13）脚手架的操作面必须满铺脚手板，离墙面不得大于200mm，不得有空隙、探头板和飞跳板。脚手板操作面应设护身栏杆和挡脚板，防护高度为1m。

（14）脚手架必须保证整体结构不变形。凡高度在20m以上的脚手架，纵向必须设置剪刀撑，其宽度不超过7根立杆，与水平面夹角应为45°～60°。高度在20m以下必须设置正反斜支撑。

5.6 智能砌筑机器人

国内建筑工程砌筑市场存在两个基本特点：一是体量巨大，各类砌体的砌筑施工量年均超过10亿m^3，人工现场砌筑是一个巨大的刚需市场。二是业态原始，砌筑业的人力资源组织方式、施工组织形式和作业工具基本上都还停留在几十年前的状态，属于低效率的劳动力密集型作业。砌筑整体效率低下，劳动报酬不高，砌筑业从业人员大量流失，普遍高龄化以及砌筑单价的上行压力不断增强，近年来这些痛点已经非常明显。

采用智能砌筑机器人（见图5-21），通过与同等条件下的传统人工砌筑情况对比发现，砌筑机器人在砌筑大工减少50％、整体砌筑质量提升的情况下，平均工期节省了1～2d，降低了人员劳动强度，提高了持续施工作业能力，提升了砌筑施工环节的机械化和工业化水平，有利于缓解建筑工人招工难、用工贵的问题，有利于吸引年轻一代产业工人。

图5-21　砌筑机器人

习　题

一、名词解释

1. 一顺一丁　2. 三顺一丁　3. 梅花丁　4. 山丁檐跑
5. 三一砌砖法　6. 铺浆法　7. 瞎缝　8. 假缝

二、简答题

1. 砌筑工程用砖的强度等级分为几级？根据什么确定？
2. 砖墙的组砌形式有哪些？
3. 砖为什么上墙前要浇水湿润？
4. 砌筑前撂底作用是什么？
5. 皮数杆的作用是什么？如何布置？
6. 砖砌体的施工工艺是怎么样的？
7. 构造柱的构造要求有哪些？
8. 墙体接槎应如何处理？
9. 砖砌体的质量要求是什么？
10. 填充墙砌筑有什么要求？

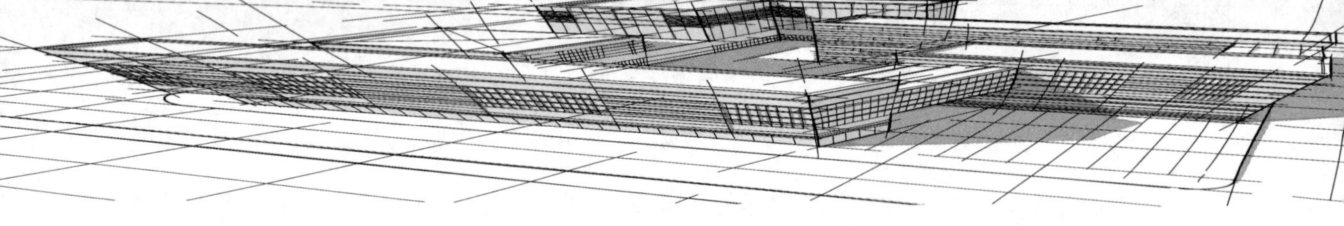

第 6 章 装配式结构工程施工

本章主要讲述装配式建筑的基本概念及其特点；装配式混凝土构件运输与堆放；装配式混凝土构件施工过程及施工要点；装配式混凝土构件连接；装配式钢结构吊装施工；装配式建筑施工质量与安全控制。

职 业 能 力 目 标

1. 具有编制钢结构吊装施工方案并组织施工的能力。
2. 能在施工过程中正确执行相关质量、安全标准。
3. 能对装配式结构常见质量通病进行预防及处理。

装配式结构是指把建筑用的构件和配件（如梁、楼板、墙板、楼梯、阳台等）在工厂加工制作完成，运输至施工现场，吊装到相应位置后，通过可靠的连接方式将其安装而成的建筑结构。装配式建筑主要包括装配式混凝土结构、钢结构、现代木结构建筑等。

装配式建筑以标准化设计、工业化生产、装配化施工、信息化管理为主要特点，具有节约成本、施工进度快、绿色环保等优点。装配式建筑施工是建筑工业化生产方式的代表，是建筑工业化的重要组成部分。

6.1 吊装设备

6.1.1 吊装索具与机具

1. 吊钩

（1）吊钩分类与用途。吊钩按制造方法可分为锻造吊钩和片式吊钩。在建筑工程施工中，通常采用锻造吊钩，采用优质低碳镇静钢或低碳合金钢锻造而成，锻造吊钩又可分为单钩和双钩，如图 6-1（a）、（b）所示。单钩一般用于较小的起重量，双钩多用于较大的起重量。单钩吊钩形式多样，建筑工程中常选用有保险装置的旋转钩，如图 6-1（c）所示。

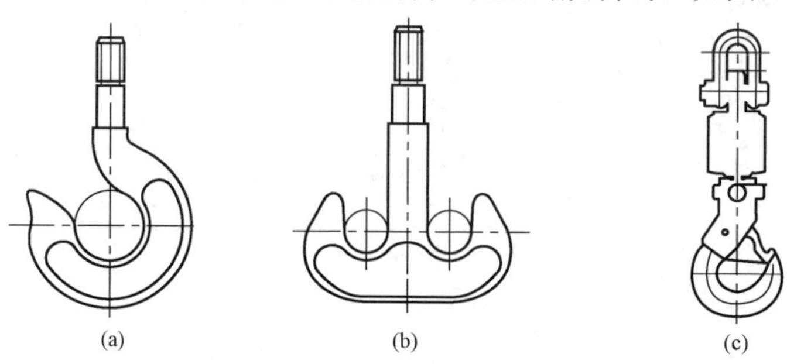

图 6-1 吊钩的种类

（a）单钩；（b）双钩；（c）保险装置

（2）使用注意事项。

1）吊钩应有制造单位的合格证等技术文件，方可投入使用，否则应经检验合格后方可使用。

2）在使用过程中，应对吊钩定期进行检查，保证其表面光滑，不能有剥裂、刻痕、锐角、毛刺和裂纹等缺陷，对缺陷部分不得进行补焊。

3）结构吊装作业中使用吊钩时，应将吊索挂到钩底，吊钩上的防脱钩装置应安全可靠。

4）起重吊装作业不得使用铸造的吊钩。

5）吊钩与重物吊环相连接时，挂钩方式要正确，必须保证吊钩的位置和受力符合安全要求（见图 6－2）。

图 6－2　挂钩方法示意图

6）在钩挂吊索时，要将吊索挂至钩底；直接钩在构件吊环中时，不能使吊钩硬别或歪扭，以免吊钩产生变形或脱钩。

7）当吊钩出现下列任何一种情况时，应予以报废：

①表面有裂纹时；

②吊钩危险断面磨损达到原尺寸的 10％；

③开口度比原尺寸增大 15％；

④扭转变形超过 100；

⑤板钩衬套磨损达到原尺寸的 50％时，应报废衬套；芯轴磨损达到原尺寸的 5％时，应报废芯轴。

2. 横吊梁

横吊梁俗称铁扁担、扁担梁，常用于梁、柱、墙板、叠合板等构件的吊装。用横吊梁吊运构件时，可以防止因起吊受力对构件造成的破坏，便于构件更好地安装、校正。常用的横吊梁有框架吊梁、单根吊梁，如图 6－3 和图 6－4 所示。

3. 铁链

铁链用来起吊轻型构件，拉紧缆风绳及拉紧捆绑构件的绳索等，如图 6－5 所示。目前，受部分起重设备行程精度的限制，可采用铁链进行构件的精确就位。

图 6－3　框架吊梁

图 6－4　单根吊梁

图 6－5　铁链

4. 吊装带

目前使用的常规吊装带（合成纤维吊装带），一般采用高强度聚酯长丝制作，吊装能力在1～300t之间，如图6-6所示。

5. 卡环

卡环由弯环与销子两部分组成，用于吊索之间或吊索与构件吊环之间的连接，如图6-7所示。

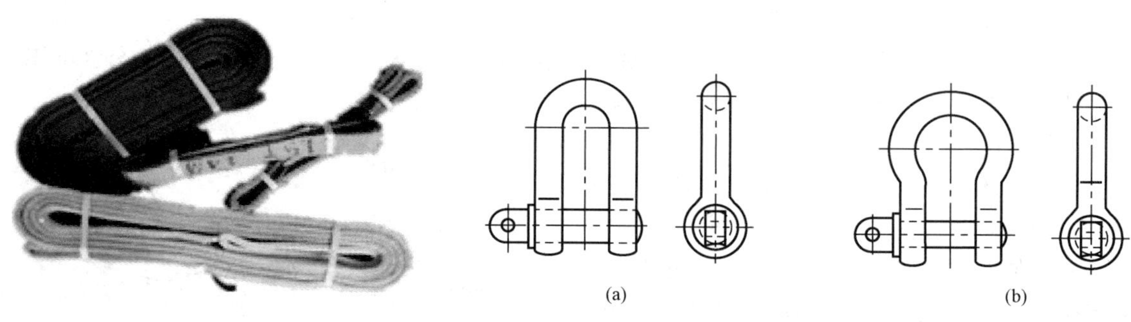

图6-6 吊装带

图6-7 卡环

（a）D形卸扣；（b）弓形卸扣

按弯环形式分，有D形卡环和弓形卡环；按销子与弯环的连接形式分，有螺栓式卡环和活络卡环。螺栓式卡环的销子和弯环采用螺纹连接；活络式卡环的孔眼无螺纹，可直接抽出。螺栓式卡环使用较多，但在柱子吊装中多采用活络式卡环。

6. 新型索具（接驳器）

近年来出现了几种新型的专门用于连接新型吊点（圆形吊钉、鱼尾吊钉、螺纹吊钉）的连接吊钩（见图6-8），或者用于快速接驳的吊钩，具有接驳快速、使用安全等特点。

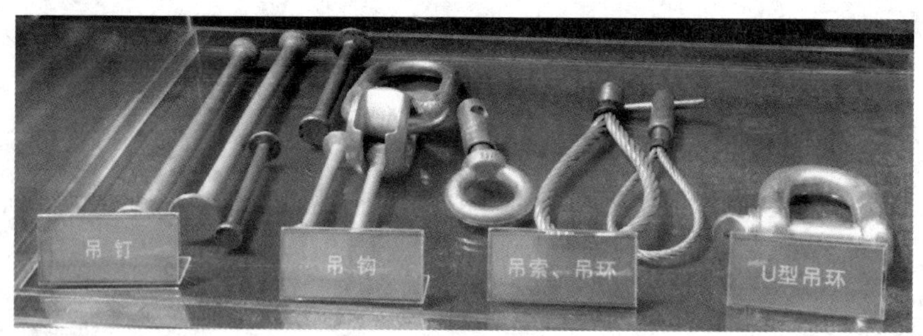

图6-8 新型连接吊钩

6.1.2 吊装机械

1. 移动式起重机

（1）汽车式起重机。汽车式起重机的机动性能好，运行速度快，对路面的破坏性小，但不能负荷行驶，吊重物时必须支腿，对工作场地的要求较高，如图6-9所示。

（2）履带式起重机。履带式起重机是在行走的履带底盘上装有起重装置的起重机械，如图6-10所示。它具有起重能力较大、自行式、全回转、工作稳定性好、操作灵活、使用方便、在其工作范围内可载荷行驶作业、对施工场地要求不严等特点。

履带式起重机按传动方式不同可分为机械式、液压式（Y）和电动式（D）三种。

图 6-9　汽车式起重机

履带式起重机的使用要点：

1）驾驶员应熟悉履带式起重机技术性能，启动前应按规定进行各项检查和保养。启动后应检查各仪表指示值及运转是否正常。

2）履带式起重机必须在平坦坚实的地面上作业，当起吊荷载达到额定重量的 90%及以上时，工作动作应慢速进行，并禁止同时进行两种及以上动作。

图 6-10　履带式起重机吊装

3）应按规定的起重性能作业，严禁超载作业，如确需超载时应进行验算并采取可靠措施。

4）作业时，起重臂的最大仰角不应超过规定，无资料可查时，不得超过 78°，最低不得小于 45°。

5）采用双机抬吊作业时，两台起重机的性能应相近；抬吊时统一指挥，动作协调，互相配合，起重机的吊钩滑轮组均应保持垂直。抬吊时单机的起重载荷不得超过允许载荷值的 80%。

6）起重机带载行走时，载荷不得超过允许起重量的 70%。

7）负载行走时道路应坚实平整，起重臂与履带平行，重物离地不能大于 500mm，并拴好拉绳，缓慢行驶，严禁长距离带载行驶，上下坡道时，应无载行驶。上坡时，应将起重臂扬角适当放小，下坡时应将起重臂的仰角适当放大，严禁下坡空挡滑行。

8）作业后，吊钩应提升至接近顶端处，起重臂降至 40°～60°之间，关闭电门，各操纵杆置于空挡位置，各制动器加保险固定，操纵室和机蓬应关闭门窗并加锁。

9）遇大风、大雪、大雨时应停止作业，并将起重臂转至顺风方向。

10）履带式起重机在进行超负荷吊装或接长吊杆时，需进行稳定性验算，以保证起重机在吊装中不会发生倾覆事故。

2. 塔式起重机

（1）塔式起重机的类型。塔式起重机是把吊臂、平衡臂等结构和起升、变幅等机构安装在金属塔身上的一种起重机，其特点是提升高度高、工作半径大、工作速度快、吊装效率高等。

塔式起重机按行走机构、变幅方式、回转机构位置及爬升方式的不同可分为轨道式、附着式和内爬式塔式起重机，如图 6-11 所示。

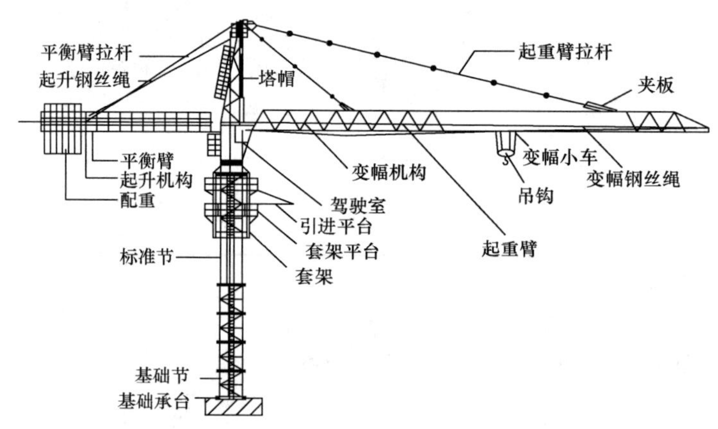

图 6-11　塔式起重机示意图

（2）塔式起重机的使用要点。

1）塔式起重机作业前应进行下列检查和试运转：

①各安全装置、传动装置、指示仪表、主要部位连接螺栓、钢丝绳磨损情况、供电电缆等必须符合有关规定；

②按有关规定进行试验和试运转。

2）当同一施工地点有两台以上起重机时，应保持两机间任何接近部位（包括吊重物）距离不得小于 2m。

3）在吊钩提升、起重小车或行走大车运行到限位装置前，均应减速缓行到停止位置，并应与限位装置保持一定路离：吊钩不得小于 1m，行走轮不得小于 2m。严禁采用限位装置作为停止运行的控制开关。

4）动臂式起重机的起升、回转、行走可同时进行，变幅应单独进行。每次变幅后应对变幅部位进行检查。允许带载变幅的，当载荷达到额定起重量的 90%及以上时，严禁变幅。

5）提升重物，严禁自由下降。重物就位时，可采用慢就位机构或利用制动器使之缓慢下降。

6）提升重物作水平移动时，应高出其跨越的障碍物 0.5m 以上。

7）装有上、下两套操纵系统的起重机，不得上、下同时使用。

8）作业中如遇大雨、雾、雪及六级以上大风等恶劣天气，应立即停止作业，将回转机构的制动器完全松开，起重臂应能随风转动。

9）作业中，操作人员临时离开操纵室时，必须切断电源。

10）作业完毕后，起重臂应转到顺风方向，并松开回转制动器，小车及平衡重应置于非工作状态，吊钩宜升到离起重臂顶端 2～3m 处。

11）停机时，应将每个控制器拨回零位，依次断开各开关，关闭操纵室门窗，下机后，使起重机与轨道固定，断开电源总开关，打开高空指示灯。

12）动臂式和尚未附着的自升式塔式起重机，塔身上不得悬挂标语牌。

（3）塔式起重机的选用。塔式起重机的选用要综合考虑建筑物的高度；建筑物的结构类型；构件的尺寸和重量；施工进度、施工流水段的划分和工程量；现场的平面布置和周围环境条件等各种情况，同时要兼顾装、拆塔式起重机的场地和建筑结构满足塔架锚固、爬升的要求。

首先，根据施工对象确定所要求的参数，包括工作半径、起重量、起重力矩和吊钩高度等；然而根据塔式起重机的技术性能，选定塔式起重机的型号。

其次，根据施工进度、施工流水段的划分及工程量和所需吊次、现场的平面布置，确定塔式起重机的配量台数、安装位置及轨道基础的走向等。

6.2 装配式混凝土结构工程施工

装配式混凝土结构是以工厂化生产的钢筋混凝土预制构件为主，通过现场吊运、安装方式建造的混凝土结构。

6.2.1 混凝土预制构件的运输

1. 预制构件主要运输方式

预制构件的主要运输方式分为立式运输和平放运输。内、外墙板和 PCF 板等竖向构件多采用立式运输，预制墙板运输如图 6-12 所示。预制叠合板、阳台、楼梯、梁、柱等 PC 构件宜采用平放运输，叠合板运输如图 6-13 所示。对于一些小型构件和异型构件，多采用散装方式进行运输。

图 6-12　预制墙板运输

图 6-13　预制叠合板运输

2. 运输预制构件注意事项

（1）运输时构件的混凝土强度不应低于设计强度等级的 75%，薄壁构件强度应达到设计强度等级的 100%。

（2）墙板吊起时检查墙板套筒内、楼梯预留孔、各预埋件内是否有混凝土残留物。如有，要及时清理干净后再装车运输。

（3）装车时应两面对称装车，保证挂车的平衡性，确保车辆运输安全。

（4）无论装车或卸车，均应在设计吊点进行起吊。叠放在车上或堆放在现场上的构件，构件之间的垫木要在同一条垂直线上，且两侧垫木的厚度应相等。

（5）构件在运输前要固定牢靠，防止在运输时倾倒。

（6）运输过程中，为防止车辆颠簸对构件造成损伤，构件边角部及构件与捆绑、支撑接触处，宜采用柔性垫衬加以保护。

（7）出运PC构件需开具出库交接单、合格证，并按工厂要求认真填写，不错填、漏填。

6.2.2 混凝土预制构件的进场验收与堆放

1. 混凝土预制构件的进场验收

（1）核对生产单位提供的质量证明文件。出厂合格证；混凝土强度检验报告；钢筋复验单；钢筋套筒、钢筋连接类型的工艺检验报告；合同要求的其他质量证明文件。

（2）外观检查。检查预制构件的编号、标识；外观质量不应有严重缺陷，且不应有影响结构性能和安装、使用功能的尺寸偏差；预制构件上的预埋件、预留插筋、预埋管线等的规格和数量以及预留孔、预留洞的数量应符合设计要求；预制构件的粗糙面的质量及键槽的数量应符合设计要求。

（3）结构性能检验。梁板类简支受弯预制构件进场时应进行结构性能检验，并应符合规定：结构性能检验应符合国家现行有关标准的有关规定及设计的要求，检验要求和试验方法应符合《混凝土结构工程施工质量验收规范》的规定；钢筋混凝土构件和允许出现裂缝的预应力混凝土构件应进行承载力、挠度和裂缝宽度检验，不允许出现裂缝的预应力混凝土构件应进行承载力、挠度和抗裂检验；对大型构件及有可靠应用经验的构件，可只进行裂缝宽度、抗裂和挠度检验；对使用数量较少的构件，当能提供可靠依据时，可不进行结构性能检验。

对其他预制构件，除设计有专门要求外，进场时可不做结构性能检验。

对进场时不做结构性能检验的预制构件，应采取保证质量的措施：施工单位或监理单位代表应驻厂监督生产过程。当无驻厂监督时，预制构件进场时应对其主要受力钢筋数量、规格、间距、保护层厚度及混凝土强度等进行实体检验。

2. 混凝土预制构件的堆放

（1）叠合板、叠合梁。预制混凝土板、梁顶部在现场后浇混凝土而形成的整体受弯构件，简称叠合板、叠合梁。

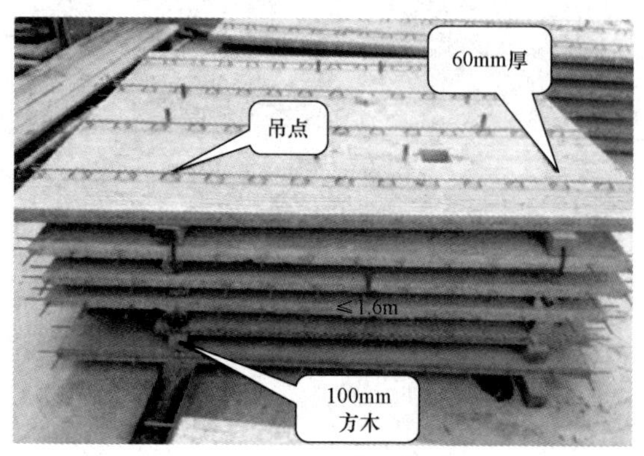

图6-14 叠合板堆放

叠合板、叠合梁应分型号水平放置在指定区域，堆放时，堆放场地应平整压实，排水畅通。叠合板、叠合梁后浇层面朝上整齐放置，下部放置通长垫木，垫木必须上下对齐垫实，不得有一角脱空现象。叠合板堆放时垫木必须放置在吊点处，板两端及跨中位置均设置垫木且间距不大于1.6m，堆放层数不宜大于6层，如图6-14所示。叠合梁堆放高度不宜大于4层。

（2）预制墙板。预制墙板使用专用竖向

墙体存放支架立式存放（见图 6-15），墙板宽度小于 4m 时墙板下部垫 2 块木方，两端距墙边 300mm 处各放一块木方。墙板宽度大于 4m 或带门口洞时墙板下部垫 3 块木方，两端距墙边 300mm 处各放一块木方，墙体重心位置处放一块。

图 6-15　预制墙板堆放

（3）预制楼梯。预制楼梯应分型号放在指定的储存区域，存放区域地面应平整坚实，排水畅通。楼梯下面沿长方向铺木方，堆放高度不超过 6 层，每层间需用通长木方垫起，上、下层楼梯垫木的位置必须对齐，严禁集中堆载，如图 6-16 所示。

（4）预制柱。预制柱分型号平放，底部与地面之间垫方木，层间用木方隔开，保证各层间木方上、下对齐，堆放层数不得超过相关规定，如图 6-17 所示。

图 6-16　预制楼梯堆放

图 6-17　预制柱堆放

（5）预制构件堆放注意事项。

1）预制构件要分门别类，按“先进先出”原则堆放；应堆放在起吊设备的覆盖范围内，避免二次搬运。

2）预制构件堆放要尽量做到“上小下大，上轻下重，不超过安全高度”。

3）预制构件不得直接置于地上，必要时加垫板、工字钢、木方予以保护存放。

4）预制构件应做好相应标识，储存场地须适当保持通风、通气。

6.2.3　装配式混凝土结构工程施工

装配式混凝土结构分为装配式混凝土整体结构、装配式混凝土框架结构和装配式混凝土剪力墙结构三种。

装配式混凝土结构是由预制混凝土构件（以预制柱、叠合板、叠合梁、剪力墙板等）通过可靠的方式进行连接并与现场后浇混凝土、水泥基灌浆料形成整体的装配式混凝土结构，简称装配式结构。

装配式混凝土框架结构是由全部或部分框架梁、柱采用预制构件构建成的装配式混凝土结构，简称装配式框架结构。

装配式混凝土剪力墙结构是全部或部分剪力墙采用预制墙板构建成的装配整体式混凝土结构，简称装配式剪力墙结构。

本书重点介绍预制柱、叠合板的施工。

1. 预制柱施工工艺

（1）施工工艺流程。测量放线→构件弹线→标高找平→校正竖向预留钢筋→吊装预制柱→安装及校正柱→灌浆施工。

（2）施工要点。

1）安装前准备工作。吊装前清理基层面，备齐安装所需的设备和器具，如斜撑、固定用铁件、螺栓、柱底高程调整铁片、起吊工具、垂直度测定仪器等。

检查预制柱外观质量，检查预埋灌浆套筒质量，清理灌浆套筒内部及注浆孔。

确认预制柱的吊装方向、构件编号、水电预埋管、吊点等内容。采用特制钢模具对下层预留钢筋位置、数量、规格进行复核，用钢筋校正器对有偏差的预留插筋进行校正。

进行吊装位置测量放线，在预制构件上弹安装准线。

对安装标高进行复核，安放高程调整铁片。

2）预制柱吊装就位。柱的吊装工艺：绑扎→起吊→就位→临时固定。

①绑扎：柱的绑扎方法应根据柱的重量、长度、起重机的性能和现场情况而定，现场一般采用直吊吊装。

②起吊：预制柱吊装采用慢起、快升、缓放的操作方式。起重机缓缓持力，将预制柱吊离存放架，然后快速运至安装施工层。就位前，再次清理柱安装部位基层，然后将预制柱缓缓吊运至安装部位的正上方。

图6-18 预制柱吊装对位

③对位：柱脚插入预留钢筋后，停在离设计标高300mm处进行对位，柱四侧中心线对准楼面上的定位线，套筒位置与地面预留钢筋位置对准后，将柱缓缓下降，预留钢筋插入灌浆套筒内，使之平稳就位，如图6-18所示。

④临时固定与校核：柱吊装到位后，先通过定位线检查柱子就位情况，如果不够准确，可采用撬棍进行调整，如图6-19所示。

将斜撑及时固定在预制柱上方和楼板的预埋件上，每根柱至少在两个垂直侧面设置斜撑。

柱的标高校正和平面位置的校正在柱对位时已完成，因此，在柱临时固定后，仅需对柱进行垂直度的校正。采用两架经纬仪从柱相邻的两边（视线应基本与柱面垂直）检查柱吊装

图 6-19　柱子就位调整

准线的垂直度，垂直度校核也可采用靠尺、线锤进行，如偏差超过相关规定值，则应对柱的垂直度进行校正，通过斜撑调节装置进行垂直度调整，直至垂直度满足规定的要求后进行锁定，如图 6-20 所示。

图 6-20　柱子垂直度调整

预制柱的临时支撑，应在套筒连接器内的灌浆料强度达到设计要求后拆除，当设计无具体要求时，混凝土或灌浆料应达到设计强度的 75%以上方可拆除。

3）灌浆施工。预制柱的连接通常是通过预埋于柱底内的灌浆套筒注入灌浆料拌和物，通过拌和物硬化形成整体并实现传力，使得上、下层主筋对接连接，如图 6-21 所示。预制柱的灌浆施工是技术难点。

采用套筒灌浆连接技术，同一规格钢筋、同一规格套筒按照每 1000 个灌浆套筒连接接头，在同一批次采购的套筒中随机抽取 3 个，在灌浆施工过程中制作 3 个相同灌浆工艺的钢筋套筒对中连接接头平行试件，且不超过 3 个自然层范围。平行接头试件应在标准养护条件下养护 28d，并进行抗拉强度检验，检验结果应符合《钢筋套筒灌浆连接应用技术规程》相关规定。经检验合格后，方可进行灌浆作业。

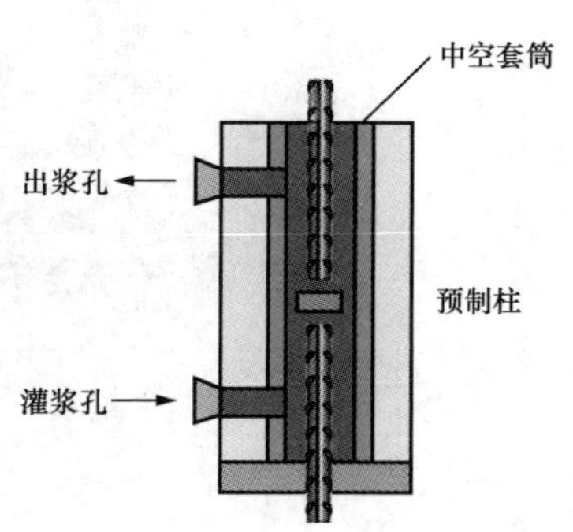

图 6-21　灌浆套筒示意图

①施工工艺流程。灌浆孔检查→座浆塞缝→制作灌浆料→灌浆施工→封堵。

②施工要点。对灌浆孔和出浆孔进行编号，然后检查灌浆孔，其目的是为了确保灌浆套筒内畅通，没有异物。检查方法是使用细钢丝从上部灌浆孔伸入套筒，如从底部可伸出，并且从下部灌浆孔可看见细钢丝，即畅通。

图 6-22 柱底座浆塞缝

柱底与底板间要形成一个密闭空间，以保证灌浆料在压力下注满柱底键槽及套筒并达到一定的密实度。可以先用海绵条塞进柱底缝隙，再用专用座浆料进行座浆施工，24h 后达到一定强度才能灌浆，如图 6-22 所示。

套筒灌浆需采用高强度无收缩灌浆材料，制作过程中应严格按照配合比及搅拌工艺搅拌，搅拌均匀后静置时间不低于 2min，待浆料中的气体排出后再进行灌浆。灌浆料还需要测定流动度，要求初始流动度大于等于 300mm，如图 6-23 所示。灌浆前需制作同条件试块 2 组，试件尺寸采用 40mm×40mm×160mm 的棱柱体。

灌浆工程采用灌浆泵进行，灌浆料由下端靠中部灌浆孔注入，当浆料由出浆孔流出呈圆柱状时，应及时塞入橡胶塞进行封堵。当所有灌浆孔及出浆孔溢浆后还应持压 30s，保证灌浆密实，如图 6-24 和图 6-25 所示。

套筒灌浆施工人员必须持证上岗，灌浆结束后工作人员必须填写套筒灌浆施工记录表，见表 6-1。灌浆作业的全过程要求监理人员必须进行旁站。

图 6-23 测定初始流动度

图 6-24 柱底灌浆施工示意图

表 6 - 1　　套筒灌浆施工记录表

<table>
<tr><td colspan="2">项目名称：</td><td>施工日期：</td><td>施工部位（构件编号）：</td></tr>
<tr><td colspan="2">灌浆开始时间：
灌浆结束时间：</td><td>灌浆责任人：</td><td>监理责任人：</td></tr>
<tr><td rowspan="3">砂浆注入管理记录</td><td>室外温度：　℃</td><td>水量：　℃</td><td>砂浆批号：</td></tr>
<tr><td>水温：　℃</td><td>流动度：　mm</td><td rowspan="2">备注：</td></tr>
<tr><td>灌浆时浆体温度：　℃</td><td></td></tr>
</table>

2. 叠合板施工工艺

(1) 施工工艺流程。测量放线→安装叠合板底板支撑→安装底板支撑工具梁→调整底板位置标高→吊装叠合板底板→校核板底标高→安装现浇板带及墙板结合部位模板→铺设管线→绑扎现浇叠合层钢筋→浇筑叠合层混凝土。

图 6 - 25　柱底灌浆施工现场图

(2) 施工要点。

1) 施工准备。清理施工层地面，检查预留洞口部位的覆盖防护，检查支撑材料规格、辅助材料，检查叠合板构件编号及质量。

2) 定位放线。进行支撑布置轴线测量放线，标记叠合板底板支撑的位置；标记施工层叠合板板底标高及水平位置线。

图 6 - 26　底板支撑及工具梁

3) 安装底板支撑及工具梁。底板支撑系统可选用碗扣式、扣件式、承插式脚手架体系，宜采用独立钢支撑等工具式脚手架，将带有可调装置的独立钢支撑安放在位置标处，设置三脚稳定架，架设工具梁托座，安装工具梁（宜选择铝合金梁、木工字梁等刚度大、截面尺寸标准的工具梁），安装支撑构件间连接件等稳固措施，如图 6 - 26 所示。

4) 调整底座位置标高。根据板底标高线，微调节支撑的支设高度，使工具梁顶面达到设计位置，并保持支撑顶部位置在平面内。

5) 吊装叠合板底板。叠合板起吊时，应保证起重设备的吊钩位置、吊具及构件重心在垂直方向上重合，吊索与吊装梁水平夹角不宜小于 60°。可以采用预制构件横吊梁进行吊装，4 个吊点均匀受力，保证构件平稳吊装。叠合板起吊如图 6 - 27 所示。

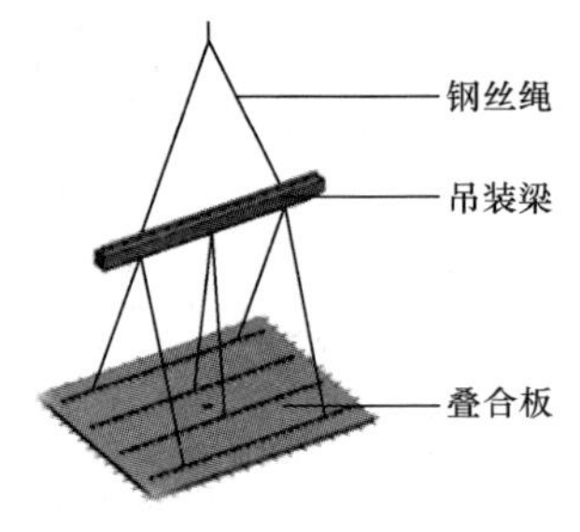

图6-27 预制叠合板吊装示意图

就位时叠合板要从上垂直向下安装，在作业层上空300～500mm处略作停顿，施工人员手扶楼板调整方向，将板的边线与墙上的安放位置线对准，避免叠合板上的预留钢筋与墙体钢筋碰触，放下时要停稳慢放。端部的搁置长度应符合设计要求，支座处的受力状态应保持均匀一致，端部与支承构件之间应座浆或设置支承垫块，座浆或支承垫块厚度不宜大于20mm。

调整板位置时，要垫以小木块，不要直接使用撬棍，以避免损坏板边角，保证板在梁或墙上的搁置长度，其允许偏差不大于5mm。

6）微调支撑，校核叠合板标高位置。

7）安装叠合板间结合部位模板，安装现浇带模板及支撑，使叠合楼板四周稳固，如图6-28所示。

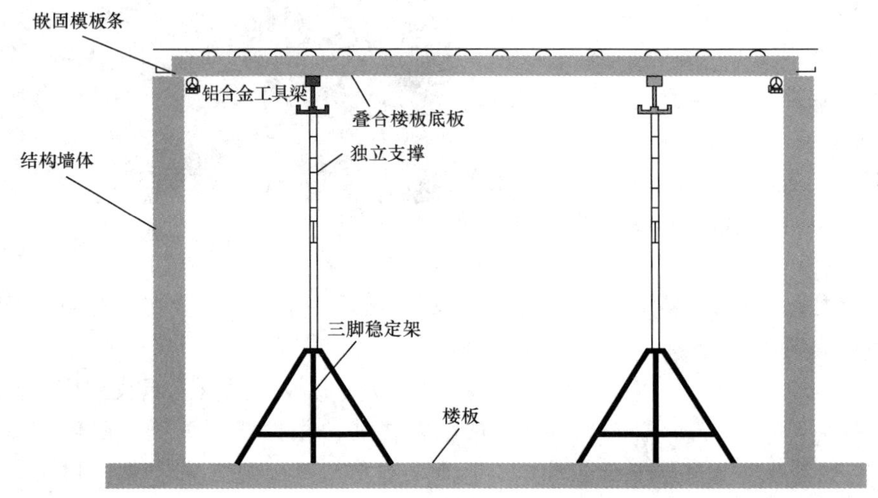

图6-28 叠合板就位

8）铺设叠合层梁板钢筋绑扎及管线、预埋件。

9）浇筑梁板叠合层混凝土。混凝土浇筑前，应按设计要求检查结合面粗糙度和预制构件的外露钢筋的位置和尺寸。

10）混凝土强度达到设计要求后拆除支撑装置。

6.2.4 装配式混凝土结构质量验收

1. 质量验收一般规定

（1）装配式结构连接部位及叠合构件浇筑混凝土之前，应进行隐蔽工程验收。隐蔽工程验收应包括的主要内容有：混凝土粗糙面的质量，键槽的尺寸、数量、位置；钢筋的牌号、规格、数量、位置、间距，箍筋弯钩的弯折角度及平直段长度；钢筋的连接方式、接头位置、接头数量、接头面积百分率、搭接长度、锚固方式及锚固长度；预埋件、预留管线的规格、数量、位置。

（2）装配式结构的接缝施工质量及防水性能应符合设计要求和国家现行有关标准的规定。

2. 装配式结构构件位置和尺寸允许偏差

装配式结构施工后，预制构件位置、尺寸偏差及检验方法应符合设计要求；当设计无具体要求时，应符合表 6-2 的规定。检查数量：按楼层、结构缝或施工段划分检验批。在同一检验批内，对梁、柱和独立基础，应抽查构件数量的 10%，且不应少于 3 件；对墙和板，应按有代表性的自然间抽查 10%，且不应少于 3 间；对大空间结构，墙可按相邻轴线间高度 5m 左右划分检查面，板可按纵、横轴线划分检查面，抽查 10%，且均不应少于 3 面。

表 6-2　装配式结构构件位置和尺寸允许偏差及检验方法

项目			允许偏差（mm）	检验方法
构件轴线位置	竖向构件（柱、墙、桁架）		8	经纬仪及尺量
	水平构件（梁、楼板）		5	
构件标高	梁、柱、墙板、板板底面或顶面		±5	水准仪或拉线、尺量
构件垂直度	柱、墙板安装后的高度	≤6m	5	经纬仪或吊线、尺量
		>6m	10	
构件倾斜度	梁、桁架		5	经纬仪或吊线、尺量
相邻构件平整度	梁、楼板底面	外露	3	2m 靠尺和塞尺量测
		不外露	5	
	柱、墙板	外露	5	
		不外露	8	
构件搁置长度	梁、板		±10	尺量
支座、支垫中心位置	板、梁、柱、墙板、桁架		10	尺量
墙板接缝宽度			±5	尺量

6.3　装配式钢结构工程施工

装配式钢结构以钢为主要材料，通过模块化设计、工厂化制造和标准化组装的方式构建建筑物。这种结构体系使用标准化构件，按照设计图纸进行组装，各构件或部件之间通过焊接、螺栓或铆钉加以连接。装配式钢结构具有强度高、自重轻、整体刚性和变形能力良好，适合建造大跨度和超高、超重型的建筑物，如大型工业厂房、写字楼、公路铁路桥梁和海洋石油钻井平台等。此外，装配式钢结构在连接位置通常采用高强螺栓与连接板配合连接，减少了现场焊接的需求，有利于绿色施工和环境保护。

本书以单层装配式钢结构厂房为例，简介其施工工艺。

6.3.1　准备工作

单层装配式钢结构厂房施工准备阶段主要内容有技术准备、机具设备准备、材料准备、作业条件准备等。

1. 技术准备

技术准备工作主要包括编制施工组织设计和现场基础准备。

（1）编制施工组织设计。主要内容包括：工程概况与特点；施工组织与部署；施工准备工作计划；施工进度计划；施工现场平面布置图；劳动力、机械设备、材料和构件供应计划；质量保证措施和安全措施；环境保护措施等。

在工程概况的编写中，由于钢结构工程施工的特点，对于工程所在地的气候情况，尤其是雨水、台风情况要作详细的说明，以便于在工期允许的情况下避开雨期施工，以保证工程质量，在台风季节到来前做好施工安全应对措施。

（2）基础准备。

1）根据测量控制网对基础轴线、标高进行技术复核。对于预埋地脚螺栓，需复核每个螺栓的轴线、标高，对超出规范要求的，必须采取相应的补救措施。

2）检查地脚螺栓外露部分的情况，若有弯曲变形、螺牙损坏的螺栓，必须对其修正。

3）将柱子就位轴线弹测在柱基表面。

4）对柱基标高进行找平。

混凝土柱基标高一般比设计标高低 50～60mm，在安装时用钢垫板或提前采用座浆垫板找平。

当采用钢垫板作支承板时，钢垫板的面积应根据基础混凝土的抗压强度、柱脚底板下二次灌浆前柱底承受的荷载和地脚螺栓的紧固拉力计算确定。垫板与基础面和钢柱底面的接触应平整、紧密。

钢结构地脚螺栓基础如图 6-29 所示。

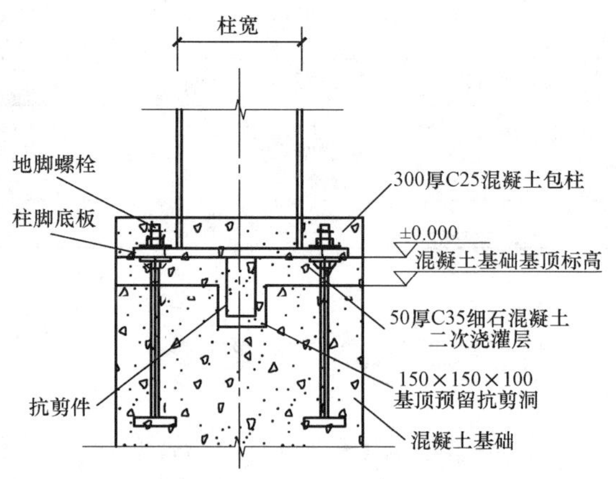

图 6-29 钢结构地脚螺栓基础

采用座浆垫板时应采用无收缩砂浆，柱子吊装前砂浆垫块的强度应高于基础混凝土强度一个等级，且砂浆垫块应有足够的面积以满足承载的要求。

基础支承面、地脚螺栓的偏差应符合表 6-3 的规定。

表 6-3 支撑面、地脚螺栓（锚栓）的允许偏差和检验方法

项次	项目		允许偏差（mm）	检验方法
1	支撑面	标高	±3.0	用水准仪检查
		水平度	l/1000	用 1m 直尺和塞尺检查

续表

项次	项目		允许偏差（mm）	检验方法
2	地脚螺栓（锚栓）	螺栓中心偏移	5.0	用钢尺检查
		螺栓露出长度	+30.0	
		螺纹长度	0	
3	预留孔中心偏移		10.0	用钢尺检查

注　l 为支撑面长度。

2. 机具设备准备

（1）起重设备。一般单层钢结构厂房安装的起重设备宜按履带式起重机、汽车式起重机、塔式起重机的顺序选用。由于单层钢结构厂房普遍存在面积大、跨度大的特点，应优先考虑使用起重量大、移动方便的履带式和汽车式起重机；对于跨度大、高度高的重型工业厂房主体结构的吊装，宜选用塔式起重机。

（2）其他机具设备。其他常用的施工机具有电焊机、栓钉机、卷扬机、空压机、倒链、滑车、千斤顶等。

3. 材料准备

材料准备包括钢构件的准备、普通螺栓和高强度螺栓的准备、焊接材料的准备等。

6.3.2　钢构件堆放

钢构件堆放的规定如下：

（1）钢构件不得直接与地面接触，必须垫高至少 200mm，以防止受潮和损坏。

（2）构件应依据型号、编号、吊装顺序和方向进行有序分类，并配套堆放。堆放位置需遵循吊装平面布置图的规定，确保在起重机回转半径内。堆放位置应按照“重近轻远”的原则布置，同时需考虑吊装顺序和装车方向，避免不必要的转向和二次搬运，以提高效率并减少构件损坏风险。

（3）大型构件附带的小零件应妥善放置在构件间的空隙中，并使用螺栓或铁丝牢固固定在构件上，以防止丢失或损坏。

（4）对于侧向刚度较大的构件，可水平堆放。多层叠放时，应确保各层垫木位于同一垂线上，以保证稳定性。在构件叠层堆放时，需严格控制堆放层数。钢屋架平放不超过 3 层，钢檩条不超过 6 层。钢结构堆垛整体高度通常不应超过 2m，并确保堆垛间留有至少 2m 宽的通道，以便于操作和运输。

（5）构件堆放时需预留足够的挂钩、绑扎操作空间，以及净距和净空。堆放场应建设环形运输道路，单行道宽度不少于 4m，双行道不少于 6m，以满足运输需求。

6.3.3　钢结构预拼装

由于受运输、吊装等条件的限制，有时构件要分成两段或若干段出厂，为了保证安装的顺利进行，应根据构件或结构的复杂程序和设计要求，在出厂前进行预拼装。

预拼装前，单个构件应检查合格；当同一类型构件较多时，可选择一定数量的代表性构件进行预拼装。

构件可采用整体预拼装或累积连续预拼装。当采用累积连续预拼装时，两相邻单元连接的构件应分别参与两个单元的预拼装。

除有特殊规定外，构件预拼装应按设计文件和现行国家标准《钢结构工程施工质量验收规范》的有关规定进行验收。预拼装验收时，应避开日照的影响。

1. 实体预拼装

预拼装场地应平整、坚实；预拼装所用的临时支承架、支承凳或平台应经测量准确定位，并应符合工艺文件要求。重型构件预拼装所用的临时支承结构应进行结构安全验算。

预拼装单元可根据场地条件、起重设备等选择合适的几何形态进行预拼装。

构件应在自由状态下进行预拼装。

构件预拼装应按设计图的控制尺寸定位，对有预起拱、焊接收缩等的预拼装构件，应按预起拱值或收缩量的大小对尺寸定位进行调整。

采用螺栓连接的节点连接件，必要时可在预拼装定位后进行钻孔。

当多层板采用高强度螺栓或普通螺栓连接时，宜先使用不少于螺栓孔总数 10%的冲钉定位，再采用临时螺栓紧固。

临时螺栓在一组孔内不得少于螺栓孔数量的 20%，且不应少于 2 个；预拼装时应使板层密贴。螺栓孔应采用试孔器进行检查，并应符合下列规定：

（1）当采用比孔公称直径小 1.0mm 的试孔器检查时，每组孔的通过率不应小于 85%。

（2）当采用比螺栓公称直径大 0.3mm 的试孔器检查时，通过率应为 100%。

预拼装检查合格后，宜在构件上标注中心线、控制基准线等标记，必要时可设置定位器。

2. 计算机辅助模拟预拼装

构件除可采用实体预拼装外，还可采用计算机辅助模拟预拼装方法，模拟构件或单元的外形尺寸应与实物几何尺寸相同。

当采用计算机辅助模拟预拼装的偏差超过现行国家标准《钢结构工程施工质量验收标准》的有关规定时，应按《钢结构工程施工规范》的有关要求进行实体预拼装。

6.3.4 钢构件的连接

钢构件的连接通常采用焊接和螺栓连接，螺栓连接分普通螺栓和高强度螺栓连接等。

1. 焊接

钢框架的焊接施工的开展，平面上宜从中心向四周扩展，采用结构对称、节点对称的焊接顺序，钢柱两侧的梁柱对称焊缝应同时焊接。

电弧焊是应用最普遍的焊接形式。

（1）焊接接头。建筑钢结构中常用的焊接接头按焊接方法分为熔化接头和电渣焊接头两类。在手工电弧焊中，熔化接头根据焊件的厚度、使用条件、结构形状的不同又分为对接接头、角接接头、T 形接头和搭接接头等形式。在各种形式的接头中，为了提高焊接质量，较厚的构件往往要开坡口。开坡口的目的是保证电弧能深入焊缝的根部，使根部能焊透，以便清除熔渣，获得较好的焊缝形态。焊接接头形式见表 6-4。

表 6-4　　**焊接接头形式**

序号	名称	图示	接头形式	特点
1	对焊接头		不开坡口 V、X、U 形坡口	应力集中较小，有较高的承载力
2	角焊接头		不开坡口	适用厚度在 8mm 以下
			V、K 形坡口	适用厚度在 8mm 以下
			卷边	适用厚度在 2mm 以下
3	T 形接头		不开坡口	适用厚度在 30mm 以下的不受力构件
			V、K 形坡口	适用厚度在 30mm 以上的只承受较小剪应力构件
4	搭接接头		不开坡口	适用厚度在 12mm 以下的钢板
			塞焊	适用双层钢板的焊接

（2）焊缝形式。按施焊的空间位置，焊缝形式可分为平焊缝、横焊缝、立焊缝及仰焊缝四种（见图 6-30）。平焊的熔滴靠自重过渡，操作简单，质量稳定；横焊时，由于重力熔化金属容易下淌，而使焊缝上侧产生咬边，下侧产生焊瘤或未焊透等缺陷；立焊焊缝成形更加困难，易产生咬边、焊瘤、夹渣、表面不平等缺陷；仰焊时，必须保持最短的弧长，因此常出现未焊透、凹陷等质量问题。

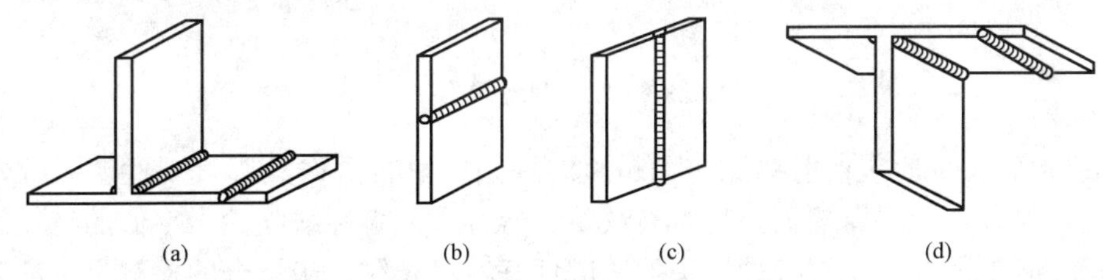

图 6-30　各种位置焊缝形式示意图

（a）平焊；（b）横焊；（c）立焊；（d）仰焊

按结合形式，焊缝可分为对接焊缝、角焊缝和塞焊缝三种，如图 6-31 所示。对接焊缝主要尺寸有焊缝有效高度 S、焊缝宽度 c、余高 h。角焊缝主要以高度 K 表示，塞焊缝常以熔核直径 d 表示。

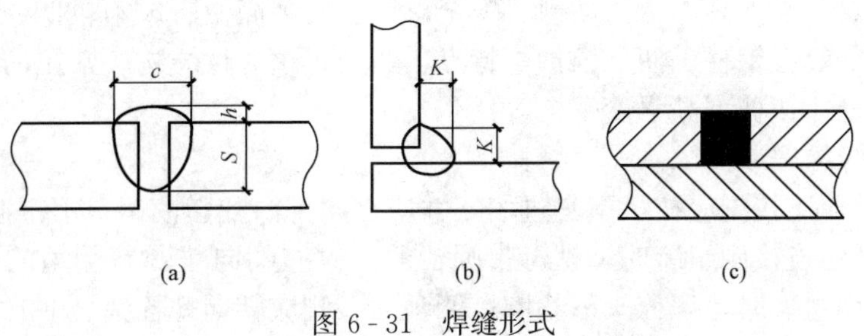

图 6-31　焊缝形式

（a）对接焊缝；（b）角焊缝；（c）塞焊缝

（3）焊接前的准备。焊前准备包括坡口制备、预焊部位清理、焊条烘干、预热、预变形及高强度钢切割表面探伤等。

（4）引弧与熄弧。引弧有碰击法和划擦法两种。施工中，严禁在焊缝区以外的母材上打火引弧。在坡口内引弧的局部面积应熔焊一次，不得留下弧坑。

（5）焊接完工后的处理。焊接结束后的焊缝及两侧，应彻底清除飞溅物、焊渣和焊瘤等。

（6）焊缝的质量检验。钢结构焊缝质量检验分三级：一级检验要求全部焊缝进行外观检查和超声波检查，焊缝长度的 2%进行 X 射线检查；二级检验要求全部焊缝进行外观检查，并有 50%的焊缝长度进行超声波检查；三级检验的要求全部焊缝进行外观检查。

1）外观检查。普通碳素结构钢焊缝的外观检查，应在焊缝冷却至工作地点温度后进行；低合金结构钢应在完成焊接 24h 进行。焊接金属表面焊波应均匀，不得有裂纹、未熔合、夹渣、焊瘤、咬边、烧穿、弧坑和针状孔等缺陷（见图 6-32），焊接不得有飞溅物。焊缝的位置、外形尺寸必须符合施工图和《钢结构工程施工质量验收规范》的要求。

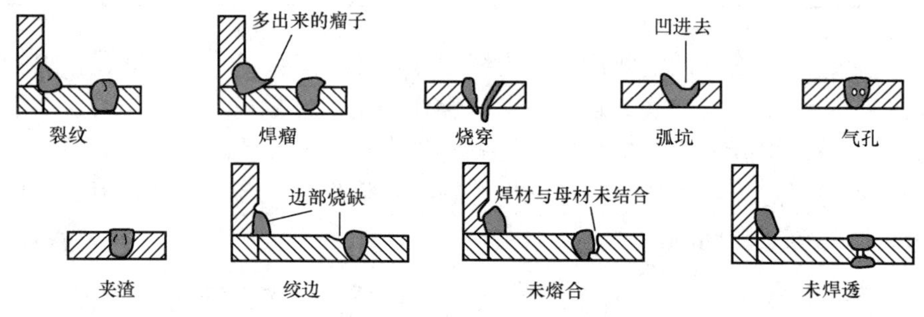

图 6-32　焊缝缺陷

2）无损检验。一般包括射线探伤和超声波探伤。射线探伤具有直观性、一致性，成本高，操作过程复杂，检测周期长，且对裂纹、未熔合等危害性缺陷检出率低的特点。超声波探伤操作程序简单、快速，对各种接头的适应性好，对裂纹、未熔合的检测灵敏度高，得到广泛使用。

2. 螺栓连接

螺栓连接分普通螺栓（A 级、B 级、C 级）和高强度螺栓连接两种。

普通螺栓主要用于拆装式结构或在焊接、铆接施工时用作临时固定构件。优点是装拆方便，不需特殊设备，施工速度快。常用的普通螺栓有六角螺栓、双头螺栓和地脚螺栓等。

高强度螺栓具有强度高、承受动载、安全可靠、安装简便、成本较低、连接紧密不易松动、塑性韧性好、节省钢材、便于维护等特点，适用于永久性结构。常用的高强度螺栓有大六角头高强度螺栓、扭剪型高强度螺栓等。

（1）高强度螺栓安装要求。

1）高强度螺栓连接副应按批配套进场，并应在同批内配套使用，不得混批使用。

2）高强度螺栓连接副组装时，螺母带圆台的一侧应朝向垫圈有倒角的一侧。大六角头高强度螺栓连接副组装时，螺栓头下垫圈有倒角的一侧应朝向螺栓头。

3）高强度螺栓连接安装的穿入方向应以施工方便为准，并力求一致。

4）安装高强度螺栓时，构件的摩擦面应保持干燥，不得在潮湿状态、雨雪天作业。

5）高强度螺栓连接副的初拧、复拧和终拧宜在一天内完成，并做好施工过程记录。

6）一节钢柱吊装就位、初步校正后，逐层安装钢梁连接接头时应先用冲钉或临时螺栓定位，临时螺栓和冲钉的数量应根据该接头可能承担的载荷计算确定，并应符合：①临时螺栓不得少于 2 个；②不得少于节点螺栓总数的 1/3；③穿入冲钉数量不宜多于临时螺栓数量的 30%。

7）竖向一节钢柱范围形成基本框架后更换高强螺栓，进行初拧、复拧和终拧，高强螺栓的施拧顺序应符合下列规定：

①高强度螺栓在初拧、复拧和终拧时，连接处的螺栓应按一定顺序施拧，确定施拧顺序的原则为从螺栓群中央顺序向外拧紧和从接头刚度大的部位向约束小的方向拧紧。一般接头应从接头中心顺序向两端进行（见图 6-33）。

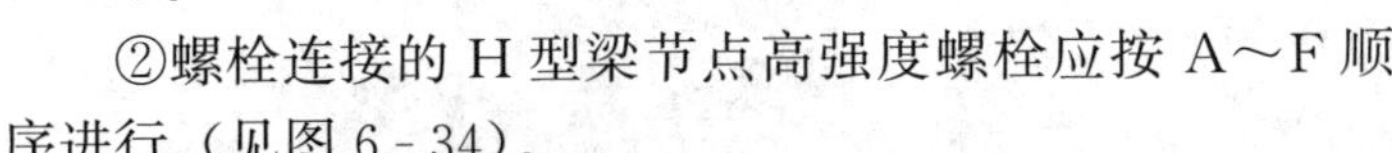

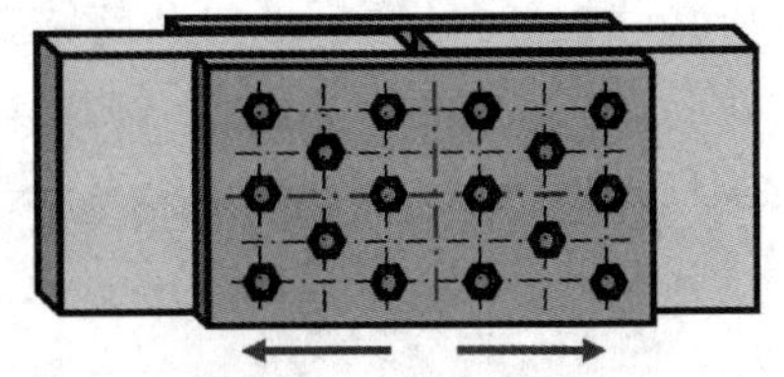

图 6-33　一般接头

②螺栓连接的 H 型梁节点高强度螺栓应按 A～F 顺序进行（见图 6-34）。

③全螺栓连接的 H 型柱节点高强度螺栓紧固顺序为先翼缘后腹板。

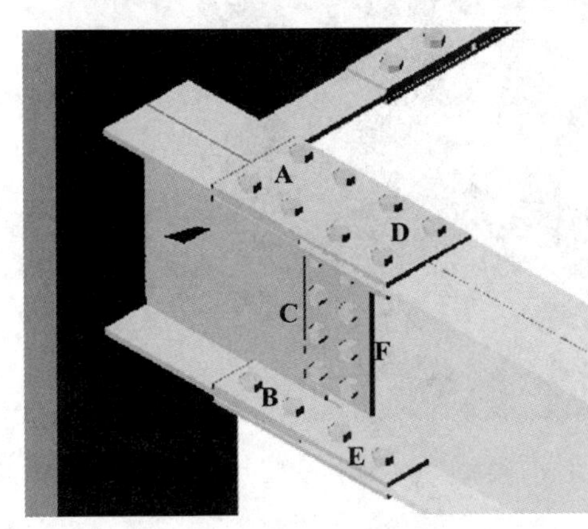

图 6-34　H 型梁接头

④两个或多个接头螺栓群的拧紧顺序应先主要构件接头，后次要构件接头。

（2）高强度螺栓安装注意事项。高强度螺栓安装时应能自由穿入螺栓孔，不得强行穿入。如果螺栓不能自由穿入孔，不得火焰切割扩孔。应按下列方法处理：

1）当螺栓孔偏差不大时，使用铰刀进行修整，修整后孔的最大直径不应大于 1.2 倍螺栓直径，且修孔数量不应超过该节点螺栓数量的 25%。修孔前应将四周螺栓全部拧紧，并应使连接板之间贴紧后再进行铰孔。

2）当螺栓孔偏差较大，该孔应补焊后重新钻孔。清除孔边毛刺，用砂轮进行局部打磨摩擦面。补焊时，应用与母材相匹配的焊材补焊，不得用钢筋、钢块、焊条等填塞。每组孔中经补焊重新钻孔的数量不得超过该组螺栓数量的 20%，处理后的孔应作好记录。

6.3.5　钢构件安装施工

单层装配式钢结构厂房安装主要介绍钢柱安装、吊车梁安装、钢屋架安装。

1. 钢柱安装施工

（1）施工工艺流程。预埋锚栓交接验收→起吊钢柱→钢柱就位→安装钢柱→校正→紧固锚拉栓→检验→安装柱间撑→安装系杆→检验→二次灌浆。

（2）施工要点。

1）临时平台搭设应平整和稳固，要有临时固定措施，以防钢柱预拼中发生位移变形。

2）分别在钢平台和钢柱上弹出中心线，上、下柱要垫平、找直，用经纬仪与通线校验后，用夹具定位焊。

3）焊接：为减少焊接变形，一般采用对称焊，未焊好前夹具和临时固定板不要拆除，待两面都施焊完后拆除临时固定装置。如有变形，用火焰法校正。

4）起吊绑扎：选好绑扎点（即吊点），钢柱绑扎点一般选在重心的上部或牛腿的下部。根据钢柱的长度、重量选择吊车及吊装方法，单机吊装通常用滑移法或旋转法，双机抬吊通常用递送法。

5）钢柱起吊前，将调节螺母先拧到锚拉栓上，钢柱起吊后，当柱底板距锚拉栓300～400mm时，将柱底板螺栓孔与锚拉栓对正，这时缓慢落钩，就位（见图6-35）。同时将钢柱定位线与基础轴线对齐，初步校正，戴上紧固螺母，临时固定后脱钩（见图6-36）。

图6-35 钢柱就位

图6-36 钢柱安装

6）钢柱就位后要用经纬仪或线锤进行校直，并用双螺母进行柱底调平，调节范围超出设计尺寸时，事先要用垫板找平。

7）固定：钢柱整体校正后，要将紧固螺母拧紧，并做临时加固，待其他钢构件全部安装检查无误后，浇灌细石混凝土。

8）钢柱校正固定后，将柱间支撑安装固定。

（3）质量控制。钢柱安装的允许偏差应符合表6-5的规定。

表6-5 钢柱安装的允许偏差和检验方法

项目	允许偏差（mm）	图例	检验方法
柱脚底座中心线对定位轴线的偏移	5.0	Δ Δ Δ	用吊线和钢尺检查

续表

项目			允许偏差（mm）	图例	检验方法
柱基准点标高		有吊车梁的柱	+3.0 −5.0	基准点	用水准仪检查
		无吊车梁的柱	+5.0 −8.0		
弯曲矢高			H/1200，且不应大于 15.0		用经纬仪或拉线和钢尺检查
柱轴线垂直度	单层柱	H≤10m	H/1000	Δ H	用经纬仪或吊线和钢尺检查
		H>10m	H/1000，且不应大于 25.0		
	多节柱	单节柱	H/1000，且不应大于 10.0		
		柱全高	35.0		

2. 钢吊车梁安装施工

（1）施工工艺流程。施工准备→测量放线→钢梁安装→测量校正→焊接→检查验收。

（2）施工要点。在钢柱固定于基础之后，即可吊装吊车梁，钢吊车梁按照先主梁后次梁，先内后外、先下层后上层的安装顺序进行安装。梁端之间留有 10mm 左右的空隙。梁的搁置处与牛腿面之间应留设钢垫板的空隙，以便调整标高。梁与牛腿用螺栓连接，梁与制动架之间用高强度螺栓连接。

1）钢梁安装方法：主梁起吊到位对正，先用撬棍，再用冲头调整好构件的准确位置固定。

2）钢梁的就位与临时固定：钢梁吊装前，应清理钢梁表面污物；对产生浮锈的连接板和摩擦面进行除锈。待吊装的钢梁应装配好附带的连接板，并用工具包装好螺栓。钢梁吊装就位时要注意钢梁的上下方向以及水平方向，确保安装正确。钢梁安装就位时，及时夹好连接板，对孔洞有偏差的接头应用冲钉配合调整跨间距，然后再用普通螺栓临时连接，如图 6-37 所示。安装螺栓数量按规范要求不得少于该节点螺栓总数的 30%，且不得少于两个。当一个框架内的钢梁安装完毕后，及时对此进行测量校正。

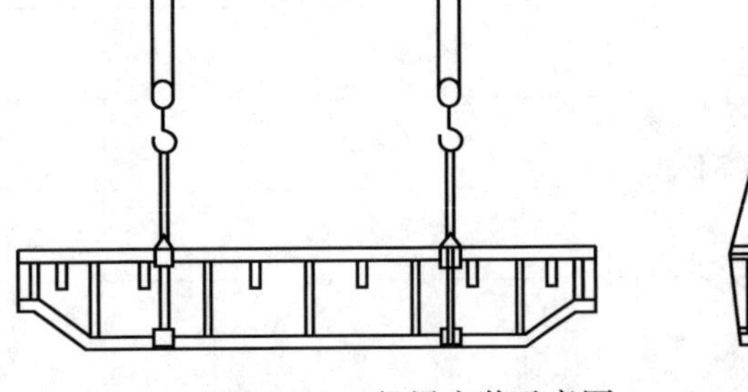

图 6-37　钢梁安装示意图

3）钢梁安装注意事项：在钢梁的标高、轴线的测量校正过程中，一定要保证已安装好的标准框架的整体安装精度。钢梁安装完成后应检查钢梁与连接板的贴合方向。

（3）质量控制。钢吊车梁安装允许偏差及检验方法见表6-6。

表6-6　　钢吊车梁安装允许偏差及检查方法

项目		允许偏差（mm）	图例	检验方法
梁的跨中垂直度Δ		$H/500$	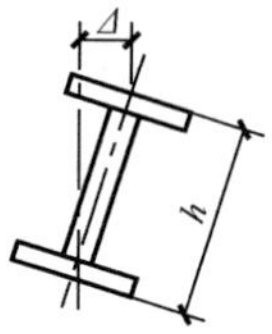	用吊线和钢尺检查
侧向弯曲矢高		$l/1500$，且不应大于10.0	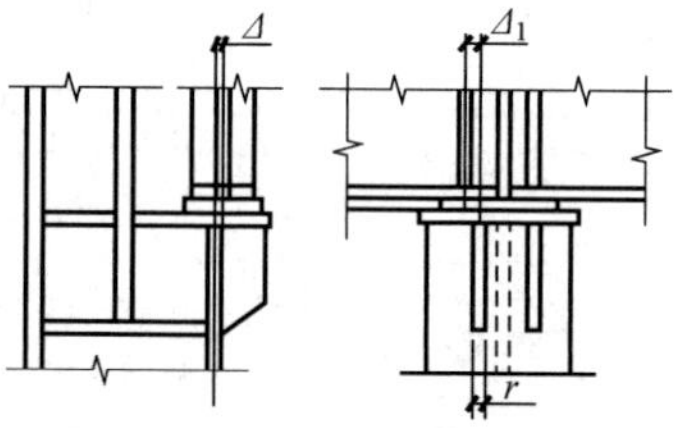	用拉线和钢尺检查
垂直上拱矢高		10.0		
两端支座中心位移Δ	安装在钢柱上时，对牛腿中心的偏移	5.0		
	安装在混凝土柱上时，对定位轴线的偏移	5.0		
吊车梁支座加劲板中心与柱子承压加劲板中心的偏移Δ_1		$t/2$		用吊线和钢尺检查
同跨间内同一横截面吊车梁顶面高差Δ	支座处	10.0	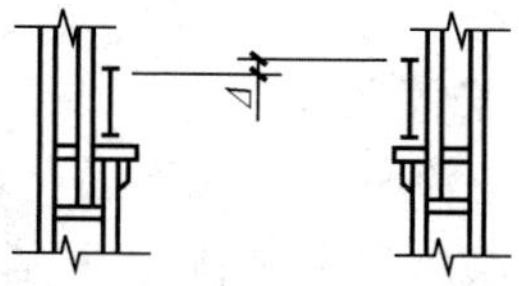	用经纬仪、水准仪和钢尺检查
	其他处	15.0		
同跨间内同一横截面下挂式吊车梁底面高差Δ		10.0	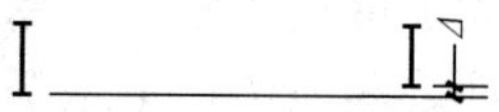	
同列相邻两柱间吊车梁顶面高差Δ		$l/1500$，且不应大于10.0	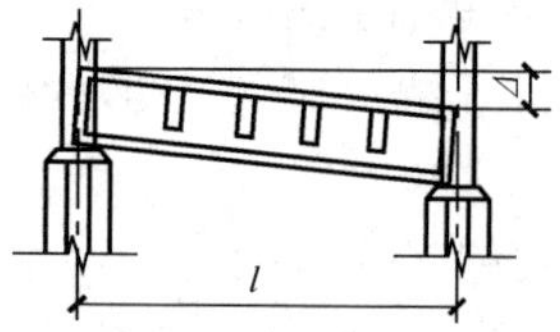	用水准仪和钢尺检查
相邻两吊车梁接头部位Δ	中心错位	3.0	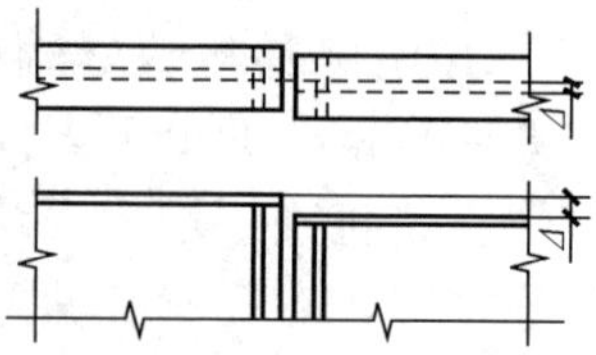	用钢尺检查
	上承式顶面高差	1.0		
	下承式底面高差	1.0		
同跨间任一截面的吊车梁中心跨距Δ		±10.0	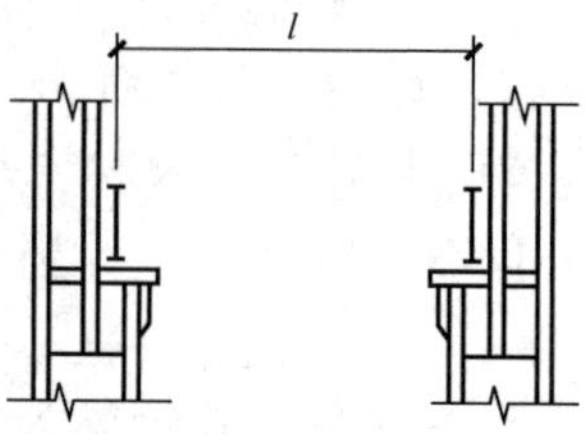	用经纬仪和光电测距仪检查；跨度小时，可用钢尺检查

续表

项目	允许偏差（mm）	图例	检验方法
轨道中心对吊车梁腹板轴线的偏移 Δ	$t/2$		用吊线和钢尺检查

3. 钢屋架安装施工

（1）施工工艺流程。作业准备→屋架组拼→屋架安装→连接与固定→检查、验收→除锈、刷涂料。

（2）施工要点。

1）安装准备。对安装定位的轴线控制点和测量标高使用的水准点进行复验，放出标高控制线和屋架轴线的吊装辅助线。复验屋架支座及支撑系统的预埋件、轴线、标高、水平度、预埋螺栓位置及露出长度等，超出允许偏差时，应做好技术处理。检查吊装机械及吊具，按要求搭设脚手架或操作平台。屋架腹杆设计为拉杆，吊装时由于吊点位置使其受力改变为压杆时，为防止构件变形、失稳，在平行于屋架上、下弦方向采用钢管、方木或其他临时加固措施。

2）屋架组拼。屋架分片运至现场组装时，拼装平台应平整。组拼时应保证屋架总长及起拱尺寸的要求。焊接时焊完一面检查合格后，再翻身焊另一面，做好施工记录，验收后方准吊装。屋架及天窗架也可以在地面上组装好一次吊装，但要临时加固，以保证吊装时有足够的刚度。

3）屋架安装。屋架绑扎时必须绑扎在上弦节点上，以防止钢屋架在吊点处发生变形，绑扎节点的选择应符合钢屋架标准图要求或经计算确定。屋架起吊时离地 500mm 时暂停，检查无误后再继续起吊。安装第一榀屋架时，在松开吊钩前初步校正；对准屋架支座中心线或定位轴线就位，调整屋架垂直度，并检查屋架侧向弯曲，将屋架临时固定。第二榀屋架用同样方法吊装就位后，不要松钩，用方木临时与第一榀屋架固定，然后安装支撑系统及部分檩条，最后校正固定，务必使第一榀屋架与第二榀屋架形成一个具有空间刚度和稳定的整体。从第三榀屋架开始，在屋脊点及上弦中点装上檩条即可将屋架固定，同时将屋架校正好。

4）构件连接与固定。构件安装采用焊接或螺栓连接，先检查连接节点，合格后方能进行焊接或螺栓连接。安装螺栓孔不允许用气割扩孔，永久性螺栓不得垫两个以上垫圈，螺栓外露丝扣长度不少于 2～3 扣。安装定位焊缝不需承受荷载时，焊缝厚度不少于设计焊缝厚度的 2/3，且不大于 8mm，焊缝长度不宜小于 25mm，位置应在焊道内。安装焊缝需全数进行外观检查，主要的焊缝还应按设计要求用超声波探伤检查内在质量，上述检查均需做出记录。

5）钢屋架吊装注意事项。

①屋架吊装就位时应以屋架下弦两端的定位标记和柱顶的轴线标记严格定位并点焊加以临时固定。

②第一榀屋架吊装就位后，应在屋架上弦两侧对称设缆风绳固定（见图6-38），第二榀屋架就位后，每坡用一个屋架间调整器，进行屋架垂直度校正，再固定两端支座处并安装屋架间水平及垂直支撑。

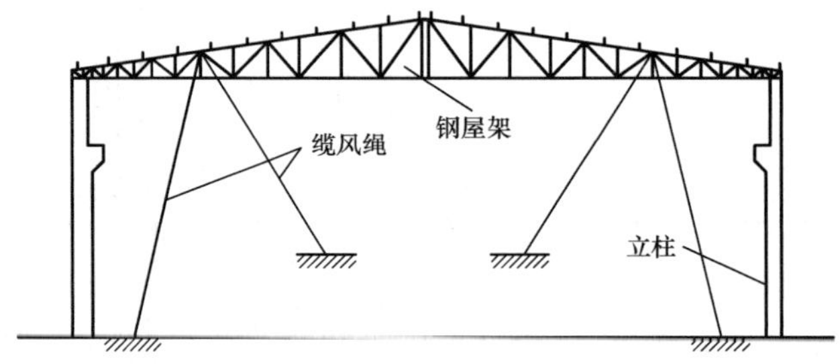

图6-38 第一榀屋架吊装就位示意

（3）质量控制。钢屋架安装允许偏差及检查方法见表6-7。

表6-7 钢屋架安装允许偏差及检查方法

项次	项目	允许偏差（mm）	检查方法
1	屋架弦杆在相邻节点间平直度	l/1000且不大于5	用拉线和钢尺检查
2	檩条间距	±5	用钢尺检查
3	垂直度	h/250且不大于15	用经纬仪或吊线和钢尺检查
4	侧向弯曲	L/1000且不大于10	用拉线和钢尺检查

注 h为屋架高度，L为屋架长度，l为弦杆在相邻节点间的距离。

6.3.6 钢结构涂装

施工前，施工单位应编制涂装施工专项方案；对首次进行的复合涂装作业，应先进行涂装工艺试验与评定，工艺试验与评定的内容包括除锈工艺参数、各道涂料之间的匹配性能、防火涂料与中间涂层、面涂层的相容性能以及所使用材料的施工工艺性能参数。

钢结构涂装施工前应先清除油污和除锈。油污可采用擦洗法、喷射清洗和蒸汽法等方法清除。除锈可采用手工除锈、机械除锈、动力工具除锈、喷射除锈、酸洗除锈等方法。

1. 防腐涂装

钢结构防腐涂装施工方法可选用刷涂法、手工滚涂法、空气喷涂法、无气喷涂法等。钢结构防腐涂装施工，对环境要求较高，环境温度应按照涂料产品说明书的规定执行，宜在相对湿度小于80%的条件下进行。应控制钢材表面温度与露点温度，钢材表面温度应高于空气露点温度3℃以上，环氧涂料施工，钢板表面温度不低于10℃方可进行喷涂施工。在雨、雾、雪和较大灰尘的环境下，不得施工。

涂料开桶前，应充分摇匀。开桶后，原漆应不存在结皮、结块、凝胶等现象，有沉淀应能搅起，有漆皮应除掉。涂装施工过程中，应控制油漆的黏度，稀释时应充分的搅拌，使油漆色泽、黏度均匀一致。调整黏度应使用配套稀释剂。涂刷遍数及涂层厚度应执行设计要求规定。涂装间隔时间应根据涂料产品说明书确定。当涂层设计有面漆时，补涂边缘宜进行羽化处理，以保证补涂后油漆的整体外观。

2. 防火涂装

钢结构防火涂料是施涂于建筑物或构筑物的钢结构表面，能形成耐火隔热保护层以提高钢结构耐火极限的涂料。防火涂料的分类方法很多，按厚度分类有超薄型防火涂料（B 类）、薄涂型防火涂料（B 类）和厚涂型防火涂料（H 类）。

钢结构防火涂料必须有国家检测机构的耐火性能检测报告和理化性能检测报告，有消防监督机关颁发的生产许可证，方可选用。选用的防火涂料质量应符合国家有关标准的规定，有生产厂方的合格证，并应附有涂料品名、技术性能、制造批号、储存期限和使用说明等。

钢结构防火涂料是一类重要的消防安全材料，防火喷涂施工质量的好坏，直接影响防火性能和使用要求。防火涂料涂装一般规定如下：

（1）钢结构防火喷涂施工应由经过培训合格的专业施工队施工，或者由研制该防火涂料的工程技术人员指导施工，以确保工程质量。

（2）通常情况下，应在钢结构安装就位且与其相连的吊杆、马道、管架及与其相关联的构件安装完毕，并经验收合格之后，才能进行喷涂施工。如若提前施工，对钢构件实施防火喷涂后，再进行吊装，则安装好后应对损坏的涂层及钢结构的接点进行补喷。

（3）喷涂前，钢结构表面应除锈，并根据使用要求确定防锈处理，除锈和防火处理应符合《钢结构工程施工质量验收规范》有关规定。对大多数钢结构而言，需要涂防锈底漆。防锈底漆与防火涂料不应发生化学反应。有的防火涂料具有一定的防锈作用，如试验证明可以不涂防锈漆时，也可不作防锈处理。

（4）喷涂前，钢结构表面的尘土、油污、杂物等应清理干净。钢构件连接处 4～12mm 宽的缝隙应采用防火涂料或其他防火材料，如硅酸铝纤维棉、防火堵料等填补堵平。当构件表面已涂防锈面漆，涂层硬而发光，会明显影响防火涂料黏结力时，应采用砂纸适当打磨再喷。

（5）施工钢结构防火涂料应在室内装饰之前和不被后期工程所损坏的条件下进行。施工时，对不需作防火保护的墙面、门窗、机器设备和其他构件应采用塑料布遮挡保护。刚施工的涂层，应防止雨淋、脏液污染和机械撞击。

（6）对大多数防火涂料而言，施工过程中和涂层干燥固化前，环境温度宜保持在 5～38℃，相对湿度不宜大于 90%，空气应流动，当风速大于 5m/s、雨后或构件表面结晶时，不宜作业。化学固化干燥的涂料，施工温度、湿度范围可放宽，如 LG 钢结构防火涂料可在 −5℃施工。

6.4　装配式结构工程质量通病及安全技术

6.4.1　装配式结构工程质量通病

1. 装配式混凝土结构工程质量通病

（1）预埋件位置偏差、移位。

产生原因：

1）线盒固定不牢靠，混凝土浇筑或振捣时线盒发生移位。

2）混凝土振捣碰触线盒。

预防措施：

1）预制构件上表面预埋线盒底部必须增加支撑。

2）混凝土振捣时，要求严禁碰触预埋线盒、线管。

（2）预制构件表面气孔麻面。

产生原因：

1）采用油脂类脱模剂，导致混凝土浇筑后，多油脂部位易形成气孔。

2）模台清理不干净，涂刷脱模剂后，模台表面易形成凸起部位，混凝土浇筑、硬化后，易形成气孔。

3）混凝土振捣不密实。

预防措施：

1）采用水性脱模剂或油性脱模剂代替油脂。

2）脱模剂涂刷前，必须将模台清理干净，钢筋绑扎及预埋工序使用跳板，不允许在涂过脱模剂的模台上行走。

3）进行混凝土振捣技术交底，保证振捣工序。

（3）预制构件因堆放产生裂缝。

产生原因：

预制构件现场随意堆放，上、下排木方垫块不在一条直线，极容易产生裂缝。

预防措施：

1）预置构件堆放时，必须要求堆放场地比较平整，如场地不平，则需调整垫块，保证底层垫块在同一平面，保证底层预制构件摆放平整，受力均匀。

2）叠合板堆放层数不宜超过 6 层；板与板之间不能缺少垫块，且竖向垫块需在一条直线上，所有垫块需满足规范要求。

（4）预制构件钢筋偏位。

产生原因：

1）楼面混凝土浇筑前竖向钢筋未限位和固定。

2）楼面混凝土浇筑、振捣使得竖向钢筋偏移。

预防措施：

1）根据构件编号用钢筋定位框进行限位，适当采用撑筋撑住钢筋框，以保证钢筋位置准确。

2）混凝土浇筑完毕后，根据插筋平面布置图及现场构件边线或控制线，对预留插筋进行现场预留墙柱构件插筋进行中心位置复核，对中心位置偏差超过 10mm 的插筋应根据图纸进行适当的校正。

（5）叠合板裂缝。

产生原因：

叠合板养护时间不足，叠合板尚未达到规定强度。

预防措施：

1）要求施工单位重新更换合格的叠合板，考虑现场进度，可以出具相关专项修补方案报监理、甲方审批通过后进行整改。

2）要求施工单位加强现场管理，叠合板必须达到强度的100%方可进行拆模吊装。

3）监理单位加强现场检查监督工作。

（6）预制构件灌浆不密实。

产生原因：

1）灌浆料配置不合理。

2）波纹管干燥。

3）灌浆管道不畅通、嵌缝不密实造成漏浆。

4）操作人员粗心大意未灌满。

预防措施：

1）严格按照说明书的配比及放料顺序进行配制，搅拌方法及搅拌时间根据说明书进行控制。

2）构件吊装前应仔细检查注浆管、拼缝是否通畅，灌浆前半小时可适当洒少量水对灌浆管进行湿润，但不得有积水。

3）使用压力注浆机，一块构件中的灌浆孔应一次连续灌满，并在灌浆料终凝前将灌浆孔表面压实抹平。

4）灌浆料搅拌完成后保证30min以内将料用完。

5）加强操作人员培训与管理，提高操作人员施工质量意识。

2. 装配式钢结构工程质量通病及防治措施

（1）螺栓孔眼不对。不得任意扩孔或改为焊接，安装时发现上述问题，应报告技术负责人，经与设计单位洽商后，按要求进行处理。

（2）焊接质量达不到要求。焊工必须有上岗合格证，并应对焊件编号，焊接部位按编号做检查记录，全部焊缝经外观检查，凡达不到要求的部位，补焊后应复验。

（3）螺栓安装不符合要求。安装时必须按规范要求先使用安装螺栓临时固定，调整紧固后，再安装高强度螺栓并替换。

（4）屋架支座连接构造不符合设计要求。钢屋架安装完成进行最后全面检查验收时，如支座构造不符合设计要求，不得办理验收手续。

6.4.2 装配式结构工程安全技术

（1）根据工程特点，在施工以前要对吊装用的机械设备和索具、工具进行检查，如不符合安全规定不得使用。

（2）现场用电必须严格执行规定，电工须持证上岗。

（3）起重机的行驶路线必须坚实可靠，起重机不得停置在斜坡上工作，也不允许两个履带板一高一低。

（4）严禁超载吊装，歪拉斜吊；要尽量避免满负荷行驶，构件摆动越大，超负荷就越多，就可能发生事故；双机抬吊各起重机荷载，不允许大于额定起重能力的80%。

（5）进入施工现场必须戴安全帽，高空作业必须戴安全带，穿防滑鞋。

（6）吊装作业时必须统一号令，明确指挥，密切配合。

（7）应根据预制构件的外形、尺寸、重量，采用专用吊架（平衡梁）来配合吊装的开展。

（8）高空操作人员使用的工具及安装用的零部件，应放入随身佩带的工具带内，不可随便向下丢掷。

（9）预制钢筋混凝土剪力墙、柱在吊装就位、吊钩脱钩前，需设置工具式钢管斜撑等形式的临时支撑以维持构件自身稳定，斜撑与地面的夹角宜呈 45°～60°，上支撑点宜设置在不低于构件高度的 2/3 位置处；为避免高大剪力墙等构件底部发生向外滑动，还可以在构件下部再增设一道短斜撑。

（10）预制钢筋混凝土梁、楼板在吊装就位、吊钩脱钩前，根据后期受力状态与临时架设稳定性考虑，可设置工具式钢管立柱、盘扣架等形式的临时支撑。

（11）临时支撑体系的拆除应严格依照专项施工方案实施。对于预制剪力墙、柱的斜撑，在同层结构施工完毕、现浇段混凝土强度达到规定要求后方可拆除；对于预制梁、楼板的临时支撑体系，应根据同层及上层结构施工过程中的受力要求确定拆除时间，在相应结构层施工完毕、现浇段混凝土强度达到规定要求后方可拆除。

（12）钢构件应堆放整齐牢固，防止构件失稳伤人。

（13）要搞好防火工作：氧气、乙炔要按规定存放使用；电焊、气割时要注意周围环境有无易燃物品后再进行工作；氧气瓶、乙炔瓶应分开存放，使用时要保持安全距离，安全距离应大于 10m。

（14）在施工以前应对高空作业人员进行身体检查，对患有不宜高空作业的疾病，如心脏病、高血压、贫血等的人员不得安排高空作业。

（15）做好防暑降温、防寒保暖和职工劳动保护工作，合理调整工作时间，合理发放劳动用品。

（16）雨雪天气尽量不要进行高空作业，需高空作业则必须采取必要的防滑、防寒和防冻措施；遇 6 级以上强风、浓雾等恶劣天气，不得进行露天攀登和悬空高处作业。

（17）施工前应与当地气象部门联系，了解施工期的气象资料，提前做好防台风、防雨、防冻、防寒、防高温等措施。

（18）基坑周边、无外脚手架的屋面、梁、吊车梁、拼装平台、柱顶工作平台等处应设临边防护栏杆。

（19）对各种使人和物有坠落危险或危及人身安全的洞口，必须设置防护栏杆，必要时铺设安全网。

（20）施工时尽量避免交叉作业，如不得不交叉作业时，不得在同一垂直方向上操作，下层作业的位置必须处于依上层高度确定的可能坠落范围之外，不符合上述条件的应设置安全防护层。

（21）装配式结构工程应积极采用信息化技术，对安全、质量、技术和施工进度进行全面、高效的信息化协同管理。利用建筑信息模型（BIM）技术，施工单位可以对结构构件、建筑部品和设备管线等进行虚拟建造，进一步优化施工方案和提高施工质量、保证工程安全。

（22）装配式结构工程在施工过程中必须严格遵守国家环境保护的法规和标准。施工单位应采取切实有效的措施，减少粉尘、废弃物和噪声等对周围环境造成的污染和危害。

习　　题

一、名词解释

1. 装配式建筑　　2. 叠合板　　3. 叠合梁　　4. 钢结构防火涂料

二、简答题

1. 常见混凝土预制构件的堆放要求有哪些?
2. 混凝土预制构件进场要检查哪些内容?
3. 装配整体式混凝土结构有哪三种形式?
4. 简述预制柱施工工艺流程。
5. 简述套筒灌浆施工工艺流程。
6. 简述叠合板施工工艺流程。
7. 钢结构常见的连接方式有哪些? 各自的适用范围是什么?
8. 简述钢柱施工工艺流程。
9. 钢结构防火涂料按厚度分为哪几类?

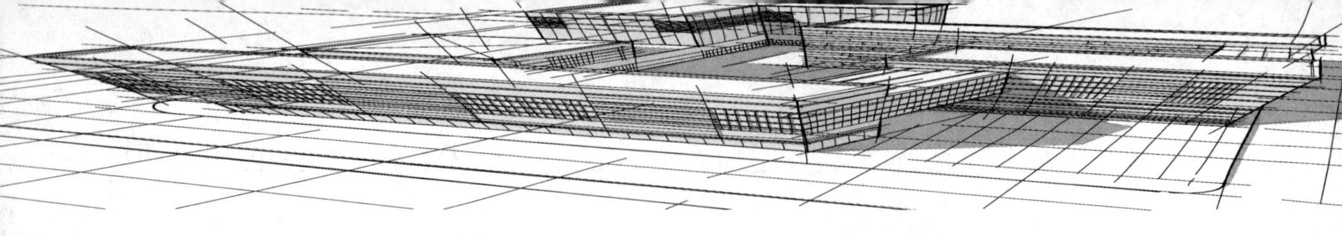

第7章 防水工程施工

本章主要讲述防水工程的基本知识、屋面防水工程、厨房及厕浴间防水工程、外墙防水工程、地下防水工程施工做法、质量标准及安全技术要求。

职业能力目标

1. 具有组织屋面防水工程、厨房厕浴间防水工程、外墙防水工程、地下防水工程施工的能力。

2. 能够解决一般渗漏水问题。

3. 能在施工过程中正确执行相关质量及安全标准。

7.1 防水工程的基本知识

7.1.1 分类

1. 按工程部位分类

按建（构）筑物工程部位分类可划分为：地下防水工程、屋面防水工程、厨房及厕浴间防水工程、外墙防水以及特殊建（构）筑物和部位（如水池、水塔、游泳池、蓄水池、室内花园等）防水。

2. 按构造做法分类

按构造做法一般分为构造防水和材料防水。构造防水是依靠材料（混凝土）的自身密实性及某些构造措施来达到建筑物防水的目的。材料防水是依靠不同的防水材料，经过施工形成整体的防水层，附着在建筑物的迎水面或背水面而达到建筑物防水的目的。

3. 按材料品种分类

按防水材料品种分为刚性防水和柔性防水。刚性防水主要采用的是砂浆、混凝土等刚性材料；柔性防水采用的是柔性防水材料，主要包括各种防水卷材、防水涂料、密封材料和堵漏灌浆材料等。

(1) 卷材防水。卷材防水在我国建筑防水材料的应用中处于主导地位，广泛应用于屋面、地下和特殊构筑物的防水。防水卷材主要包括改性沥青防水卷材和合成高分子防水卷材。

1) 改性沥青防水卷材。改性沥青防水卷材主要有弹性体（SBS）改性沥青防水卷材、塑性体（APP）改性沥青防水卷材、沥青复合胎柔性防水卷材等。其中，SBS卷材适用于工业与民用建筑的屋面及地下防水工程，尤其适用于较低气温环境的建筑防水。APP卷材适用于工业与民用建筑的屋面及地下防水工程，以及道路、桥梁等工程的防水，尤其适用于较高气温环境的建筑防水。

2）合成高分子防水卷材。合成高分子防水卷材品种较多，常见的有三元乙丙、聚氯乙烯、氯化聚乙烯、三元丁橡胶防水卷材等。

（2）涂料防水。防水涂料是指常温下为液体，涂覆后经干燥或固化形成连续的能达到防水目的的弹性涂膜的柔性材料。

防水涂料按照使用部位分为屋面防水涂料、地下防水涂料和道桥防水涂料；按照成型类别分为挥发型、反应型和反应挥发型；按照主要成膜物质种类分为丙烯酸类、聚氨酯类、有机硅类、改性沥青类和其他防水涂料。

防水涂料特别适合于各种复杂、不规则部位的防水，能形成无接缝的完整防水膜。涂布的防水涂料既是防水层的主体，又是胶黏剂，因而施工质量容易保证，维修也较简单。防水涂料广泛适用于屋面防水工程、地下室防水工程和地面防潮、防渗等。

（3）密封材料防水。防水密封材料是指能适应接缝位移，为达到气密性、水密性而嵌入建筑接缝中的定形和非定形的材料。

建筑密封材料分为定型和非定型密封材料两大类型。定型密封材料是具有一定形状和尺寸的密封材料，包括各种止水带、止水条、密封条等；非定型密封材料是指密封膏、密封胶、密封剂等黏稠状的密封材料。

（4）混凝土防水。混凝土防水是指在混凝土中掺入膨胀剂、减水剂、防水剂等外加剂，使浇筑后的混凝土工程细致密实，水分子难以通过，从而达到防水目的的刚性防水技术。

防水混凝土包括普通防水混凝土、补偿收缩防水混凝土、预应力防水混凝土、掺外加剂防水混凝土以及钢纤维或塑料纤维防水混凝土等。

（5）砂浆防水。砂浆防水即利用防水砂浆防水，防水砂浆包括水泥砂浆（刚性多层抹面）、掺外加剂水泥砂浆以及聚合物水泥砂浆等。

（6）灌浆材料堵漏。堵漏灌浆材料是由一种或多种材料组成的浆液，用压送设备灌入缝隙或孔洞中，经扩散、胶凝或固化后能达到防渗堵漏目的的材料。堵漏灌浆材料主要分为颗粒性浆料（水泥浆）和无颗粒化学浆料。

（7）其他。包括各类粉状憎水材料，如建筑拒水粉、复合建筑防水粉等；还有各类渗透剂防水材料。

7.1.2　防水工程设计与施工基本原则

屋面防水工程设计和施工应从选择防水材料、施工方法等方面开始，并考虑对建筑物节能效果，遵循“合理设防、防排结合、因地制宜、综合治理”的综合治理原则。

地下防水设计和施工的原则是“多道设防，刚柔相济、扬长避短、综合防治”。

7.2　屋面防水工程施工

7.2.1　屋面防水等级和设防要求

屋面工程应根据建筑物的性质、重要程度，使用功能要求以及防水层合理使用年限，按不同等级进行设防，并应符合表7-1的要求。

表7-1 屋面防水等级和设防要求

防水等级	建筑类别	设防要求
Ⅰ级	重要建筑和高层建筑	两道防水设防
Ⅱ级	一般建筑	一道防水设防

一道防水设防是具有单独防水能力的一道防水层。多道防水设防是指采用同种卷材叠层或不同卷材叠层，也可采用卷材、涂膜复合，刚性防水和卷材或涂膜复合等多道防水层。

7.2.2 屋面防水施工的基本要求

（1）屋面防水应以防为主，以排为辅。在完善设防的基础上，应选择正确的排水坡度，将水迅速排走，以减少渗水的机会。

混凝土结构层宜采用结构找坡，坡度不应小于3%；当采用材料找坡时，宜采用质量轻、吸水率低和有一定强度的材料，坡度宜为2%。檐沟、天沟纵向找坡不应小于1%。找坡应按屋面排水方向和设计坡度要求进行，找坡层最薄处厚度不宜小于20mm。

（2）严寒和寒冷地区屋面热桥部位，应按设计要求采取节能保温等隔断热桥措施。

（3）防水层完工后，应在雨后或持续淋水2h后（有可能做蓄水试验的屋面，其蓄水时间不应少于24h），检查屋面有无渗漏、积水和排水系统是否畅通。

7.2.3 卷材防水屋面施工

1. 基本知识及要求

卷材防水屋面属柔性防水屋面，其构造做法如图7-1所示。

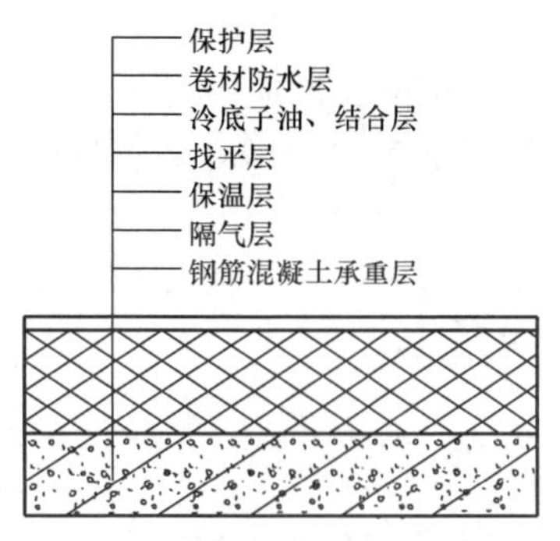

图7-1 卷材防水保温屋面构造层次示意图

卷材进场后应检查产品合格证及试验报告，并抽样复验，复验项目应包括：

（1）高聚物改性沥青防水卷材的可溶物含量、拉力、最大拉力时延伸率、耐热度、低温柔性、不透水性。

（2）合成高分子防水卷材的断裂拉伸强度、扯断伸长率、低温弯折性和不透水性。

高聚物改性沥青防水卷材、合成高分子防水卷材外观质量、规格、物理性能及胶黏剂、胶粘带的质量均应符合《屋面工程技术规范》的要求。

卷材应避免与化学介质及有机溶剂等有害物质接触。

2. 屋面施工

（1）屋面找平层施工。

1）卷材防水层的基层是找平层，找平层可采用水泥砂浆、细石混凝土。

2）水泥砂浆宜掺抗裂纤维，防止出现裂缝。

3）为了减少和避免找平层开裂，宜留设缝宽为5～20mm的分格缝，并嵌填密封材料。

4）找平层的坡度应符合设计要求，一般天沟、檐沟纵向坡度不应小于1%，沟底水落差不得超过200mm。

5）找平层施工表面要平整，黏结牢固，没有松动、起壳、起砂等现象。

6）找平层必须符合设计要求，用长度2m左右的方尺找平。

7）找平层的两个面相接处，如伸缩缝、女儿墙、管道泛水处以及檐口、天沟、斜沟等均应做成圆弧。

8）找平层施工时，每个分格内的水泥砂浆应一次连续铺成，并由远到近、由高到低，用抹子压实抹平；终凝前，轻轻取出嵌缝条，硬化后，分格缝应嵌填密封材料。

（2）屋面保温层施工。

1）保温材料有聚苯板、聚乙烯泡沫板、聚氨酯硬泡沫塑料、泡沫玻璃绝热制品等，这些材料重量轻、导热系数小、保温效果好，而且施工方便。板状保温材料的质量应符合有关规范的要求。

2）板状和现喷硬泡聚氨酯塑料保温层施工时，基层应平整、干燥和干净；板状材料应铺平垫稳，分层铺设板块上、下层接缝应错开，板缝应嵌填密实，胶黏剂与板块应贴严、粘牢。整体现喷硬泡聚氨酯塑料保温层施工前，伸出屋面的管道应先安装完毕、牢固，配比应准确，发泡厚度均匀一致。

（3）屋面排气层施工。屋面防水层卷材施工完毕后，有时会发生卷材起鼓的现象，主要原因是屋面保温层、找平层施工含水量过大而又立即铺设卷材防水层造成的，解决办法是在屋面设置排气通道（见图7-2），其施工要点如下：

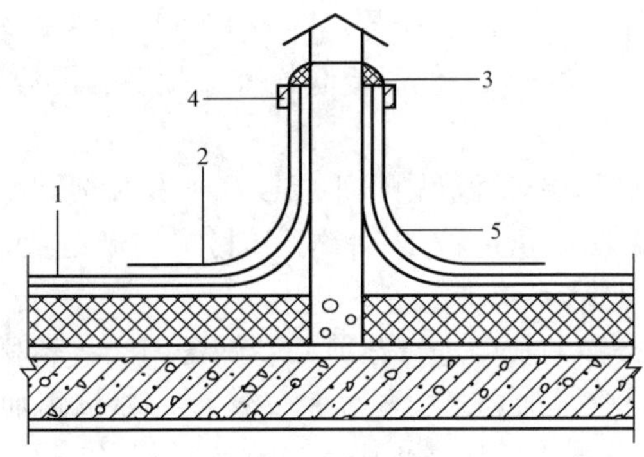

图7-2　排气孔做法

1—防水层；2—附加防水层；3—密封材料；4—金属箍；5—排气管

1）屋面的排气出口应埋设排气管，排气管宜设置在结构层上，穿过保温层及排气道的管壁四周应打排气孔，排气管应做防水处理。

2）排气道应纵横贯通，必须与排气孔相连，不得堵塞。

3）在保温层中预留槽作排气道。

4）卷材防水层铺贴前，应检查排气道是否畅通，而且加以清理。

（4）卷材防水层施工。

1）卷材防水层施工基本要求。

①在大面积喷、涂基层处理剂前，应用毛刷对屋面节点、周边、转角等部位先行处理。

②节点附加增强处理。防水层施工时，应先做好节点、附加层和屋面排水比较集中部位（如屋面与水落口连接处，檐口、天沟、檐沟、天窗壁、变形缝、烟囱、屋面转角处，阴阳角、板端缝等）的处理，检查验收合格后方可进行大面积施工。

③铺贴方向。当屋面坡度小于3%时，卷材宜平行于屋脊铺贴；屋面坡度为3%～15%

时，卷材可平行或垂直于屋脊铺贴；屋面坡度大于 15%或受振动时，沥青卷材应垂直于屋脊铺贴。上、下层卷材不得相互垂直铺贴。屋面坡度大于 25%时，卷材宜垂直屋脊方向铺贴，并应采取防止卷材下滑的固定措施，固定点应密封。

④施工顺序。由屋面最低标高处向上施工。铺贴天沟、檐沟卷材时，宜顺天沟、檐口方向，减少搭接。铺贴多跨和有高低跨的屋面时，应按先高后低、先远后近的顺序进行。

⑤搭接方法及宽度要求。铺贴卷材应采用搭接法，上、下层及相邻两幅卷材的搭接缝应错开。同二层相邻两幅卷材短边搭接缝错开应不小于 500mm，上、下层卷材长边搭接缝错开应不小于幅宽 1/3，各种卷材的搭接宽度应符合相关要求。

⑥卷材与基层的粘贴方法。可分为满粘法、条粘法、点粘法和空铺法等形式，屋面防水施工通常都采用满粘法。当防水层上有重物覆盖或基层变形较大的情况下，为防止基层变形拉裂卷材防水层，可采用空铺法、点粘法、条粘法和机械固定法，设计中应确定明确、适用的工艺方法。

2）高聚物改性沥青防水卷材施工（热熔法）。

①施工工艺流程。基层清理→涂刷基层处理剂→铺贴附加层→热熔铺贴卷材→热熔封边→蓄水试验→做保护层。

②施工要点。

a. 基层清理。基层应平整、干净、干燥，干燥程度的简易检验方法为：将 $1m^2$ 的卷材平坦地干铺在找平层上，静置 3～4h，然后掀起检查，找平层覆盖部位与卷材上未见水印视为合格。

b. 涂刷基层处理剂。在基层表面满刷氯丁橡胶沥青胶黏剂，涂刷应均匀，不透底。

c. 铺贴附加层。管根、阴阳角部位加铺一层卷材，按规范及设计要求将卷材裁成相应的形状进行铺贴，如图 7-3 所示。

d. 铺贴卷材。将卷材按铺贴长度进行裁剪并卷好备用。将卷材端头对齐开始铺的起点，点燃汽油喷灯或专用火焰喷枪，加热基层与卷材交接处，喷枪距加热面保持 300mm 左右的距离，往返喷烤。当卷材的沥青刚刚熔化时，将卷材用力均匀地向下缓缓滚动铺设，可用滚筒按压（见图 7-4）。铺设压边应掌握好宽度，满贴法搭接宽度为 80mm，条粘法搭接宽度为 100mm。

图 7-3 铺贴附加层

图 7-4 热熔法施工

e. 热熔封边。卷材搭接缝处用喷枪加热，压合至边缘挤出沥青粘牢，卷材末端收头用橡胶沥青嵌缝膏嵌固填实。

f. 保护层施工。平面做水泥砂浆或细石混凝土保护层；立面防水层施工完，应及时稀撒石碴后抹水泥砂浆保护层。

热熔法不得用于地下密闭空间、通风不畅空间、易燃材料附近的防水工程。

3）合成高分子防水卷材施工（冷粘法）。

①施工工艺流程。基层清理→涂刷基层处理剂→复杂部位增强处理→涂胶黏剂→铺贴卷材→收头处理→蓄水试验→保护层。

②施工要点。

a. 基层清理。应做好基层作业条件的检查和验收工作，对不合格部位应进行修补，防水层施工前应对基层进行清理。

b. 涂布基层处理剂。基层处理剂按卷材配套采用。

涂布方法可使用油漆刷和长柄滚刷，蘸满处理剂后在基层上均匀涂刷。先用油漆刷在各复杂部位涂刷，再用长柄滚刷进行大面积涂刷。注意涂刷薄厚均匀，不得漏底，涂布量为 0.15～0.2kg/m²，涂后需干燥 4h 以上，才能进行下一工序施工。采用氯丁橡胶乳液做基层处理剂时，可采用喷涂的方法。喷涂后需干燥 12h 左右，才可进行下一工序施工。

c. 复杂部位的防水增强处理。对屋面上各阴阳角、排水口等易渗漏部位，应按设计要求进行防水增强处理。

采用合成高分子涂膜附加层时，通常用聚氨酯防水涂料在各增强部位涂刷，涂刷宽度应距中心 250mm 以上，厚度 1.5mm 以上，多遍涂刷，每遍干燥后涂刷下一遍，涂膜应固化 24h 后，才能进行卷材铺贴施工。

采用卷材、胎体材料或胶粘带（常温用硫化丁基橡胶粘带）进行增强处理时，应按基层的形式预先裁剪好卷材、胎体材料（聚酯无纺体、化纤无纺布、玻璃纤维布）或胶粘带，再进行铺贴。

d. 胶黏剂的涂布方法。一种只在基层上涂刷，另一种在基层表面和卷材黏结面均要涂刷。无论一面涂刷还是两面涂刷，均要求涂布均匀，不露底，不能堆积。如果采用空铺法、条粘法或点粘法铺贴时，应按预先确定的位置和尺寸涂刷，涂刷这些部位时，仍按上述原则进行。

e. 铺贴卷材。按照卷材铺贴图，弹出准线，将已涂胶黏剂的卷材置于铺贴起点，迎着主导风向进行铺贴。铺贴时在卷材筒芯插入铁管（$\phi30\times1500$mm），由两人各执铁管一端将卷材展开。铺贴卷材应松紧适度，既不过力拉伸，又不松弛出皱折、鼓泡。

对转角和阴阳角处要仔细，防止出现空鼓现象。沿准线铺贴时，应隔一定距离黏结固定一下，使卷材稳定在基层预定位置。

卷材铺贴完毕应立即自一端开始用长柄干净滚刷沿卷材宽度方向推压前进，使窝于卷材下面的空气排出。继而用铁辊顺序滚压一遍，使卷材与大面基层粘牢。对立面卷材及大面上不牢之处，应使用手持压辗将其压牢压实。

（5）保护层和隔离层施工。

1）施工完的防水层应进行雨后观察、淋水或蓄水试验，并应在合格后再进行保护层和隔离层的施工。

2）块体材料、水泥砂浆、细石混凝土保护层表面的坡度应符合设计要求，不得有积水现象。块体材料保护层铺设应符合下列规定：

①在砂结合层上铺设块体时，砂结合层应平整，块体间应预留 10mm 的缝隙，缝内应填砂，并应用 1∶2 水泥砂浆勾缝。

②在水泥砂浆结合层上铺设块体时，应先在防水层上做隔离层，块体间应预留 10mm 的缝隙，缝内应用 1∶2 水泥砂浆勾缝。

③块体表面应洁净、色泽一致，应无裂纹、掉角和缺楞等缺陷。

3）水泥砂浆及细石混凝土保护层铺设应符合下列规定：

①水泥砂浆及细石混凝土保护层铺设前，应先在防水层上做隔离层，隔离层材料通常有聚氯乙烯塑料薄膜、沥青油毡、土工膜、无纺聚酯纤维布等。

②细石混凝土铺设不宜留施工缝；当施工间隙超过时间规定时，应对接槎进行处理。

③水泥砂浆及细石混凝土表面应抹平压光，不得有裂纹、脱皮、麻面、起砂等缺陷。

3. 质量控制

（1）主控项目。所用卷材及其配套材料，必须符合设计要求；卷材防水层不得有渗漏或积水现象；卷材防水层在天沟、檐沟、檐口、水落口、泛水、变形缝和伸出屋面管道的防水构造，必须符合设计要求。

（2）一般项目。卷材防水层的搭接缝应粘（焊）结牢固，密封严密，不得有皱折、翘边和鼓泡等缺陷；防水层的收头应与基层黏结并固定牢固，封口严密，不得翘边。卷材防水层上的撒布材料和浅色涂料保护层应铺撒或涂刷均匀，黏结牢固；水泥砂浆、块材或细石混凝土保护层与卷材防水层间应设置隔离层；刚性保护层的分格缝留置应符合设计要求。排汽屋面的排汽道应纵横贯通，不得堵塞。排汽管应安装牢固，位置正确，封闭严密。卷材的铺贴方向应正确，卷材搭接宽度的允许偏差为－10mm。

4. 成品保护

（1）施工人员应认真保护已经做好的防水层，严防施工机具等把防水层戳破；施工人员不允许穿带钉子的鞋在卷材防水层上走动。

（2）穿过屋面的管道，应在防水层施工以前进行，卷材施工后不应在屋面上进行其他工种的作业。如果必须上人操作时，应采取有效措施，防止卷材受损。

（3）屋面工程完工后，应将屋面上所有剩余材料和建筑垃圾等清理干净，防止堵塞水落口或造成天沟、屋面积水。应及时做细石混凝土保护层，减少不必要的返修。严禁在已施工好的防水层上堆放物品，特别是钢筋等。

（4）施工时必须严格避免基层处理剂、各种胶黏剂和着色剂等材料污染已经做好饰面的墙壁、檐口等部位。

（5）水落口处应认真清理，保持排水畅通，以免天沟积水。

7.2.4 涂膜防水屋面施工

1. 基本知识及要求

涂膜防水屋面是在屋面基层上涂刷防水涂料，经固化后形成一层有一定厚度和弹性的整体涂膜从而达到防水目的的一种防水屋面形式。其典型的构造层次如图 7-5 所示。这种屋面具有施工操作简便，无污染，冷操作，无接缝，能适应复杂基层，防水性能好，温度适应性强，容易修补等特点。

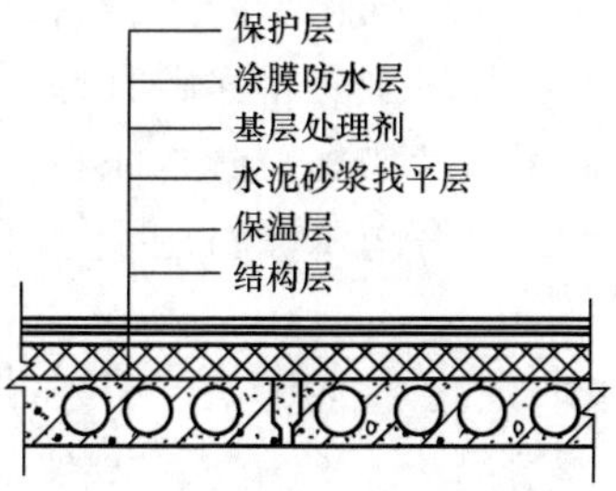

(1) 防水涂料和胎体增强材料的储运、保管，应符合下列规定：

1) 防水涂料包装容器应密封，容器表面应标明涂料名称、生产厂家、执行标准号、生产日期和产品有效期，并应分类存放。

2) 反应型和水乳型涂料储运和保管环境温度不宜低于5℃。

3) 溶剂型涂料储运和保管环境温度不宜低于0℃，并不得日晒、碰撞和渗漏；保管环境应干燥、通风，并应远离火源、热源。

保护层
涂膜防水层
基层处理剂
水泥砂浆找平层
保温层
结构层

图7-5　涂膜防水屋面构造图

4) 胎体增强材料储运和保管环境应干燥、通风，并应远离火源、热源。

(2) 进场的防水涂料和胎体增强材料应进行验收，并应对下列项目抽样检验：

1) 高聚物改性沥青防水涂料的固体含量、耐热性、低温柔性、不透水性、断裂伸长率或抗裂性。

2) 合成高分子防水涂料和聚合物水泥防水涂料的固体含量、低温柔性、不透水性、拉伸强度、断裂伸长率。

3) 胎体增强材料的拉力、延伸率。

(3) 涂膜防水层的施工环境温度应符合相关规定。

(4) 其他：

1) 防水涂料应采用高聚物改性沥青防水涂料、合成高分子防水涂料。

2) 屋面基层的干燥程度应视所用涂料特性确定。

3) 多组分涂料按配合比准确计量，搅拌均匀，并应根据有效时间确定使用量。

2. 涂膜防水施工

(1) 施工工艺流程。

基层清理→喷涂基层处理剂→特殊部分附加增强处理→涂布防水涂料及铺贴胎体增强材料→清理与检查修理→保护层施工。

(2) 施工方法及要点。

1) 施工方法。

①水乳型及溶剂型防水涂料宜选用滚涂（见图7-6）或喷涂施工（见图7-7）。

图7-6　防水涂料滚涂

图7-7　防水涂料喷涂

②反应固化型防水涂料宜选用刷涂（见图 7-8）或喷涂施工。

③热熔型防水涂料宜选用刮涂（见图 7-9）施工。

④聚合物水泥防水涂料宜选用刮涂法施工。

⑤所有防水涂料用于细部构造时，宜选用刷涂或喷涂施工。

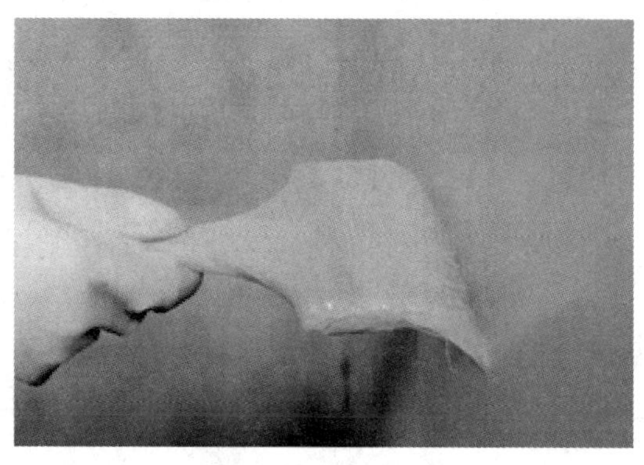

图 7-8 防水涂料刷涂

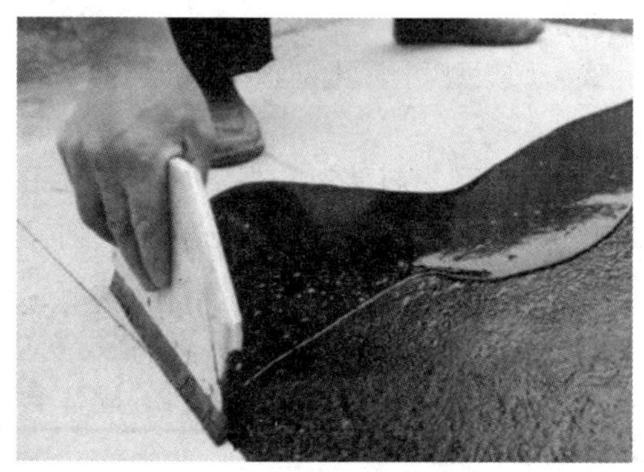

图 7-9 防水涂料刮涂

2）施工要点。

①涂膜防水层的基层应坚实、平整、干净，无孔隙、起砂和裂缝。基层的干燥程度应根据所选用的防水涂料特性确定；当采用溶剂型、热熔型和反应固化型防水涂料时，基层应干燥。

②涂料的涂布应采取“先高后低、先远后近、先立面后平面、先局部后大面”的施工顺序。遇高低跨屋面时，一般先涂布高跨屋面，后涂布低跨屋面。相同高度屋面上，要合理安排施工段，先涂布距上料点远的部位，后涂布近处。同一屋面上先涂布排水比较集中的水落口、天沟、檐口等节点部位，再进行大面积的涂布。

③防水涂膜应分层分遍均匀涂布，待先涂的涂层干燥成膜后，方可涂布后一遍涂料，涂膜总厚度要符合设计要求。

④天沟、檐沟、檐口、泛水等部位，均应加铺有胎体增强材料的附加层；水落口周围与屋面交接处，应作密封处理，并加铺两层有胎体增强材料的附加层，涂膜伸入水落口的深度不得小于 50mm；找平层分格缝处应增设胎体增强材料的空铺附加层，其宽度以 200～300mm 为宜。

铺设胎体增强材料时，屋面坡度小于 15%可平行屋脊铺设；屋面坡度大于 15%，应垂直于屋脊铺设，并由屋面最低处向上操作。胎体长边搭接宽度不得小于 50mm，短边搭接宽度不得小于 70mm，采用二层以上胎体增强材料时，上、下层不得互相垂直铺设，搭接缝应错开，其间距不应小于 1/3 幅宽。

⑤涂膜间夹铺胎体增强材料时，宜边涂布边铺胎体；胎体应铺贴平整，应排除气泡，并应与涂料黏结牢固；在胎体上涂布涂料时，应使涂料浸透胎体，并应覆盖完全，不得有胎体外露现象。

⑥在涂膜防水屋面上如使用两种或两种以上不同防水材料时，应考虑不同材料之间是否相容，如相容则可施工，否则会造成结合减弱，或相互侵蚀引起防水层短期失效。

⑦涂膜防水层收头应用防水涂料多遍涂刷或用密封材料封严。

⑧在涂膜实干前，不得在防水层上进行其他施工作业，涂膜防水屋面上不得直接堆放物

品。涂膜防水屋面的隔汽层设置原则与卷材防水屋面相同。

3. 质量控制

(1) 主控项目。

1) 防水涂料和胎体增强材料必须符合设计要求。

2) 涂膜层不得有渗漏或积水现象。

3) 涂膜防水层在天沟、檐沟、檐口、水落口、泛水、变形缝和伸出屋面管道的防水构造，必须符合设计要求。

(2) 一般项目。

1) 涂膜防水层与基层应黏结牢固，表面平整，涂刷均匀，无流淌、褶皱、鼓泡、露胎体和翘边等缺陷。

2) 涂膜防水层上的撒布材料或浅色涂料保护层应铺撒或涂刷均匀，黏结牢固；水泥砂浆、块材或细石混凝土保护层与涂膜防水层间应设置隔离层；刚性保护层的分格缝留置应符合设计要求。

3) 涂膜防水层的平均厚度应符合设计要求，最小厚度不应小于设计厚度的80%。

4. 成品保护

涂膜防水层施工进行中或施工完后，均应对已做好的涂膜防水层加以保护和养护，养护期一般不得少于7d，养护期间不得上人行走，更不得进行任何作业或堆放物料。

屋面檐口、天沟、女儿墙、水落口、变形缝、泛水等细部应按照设计要求或相关图集要求施工，本书不做详细介绍。

7.2.5　刚性防水屋面

刚性防水屋面是用细石混凝土、块体材料或补偿收缩混凝土等材料作屋面防水层，依靠混凝土的密实性并采取一定构造措施，以达到防水的目的。其中，细石混凝土刚性防水屋面较为常用。

规范规定对于屋面防水等级为Ⅰ级、Ⅱ级的重要建筑，只有在柔性防水复合使用条件下，刚性防水方可作为其中的一道防水层，对于受较大震动或冲击的建筑，因考虑到震动和冲击，易使防水层产生变形、开裂，而导致防水失败，所以对这类建筑也不允许采用刚性防水层。

7.3　厨房及厕浴间防水施工

7.3.1　基本知识及要求

1. 材料要求

厨卫间防水宜用防水涂料。因为厨卫间管道多，地面形状也复杂，施工操作不方便，容易造成渗漏的隐患。防水涂料是粘稠液态物，可以在任意不规则的表面涂刷，没有接缝，能做到全封闭，关键部位可以多涂增厚。

用于厨卫间的防水涂料主要有：合成高分子类、高聚物改性沥青类、沥青类和水泥基类防水涂料。

涂膜防水材料，必须符合设计要求和有关标准的规定，产品应附有出厂合格证、防水材料质量认证等。本节主要介绍聚氨酯防水涂料施工。

2. 主要机具

（1）基面清理工具：锤子、凿子、铲子、扫帚、钢丝刷、麻布。

（2）取料配料工具：台秤、称料桶、水桶、搅拌器、剪刀。

（3）涂料涂覆工具：滚子用于涂覆较稀的料；刮刀用于较稠的料及嵌缝处理；刷子用于面层修平及异形部位涂刷；大面积涂覆可用滚子或刮板进行施工。

（4）安全保障器具：干粉灭火器等。

7.3.2 防水施工

1. 施工工艺流程

基层处理→涂刷底胶→细部附加层施工→第一、二、三遍涂膜防水层施工→第一次闭水试验→饰面层施工→第二次闭水试验→质量验收。

2. 施工要点

（1）防水层所用的各类材料，基层处理剂、二甲苯等均属易燃物品，储存和保管要远离火源，施工操作时，应严禁烟火。

（2）涂刷防水层的基层表面应平整坚实、干净干燥，不得有空鼓、开裂及起砂等缺陷。在找平层接地漏、管根、出水口、卫生洁具根部（边沿），要收头圆滑，阴阳角处应抹成圆弧或钝角。

（3）涂刷底胶，按要求将配合料搅拌均匀，用长把滚刷均匀涂刷在基层表面，涂刷量为0.15～0.2kg/m^2，涂后常温季节4h以后，手感不粘时，即可做下道工序。

（4）附加层施工：地面的地漏、管根、出水口，卫生洁具等根部（边沿），阴、阳角等部位，应在大面积涂刷前，先做一布二油防水附加层，两侧各压交界缝200mm。涂刷防水材料，具体要求是，常温4h表干后，再刷第二道涂膜防水材料，24h实干后，即可进行大面积涂刷。

（5）涂膜防水材料配合比计量要准确。

（6）涂膜防水层应多遍成活，后一遍涂料施工应待前一遍涂层实干后再进行，前后两遍的涂刷方向应相互垂直，并宜先涂刷立面，后涂刷平面。

（7）防水层施工不得在雨天、大风天进行，施工环境温度：溶剂型涂料宜为0～35℃，水乳型涂料宜为5～35℃。

（8）防水层施工完成后，经过24h以上的蓄水试验，未发现渗水、漏水即可做饰面层施工。饰面层施工后，进行第二次蓄水试验，未发现渗漏即为合格。

7.3.3 质量控制

（1）厨房、厕浴间防水工程使用的涂膜、刚性防水材料、聚乙烯丙纶卷材及其黏结材料、配套材料的质量、品种，配合比等均应符合设计要求和国家现行有关标准的规定。施工单位应提供材料检测报告，材料进入现场的复验报告及其他存档资料。

（2）涂膜防水层与预埋管件、表面坡度等细部做法，应符合设计要求和国家现行有关标准的规定，不得有渗漏现象。

（3）找平层含水率低于9%时，并经检查合格后，方可进行防水工程施工。

（4）涂膜防水层应均匀一致，厚度应符合设计要求，不得有开裂、脱落、气泡、孔洞及收头不严密等缺陷。

（5）底胶和涂料附加层的涂刷方法，搭接收头，应符合施工规范要求，黏结牢固、紧密，接缝封严、无空鼓。

（6）涂膜防水层不起泡、不流淌、平整无凹凸，颜色亮度一致，与管件、洁具等接缝严密，收头圆滑。

7.3.4 成品保护

（1）已涂刷好的聚氨酯涂膜防水层，应及时采取保护措施，在未做好保护层以前，不得穿带钉鞋出入室内，以免破坏防水层。

（2）突出地面的管根、地漏、排水口、卫生洁具等处的周边防水层不得碰损，部件不得变位。

（3）地漏、排水口等处应保持畅通，施工中要防止杂物掉入，试水后应进行认真清理。

（4）聚氨酯涂膜防水层施工过程中，未固化前不得上人走动，以免破坏防水层，造成渗漏的隐患。

（5）聚氨酯涂膜防水层施工过程中，应注意保护有关门口、墙面等部位，防止污染成品。

7.4 外墙防水工程施工

7.4.1 基本知识及要求

建筑外墙防水防护应具有防止雨雪水浸入墙体，保证火灾情况下的安全性，可承受风荷载及可抵御冻融和夏季高温破坏的作用。建筑外墙的防水防护层应设置在迎水面。

1. 外墙防水构造

外墙防水防护构造见表 7 - 2。

表 7 - 2　外墙防水防护构造

外墙体系	饰面材料	防水层设置位置	防水材料选择
无外保温外墙	涂料	找平层和涂料面层之间（见图 7 - 10）	防水砂浆和防水涂料
	面砖	找平层和面砖黏结层之间（见图 7 - 11）	防水砂浆
	幕墙	找平层和幕墙饰面之间（见图 7 - 12）	防水砂浆、聚合物水泥防水涂料、丙烯酸防水涂料或聚氨酯防水涂料
外保温外墙	涂料	聚合物水泥防水砂浆设在保温层和涂料饰面之间（见图 7 - 13）；涂料防水层设在抗裂砂浆层和涂料饰面之间（见图 7 - 14）	聚合物水泥防水砂浆和防水涂料，聚合物水泥防水砂浆可兼作保温层的抗裂砂浆层
	面砖	保温层的迎水面上（见图 7 - 15）	聚合物水泥防水砂浆，并可兼作保温层的抗裂砂浆层
	幕墙	找平层和幕墙饰面之间（见图 7 - 16）	聚合物水泥防水砂浆、聚合物水泥防水涂料、丙烯酸防水涂料、聚氨酯防水涂料、防水透汽膜（当保温层选用矿物棉材料时采用）

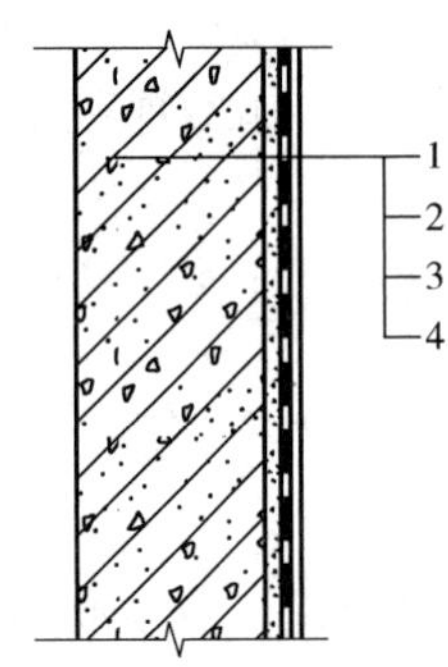

图7-10 涂料饰面外墙防护构造

1—结构墙体；2—找平层；

3—防水层；4—涂料面层

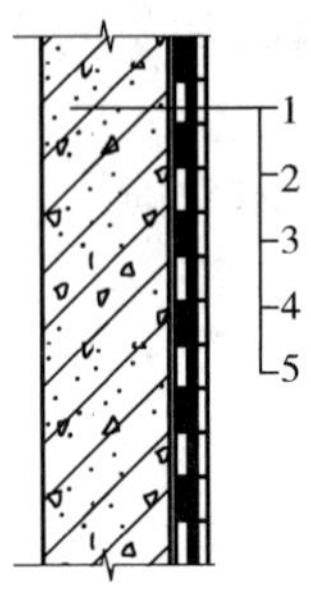

图7-11 面砖饰面外墙防水防护构造

1—结构墙体；2—找平层；3—防水层；

4—粘贴层；5—饰面砖面层

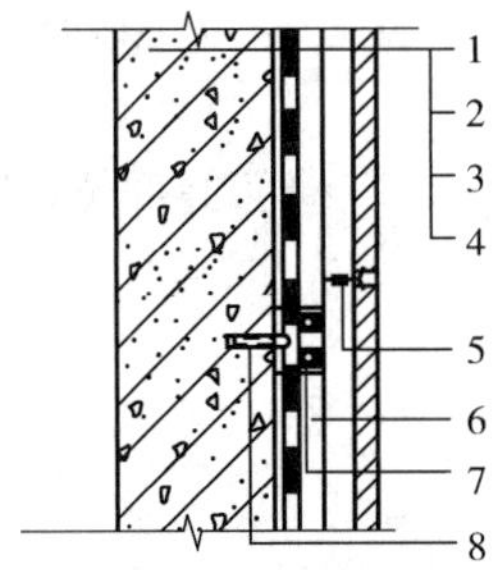

图7-12 幕墙饰面外墙防水防护构造

1—结构墙体；2—找平层；3—防水层；4—面板；

5—挂件；6—竖向龙骨；7—连接件；8—锚栓

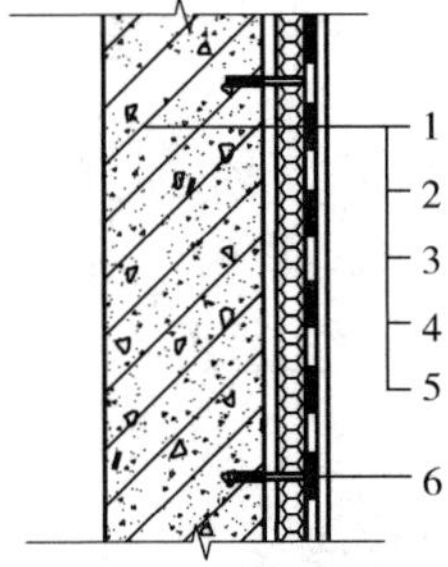

图7-13 涂料饰面外墙防水防护构造

1—结构墙体；2—找平层；3—保温层；

4—防水层；5—涂料层；6—锚栓

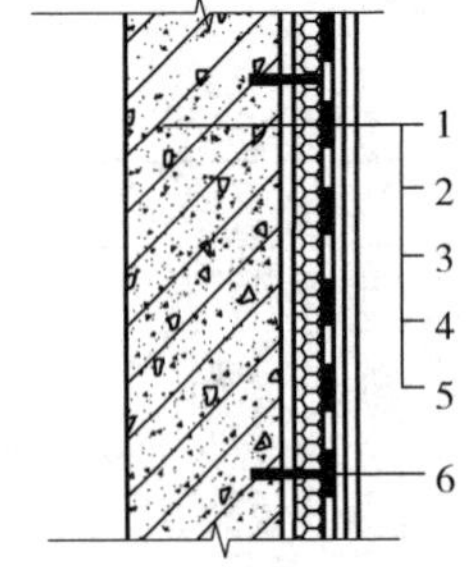

图7-14 抗裂砂浆层兼作防水层的外墙防水防护构造

1—结构墙体；2—找平层；3—保温层；

4—防水抗裂层；5—防水层；6—锚栓

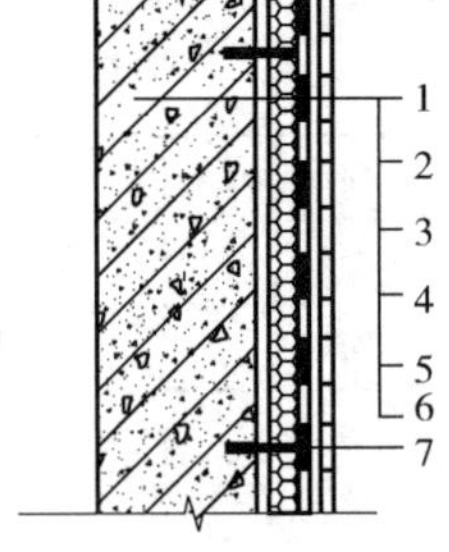

图7-15 砖饰面外保温外墙防水防护构造

1—结构墙体；2—找平层；3—保温层；

4—防水层；5—粘贴层；6—饰面面砖层；

7—锚栓

2. 材料要求

防水材料可使用普通防水砂浆、聚合物水泥防水砂浆、聚合物水泥防水涂料、聚合物乳液防水涂料、聚氨酯防水涂料、防水透气膜等；密封材料可使用硅酮密封胶、聚氨酯密封胶、聚硫密封胶、丙烯酸酯密封胶等。饰面材料兼作防水层时，应满足防水功能及耐老化性能要求。

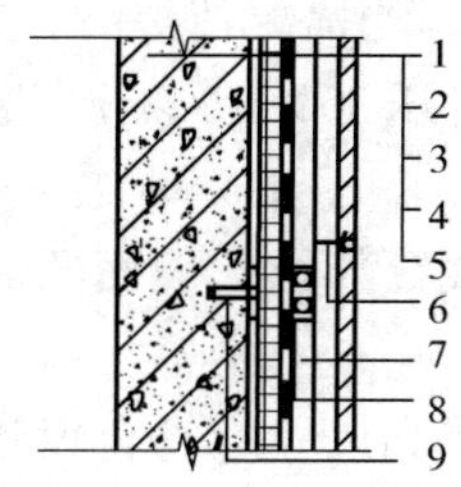

图 7 - 16　幕墙饰面外保温
外墙防水防护构造

1—结构墙体；2—找平层；3—保温层；4—防水层；
5—面板；6—挂件；7—竖向龙骨；8—连接件；9—锚栓

防水材料应有产品合格证和出厂检验报告，对进场的防水防护材料应抽样复检，并提出抽样试验报告，不合格的材料不得在工程中使用。

3. 外墙防水防护层最小厚度要求

外墙防水防护层最小厚度要求见表 7 - 3。

表 7 - 3　　外墙防水防护层最小厚度要求　　mm

<table>
<tr><th rowspan="2">墙体结构</th><th rowspan="2">饰面层</th><th colspan="3">防水砂浆</th><th rowspan="2">防水涂料</th><th rowspan="2">防水饰面涂料</th></tr>
<tr><th>干粉聚合物</th><th>乳液聚合物</th><th>普通防水砂浆</th></tr>
<tr><td rowspan="3">现浇混凝土</td><td>涂料</td><td rowspan="3">3</td><td rowspan="3">5</td><td rowspan="3">8</td><td>1.0</td><td>1.2</td></tr>
<tr><td>面砖</td><td>—</td><td>—</td></tr>
<tr><td>干挂幕墙</td><td>1.0</td><td>—</td></tr>
<tr><td rowspan="3">砌体</td><td>涂料</td><td rowspan="3">5</td><td rowspan="3">8</td><td rowspan="3">10</td><td>1.2</td><td>1.5</td></tr>
<tr><td>面砖</td><td>—</td><td>—</td></tr>
<tr><td>干挂幕墙</td><td>1.2</td><td>—</td></tr>
</table>

7.4.2　外墙防水工程施工要点

1. 无外保温外墙防水工程施工

（1）外墙结构表面的油污、浮浆应清除，孔洞、缝隙应堵塞抹平，不同结构材料交接处的增强处理材料应固定牢固。

（2）外墙结构表面清理干净，做界面处理，涂层应均匀，不露底，待表面收水后，进行找平层施工。找平层砂浆强度和厚度应符合设计要求。厚度在 10mm 以上时，应分层压实、抹平。

（3）防水砂浆施工。

1）基层表面应为平整的毛面，光滑表面做界面处理，并充分湿润。

2）防水砂浆按规定比例搅拌均匀，配制好的防水砂浆在 1h 内用完，施工中不得任意加水。

3）界面处理材料涂刷厚度应均匀、覆盖完全，收水后应及时进行防水砂浆的施工。

4）防水砂浆涂抹施工。厚度大于 10mm 时应分层施工，第二层应待前一层指触不粘时进行，各层黏结牢固。每层连续施工，当需要留槎时，应采用阶梯坡形槎，接槎部位离阴阳角不小于200mm，上、下层接槎应错开300mm以上。涂抹时应压实、抹平，并在初凝前完成。遇气泡时应挑破，保证铺抹密实。

5）窗台、窗楣和凸出墙面的腰线等部位上表面的流水坡应找坡准确，外口下沿的滴水线应连续、顺直。

6）砂浆防水层分格缝的留设位置和尺寸应符合设计要求。分格缝的密封处理应在防水砂浆达到设计强度的80%后进行，密封前将分格缝清理干净，密封材料应嵌填密实。

7）砂浆防水层转角抹成圆弧形，圆弧半径应大于等于5mm，转角抹压应顺直。

8）门框、窗框、管道、预埋件等与防水层相接处留8～10mm宽的凹槽，做密封处理。

9）砂浆防水层未达到硬化状态时，不得浇水养护或直接受雨水冲刷。聚合物水泥防水砂浆硬化后，应采用干湿交替的养护方法；普通防水砂浆防水层应在终凝后进行保湿养护。养护时间不少于14d，养护期间不得受冻。

（4）防水涂膜施工。同卷材防水屋面施工。

2. 外保温外墙防水工程施工

（1）保温层应固定牢固，表面平整、干净。

（2）外墙保温层的抗裂砂浆层施工。

1）抗裂砂浆施工前应先涂刮界面处理材料，然后分层抹压抗裂砂浆。

2）抗裂砂浆层的中间设置耐碱玻纤网格布或金属网片。金属网片与墙体结构固定牢固。

3）玻纤网格布铺贴应平整、无皱折，两幅间的搭接宽度不小于50mm。

4）抗裂砂浆应抹平压实，表面无接槎印痕，网格布或金属网片不得外露。防水层为防水砂浆时，抗裂砂浆表面搓毛。

5）抗裂砂浆终凝后，及时洒水养护，时间不得少于14d。

（3）防水层施工同无外保温外墙防水施工。

（4）防水透汽膜施工。

1）基层表面应平整、干净、干燥、牢固，无尖锐凸起物。

2）铺设从外墙底部一侧开始，将防水透汽膜沿外墙横向展开，铺于基面上。沿建筑立面自下而上横向铺设，按顺水方向上下搭接。当无法满足自下而上铺设顺序时，应确保沿顺水方向上下搭接。

3）防水透汽膜横向搭接宽度不小于100mm，纵向搭接宽度不小于150mm。搭接缝采用配套胶粘带黏结。相邻两幅膜的纵向搭接缝相互错开，间距不小于500mm。

4）防水透汽膜随铺随固定，固定部位预先粘贴小块丁基胶带，用带塑料垫片的塑料锚栓将透汽膜固定在基层墙体上，固定点不少于3处/m^2。

5）铺设在窗洞或其他洞口处的防水透汽膜，以I形裁开，用配套胶粘带固定在洞口内侧。与门、窗框连接处应使用配套胶粘带满粘密封，四角用密封材料封严。

6）幕墙体系中穿透防水透汽膜的连接件周围用配套胶粘带封严。

7.4.3 质量控制

1. 质量基本要求

（1）防水层不得有渗漏现象。

（2）使用的材料应符合设计要求。

（3）找平层应平整、坚固，不得有空鼓、酥松、起砂、起皮现象。

（4）门窗洞口、穿墙管、预埋件及收头等部位的防水构造，应符合设计要求。

（5）砂浆防水层应坚固、平整，不得有空鼓、开裂、酥松、起砂、起皮现象。防水层平均厚度不小于设计厚度，最薄处不小于设计厚度的 80%。

（6）涂膜防水层应无裂纹、皱折、流淌、鼓泡和露胎体现象。平均厚度不小于设计厚度，最薄处不小于设计厚度的 80%。

（7）防水透汽膜应铺设平整、固定牢固，构造符合设计要求。

2. 质量检验

（1）外墙防水防护工程检验批划分。外墙防水防护工程分为砂浆防水层、涂膜防水层、防水透汽膜防水层三个分项，各分项按外墙面积，每 100m^2查一处，每处 10m^2，不少于 3 处；不足 100m^2时，按 100m^2计算。节点构造全部检查。

（2）外墙在持续淋水 30min 后检查有无渗漏及内墙湿渍现象。

（3）主控项目。

1）卷材防水层所用卷材及其配套材料必须符合设计要求。

2）卷材防水层不得有渗漏或积水现象。

3）卷材防水层在天沟、檐沟、泛水、变形缝和水落口等处细部做法必须符合设计要求。

（4）一般项目。

1）卷材防水层的搭接缝应黏结（焊接）牢固、密封严密，并不得有皱折、翘边和鼓泡。

2）防水层的收头应与基层黏结并固定牢固、缝口封严，不得翘边。

3）卷材的铺设方向，卷材的搭接宽度允许偏差铺设方向应正确；搭接宽度的允许偏差为－10mm。

3. 工程隐蔽验收记录

工程隐蔽验收记录包括防水层的基层；密封防水处理部位；门窗洞口、穿墙管、预埋件及收头等细部做法。

7.5　地下防水工程施工

7.5.1　地下工程的防水等级和设防要求

地下工程防水等级及其相应的适用范围见表 7-4；地下工程防水设防要求见表 7-5。

表 7-4　　地下工程防水标准等级和适用范围

防水等级	标准	适用范围
一级	不允许渗水，结构表面无湿渍	人员长期停留的场所；因有少量湿渍会使物品变质、失效的储物场所及严重影响设备正常运转和危及工程安全运营的部位；极重要的战备工程

续表

防水等级	标准	适用范围
二级	不允许漏水，结构表面可有少量湿渍； 工业与民用建筑：总湿渍面积不应大于总防水面积（包括顶板、墙面、地面）的1/1000；任意100m²防水面积上的湿渍不超过2处，单个湿渍的最大面积不大于0.1m²；其他地下工程：总湿渍面积不应大于总防水面积的2/1000；任意100m²防水面积上的湿渍不超过3处，单个湿渍的最大面积不大于0.2m²；其中，隧道工程还要求平均渗水量不大于0.05L/（m²·d），任意100m²防水面积上的渗水量不大于0.15L/（m²·d）	人员经常活动的场所；在有少量湿渍的情况下不会使物品变质、失效的储物场所及基本不影响设备正常运转和工程安全运营的部位；重要的战备工程
三级	有少量漏水点，不得有线流和漏泥沙； 任意100m²防水面积上的漏水或湿渍点数不超过7处，单个漏水点的最大漏水量不大于2.5L/d，单个湿渍的最大面积不大于0.3m²	人员临时活动的场所；一般战备工程
四级	有漏水点，不得有线流和漏泥沙； 整个工程平均漏水量不大于2L/（m²·d）；任意100m²防水面积上的平均漏水量不大于4L/（m²·d）	对渗漏水无严格要求的工程

表7-5　明挖法地下工程防水设防要求

工程部位		主体结构							施工缝							后浇带					变形缝（诱导缝）					
防水措施		防水混凝土	防水卷材	防水涂料	塑料防水板	膨润土防水材料	防水砂浆	金属防水板	遇水膨胀止水条（胶）	外贴式止水带	中埋式止水带	外抹防水砂浆	外涂防水涂料	渗透结晶型防水材料	预埋注浆管	补偿收缩混凝土	外贴式止水带	预埋注浆管	遇水膨胀止水条（胶）	防水密封材料	中埋式止水带	外贴式止水带	可卸式止水带	防水密封材料	外贴防水卷材	外涂防水涂料
防水等级	一级	应选	应选一至二种						应选二种							应选	应选二种				应选	应选一至二种				
	二级	应选	应选一种						应选一至二种							应选	应选一至二种				应选	应选一至二种				
	三级	应选	宜选一种						宜选一至二种							应选	宜选一至二种				应选	宜选一至二种				
	四级	宜选	—						宜选一种							应选	宜选一种				应选	宜选一种				

地下防水工程施工前，施工单位应进行图纸会审，掌握工程主体及细部构造的防水技术要求，编制防水工程施工方案。

地下防水工程必须由具备相应资质的专业防水施工队伍进行施工，主要施工人员应持有建设行政主管部门或其指定单位颁发的执业资格证书。

地下防水工程的主要形式有防水混凝土结构防水、卷材防水和涂膜防水等。

7.5.2 地下工程混凝土防水施工

1. 基本知识及要求

防水混凝土是在普通混凝土的基础上，通过调整配合比或掺外加剂，来提高混凝土本身的密实性和抗渗性，具有一定防水能力的特殊混凝土。其抗渗等级不得小于P6，其试配混凝土的抗渗等级应比设计要求提高0.2MPa。防水混凝土的适用环境温度不得高于80℃。

防水混凝土适用于一般工业与民用建筑物的地下室、地下水泵房、水池、水塔、大型设备基础、沉箱、地下连续墙等防水建筑。

防水混凝土分为普通防水混凝土和外加剂防水混凝土。

(1) 普通防水混凝土。普通防水混凝土是一种富砂浆混凝土，在粗骨料周围形成一定浓度和良好质量的砂浆包裹层，混凝土硬化后，骨料和骨料之间孔隙被具有一定密度的水泥砂浆填充，并切断混凝土内部沿粗料表面连通毛细渗水通路。

影响普通防水混凝土抗渗性的主要因素（增加密实度和抗渗性）有水灰比、水泥用量、砂率和灰砂比。

(2) 外加剂防水混凝土。外加剂防水混凝土是在混凝土中掺入一定量的外加剂，如减水剂、加气剂、膨胀剂等，加以改善混凝土内部结构，增加混凝土密实度和提高抗渗性，达到防水要求。

(3) 材料要求。用于防水混凝土的水泥宜采用硅酸盐水泥、普通硅酸盐水泥，采用其他品种水泥时应经试验确定。石子宜选用坚固耐久、粒形良好的洁净石子，其最大粒径不宜大于40mm。砂宜选用坚硬、抗风化性强、洁净的中粗砂，含泥量不应大于3%，泥块含量不宜大于1%。不宜使用海砂。用于拌制混凝土的水应符合相关标准规定。

2. 防水混凝土工程施工

(1) 施工工艺流程

施工准备→混凝土配制、搅拌→混凝土运输→混凝土浇筑→混凝土养护。

(2) 施工要点

1) 混凝土制备。混凝土搅拌时必须严格按照实验室配合比通知单操作，雨季施工注意每天测定含水率，及时调整用水量。坍落度控制在规定范围内。防水混凝土拌和物应采用机械搅拌，搅拌时间不宜小于2min。

2) 混凝土运输。运输过程中应采取措施防止混凝土拌和物产生离析，以及坍落度和含气量的损失，同时要防止漏浆。防水混凝土拌和物在常温下应于半小时以内运至现场；运送距离较远或气温较高时，可掺入缓凝型减水剂，缓凝时间宜为6～8h。

防水混凝土拌和物在运输后如出现离析，则必须进行二次搅拌。当坍落度损失后不能满足施工要求时，应加入原水胶比的水泥浆或二次掺加减水剂进行搅拌，严禁直接加水搅拌。

3) 混凝土浇筑。防水混凝土应分层连续浇筑，分层厚度不得大于500mm。防水混凝土要用机械振捣密实，一般采用插入式振捣器，插入要迅速，拔出要缓慢，振动到表面泛浆无气泡为止。插点间距不应大于400mm，避免漏振、欠振和超振。

在防水混凝土结构中有密集管群穿过处、预埋件或钢筋稠密处，浇筑混凝土有困难时，应采用相同抗渗标号的细石混凝土浇筑；预埋大管径的套管或面积较大的金属板时，应在其底部开设浇筑振捣孔，以利排气、浇筑和振捣。

4）养护。防水混凝土凝结后，应立即进行养护，并充分保持湿润。养护时间不得少于14d。拆模时，防水混凝土结构表面的温度与周围气温的温差不得超过 15℃。

3. 止水带施工

止水带是地下工程沉降缝必用的防水配件，它可以阻止地下水沿沉降缝进入室内。根据制作材料有橡胶止水带、塑料止水带、钢板止水带和橡胶加钢边止水带，目前我国多用橡胶止水带。止水带形状有多种，如图 7 - 17 所示。埋置止水带的形式如图 7 - 18 所示。

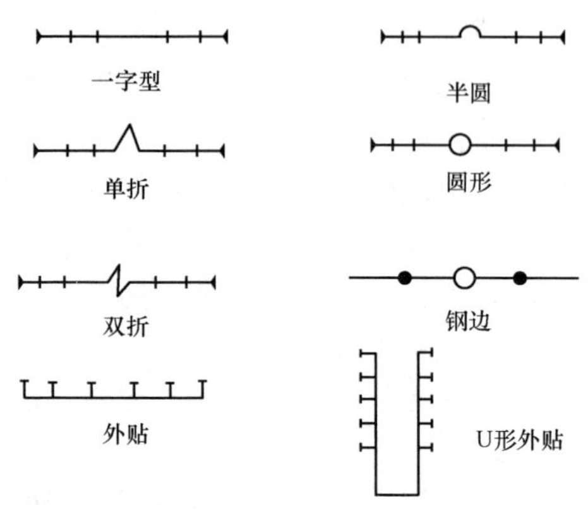

图 7 - 17　止水带

4. 施工缝的留设及处理

施工缝分为水平施工缝和垂直施工缝两种。工程中多用水平施工缝，垂直施工缝尽量利用变形缝。防水混凝土应连续浇筑，宜少留施工缝。

施工缝应按设计及规范要求做好施工缝防水构造。施工缝的处理应符合以下规定：

（1）水平施工缝皆为墙体施工缝，因受双排立筋和连接箍筋的影响，表面不可能平整光滑，凹凸较大，所以地下工程防水技术规范不推荐企口状和台阶状，只用平面的交接施工缝，构造如图 7 - 19 所示。

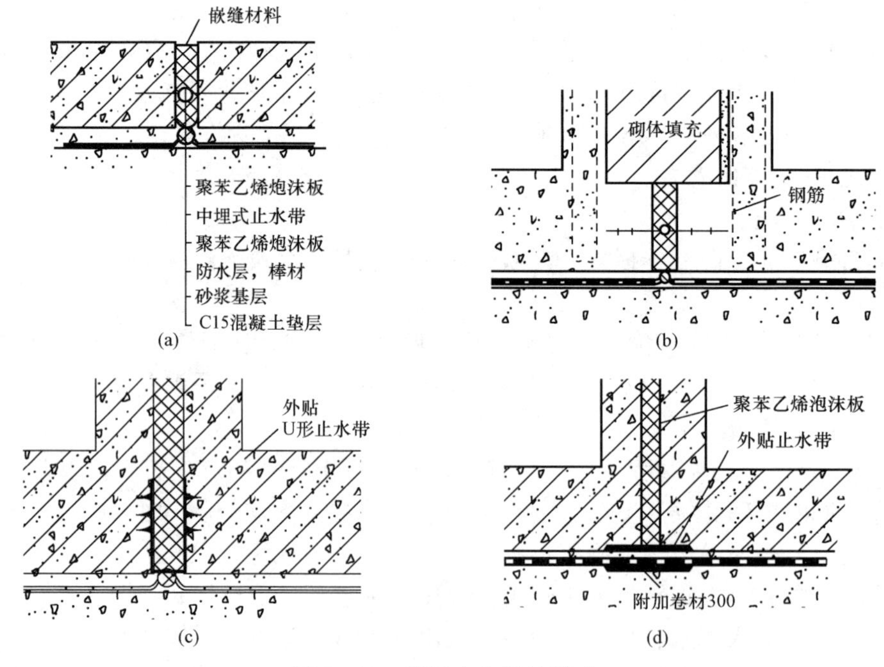

图 7 - 18　埋置止水带的形式

（2）水平施工缝浇筑混凝土前，应将其表面浮浆和杂物清除，然后铺设净浆或涂刷混凝土界面处理剂、水泥基渗透结晶型防水涂料等材料，再铺 30～50mm 厚的 1∶1 水泥砂浆，并应及时浇筑混凝土。

（3）垂直施工缝浇筑混凝土前，应将其表面清理干净，再涂刷混凝土界面处理剂或水泥

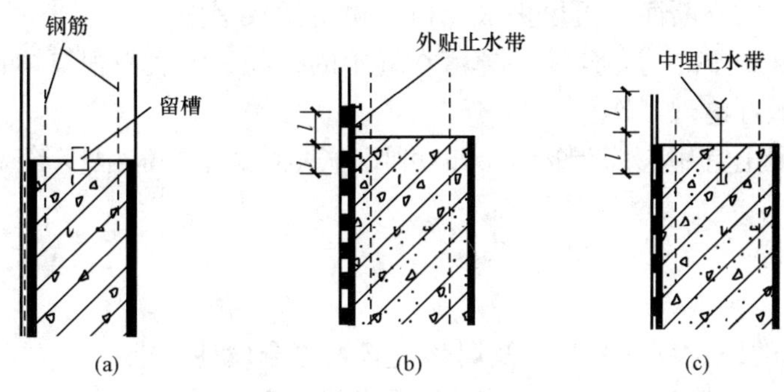

图 7-19　施工缝构造

（a）施工缝中设置遇水膨胀止水条；（b）外贴止水带；（c）中埋止水带

基渗透结晶型防水涂料，并应及时浇筑混凝土。

（4）遇水膨胀止水条（胶）应与接缝表面密贴，选用的遇水膨胀止水条（胶）应具有缓胀性能。

（5）采用中埋式止水带或预埋式注浆管时，应定位准确、固定牢靠。

5. 变形缝留设

变形缝两侧由于建筑沉降不等产生沉降差，因沉降差导致止水带拉伸变形，防水层拉裂、嵌缝材料揭开等现象多有发生。

变形缝的宽度由结构设计决定，建筑越高，变形缝越宽，一般宽为 20～30mm。变形缝处的混凝土结构厚度不小于 30cm。

6. 后浇带的处理

后浇带处底板钢筋不断开，特殊工程需断开时两侧钢筋应伸出，搭接长度应符合《混凝土结构工程施工质量验收规范》并设附加钢筋。后浇带处的防水层不得断开，必须是一个整体，并采取设附加层和外贴止水带措施，如图 7-20 所示。

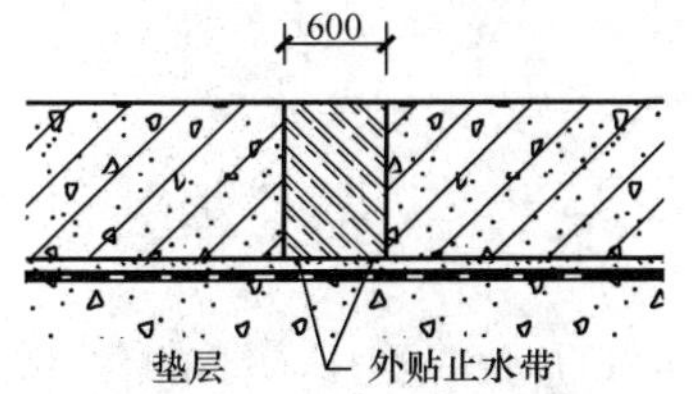

图 7-20　后浇带做法 1

止水带宽度宜窄不宜宽，最好不大于 700mm，以防浇捣混凝土之前地下水向上压力过大，破坏防水层。

后浇带两侧底板（建筑）产生沉降差，后浇带下方防水层受拉伸或撕裂，因此，局部加厚垫层，并附加钢筋，沉降差可以使垫层产生斜坡，而不会断裂，如图 7-21 所示。

后浇带防水还可以采用超前止水方式（见图 7-22）。其做法是将底板局部加厚，并设止水带，宜用外贴式止水带。由于底板局部加厚一般不超过 250mm，不宜设中埋止水带。

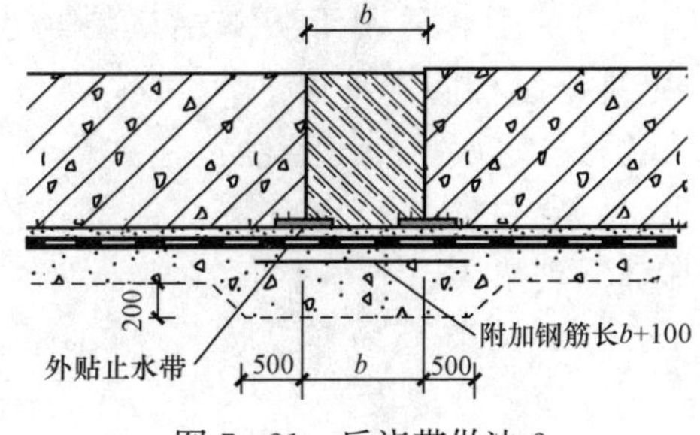

图 7-21　后浇带做法 2

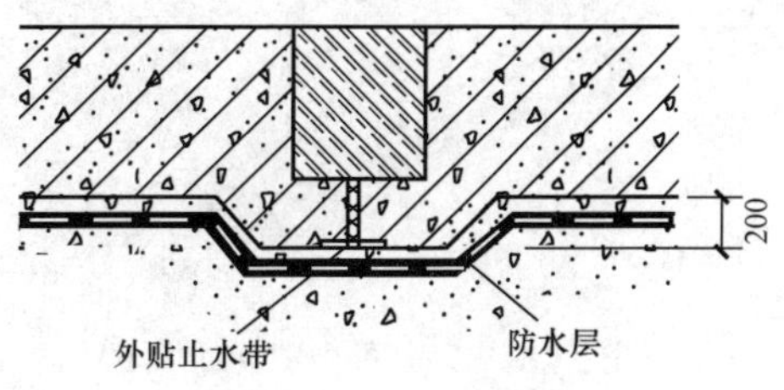

图 7-22　后浇带做法 3

后浇带两侧底板的立断面，可以做成企口，也可做成平面。

浇捣后浇带的混凝土之前，应清理掉落在缝中的杂物，因底板很厚，钢筋又密，清理杂物较困难，应认真做好清理工作。

在后浇带的混凝土宜用膨胀混凝土，也可用普通混凝土，但强度等级不能低于两侧混凝土。

7. 质量控制

（1）主控项目。

1）防水混凝土的原材料、配合比及坍落度必须符合设计要求。

2）防水混凝土的抗压强度和抗渗性能必须符合设计要求。

3）防水混凝土结构的变形缝、施工缝、后浇带、穿墙管、埋设件等设置和构造必须符合设计要求。

（2）一般项目。

1）防水混凝土结构表面应坚实、平整，不得有露筋、蜂窝等缺陷；埋设件位置应准确。

2）防水混凝土结构表面的裂缝宽度不应大于0.2mm，且不得贯通。

3）防水混凝土结构厚度不应小于250mm，其允许偏差应为+8mm、−5mm，主体结构迎水面钢筋保护层厚度不应小于50 mm，其允许偏差为±5mm。

8. 成品保护

（1）保护钢筋模板位置正确，不得踩踏钢筋和模板。

（2）在拆模和吊运其他构件时，不得碰坏施工缝企口及撞动止水带。

（3）保护好穿墙管、电线管、电器盒及预埋件的位置，防止振捣时挤扁或预埋件移位。

7.5.3 地下工程卷材防水施工

1. 基本知识及要求

卷材防水层是指防水卷材和相应的胶结材料胶合而成的一种单层或多层防水层。目前常用的卷材有高聚物改性沥青防水卷材、合成高分子防水卷材（见图7-23）。卷材防水层主要用于受侵蚀性介质作用、受震动作用的地下工程防水。

地下防水工程一般把卷材防水层设在建筑结构的外侧，称为外防水，受压力水的作用紧压在结构上，防水效果好。外防水有外防外贴法（见图7-24、图7-25）和外防内贴法（见图7-26）两种施工方法。

外防外贴法是将立面卷材防水层直接铺设在需防水的结构外墙外表面，适用于防水结构层高大于3m的地下结构防水工程。外防内贴法是浇筑混凝土垫层后，在垫层上将永久保护墙全部砌好，将卷材防水层铺贴在永久保护墙和垫层上，适用于防水结构层高小于3m的地下结构防水工程。

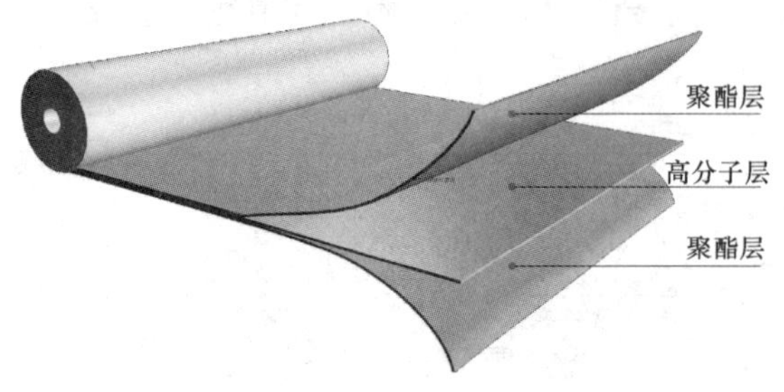

图7-23 高分子合成防水卷材

卷材防水层的施工条件：

（1）卷材防水层施工前，使基坑内地下水降低到垫层以下不小于300mm处。

（2）基层表面应坚实、平整，不得有凹凸或表面起砂现象。

（3）铺贴卷材严禁在雨天、雪天、五级及以上大风中施工；冷粘法、自粘法施工的环境气温不宜低于 5℃，热熔法、焊接法施工的环境气温不宜低于－10℃。施工过程中下雨或下雪时，应做好已铺卷材的防护工作。

2. 卷材防水施工

（1）外防外贴法施工。

1）施工工艺流程。外防外贴法有甩槎法（见图 7 - 24）和接槎法（见图 7 - 25）两种施工工艺。

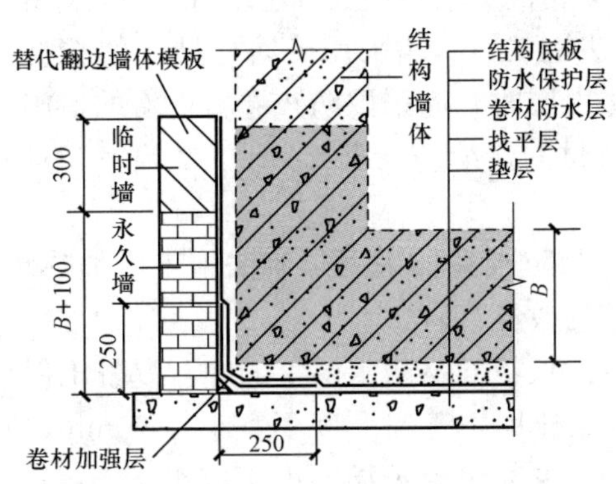

图 7 - 24　外防外贴法（甩槎）

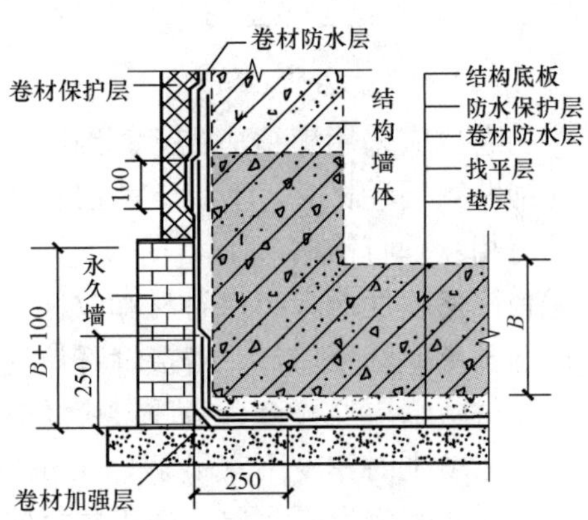

图 7 - 25　外防外贴法（接槎）

甩槎法施工工艺流程：浇筑混凝土垫层→砌筑永久保护墙→砌筑临时保护墙→抹找平层→转角贴卷材加强层→铺贴底板防水卷材→水泥砂浆保护层→浇筑结构底板→浇筑结构墙体→拆除临时保护墙→立面防水层施工→验收→保护层施工。

接槎法施工工艺流程：浇筑混凝土垫层→砌筑永久保护墙→抹找平层→转角贴卷材加强层→铺贴底板防水卷材→水泥砂浆保护层→浇筑结构底板→浇筑结构墙体→侧墙贴卷材加强层→立面防水层施工→验收→保护层施工。

2）施工要点。

①先铺平面，后铺立面，交接处应交叉搭接。

②临时性保护墙宜采用石灰砂浆砌筑，内表面宜做找平层。

③从底面折向立面的卷材与永久性保护墙的接触部位，应采用空铺法施工；卷材与临时性保护墙或围护结构模板的接触部位，应将卷材临时贴附在该墙上或模板上，并应将顶端临时固定。当不设保护墙时，从底面折向立面的卷材接槎部位应采取可靠的保护措施。

④混凝土结构完成，铺贴立面卷材时，应先将接槎部位的各层卷材揭开，并将其表面清理干净，如卷材有损伤应及时修补。当使用两层卷材时，卷材应错槎接缝，上层卷材应盖过下层卷材。

（2）外防内贴法施工（见图 7 - 26）。

1）施工工艺流程。浇筑混凝土垫层→砌筑永久保护墙→抹找平层→转角贴卷材加强层→铺贴立面防水卷材→铺贴平面防水卷材→验收→防水保护层→浇筑结构底板和墙体。

2）施工要点。

①卷材防水层的基面应坚实、平整、清洁、干燥，阴阳角处应做成圆弧或 45°坡角，其尺寸应根据卷材品种确定并应涂刷基层处理剂，当基面潮湿时，应涂刷湿固化型胶黏剂或潮

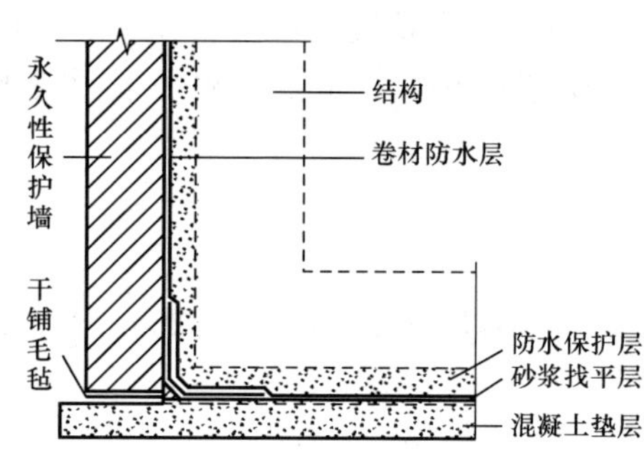

图7-26 外防内贴法

湿界面隔离剂。

②在阴阳角等特殊部位，应铺设卷材加强层，如设计无要求时，加强层宽度宜为300～500mm。

③混凝土结构的保护墙内表面应抹厚度为20mm的1∶3水泥砂浆找平层，然后铺贴卷材。

④卷材宜先铺立面，后铺平面；铺贴立面时，应先铺转角，后铺大面。

⑤结构底板垫层混凝土部位的卷材可采用空铺法或点粘法施工，侧墙采用外防外贴法的卷材及顶板部位的卷材应采用满粘法施工。铺贴立面卷材防水层时，应采取防止卷材下滑的措施。

⑥铺贴双层卷材时，上、下两层和相邻两幅卷材的接缝应错开1/3～1/2幅宽，且两层卷材不得相互垂直铺贴。

⑦弹性体改性沥青防水卷材和改性沥青聚乙烯胎防水卷材采用热熔法施工应加热均匀，不得加热不足或烧穿卷材，搭接缝部位应溢出热熔的改性沥青。

⑧卷材防水层经检查合格后，应及时做保护层。顶板卷材防水层上的细石混凝土保护层采用人工回填土时厚度不宜小于50mm，采用机械碾压回填土时厚度不宜小于70mm，防水层与保护层之间宜设隔离层。底板卷材防水层上细石混凝土保护层厚度不应小于50mm。侧墙卷材防水层宜采用软质保护材料或铺抹20mm厚1∶2.5水泥砂浆层。

3. 地下卷材防水工程质量控制

（1）主控项目。

1）卷材防水层所用卷材及其配套材料必须符合设计要求。

2）卷材防水层在转角处、变形缝、施工缝、穿墙管等部位做法必须符合设计要求。

（2）一般项目。

1）卷材防水层的搭接缝应粘贴或焊接牢固，密封严密，不得有扭曲、皱折、翘边和起泡等缺陷。

2）采用外防外贴法铺贴卷材防水层时，立面卷材接槎的搭接宽度，高聚物改性沥青类卷材应为150mm，合成高分子类卷材应为100mm，且上层卷材应盖过下层卷材。

3）侧墙卷材防水层的保护层与防水层应结合紧密，保护层厚度应符合设计要求。

4）卷材搭接宽度的允许偏差应为－10mm。

4. 成品保护

（1）卷材运输和保管时应平放不得高于4层，应避免日晒、雨淋、受潮。

（2）操作人员应穿平底鞋施工，立面铺贴卷材时应注意保护好已铺卷材不受损坏，架子或梯子两端应用橡皮包裹，防止打滑和压破卷材。

（3）卷材层施工完毕，不允许上人踩踏，以免损伤防水层，并及时进行保护层施工，且有专人检查，发现破坏点后应及时标记、修补。

（4）外防外贴法墙角留槎的卷材要防止断裂和损伤，及时砌筑保护墙。外防内贴防水层，在地下防水结构施工前贴在永久性保护墙上，在防水层铺完后，按设计和规范要求及时做好保护层。

7.5.4　地下工程涂料防水施工

1. 基本知识及要求

涂料防水包括有机防水涂料和无机防水涂料，目前地下涂料防水层多采用聚合物水泥或水泥基、水泥基渗透结晶防水涂料等涂料。

涂料防水层适用于受侵蚀性介质作用或受振动作用的地下工程。无机防水涂料宜用于主体结构的背水面，施工前基面应充分润湿，但不得有明水。有机防水涂料宜用于主体结构的迎水面；用于背水面的有机防水涂料应具有较高的抗渗性，且与基层有较好的黏结性。有机防水涂料基面应干燥，当基面较潮湿时，应涂刷湿固化型胶结剂或潮湿界面隔离剂。防水涂料厚度应根据防水等级按表 7-6 选用。

表 7-6　　防水涂料厚度　　mm

防水等级	设防道数	有机涂料			无机涂料	
		反应型	水乳型	聚合物水泥	水泥基	水泥基渗透结晶型
Ⅰ级	三道及以上	1.2～2	1.2～1.5	1.5～2	1.5～2	≥0.8
Ⅱ级	二道设防	1.2～2	1.2～1.5	1.5～2	1.5～2	≥0.8
Ⅲ级	一道设防	—	—	≥2	≥2	—
	复合设防	—	—	≥1.5	≥1.5	—

施工前，使基坑内地下水降低到垫层以下不小于 300mm 处；基层表面应坚实、平整、不得有凹凸或表面起砂现象；应在 5～35℃气温下施工，严禁在雨天、雪天施工；五级风及其以上时均不得施工。

2. 施工工艺流程

基层清理、修补→基层验收→刷界面处理剂→特殊部位增强处理→多次涂刷防水涂料至规定厚度→收头、节点密封→检查修补→保护层施工→验收。

3. 施工要点

(1) 涂料施工前，基层阴阳角应做成圆弧形，阴角直径宜大于 50mm，阳角直径宜大于 10mm，在底板转角部位应增加胎体增强材料，并应增涂防水涂料。铺贴胎体增强材料时，应使胎体层充分浸透防水涂料，不得有露槎及褶皱。

(2) 防水涂料应分层刷涂或喷涂，涂层应均匀，不得漏刷漏涂。涂刷应待前遍涂层干燥成膜后进行，每遍涂刷时应交替改变涂层的涂刷方向，同层涂膜的先后搭压宽度宜为 30～50mm。甩槎处接缝宽度不应小于 100mm，接涂前应将其甩槎表面处理干净。

(3) 采用有机防水涂料时，基层阴阳角处应做成圆弧。在转角处、变形缝、施工缝、穿墙管等部位应增加胎体增强材料和增涂防水涂料，宽度不应小于 50mm。胎体增强材料的搭接宽度不应小于 100mm，上、下两层和相邻两幅胎体的接缝应错开 1/3 幅宽且上、下两层胎体不得相互垂直铺贴。

(4) 涂料防水层完工并经验收合格后应及时做保护层。底板、顶板应采用 20mm 厚 1∶2.5 水泥砂浆层和 40～50mm 厚的细石混凝土保护层，防水层与保护层之间宜设置隔离层。侧墙背水面保护应采用 20mm 厚 1∶2.5 水泥砂浆，侧墙迎水面保护层宜选用软质保护材料或20mm厚1∶2.5水泥砂浆。

7.6 防水工程质量通病

7.6.1 屋面防水工程质量通病

1. 卷材开裂

（1）产生原因。

1）产生有规则横向裂缝的主要原因是：温度变化，屋面板产生胀缩，引起板端角变；卷材质量低、老化或在低温条件下产生冷脆，韧性和延伸度降低。

2）产生无规则裂缝的原因是：卷材搭接太小，卷材收缩后接头开裂、翘起，卷材老化龟裂、鼓泡破裂或外伤；找平层的分格缝设置不当或处理不好，以及水泥砂浆不规则开裂等。

（2）处理措施。对于基层未开裂的无规则裂缝（老化龟裂除外），一般在开裂处补贴卷材即可。

有规则横向裂缝处理方法有：

1）用盖缝条补缝。补缝时，按修补范围清理屋面，在裂缝处先嵌入防水油膏或浇灌热沥青。卷材盖缝条应用玛琋脂粘贴，周边要压实刮平。镀锌薄钢板盖缝条应用钉子钉在找平层上，两边再附贴一层宽200mm的卷材条。

2）用干铺卷材作延伸层。在裂缝处干铺一层250～400mm宽的卷材条作延伸层。

3）用防水油膏补缝。用聚氯乙烯胶泥时，应先切除裂缝两边宽各50mm的卷材和找平层，保证深度为30mm，然后清理基层，热灌胶泥高出屋面5mm以上。

2. 卷材流淌

（1）现象。

1）严重流淌：流淌面积占屋面面积50%以上，大部分流淌距离超过卷材搭接长度。卷材大多折皱成团，垂直面卷材拉开脱空，卷材横向搭接有严重错动。在一些脱空和拉断处，产生漏水。

2）中等流淌：流淌面积占屋面面积20%～50%，大部分流淌距离在卷材搭接长度范围之内，屋面有轻微褶皱，垂直面卷材被拉开100mm左右，只有天沟卷材脱空耸肩。

3）轻微流淌：流淌面积占屋面面积20%以下，流淌长度仅2～3cm，在屋架端坡处有轻微折皱。

（2）产生原因。

1）胶结料耐热度偏低。

2）胶结料黏结层过厚。

3）屋面坡度过陡，而采用平行屋脊铺贴卷材；或采用垂直屋脊铺贴卷材，在半坡进行短边搭接。

（3）处理措施。严重流淌的卷材防水层可考虑拆除重铺。轻微流淌如不发生渗漏，一般可不予治理。中等流淌可采用下列方法治理：

1）切割法。对于天沟卷材耸肩脱空等部位，可先清除保护层，切开将要脱空的卷材，刮除卷材底下积存的旧胶结料，待内部冷凝水晒干后，将下部已脱开的卷材用胶结料粘贴好，加铺一层卷材，再将上部卷材盖上。

2）局部切除重铺。对于天沟处折皱成团的卷材，先予以切除，仅保存原有卷材较为平整的部分，使之沿天沟纵向成直线（也可用喷灯烘烤胶结料后，将卷材剥离），新旧卷材的搭接应按接槎法或搭槎法进行。

①接槎法。先将旧卷材样口切齐并铲除槎口边缘 200mm 处的保护层，新旧卷材按槎口分层对接，最后将表面一层新卷材搭入旧卷材 150mm 并压平，上做一油一砂（此法一般用于治理天窗泛水和山墙泛水处）。

②搭槎法。将旧卷材切成台阶形槎口，每阶宽大于 80～150mm，用喷灯将旧胶结料烤软后，分层掀起 80～150mm，把旧胶结料除净，晒干卷材下面的水汽，最后把新铺卷材分层压入旧卷材下面（此法多用于治理天沟处）。

3）钉钉子法。当施工后不久，卷材有下滑趋势时，可在卷材的上部离屋脊 300～450mm 范围内钉三排 50mm 长圆钉，钉眼上灌胶结料。卷材流淌后，横向搭接若有错动，应清除边缘翘起处的旧胶结料，重新浇灌胶结料，并压实刮平。

3. 卷材起鼓

（1）现象。卷材起鼓一般在施工后不久产生，在高温季节，有时上午施工下午就起鼓。鼓泡一般由小到大，逐渐发展，大的直径可达 200～300mm，小的数十毫米，大小鼓泡还可能成片串联。起鼓一般从底层卷材开始，其内还有冷凝水珠。

（2）产生原因。在卷材防水层中黏结不实的部位，存在水分和气体，当其受到太阳照射或人工热源影响后，体积膨胀，造成鼓泡。

（3）处理措施。

1）直径 100mm 以下的中、小鼓泡可用抽气灌胶法治理，并压上几块砖，几天后再将砖移去即可。

2）直径 100～300mm 的鼓泡可先铲除鼓泡处的保护层，再用刀将鼓泡按斜十字形割开，放出鼓泡内气体，擦干水分，清除旧胶结料，用喷灯把卷材内部吹干。然后按顺序把旧卷材分片重新粘贴好，再新贴一块方形卷材（其边长比开刀范围大 100mm ）压入卷材下，最后，粘贴覆盖好卷材，四边搭接好，并重做保护层。上述分片铺贴顺序是按屋面流水方向先下再左、右、后、上。

3）直径更大的鼓泡用割补法治理。先用刀把鼓泡卷材割除，按上一做法进行基层清理，再用喷灯烘烤旧卷材样口，并分层剥开，除去旧胶结料后，依次粘贴好旧卷材，上面铺贴一层新卷材（四周与旧卷材搭接不小于 100mm ），再依次粘贴旧卷材，上面覆盖铺贴第二层新卷材，周边压实刮平，重做保护层。

4. 山墙、女儿墙部位漏水

（1）产生原因。

1）卷材收口处张口，固定不牢；封口砂浆开裂、剥落，压条脱落。

2）压顶板滴水线破损，雨水沿墙进入卷材。

3）山墙或女儿墙与屋面板缺乏牢固拉结，转角处没有做成钝角，垂直面卷材与屋面卷材没有分层搭槎，基层松动（如墙外倾或不均匀沉陷）。

4）垂直面保护层因施工困难而被省略。

（2）处理措施。

1）清除卷材张口脱落处的旧胶结料，烤干基层，重新钉上压条，将旧卷材贴紧钉牢，再覆盖一层新卷材，收口处用防水油膏封口。

2）凿除开裂和剥落的压顶砂浆，重抹 1∶2～2.5 水泥砂浆，并做好滴水线。

3）将转角处开裂的卷材割开，旧卷材烘烤后分层剥离，清除旧胶结料，将新卷材分层压入旧卷材下，并搭接粘贴牢固，再在裂缝表面增加一层卷材，四周粘贴牢固。

5. 涂料防水屋面质量通病

（1）屋面漏水。

1）产生原因。

①屋面基层结构变形较大，地基不均匀沉降引起防水层开裂。

②涂膜厚度不足有露胎体、皱皮等情况。

③节点部位密封不严，有开缝翘边现象。

2）处理措施。

①用工具清理裂缝周围，并填塞裂缝。用玻璃丝布作胎体覆盖裂缝四周，用防水涂料涂抹均匀即可。

②增加涂膜厚度，把露出的胎体部分覆盖，把皱皮部分去除，用涂料补好。

③用工具把翘边部分去除，清理有开缝、翘边部位的基层面，并进行干燥处理。最后用涂料涂刷仔细密封严实。

（2）黏结不牢。

1）产生原因。

①基层面不平整，有起皮、起砂现象。

②基层面潮湿。

2）处理措施。

①对基层面不平整部分用防水砂浆抹平，对起皮、起砂部分用钢丝刷清理基层面。基层面清理好后，用防水涂料补好。

②对基层进行干燥处理，并用钢丝刷把基层刷毛，增大涂料与基层面黏结力，基层面处理好后，用涂料补好。

（3）防水层破损。

1）产生原因：涂膜较薄，保护不好。

2）处理措施：

①增加涂膜厚度。对轻度破损部位，增加涂布覆盖，用涂料补好；对破损严重部位，去除破损部位的防水层，露出基层面并清理干净修补好，把基层面处理好后再按防水要求做好防水层。

②在防水层上面应增加保护层材料，如蛭石粉、云母片、细沙等。

7.6.2 地下防水工程质量通病

1. 防水混凝土施工缝渗漏水

施工缝处混凝土松散，骨料集中，接槎明显，沿缝隙处渗漏水。

（1）产生原因。

1）施工缝留的位置不当。

2）在支模和绑钢筋的过程中，掉入缝内的杂物没有及时清除，浇筑上层混凝土后，在新旧混凝土之间形成夹层。

3）在浇筑上层混凝土时，未按规定处理施工缝，上、下层混凝土不能牢固黏结。

4）钢筋过密，内外模板距离狭窄，混凝土浇捣困难，施工质量不易保证。

5）下料方法不当，骨料集中于施工缝处。

6）浇筑地面混凝土时，因工序衔接等原因造成新老接槎部位产生收缩裂缝。

（2）处理措施。

1）根据渗漏、水压大小情况，采用促凝胶浆或氰凝灌浆堵漏。

2）不渗漏的施工缝，可沿缝剔成八字形凹槽，将松散石子剔除，刷洗干净，用水泥素浆打底，抹 1∶2.5 水泥砂浆找平压实。

2. 防水混凝土开裂渗漏水

混凝土表面有不规则的收缩裂缝且贯通于混凝土结构，有渗漏水现象。

（1）产生原因。

1）混凝土搅拌不均匀或水泥品种混用，收缩不一产生裂缝。

2）设计中，对土的侧压力及水压作用考虑不周，结构缺乏足够的刚度。

3）由于设计或施工等原因产生局部断裂或环形裂缝。

（2）处理措施。

1）采用促凝胶浆或氰凝灌浆堵漏。

2）对不渗漏的裂缝，可用灰浆或用水泥压浆法处理。

3）对于结构所出现的环形裂缝，可采用埋入式橡胶止水带、后埋式止水带、粘贴式氯丁胶片以及涂刷式氯丁胶片等方法。

3. 管道穿墙（地）部位渗漏水

常温管道、热力管道以及电缆等穿墙（地）时与混凝土脱离，产生裂缝漏水。

（1）产生原因。

1）穿墙（地）管道周围混凝土浇筑困难，振捣不密实。

2）没有认真清除穿墙（地）管道表面锈蚀层，致使穿墙（地）管道不能与混凝土黏结严密。

3）穿墙（地）管道接头不严或用有缝管，水渗入管内后，又从管内流出。

4）在施工或使用中穿墙（地）管道受振松动，与混凝土间产生缝隙。

5）热力管道穿墙部位构造处理不当，致使管道在温差作用下，因往返伸缩变形而与结构脱离，产生裂缝。

（2）处理措施。

1）对于水压较小的常温管道穿墙（地）渗漏水采用直接堵漏法处理：沿裂缝剔成八字形边坡沟槽，采用水泥胶浆将沟槽挤压密实，达到强度后，表面做防水层。

2）对于水压较大的常温管道穿墙（地）渗漏水采用下线堵漏法处理：沿裂缝剔成八字形边坡沟槽，挤压水泥胶浆同时留设线孔或钉孔，使漏水顺孔眼流出，经检查无渗漏后，沿沟槽抹素浆、砂浆各一道，待其有强度后再按 1）堵塞漏水孔眼，最后再把整条裂缝做好防水层。

3）热力管道穿内墙部位出现渗漏水时，可将穿管孔眼剔大，采用埋设预制半圆混凝土套管进行处理。

4）热力管道穿外墙部位出现渗漏水，修复时需将地下水位降至管道标高以下，用设置橡胶止水套的方法处理。

7.7 防水工程安全技术

(1) 防水材料均为易燃品，储存时应放在干燥和远离火源的场所，施工现场严禁烟火，并应随时配备有灭火器。施工现场及作业面的周围不得存放易燃易爆物品。现场设置明显的防火宣传标志，定期进行防火检查。

(2) 防水工程施工前，应编制安全技术措施，书面向全体操作人员进行安全技术交底工作，并办理签字手续备查。

(3) 施工过程中，应有专人督促，严格按照安全规程进行各项操作，合理使用劳动保护用品，操作人员不得赤脚或穿短袖衣服进行作业，防止胶黏液溅泼和污染，应将袖口和裤脚扎紧，并戴手套，不得直接接触油溶型胶泥油膏。操作时若皮肤上沾上涂料，应及时用沾有相应溶剂的棉纱擦除，再用肥皂和清水洗净。接触有毒材料应戴口罩并加强通风。施工时禁止穿高跟鞋、带钉鞋、光滑底面的塑料鞋和拖鞋，以确保上、下屋面或在屋面上行走及上下脚手架的安全。

(4) 操作人员操作时，如有头痛、恶心现象，应停止作业。患有材料刺激过敏人员，不得参加相应的工作。

(5) 操作时应注意风向，防止下风操作，以免人员中毒、受伤。在较恶劣条件下，操作人员应戴防毒面具。

(6) 运输线路要畅通，各项运输设施应牢固可靠，屋面孔洞及檐口应有安全防护措施。

(7) 为确保施工安全，对有电气设备的屋面工程，在防水层施工时，应将电源临时切断或采取安全措施。对施工照明用电，应使用36V安全电压，对其他施工电源也应安装触电保护器，以防发生触电事故。

(8) 操作现场禁止吸烟。严禁在卷材或胶泥油膏防水层的上方进行电、气焊工作，以防引起火灾和损伤防水层。

习　题

一、名词解释

1. 构造防水　2. 材料防水　3. 刚性防水　4. 柔性防水
5. 外防水　6. 外防外贴法　7. 外防内贴法　8. 一道设防
9. 止水带

二、简答题

1. 试述防水卷材的种类、特点和使用范围。
2. 试述防水涂料种类、防水机理及特点。
3. 试述卷材防水屋面各构造层的做法及施工工艺。

4. 试述热熔法和冷粘法施工工艺。

5. 试述屋面卷材起鼓的原因及处理措施。

6. 试述屋面涂膜防水层施工特点。

7. 屋面防水工厂施工质量和安全措施是什么？

8. 试述细石混凝土防水屋面的施工特点。

9. 防水涂料的施工方法有哪些？试述其施工要点。

10. 试述厨房及厕浴间防水的主要方式及施工工艺。

11. 试述厨房及厕浴间防水的保证措施。

12. 试述地下室防水混凝土的施工工艺。

13. 地下室施工缝的留设位置在哪里？试述其施工要点。

14. 简述后浇带的施工方法有哪些。

15. 试述地下室防水卷材的施工方法及工艺流程。

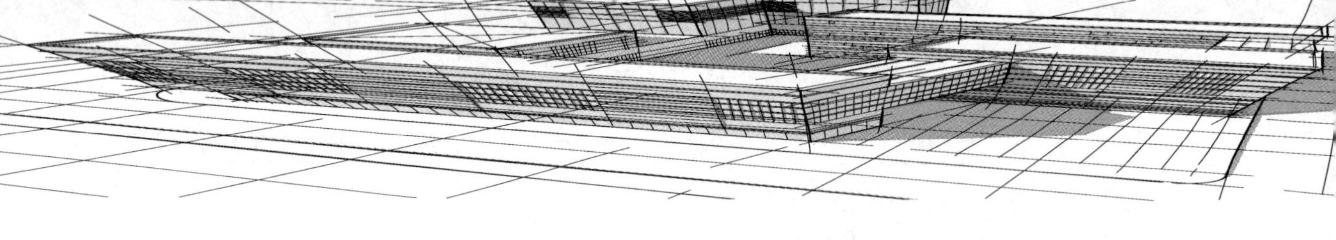

第8章　装饰装修工程施工

本章主要讲述抹灰工程、门窗工程、饰面工程、楼地面工程、涂料工程、玻璃幕墙工程、吊顶工程和隔墙工程的施工及相关质量、安全标准。

职业能力目标

1. 能组织抹灰工程、门窗工程、饰面工程、楼地面工程、涂料工程、吊顶工程、隔墙工程的施工。

2. 能在施工过程中正确执行相关质量、安全标准。

8.1　概述

《建筑装饰装修工程质量验收标准》指出：为保护建筑物的主体结构，完善建筑物的使用功能和美化建筑物，利用装饰装修材料或饰物对建筑物的内外表面及空间进行的各种处理过程，称为建筑装饰装修。作为建筑工程的重要组成部分，装饰装修工程发挥着保护主体、改善功能和美化空间的作用。

装饰工程项目繁多，各道工序搭接严密；施工周期长、工作量大、机械化程度低是装饰装修工程施工的主要特点。随着科学技术的发展和人民生活水平的提高，装饰工程的标准也在提高，机械化施工的发展也给装饰装修工程带来了新的变化。

8.2　抹灰工程

8.2.1　基本知识

1. 概念

将水泥、砂、石灰膏、水等一系列材料拌和起来，直接涂抹在建筑物的表面，形成连续均匀抹灰层的作法叫抹灰工程。

2. 分类

根据使用要求及装饰效果的不同，抹灰工程可分为一般抹灰和装饰抹灰两大类。

(1) 一般抹灰包括水泥砂浆、水泥混合砂浆、聚合物水泥砂浆和粉刷石膏等抹灰，一般抹灰根据质量标准又分为普通抹灰和高级抹灰两个级别。

(2) 装饰抹灰工程包括水刷石、干粘石、斩假石和假面砖等装饰抹灰，现在用得很少，本书不做介绍。

3. 构造组成

一般抹灰分为底层、中层、面层，如图8-1所示，总厚度不超过35mm。底层为黏结层，主要起黏结兼初步找平作用；中层主要起找平的作用；面层的作用是美化装饰。

8.2.2　一般抹灰施工

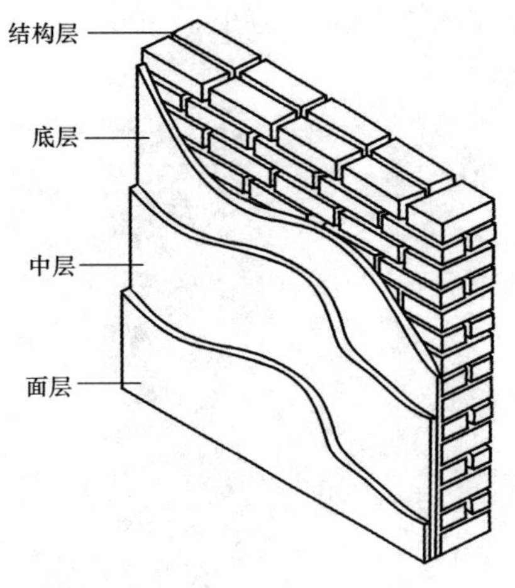

图 8-1　一般抹灰构造层次图

1. 施工准备

(1) 熟悉图纸及施工验收规范。

(2) 进行施工技术（作业指导书）交底。

(3) 检查门窗框安装位置是否正确，并对其进行保护。

(4) 检查墙体中埋设的电箱、接线盒、管线是否固定牢固，并对其周边缝隙用砂浆进行抹补处理。

(5) 对抹灰基层表面的油渍、灰尘、污垢等应清除干净。

2. 内墙抹灰施工

(1) 施工工艺流程。基层处理→找规矩、做灰饼→做标筋（冲筋）→做护角→抹底层、中层、面层灰→养护。

(2) 施工要点。

1) 基层处理。

①堵塞脚手眼等墙上孔洞。

②窗台砖补齐，墙体与楼板、梁底等交接处用实心砖斜砌顶紧。

③挂网。在抹灰基层钉挂钢丝网或玻纤网，以防抹灰层开裂。挂网部位有：不同材料的基层交接处，网宽每边不小于 100mm；抹灰层较厚（>20mm）的墙体；设计文件要求挂网的墙体。

④混凝土墙体采用脱污剂将墙面的油污脱除干净，晾干后采用机械喷涂或笤帚涂刷一层薄的胶黏性水泥浆或涂刷一层混凝土界面剂，以增加抹灰层与基层的黏结；也可将光滑表面凿毛，使其表面粗糙不平，然后浇水湿润。抹灰时墙面不得有明水。

砌体墙体检查墙面垂直偏差及平整度，根据要求将基层处理到位，喷水湿润，水要渗入墙面 10～20mm，墙面不得有明水。然后涂抹水泥浆或墙体界面砂浆，收浆后进行抹灰。

2) 找规矩、做灰饼。这一步的作用是控制抹灰层厚度及抹灰平整度，保证抹灰质量。

根据质量要求及基层表面情况，选一面墙做基准，吊垂直、套方、找规矩，确定抹灰厚度。当墙面凹度较大时，应分层抹平，每层厚度宜为 7～9mm。

抹灰前，在墙面距地面 2m 左右，距墙面两边阴角 100～200mm 处，用 1∶2 水泥砂浆抹成 50mm 见方形状的灰饼（见图 8-2）。然后根据这两个灰饼，用托线板或线锤在踢脚线上口做下面两个灰饼。灰饼稍干燥后，在两个灰饼两端砖缝中钉入钉子，拉上横线，沿线每隔 1.2～1.5m 补做灰饼。

3) 做标筋（冲筋）。当灰饼砂浆达到七八成干时，即可用与抹灰层相同砂浆冲筋，冲筋根数应根据房间的宽度和高度确定，一般标筋宽度为 50mm，两筋间距不大于 1.5m，如图 8-3 所示。当墙面高度小于 3.5m 时只需做立筋，大于 3.5m 时宜同时做横筋，做横向标筋时做灰饼的间距不宜大于 2m。

4) 做护角。室内墙面、柱面和门窗洞口的阳角处应做护角，以免遭受碰撞时棱角抹灰层损坏。护角可采用 1∶2 水泥砂浆抹面，收水后用捋角器抹成小圆角，其高度不应低于

2m，每侧宽度不应小于 50mm，如图 8-4 所示。也可采用金属材质成品护角，如图 8-5 所示。

图 8-2 灰饼

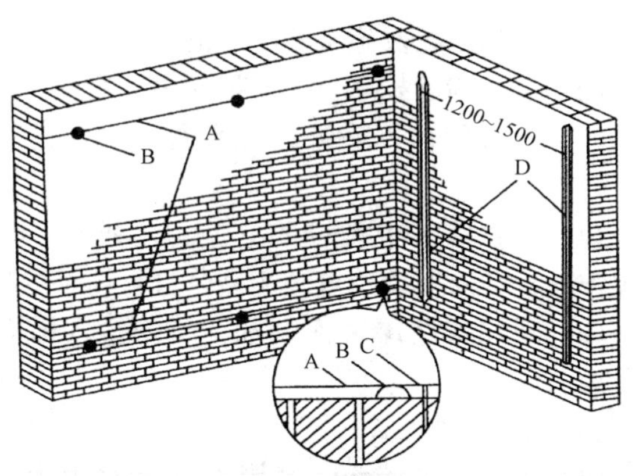

图 8-3 做灰饼与标筋示意图

A—引线；B—灰饼；C—钉子；D—标筋

图 8-4 水泥砂浆护角

图 8-5 成品护角

5）抹底层、中层、面层灰。待标筋有了一定强度后，洒水湿润墙面，先薄薄抹一层底灰，接着抹第二层底灰，第二层底灰高度略低于标筋，用木抹子压实搓毛。

待底层灰干至 6～7 成后，即可抹中层灰，厚度以垫平标筋为准，并使其稍高于标筋。抹上砂浆后，再用刮杆由下往上刮平，用木抹子搓平。局部低凹处，用砂浆填补搓平。中层抹灰后应检查表面平整度和垂直度，检查阴阳角是否方正和垂直，若发现质量缺陷应立即处理。

待中层灰干至 6～7 成时，即可抹面层灰。

需要指出的是不同面层材料适用情况不同，石灰砂浆面层适用于室内墙面；水泥砂浆面层适用于有防潮要求的内墙面、墙裙、踢脚线等部位的抹灰；石膏面层适应于高级室内抹灰。

6）养护。水泥砂浆抹灰24h后应喷水养护，养护时间不少于7d；混合砂浆要适度喷水养护，养护时间不少于7d。

3. 外墙抹灰施工

（1）施工工艺流程。基层处理→吊垂直、做灰饼、冲筋→抹底层、中层（嵌分格条）、面层灰→抹滴水线（槽）→养护。

（2）施工要点。外墙抹灰顺序应先上部、后下部、先沿口、再墙面。由于外墙抹灰面积较大，抹灰时可分片、分段同时施工，若一次抹不完，可在阴阳角交接处或分格线处间断施工。

室外抹灰工艺应选用水泥砂浆或专用的干混砂浆。

1）根据建筑高度确定放线方法。高层建筑可利用墙体大角、门窗洞口两边，用经纬仪打直线找垂直。多层建筑可从顶层用大线坠吊垂直，拉线找规矩，横向水平线可依据楼层标高或施工50线为水平基准线进行交圈控制。然后在抹灰操作层抹灰饼冲筋，做灰饼时应注意横竖交圈，以便抹灰操作。

2）抹底层灰、中层灰。根据不同的基体，抹底层灰前可刷一道胶粘性水泥浆，然后抹1∶3水泥砂浆（加气混凝土墙底层抹1∶6水泥砂浆），每层厚度控制在5～7mm为宜。分层时每层抹灰不宜跟得太紧，以防收缩影响质量。

3）弹线分格、嵌分格条。大面积抹灰应分格，防止砂浆收缩，造成开裂。根据图纸要求弹线分格、粘分格条，分格条两侧用素水泥浆抹成45°八字坡形。分格条粘好后待底层呈7～8成干后，可抹面层灰。

4）抹面层灰、起分格条。待底灰呈七八成干时开始抹面层灰，将底灰墙面浇水湿润，先刮一层薄薄的素水泥浆，随即抹罩面灰与分格条平，并用木杠横竖刮平，木抹子搓毛，铁抹子溜光、压实。待其表面无明水时，用软毛刷蘸水，垂直于地面向同一方向轻刷一遍，以保证面层灰颜色一致，避免出现收缩裂缝，随后将分格条取出，待灰层干后，用素水泥膏将缝勾好。

5）抹滴水线（槽）。在抹檐口、窗台、窗眉、阳台、雨篷、压顶和突出墙面的腰线以及装饰凸线时，应将其上面做成向外的流水坡度，严禁出现倒坡。顶面应抹出流水坡度，底面外沿边应做滴水线（槽），滴水线（槽）应整齐顺直，内高外低，滴水槽的宽度和深度均不应小于10mm，如图8-6所示。

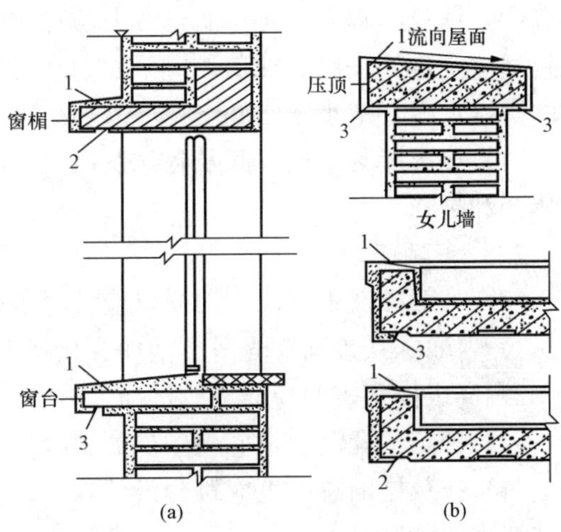

图8-6 流水坡度、滴水线（槽）示意图

（a）窗台；（b）雨篷、阳台、窗口

1—流水坡度；2—滴水线；3—滴水槽

6）养护。水泥砂浆抹灰常温24h后应喷水养护。冬期施工要有保温措施。

4. 智能机器人抹灰机施工

智能机器人抹灰机是一种利用人工智能技术和机器人技术来实现自动抹灰的设备。它通过搭载传感器和摄像头，能够检测墙面的不平整程度和灰尘情况，并根据这些信息来进行抹灰操作，如图8-7所示。智能机器人抹灰机同时也可以进行自动刮腻子。

抹灰机器人施工工艺流程：地图建立、导入，进行路径规划→抹灰机器人及泵送系统就位→站点试跑及设备位置摆放、转场确认→机器人精度标定→激光线摆设并复核→机器人施工→人工收底、养护→既有抹面做护角→养护。

图8-7 抹灰机施工

8.2.3 质量控制

1. 主控项目

（1）一般抹灰所用材料的品种和性能应符合设计要求及国家现行标准有关规定。水泥的凝结时间和安定性复验应合格。砂浆的配合比应符合设计要求。

（2）抹灰前基层表面的尘土、污垢、油渍等应清除干净，并应洒水润湿。

（3）抹灰工程应分层进行。当抹灰总厚度大于等于35mm时，应采取加强措施。不同材料基体交接处表面的抹灰，应采取防止开裂的加强措施，当采用加强网时，加强网与各基体的搭接宽度不应小于100mm。

（4）抹灰层与基层之间及各抹灰层之间必须黏结牢固，抹灰层应无脱层、空鼓，面层应无爆灰和裂缝。

2. 一般项目

（1）一般抹灰工程的表面质量应符合下列规定：

1）普通抹灰表面应光滑、洁净、接槎平整，分格缝应清晰。

2）高级抹灰表面应光滑、洁净、颜色均匀、无抹纹，分格缝和灰线应清晰、美观。

（2）护角、孔洞、槽、盒周围的抹灰表面应整齐、光滑；管道后面的抹灰表面应平整。

（3）抹灰层的总厚度应符合设计要求；水泥砂浆不得抹在石灰砂浆层上；罩面石膏灰不得抹在水泥砂浆层上。

（4）抹灰分格缝的设置应符合设计要求，宽度和深度应均匀，表面应光滑，棱角应整齐。

（5）有排水要求的部位应做滴水线（槽）。

（6）一般抹灰工程质量的允许偏差和检验方法应符合表 8-1 的规定。

表 8-1　一般抹灰的允许偏差和检验方法

项次	项目	允许偏差（mm）		检验方法
		普通抹灰	高级抹灰	
1	立面垂直度	4	3	用 2m 垂直检测尺检查
2	表面平整度	4	3	用 2m 靠尺和塞尺检查
3	阴阳角方正	4	3	用直角检测尺检查
4	分格条（缝）直线度	4	3	拉 5m 线，不足 5m 拉通线，用钢直尺检查
5	墙裙、勒脚上口直线度	4	3	拉 5m 线，不足 5m 拉通线，用钢直尺检查

8.2.4　质量通病

1. 空鼓

空鼓是指抹灰面层与基层之间出现脱离，造成空洞的现象。

产生原因：基层处理不干净、抹灰前墙面浇水不足、抹灰砂浆配合比不当、抹灰面层过于干燥等。

防治措施：抹灰前基层处理干净，墙面充分浇水，抹灰砂浆应按配合比搅拌均匀，抹灰面层施工前应将基底湿润，排除砂浆中的水分，使抹灰面层与基层结合紧密。出现空鼓后，将其凿去并重新抹灰。

2. 裂缝

产生原因：基层过于干燥、抹灰面层过于干燥或收缩率不同。

防治措施：施工前应将基底湿润，排除砂浆中的水分，使抹灰面层与基层结合紧密。对于收缩率不同的基层，应采取挂网、分层抹灰或增加抹灰砂浆的稠度等措施。

3. 起皮

起皮是指抹灰面层出现起块、脱落的现象。

产生原因：抹灰面层过于干燥或黏结不牢固。

防治措施：抹灰面层施工前应将基底湿润，排除砂浆中的水分，使抹灰面层与基层结合紧密。对于黏结不牢固的部位，应重新抹灰或采取其他加固措施。

4. 麻面

麻面是指抹灰面层出现许多小坑、麻点或凹凸不平等现象。

产生原因：抹灰面层施工时，砂浆中水分过多、过于干燥或水泥安定性不良。

防治措施：抹灰面层施工前应将基底湿润，排除砂浆中的水分，使抹灰面层与基层结合紧密。对于水泥安定性不良的原材料，应选用合格的产品。

5. 阴阳角不方正

阴阳角不方正是指抹灰面层与垂直或水平墙面不垂直或水平度偏差较大。

产生原因：阴阳角抹灰操作不当、灰浆不饱满或堵塞。

防治措施：阴阳角抹灰时应采用标准的角度尺进行控制，保证灰浆充分饱满并疏通，见图 8-8。

图8-8　角度尺检查阳角方正

8.3　门窗工程

8.3.1　基本知识

1. 作用及要求

门窗工程的作用有通风、采光、防盗、防火等，同时也为建筑物增添美观。门窗工程的基本要求是安全、牢固、密封、隔声、隔热等。

2. 类型

（1）木门窗。木门窗指的是用木材作为主要材料制作的门窗。木材具有较好的保温性能和装饰效果，常用的木材包括柚木、橡木、松木等。

木门窗按主要材料分类，常用的有实木门窗、实木复合门窗、木质复合门窗和综合门窗。

（2）铝合金门窗。铝合金门窗是指采用铝合金建筑型材制作框、扇杆件结构的门窗。将经过表面处理的型材，通过下料、打孔、铣槽等工序，制作成门窗框料构件，然后再与连接件、密封件、开闭五金件一起组合装配而成。由于铝合金门窗在造型、色彩、玻璃镶嵌、密封材料的封缝和耐久性等方面有着明显的优势，因此，铝合金门窗在高层建筑和公共建筑中获得了广泛的应用。

根据结构与开启形式的不同，铝合金门窗可分为推拉门、推拉窗、平开门、平开窗、固定窗、悬挂窗、回转门、回转窗等几种。

（3）塑钢门窗。塑钢门窗是以聚氯乙烯（UPVC）树脂为主要原料，加上一定比例的稳定剂、着色剂、填充剂、紫外线吸收剂等，经挤出成型材，然后通过切割、焊接或螺接的方式制成门窗框扇的门窗。为增强型材的刚性，超过一定长度的型材空腔内还需要添加钢衬（加强筋）。塑钢门窗具有保温性能好、密封性能好、价格适中和生产能耗小的优点，应用广泛。

塑钢门窗按开启方式划分为平开门窗、固定门窗、推拉门窗、悬挂窗和组合窗等；按构造划分为全塑门窗、复合PVC门窗。

8.3.2　门窗工程施工

1. 木门施工

（1）施工工艺流程。安装门框→安装门套线→安装门扇→安装五金件→清理。

（2）施工要点。

1）安装门框。采用后塞口的施工工序。洞口与门框间的安装缝隙应为8～30mm，采用发泡胶安装时，铲掉在墙洞上的腻子，并保证发泡胶的环保、黏结性能符合相关标准的规定。如果是在厨房和卫生间等湿度比较大的房间，门套应与地面留有2～3mm的空隙，然后打玻璃胶进行密封，防止产品受到潮湿。若门套等需要锯部件下口，锯后端面应涂刷防水渗透剂，防止潮气浸入。

2）安装门套线（门贴脸）。安装门套线前，应先将套板槽口里面的异物清理干净，清理时槽口边角不能损坏，然后将门套线装入门套（框）开槽内。在门套线与墙面接触部位应均匀涂防水胶，使门套线与墙体牢固结合，如防水胶溢出，应及时去除固定在套板上的套线，尽量紧靠墙体。因墙体不垂直或厚度不均导致门套线与墙体有缝隙，缝隙需用密封胶收口。

3）安装门扇。调整合页为最佳状态，保证门扇开启轻松、无摩擦声，开关灵活自如，门扇平整、垂直；门扇关严后与密封条结合紧密，不摆动。检查门套与扇截口及门套线结合处高低差；门扇与门框、扇与扇接缝高低差按照表8-2的要求。

4）安装五金件。使用开槽合页时，应在门扇上开合页槽，并注意开启方向，合页槽的大小根据合页在门扇侧边上所占的位置而定，在操作过程中不应损伤门扇及门套表面部位的油漆。

根据锁的安装位置，锁孔中心距水平地面高度尺寸宜为900～1000mm；锁具安装完后应检查门扇、门锁开关是否灵活，应无松动。

门吸应安装坚实牢固，不应松动。拉手安装应垂直，合页安装应牢固。

5）清理。将装好的门套、门扇清洁好，并将安装现场清洁干净。

（3）质量控制。

1）木门的木材品种、材质等级、规格、尺寸、框扇的线型及人造木板的甲醛含量应符合设计要求。

2）木门应采用烘干的木材，含水率应符合《木门窗》的规定。

3）木门的防火、防腐、防虫处理应符合设计要求。

4）胶合板门、纤维板门和模压门不得脱胶。

5）木质门安装允许偏差符合表8-2的要求。

表8-2　木质门安装允许偏差

项目	允许偏差（mm）	检验工具
门套内径的高度	≤3.0	钢尺
门套内径的宽度	≤2.0	钢尺
门套与扇截口处高低差	≤1.0	钢尺
门套正、侧面安装垂直度	≤1.0	1m垂直检测尺；线锤+钢尺
门套与扇、扇与扇接缝高低差	≤1.0	钢直尺+塞尺

续表

项目	允许偏差（mm）	检验工具
直角门套线立套线与横套线平面误差	立套线平面高出横套线平面2～3	钢直尺
直角门套线中套线与套线之间的缝隙	≤0.5	塞尺
直角门套线中门套线与门套之间的插槽缝	≤0.2	塞尺
45°角门套线	套线接缝处要严密、平整无错位	观察

2. 铝合金门窗施工

（1）施工工艺流程。弹线→安装门窗框→洞口四周嵌缝→抹面→安装门窗扇→安装玻璃→清理。

（2）施工要点。

1）弹线。按设计要求在门窗洞口弹出门窗位置线。同一立面门窗的水平及垂直方向应做到整齐一致，对于门，要特别注意室内地面的标高，地弹簧的表面，应与室内地面饰面标高一致。

2）固定门窗框。按照弹线位置，先将门、窗框临时用木楔固定，待检查立面垂直，左右间隙、上下位置符合要求后，再用射钉将镀锌锚固板固定在结构上。锚固板的一端定在门窗框的外侧，另一端用射钉枪固定在密实的基础上，锚固板应固定好，不得有松动现象，射钉的选择也要合理，锚固板厚度为1.5mm，长度可根据需要加工。

3）填缝。在填缝前，需完成门窗框的平整度和垂直度的安装质量复查和清扫，并洒水湿润基层。对于较宽的窗框，应专门进行填缝。填缝所用的材料，原则上按设计要求选用，但不论使用何种材料，应达到密闭、防水的目的。

4）抹面。铝框四周的塞灰砂浆达到一定的强度后（一般需24h），才能轻轻取下框旁的木楔，继续补灰，然后才能抹面层，压平抹光。

5）安装门窗扇。铝合金门窗扇安装，应在室内外装饰基本完成后进行。以推拉门窗扇的安装为例。推拉门窗扇分内扇和外扇，先将外扇插入上滑道的外槽内，自然下落于对应的下滑道的外滑道内，然后再用同样的方法安装内扇。

6）安装玻璃。玻璃安装是门、窗安装的最后一道工序，其内容包括玻璃裁割、玻璃就位、玻璃密封与固定。

当玻璃单块尺寸较小时，可用双手夹住就位。如果单块玻璃尺寸较大，为便于操作，可用玻璃吸盘。

玻璃就位后，应及时用胶条固定。型材镶嵌玻璃的凹槽内，常用以下三种做法：①橡胶条挤紧，然后再在胶条上面注入硅酮系列密封胶；②用10mm左右长的橡胶块，将玻璃挤住，然后再注入硅酮系列密封胶；③用橡胶压条封缝、挤紧，表面不再注胶。

7）清理。交工前，应将型材表面的塑料胶纸撕掉，并将其存在的胶痕用香蕉水清理干净。若玻璃还存在一些浮灰和其他杂物，也应全部清理干净。待定位销孔与销对上后，再将定位销完全调出，并插入定位销孔中。最后，用双头螺杆将门拉手固定在门扇边框两侧。

安装铝合金门的关键是要保持上、下两个转动部分在同一个轴线上。

（3）质量控制。

1）主控项目。

①铝合金门窗的品种、类型、规格、尺寸、性能、开启方向、安装位置、连接方式应符合设计要求。铝合金门窗的防腐处理及填嵌、密封处理应符合设计要求。

②铝合金门窗框的安装必须牢固。预埋件的数量、位置、埋设方式、与框的连接方式，必须符合设计要求。

③铝合金门窗扇必须安装牢固，并应开关灵活、关闭严密，无倒翘。推拉门窗扇必须有防脱落措施。

④铝合金门窗配件的型号、规格、数量应符合设计要求，安装应牢固，位置应正确，功能应满足使用要求。

2）一般项目。

①铝合金门窗表面应洁净、平整、光滑、色泽一致，无锈蚀。大面应无划痕、碰伤，漆膜或保护层应连续。

②铝合金门窗框与墙体之间的缝隙应填嵌饱满，并采用密封胶密封。密封胶表面应光滑、顺直，无裂纹。

③铝合金门窗扇的橡胶密封条或毛密封条应安装完好，不得脱槽。

④有排水孔的铝合金门窗，排水孔应畅通，位置和数量应符合设计要求。

⑤铝合金门窗推拉门窗扇开关力应不大于 50N。

⑥允许偏差项目。铝合金门窗安装的允许偏差和检验方法应符合表 8-3 的规定。

表 8-3　铝门窗安装的允许偏差和检验方法　mm

项次	项目		允许偏差	检查方法
1	门槽口宽度、高度	≤1500	1.5	用钢尺检查
		>1500	2	
2	门窗槽口对角线长度差	≤2000	3	用钢尺检查
		>2000	4	
3	门窗框的正面、侧面垂直度		2.5	用垂直检测尺检查
4	门窗横框的水平度		2	用 1m 水平尺和塞尺检查
5	门窗横框标高		5	用钢尺检查
6	门窗竖向偏离中心		5	用钢尺检查
7	双层门窗内外框中心距		4	用钢尺检查
8	推拉门窗扇与框搭接量		1.5	用钢直尺检查

8.4　饰面工程

饰面工程即用天然石材饰面板、人造石材饰面板或各种饰面砖镶贴在基层（本书主要指墙面）上的建筑装饰工程。

8.4.1　基本知识

1. 常用饰面材料

天然石材饰面板包括大理石、汉白玉、花岗石、青石板等。

人造石饰面板包括预制水磨石、人造美术石、露石混凝土板、正打印花板、压花混凝土板、模塑混凝土板等。

陶瓷砖包括釉面瓷砖、陶瓷锦砖、通体砖和玻化砖等。

2. 材料质量要求

无论采用哪种饰面材料，除品种、规格、图案等要符合设计要求外，还要求其表面平整，不得有隐伤、风化；几何尺寸准确，边缘整齐，棱角分明；面层洁净，颜色一致。用于室内的天然石材，还应满足放射性限制要求。

8.4.2 饰面工程施工

1. 瓷砖装饰施工

（1）施工工艺流程。基层处理→吊垂直、套方、找规矩→贴灰饼→抹底层砂浆→弹线分格→排砖→浸砖→镶贴面砖→勾缝与擦缝。

（2）施工要点。

1）前几步同一般抹灰工程施工。

2）弹线分格。待底层灰6～7成干时，按图纸要求，釉面砖规格及结合实际条件进行排砖弹线。

3）排砖。根据排版图及墙面尺寸进行横竖向的排砖，以保证面砖缝隙均匀，符合设计图纸的要求，注意大墙面、柱子和垛子要排整砖，以及在同一墙面上的横竖排列，均不得有小于1/3砖的非整砖。非整砖要排列在次要部位，并保证一致和对称。墙面阴角位置在排砖时应注意留出5mm伸缩缝位置，贴砖后用密封胶填缝。

4）用废瓷砖贴标准点，用做灰饼的混合砂浆贴在墙面上，用以控制贴瓷砖的表面平整度。

5）选砖、浸泡。面砖镶贴前，应挑选颜色、规格一致的砖。浸泡砖时，将面砖清扫干净，放入净水中浸泡2h以上，取出待表面晾干或擦干净后方可使用（如使用预拌砂浆粘贴则无需泡砖）。

6）镶贴面砖。采用水泥砂浆粘贴，一般自下而上进行，整间或独立部位宜一次完成。粘贴墙砖时在基层和砖背面都应满涂砂浆，黏结厚度在5mm为宜。先清除面砖背面的灰尘等杂物，然后将适量砂浆涂在砖背面上，并用抹刀有齿边将砂浆刮成齿状。同时将砂浆抹在墙面上，然后将面砖对准放线位置轻轻揉压，以确保全面粘着。要求砂浆饱满，亏灰时，取下重贴。随时用靠尺检查平整度，同时保证缝隙宽度一致，控制缝隙可用“十字”卡子，见图8-9。阴角预留5mm缝隙，打胶作为伸缩缝。阳角处瓷砖采取45°对角，并保证对角缝垂直均匀。阳角导出1.5mm宽边，对角留缝打胶。阴阳角做法如图8-10所示。

图8-9 十字卡子

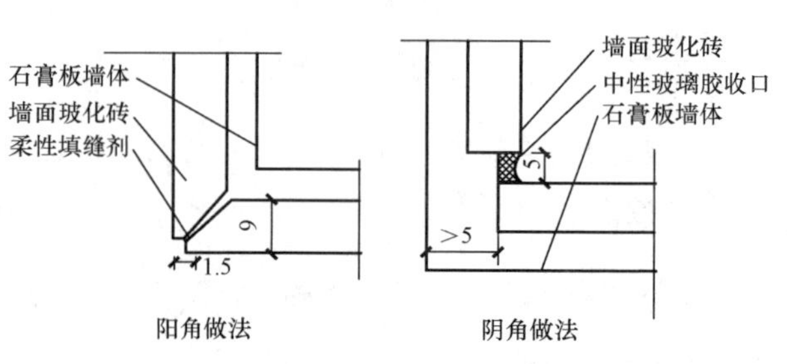

图8-10 阴阳角做法

7）清理。镶贴完经自检无空鼓、不平、不直后，用棉丝擦干净，用勾缝胶、白水泥或拍干白水泥擦缝，用布将缝的素浆擦匀，砖面擦净。

当采用专用瓷砖胶或预拌砂浆来粘贴面砖，在砖背面抹 3～4mm 厚粘贴即可。

外墙饰面砖禁止使用现场水泥拌砂浆进行粘贴，应用水泥基粘接材料粘贴工艺等。

（3）质量控制。

1）主控项目。

①饰面砖的品种、规格、颜色、图案和性能必须符合设计要求。

②饰面砖粘贴工程的找平、防水、黏结和勾缝材料及施工方法应符合设计要求、国家现行产品标准、工程技术标准及国家环保污染控制等规定。

③饰面砖镶贴必须牢固。

④满粘法施工的饰面砖工程应无空鼓、裂缝。

2）一般项目。

①饰面砖表面应平整、洁净、色泽一致，无裂痕和缺陷。

②墙面突出物周围的饰面砖应整砖套割吻合，边缘应整齐。墙裙、贴脸突出墙面的厚度应一致。

③饰面砖粘贴的允许偏差项目和检查方法应符合表 8-4 的规定。

④阴阳角处搭接方式、非整砖使用部位应符合设计要求。

⑤饰面砖接缝应平直、光滑，填嵌应连续、密实；宽度和深度应符合设计要求。

表 8-4　室内贴面砖允许偏差

项次	项目	内墙面砖允许偏差（mm）	检查方法
1	立面垂直度	2	用 2m 垂直检测尺检查
2	表面平整度	3	用 2m 直尺和塞尺检查
3	阴阳角方正	3	用直角检测尺检查
4	接缝直线度	2	拉 5m 线，不足 5m 拉通线，用钢直尺检查
5	接缝高低差	0.5	用钢直尺和塞尺检查
6	接缝宽度	1	用钢直尺检查

2. 石材装饰施工

石材装饰施工方法主要采用干挂法。

（1）干挂法施工工艺流程。基层处理→弹线→石材排版→安装龙骨→准备石材→安装石材→密封板缝→清理。

（2）施工要点。

1）基层处理。首先清理墙面基层，确保表面干净，去除可能影响安装的突出物。

2）弹线。在墙体上弹出水平控制线和石材标高控制线，确保墙体的水平和位置准确。

3）石材排版。在墙面上弹出龙骨位置线，并根据现场排版图进行石材加工。

4）安装龙骨。按照弹线在地面上用膨胀螺栓安装镀锌钢板，然后安装竖向主龙骨。主龙骨与地面满焊焊接，与墙面采用角码固定，对主龙骨平整度检查后，安装横向次龙骨。龙骨施工焊接均为满焊施工，焊缝高度满足设计要求，焊渣清理干净，如图 8-11 所示。

5）准备石材。将石材支放平稳后，在石材背面钻孔开槽安装背栓挂件及组合式挂件

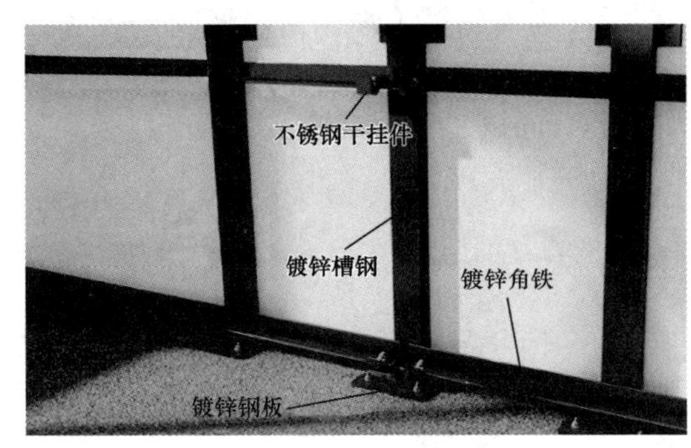

图8-11 龙骨固定

(见图8-12)，禁止销钉连接工艺、板材边部槽式连接的T型挂件及蝶型挂件。

6）安装石材。采用不锈钢干挂件将石材固定在龙骨上，如图8-13所示。石材的安装顺序一般由下向上逐层施工，墙面第一层石材施工时，下面先用厚木板临时支托，干挂施工过程中随时用线锤或者靠尺进行垂直度和平整度的控制。

7）密封板缝。按工程要求进行勾缝打胶工作，打胶前在石材平面边沿处粘贴美纹纸，以防止打胶时污染石材。勾缝打胶时要求达到横平竖直、宽窄一致、涂胶均匀。使胶缝美观且耐固，采用石材嵌缝用中性硅酮密封胶，以防对石材产生腐蚀。打胶时还要注意天气情况，杜绝雨天、避免高温与低温5℃以下作业，以确保打胶质量。并保证胶缝粗细匀称，表面美观流畅。

图8-12 背栓挂件

8）清理。石材干挂完成后，使用中性清洗剂擦洗表面残留胶黏剂，进行现场的成品保护，特别是干挂阳角必须采取保护措施。

(3) 质量控制。

1）主控项目。

①饰面石材板的品种、防腐、规格、形状、平整度、几何尺寸、光洁度、颜色和图案必须符合设计要求，要有产品合格证。

②面层与基底应安装牢固；粘贴用料、干挂配件必须符合设计要求和国家现行有关标准的规定。

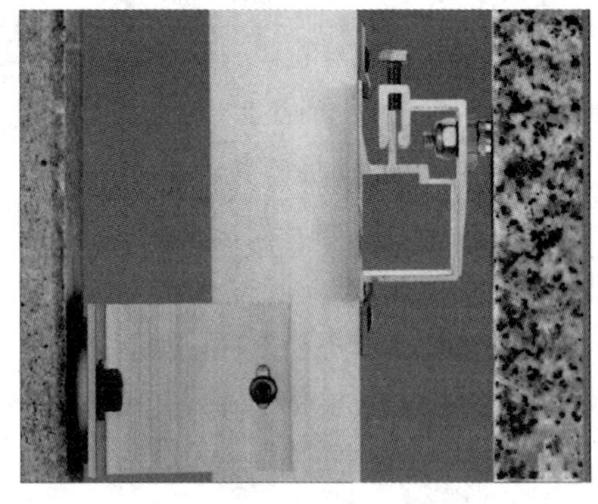
图8-13 安装石材

2）一般项目。

①表面平整、洁净；纹理清晰通顺，颜色均匀一致；非整板部位安排适宜，阴阳角处的板压向正确。

②缝格均匀，板缝通顺，接缝填嵌密实，宽窄一致，无错台、错位。

③滴水线顺直，流水坡向正确、清晰美观。

④突出物周围的板采取整板套割，尺寸准确，边缘吻合整齐、平顺，墙裙、贴脸等上口平直。

干挂石材允许偏差见表 8-5。

表 8-5　墙面干挂石材允许偏差

项次	项目	允许偏差（mm）		检验方法
		光面	粗磨面	
1	室内立面垂直	2	2	用 2m 托线板和尺量检查
2	表面平整	1	2	用 2m 托线板和塞尺检查
3	阳角方正	2	3	用 20cm 方尺和塞尺检查
4	接缝平直	2	3	用 5m 小线和尺量检查
5	墙裙上口平直	2	3	用 5m 小线和尺量检查
6	接缝高低	1	1	用钢板短尺和塞尺检查
7	接缝宽度	1	2	用尺量检查

8.4.3　质量通病

1. 空鼓脱落

产生原因：黏结材料的收缩应力大于结构基层的黏结力；饰面块材背面的微细孔不能将吸入的浆体与黏结层粘为一体；基层与找平层没有可靠的连接。

防治措施：黏结砂浆与基层砂浆的标号要基本接近；用于饰面块材黏结砂浆的坍落度不能太小，要有足够的水分让其凝固；黏结砂浆不能太薄也不能太厚，勾缝要严实。经检查空鼓或者已脱落的面砖，要重新粘贴。

2. 接缝不平，缝宽不均

产生原因：没有弹好横竖线；材料规格不一；次品较多。

防治措施：按排版弹好定位线；对进场材料严把质量关。

3. 表面污染

产生原因：在运输、存放、包装以及施工过程中，会使板面发生污染；吸水率大，杂质渗进其内，造成变色或颜色不一致；砂浆坠落。

防治措施：防止表面污染的措施是避免日晒雨淋。如有污染，则用草酸或用 10%的稀盐酸溶液刷洗，再用清水冲洗，擦干上蜡。

4. 石材泛碱

产生原因：空气湿度太大，石材的微孔吸收水分造成泛碱；防护石材会用到防护剂，防护剂遇到潮湿环境，则会水解泛碱；有些石材含盐高，碰到水就会溶解析出，形成泛碱。

防治措施：安装石材前，在石材背面涂刷防护剂，形成封闭屏障，阻止水分或碱析出；石材铺设前，减少施工用水量，用防水开缝剂开缝；施工环境保持干燥，尽量采用含水量低的材料。

轻微泛碱，可用水冲洗或用洗洁精水擦拭。严重泛碱，只能用硫酸钡等液体浸泡石材。

8.4.4　安全技术

（1）操作前检查脚手架和跳板是否搭设牢固，高度是否满足操作要求，合格后才能上架操作，凡不符合安全之处应及时修整。

（2）禁止穿硬底鞋、拖鞋、高跟鞋在架子上工作，架子上人不得集中在一起，工具要搁置稳定，以防止坠落伤人。

（3）在两层脚手架上操作时，应尽量避免在同一垂直线上工作，必须同时作业时，下层操作人员必须戴安全帽。

（4）用电应符合《施工现场临时用电安全技术规范》。夜间临时用的移动照明灯，必须用安全电压。

（5）机械操作人员须持证上岗。

（6）饰面砖、胶黏剂等材料必须符合环保要求，无污染。

（7）禁止搭设飞跳板，严禁从高处往下乱投东西。脚手架严禁搭设在门窗、暖气片水暖等管道上。

（8）施工过程中防止粉尘污染应采取相应的防护措施。

（9）在施工过程中应符合《民用建筑工程室内环境污染控制标准》。

（10）在施工过程中应防止噪声污染，在施工场界噪声敏感区域宜选择使用低噪声的设备，也可以采取其他降低噪声的措施。

8.5 楼地面装饰工程

建筑楼地面主要由基层和面层组成。基层包括结构层和垫层，直接坐落于基土上的底层地面的结构层是基土，一般地面的结构层是楼板或结构底板。面层即地面和楼面的表面层，根据生产、工作、生活特点和不同的使用要求做成整体面层、板块面层和竹木面层等。当基层和面层之间的构造不能满足使用或构造要求时，必须在基层和面层间增设结合层、找平层、填充层、隔离层等附加的构造层。

楼地面的名称通常以面层所用的材料来命名，如水泥砂浆地面、塑料地面、块材地面、涂布地面等。

本书主要介绍采用瓷砖、大理石、花岗石等块材装饰的铺装工程。

8.5.1 楼地面铺装工程一般规定

（1）楼地面铺装宜在地面隐蔽工程、吊顶工程、墙面抹灰工程完成并验收后进行。

（2）楼地面面层应有足够的强度，其表面质量应符合国家现行标准、规范的有关规定。

（3）楼地面铺装图案及固定方法等应符合设计要求。

（4）天然石材在铺装前应采取防护措施，防止出现污损、泛碱等现象。

（5）湿作业施工现场环境温度宜在5℃以上。

（6）楼地面铺装材料的品种、规格、颜色等均应符合设计要求并应有产品合格证书。

8.5.2 地面铺装工程施工

1. 施工工艺流程

基层处理→弹线、找规矩→试拼、预排→铺贴→勾缝清理→养护。

2. 施工要点

（1）基层处理。清除基层表面浮灰、砂浆、油渍等，光滑的混凝土地面还应凿毛，然后清扫干净，提前一天浇水湿润。

（2）弹线、找规矩。根据设计要求，确定平面标高位置（水泥砂浆结合层厚度应控制在 10～15mm）并在相应的立面上弹线。在房间取中点、拉十字线并按照排砖方案图，在地面弹出与门口成直角的基准线，弹线应从门口开始，以保证进口处为整砖，非整砖置于阴角或家具下面，弹线应弹出纵横定位控制线。

根据排砖控制线安装标准块，根据标准块先铺贴好左右靠边基准行（封路）的块料。

（3）试拼、预排。根据控制线确定铺砌顺序和标准块位置，在选定的位置上，对每个房间的板块，应按图案、颜色、纹理试拼。试拼后按两个方向编号排列，然后按编号摆放整齐。

（4）铺贴。块材铺贴前需放入净水中浸泡 2h 以上，取出待表面晾干或擦干净后方可使用。

块材铺贴时，先按一行或一列挂好控制线，而后铺设比块材宽 100mm 的干硬性 1∶3 水泥砂浆带，长度为 3～5 块砖长。然后用水泥膏（2～3mm 厚）或水泥素浆满涂块料背面，对准挂线及缝子，将块料铺贴在砂浆带上，用小木棰或橡皮锤敲击至平整。块材缝隙可用“十字”卡子控制，块材找平可用瓷砖找平器，见图 8-14。隔 1～2d 用 1∶1 水泥砂浆嵌缝，要求缝隙严密，不得漏嵌，待水泥砂浆达到一定强度后，再用清水洗刷干净。

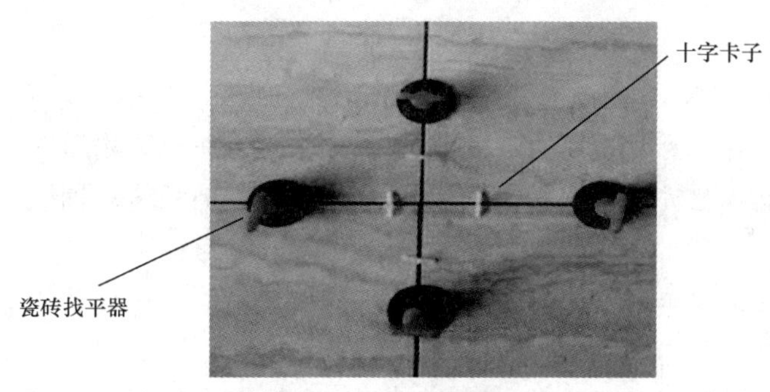

图 8-14　块材铺贴控制

（5）勾缝清理。面层铺贴 24h 后，根据各类砖面层的要求，分别进行擦缝、勾缝或压缝工作。勾缝深度宜比砖面凹 2～3mm，擦缝和勾缝应采用同品种、同强度等级、同颜色的水泥。勾缝时随手用干净的软布将块材表面的浆液擦干净。

（6）养护。铺贴完成后，2～3h 内不得上人，表面可做覆盖养护，时间不少于 7d。

3. 质量控制

板、块面层的允许偏差应符合表 8-6 的规定。

表 8-6　板、块面层的允许偏差和检验方法

项次	项目	允许偏差（mm）					检验方法
		陶瓷锦砖面层、高级水磨石板、陶瓷地砖面层	大理石面层、花岗石面层、人造石面层、金属板面层	水泥混凝土板块面层	条石面层	块石面层	
1	表面平整度	2.0	1.0	4.0	10.0	10.0	用 2m 靠尺和楔形塞尺检查
2	缝格平直	3.0	2.0	3.0	8.0	8.0	拉 5m 线和用钢尺检查

续表

项次	项目	允许偏差（mm）					检验方法
		陶瓷锦砖面层、高级水磨石板、陶瓷地砖面层	大理石面层、花岗石面层、人造石面层、金属板面层	水泥混凝土板块面层	条石面层	块石面层	
3	接缝高低差	0.5	0.5	1.5	2.0	—	用钢尺和楔形塞尺检查
4	踢脚线上口平直	3.0	1.0	4.0	—	—	拉5m线和用钢尺检查
5	板块间隙宽度	2.0	1.0	6.0	5.0	—	用钢尺检查

8.6 涂料工程

建筑涂料是指涂覆于建筑物表面，并能与建筑物表面材料很好地黏结，形成完整涂膜的材料，涂料主要起到装饰和保护被涂覆物的作用。

8.6.1 基本知识

1. 涂料的组成及分类

（1）组成。涂料由主要成膜物质、次要成膜物质和辅助成膜物质三部分组成。主要成膜物质包括油料、树脂、无机成膜物质；次要成膜物质主要是颜料；辅助成膜物质包括辅助材料和溶剂。

（2）分类。建筑装饰涂料分类有多种形式，主要分类情况见表8-7。

表8-7　建筑装饰涂料分类

序号	分类	类型
1	按涂料在建筑的不同使用部位分类	外墙涂料、内墙涂料、地面涂料、顶面涂料、屋面涂料等
2	按使用功能分类	多彩涂料、弹性涂料、抗静电涂料、耐洗涂料、耐磨涂料、耐温涂料、耐酸碱涂料、防锈涂料等
3	按成膜物质的性质分类	有机涂料（如聚丙烯酸酯外墙涂料），无机涂料（如硅酸钾水玻璃外墙涂料），有机、无机复合型涂料（如硅溶胶、苯酸合外墙涂料）等
4	按涂料溶剂分类	水溶性涂料、乳液型涂料、溶剂型涂料、粉末型涂料等
5	按施工方法分类	浸渍涂料、喷涂涂料、涂刷涂料、滚涂涂料等
6	按涂层作用分类	底层涂料、面层涂料等
7	按装饰质感分类	平面涂料、砂面涂料、立体花纹涂料等
8	按涂层结构分类	薄涂料、厚涂料、复层涂料等

2. 常用材料

（1）腻子。腻子是用胶粉或者滑石粉加胶与水等材料拌和而成，用于平整物体表面的一种装饰材料。现场调配的腻子，应坚实、牢固，不得粉化、起皮和开裂。腻子的黏结强度应符合国家现行标准的有关规定。

(2) 底层涂料（简称底涂）。底涂用于封闭水泥墙面的毛细孔，起到预防泛碱、返潮及防止霉菌产生。底涂还可增强水泥基层强度，增加面层涂料对基层的附着力，提高涂膜的厚度，使物体达到一定的装饰效果，从而减少面涂的用量。

(3) 面层涂料（简称面涂）。面涂具有较好的保光性、保色性，硬度较高、附着力较强、流平性较好等优点，涂料施工于物体表面可使物体更加美观，具有较好的装饰和保护作用。

3. 一般规定

(1) 涂料的品种、颜色应符合设计要求，并应有产品性能检测报告和产品合格证书。

(2) 涂饰工程应优先采用绿色环保产品。

(3) 混凝土或抹灰基层涂刷溶剂型涂料时，含水率要符合相关要求。

(4) 涂料在使用前应搅拌均匀，并应在规定的时间内用完。

(5) 施工现场环境温度宜在 5～35℃之间，并应注意通风换气和防尘。

(6) 内墙涂料工程应在抹灰、吊顶、细部、地面及电气工程等已完成并验收合格后进行。

(7) 门窗、灯具、电器插座及地面等应进行遮挡，以免施工时被涂料污染。

(8) 外墙脚手架与墙面的距离应适宜，架板安装应牢固。外窗应采取遮挡保护措施，以免施工时被涂料污染。

(9) 外墙涂料施工前应注意气候变化，大风及雨天不得施工。

(10) 大面积施工前，应按设计要求做出样板，经设计、建设单位认可后，方可进行施工。

8.6.2 涂料工程施工

1. 涂饰方法

涂饰方法一般有喷涂、滚涂、弹涂、刷涂等几种。

(1) 喷涂。人工喷涂是利用一定压力的高速气流将涂料带到所喷物体表面，形成涂膜，如图 8-15 所示。

喷涂机器人又叫喷漆机器人，是可进行自动喷漆或喷涂其他涂料的工业机器人（见图 8-16）。喷漆机器人主要由机器人本体、计算机和相应的控制系统组成。喷涂机器人的主要优点：柔性大、工作范围大；提高喷涂质量和材料使用率，易于操作和维护；可离线编程，大大地缩短现场调试时间；设备利用率高，可达 90%～95%。

(2) 滚涂。滚涂是指用海绵滚子、橡胶滚子或羊毛滚子将涂料涂抹到基层上。滚子直径为 40～45mm，滚涂时路线须直上直下，以保证涂层厚薄一致、色泽一致。滚涂一般两遍完成。

(3) 弹涂。用弹涂器分多遍将涂料弹涂在基层上，结成大小不同的点后，喷防水层一遍，形成相互交错、相互衬托的一种饰面。弹涂须先做样板，检验合格后方可大面积弹涂，每一遍弹浆应分多次弹匀。

(4) 刷涂。用刷子刷，操作时涂刷方向及行程长短应均匀一致。宜勤蘸短刷，不可反复。

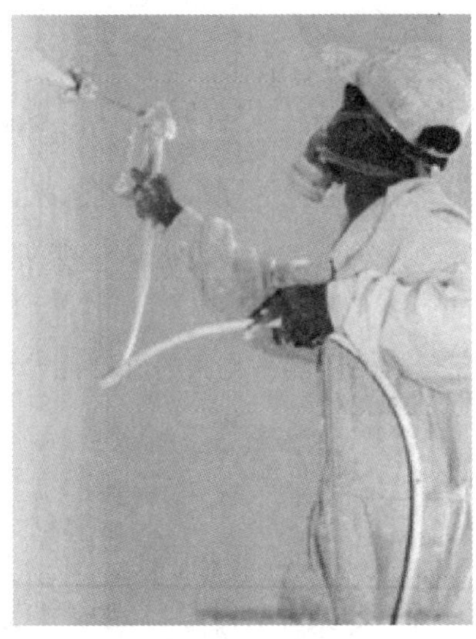

图8-15　人工喷涂

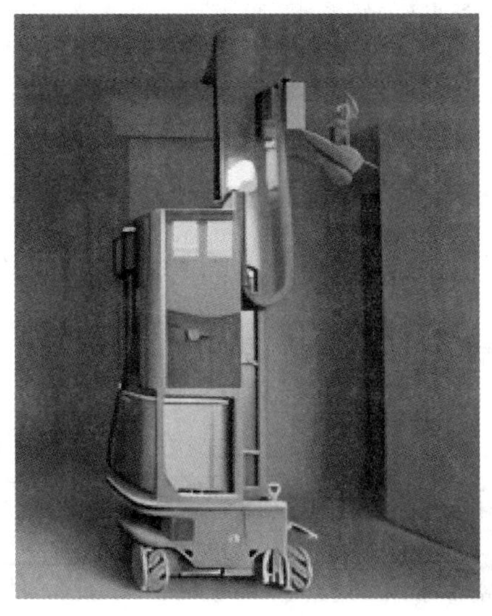

图8-16　喷涂机器人

2. 外墙真石漆施工

（1）施工工艺流程。基层处理→底漆施工→分缝→中涂→勾缝→罩面漆施工。

（2）施工要点。

1）基层处理。

①检查基层表面平整度、垂直度及基层抹灰空鼓情况，并对缺陷部分进行处理，直至验收合格。同时，将基层表面灰尘、浮浆、油迹、锈斑、盐类析出物等杂物清理干净。

②基层腻子一般分三道进行施工：第一道局部找平，安装塑料阴阳角并修整门窗洞口及阴阳角；第二道满批腻子并在腻子未表干前满铺耐碱网格布，同时用批刀压入腻子层内；在第二道腻子层干透后满批第三道腻子并通过刮板找平，干燥12h后用砂纸打磨平整并清除浮灰。

2）底漆施工。底漆施工可采用有气喷涂或无气喷涂。大面积施工应优先采用无气喷涂，小面积或阴阳角等不易喷涂的地方可采用滚筒刷施工。底漆施工完成2h之后，应采取防尘、防晒等保护措施。

3）分缝。底漆施工完成4h后才可开始分缝，在基层上按照排版图弹出分格缝位置，用水准仪控制和校对。在分隔缝内贴美纹纸，使用水平尺或激光水准仪控制水平和垂直方向上的顺直度。

4）中涂（真石漆喷涂）。根据不同的花色选择枪型，一般采用不锈钢喷枪，按照样板操作的喷枪参数进行施工。

对垂直面进行大面积喷涂时，要保证喷枪喷嘴始终垂直于墙面且匀速移动，一般喷嘴的移动线路应是由上往下，然后水平匀速移动，移动距离为1/2喷幅（一般为15cm左右），喷嘴每次起喷点宜在分格缝上或离阴阳角6cm左右，如图8-17所示。

真石漆施工完成之后，应进行成品保护，防止日晒雨淋。

5）勾缝。真石漆喷涂完成之后，揭除分格美纹纸，用灰刀和排笔对灰缝进行整理和修整，以保证灰缝顺直且宽窄一致。修理时，应避免二次污染，缝宽尺寸、缝型按设计要求和

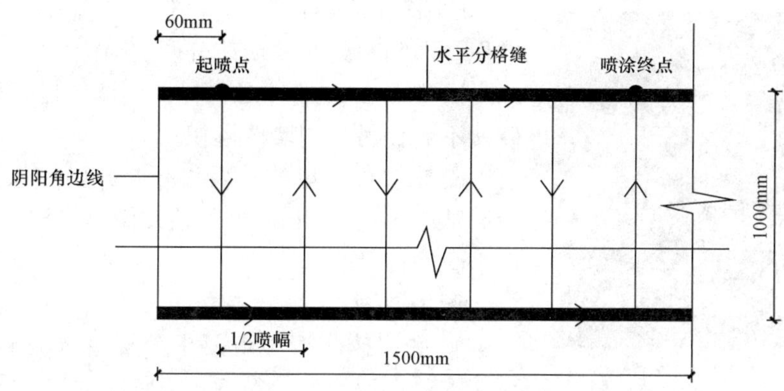

图 8-17　喷嘴移动路线示意图

现场实际确定。

6）罩面漆施工。真石漆干燥 48h 后，方可进行罩面漆施工。罩面漆在大面积施工时，宜应用有气喷涂，不宜采用滚涂。施工完成后，应采取保护措施，防止雨淋及二次污染。

（3）质量控制。

1）主控项目。

①工程所用真石漆（中层漆、罩面漆）的品种、型号、性能等应符合设计要求。

②真石漆工程的颜色、图案应符合设计要求。

③真石漆工程应涂饰均匀、黏结牢固，不得漏涂、透底、起皮和掉粉。

④水性涂料涂饰工程的基层处理应符合以下要求：

a. 新建筑物的混凝土或抹灰层基层在涂饰涂料前应涂刷抗碱封闭底漆。

b. 基层腻子应平整、坚实、牢固，无粉化、起皮和裂缝；内墙腻子的黏结强度应符合《建筑室内用腻子》的规定。

2）一般项目的质量要求与检验方法应符合表 8-8 的规定。

表 8-8　　外墙真石漆一般项目的质量要求与检验方法

项目		等级	标准	检查方法
厚涂料涂饰质量允许偏差	颜色	普通涂饰	均匀一致	观察
		高级涂饰	均匀一致	
	泛碱、咬色	普通涂饰	允许少量轻微	
		高级涂饰	不允许	
	点状分布	普通涂饰	—	
		高级涂饰	疏密均匀	

3）质量通病。

①立面阴角彩砂堆积，如图 8-18 所示。

产生原因：阴角一侧墙体喷涂完成后，再喷阴角另一侧墙体时，造成在阴角附近两次喷涂，导致彩砂在阴角处堆积。

防治措施：

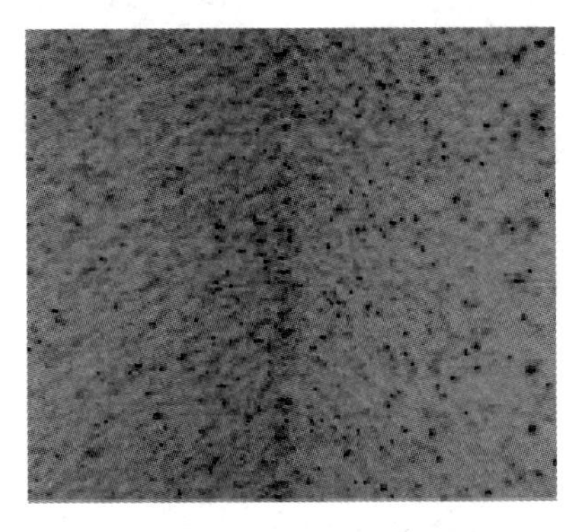

图8-18　立面阴角彩砂堆积

a. 采用两次喷涂、两次保护措施来避免阴角处彩砂堆积。即阴角处两侧墙体分两次喷涂。

b. 喷涂一侧墙体时，另一侧墙体做好保护，这样彩砂就不会在另一侧墙体堆积。

c. 未喷涂的墙体从阴角开始并做好保护；已喷涂的墙面从阴角出来5mm处开始并做好保护。

②漆面开裂。

产生原因：

a. 底层抹灰按规范要求分格，水泥砂浆面积过大，干缩大，形成空鼓及裂缝，以致将面层拉裂。

b. 夏天暴晒或冬天气温骤降，导致涂层内外干燥速度差异较大，出现表干里不干，形成收缩应力差。

防治措施：

a. 外墙立面抹灰层应每层设置一条环形闭合的分格缝，竖向缝每层每6m设置一条，分格缝贯穿抹灰层，宽度为2～5mm，可用耐候玻璃胶或腻子粉填缝。

b. 基层的找平腻子宜采用柔性腻子并加入一道玻璃纤维网格布，以提高腻子层的动态抗裂性能。

c. 夏季应采取防晒措施，尤其是西侧和北侧外墙；冬季应避免在天气骤降前喷涂真石漆。

③同一面墙（或同一视角墙）颜色深浅不一致。

产生原因：

a. 同一面墙采用不同批号材料。

b. 采用低档乳液、彩砂、助剂；成品不配套、相容性差或擅自更换配套成品，如更换低价底漆或面漆；材料使用过程中任意加水。

c. 材料搅拌不均匀，喷涂不均匀，涂层厚度不一致。

d. 抗碱底漆涂刷不均匀，或漏涂、少涂。

防治措施：

a. 宜选择生产能力较大的厂家，同一批次材料一次提足计划用量。

b. 要求厂家技术人员对材料的施工工艺进行技术指导，腻子、底漆、面漆应与真石漆相配套。

c. 施工过程中严禁任意加水，如需加水稀释应经过试喷、试涂来确定加水量。

d. 保存样板，专用的量杯、量具及拌料器具，配料比例记录，做到专人、专管、专用，施工前做好操作人员的指导工作。

3. 内墙乳胶漆施工

（1）施工工艺流程。基层处理→刮腻子→刷底漆→刷面漆。

（2）施工要点。

1）基层处理。

①抹灰基层处理。清扫抹灰基层，基层表面应平整干净、坚实干燥。

②石膏板、饰面板的基层处理。若湿度较大时，需对石膏板进行防潮处理，或采用防潮

石膏板。对石膏板、饰面板表面的钉眼应先用腻子局部修补刮平。在接缝处应贴牛皮纸带或玻璃接缝带，再用腻子刮平。

2）刮腻子。刮腻子遍数可由墙面平整程度决定，通常为三遍。第一遍用胶皮刮板横向满刮，干后砂纸打磨，将浮腻子及斑迹磨光，然后将墙面清扫干净。第二遍用胶皮刮板竖向满刮，干燥后用砂纸磨平并清扫干净。第三遍用胶皮刮板找补腻子或用钢片刮板满刮腻子，将墙面刮平刮光，干燥后用细砂纸磨平磨光，不得遗漏或将腻子磨穿。

为提高石膏板的耐水性能，可先在石膏板上涂刷专用界面剂、防水涂料，再批刮腻子。批刮的腻子层不宜过厚，且必须待第一遍干透后方可批刮第二遍，底层腻子未干透不得做面层。

3）刷底漆。涂刷顺序是先刷天花板后刷墙面，墙面涂刷是先上后下。乳胶漆用排笔（或滚筒）涂刷，使用新排笔时，应将排笔上不牢固的毛清理掉。涂刷厚薄均匀不漏底，不流坠。

4）刷面漆。面漆通常分三遍涂刷，操作要求同底漆，使用前充分搅拌均匀。刷二遍至三遍面漆时，需待前一遍漆膜干燥后，用细砂纸打磨光滑并清扫干净后再刷下一遍。由于乳胶漆膜干燥较快，涂刷时应连续迅速操作，上下顺刷互相衔接，避免出现干燥后出现接头。

4. 内墙涂饰质量控制

乳胶漆质量和检验方法应符合表8-9规定。

表8-9　乳胶漆质量和检验方法

项次	项目	普通涂料	高级涂料	检验方法
1	颜色	均匀一致	均匀一致	观察
2	泛碱、咬色	允许少量轻微	不允许	
3	流坠、疙瘩	允许少量轻微	不允许	
4	流坠、疙瘩	允许少量轻微	无砂眼，无刷纹	
5	装饰线、分色线直线度允许偏差（mm）	2	1	拉5mm线，不足5mm拉通线，用钢直尺检查

8.7　幕墙工程

幕墙工程涉及建筑物外墙的围护系统和装饰系统，主要由面板和支承结构体系组成。幕墙工程不承担主体结构的负荷，类似于幕布悬挂在建筑外墙上，因此也被称为悬挂墙。

幕墙根据材质不同分为玻璃幕墙、石材幕墙、金属幕墙等，除具有较好的装饰性外，还可以增强建筑的安全性、隔热性、隔声性。

幕墙工程需要由建筑幕墙工程专业承包资质的单位施工。

8.7.1　玻璃幕墙

玻璃幕墙是由玻璃面板和金属构件组成的悬挂在建筑物主体结构外的幕墙工程，具有抗风压防水、气密、隔热保温、隔声、防火、抗震、避雷和美观等性能。玻璃幕墙分有框玻璃幕墙和无框全玻璃幕墙。有框玻璃幕墙又分为显框、隐框和半隐框幕墙三种。无框玻璃幕墙则包括全玻式玻璃幕墙和点承式玻璃幕墙。

玻璃幕墙一般由主次龙骨、预埋件、玻璃、垫片、密封材料、金属盖板等组成。

8.7.2 金属幕墙施工（金属面板挂装）

金属幕墙常用的材料有彩色涂层钢板、彩色不锈钢板、镜面不锈钢饰面板、铝合金板、铝塑板等。

1. 施工工艺流程

清理墙面→排版、弹线→安装骨架→固定、调整→挂装装饰墙板（或铝单板）→清理。

2. 施工要点

(1) 墙面必须干燥、平整、清洁，对于粗糙的砖块或混凝土墙面必须用水泥砂浆找平后做防潮层，以防止水汽从底部渗到板面上。

(2) 参照图纸设计要求，按现场实际情况，对要安装铝板（金属吸声板）的墙面进行排版放线，将板需要安装位置的标高线放出，按照图纸的分割尺寸放出龙骨的中心线。

(3) 按照排版弹线安装龙骨，龙骨采用镀锌角铁或钢角码，使用对敲螺栓或膨胀螺钉固定，调整完后再进行紧固，此外，还可在墙面上直接固定基层板，但对墙面平整度要求较高。在骨架安装时，必须注意位置准确、立面垂直、表面平整、阴阳角方正、整体牢固无松动。

(4) 龙骨安装好并检查合格后先安装防火夹板，防火夹板与镀锌角铁用自攻螺钉固定，而后用专用胶水粘贴面层金属板，此外，还可采用专业挂件在龙骨上挂装面层金属板。

3. 质量控制

金属幕墙安装允许偏差见表8-10。

表8-10　　金属幕墙安装允许偏差

项目	允许偏差（mm）	检验方法
立面垂直	2	用2m靠尺和楔形塞尺检查
表面平整	2	用2m靠尺和楔形塞尺检查
阴阳角方正	3	用20cm方尺检查
接缝平直	1	拉5m线（不足5m拉通线）用尺量检查
接缝高低	1	用直尺和塞尺检查

8.8 吊顶工程

8.8.1 基本知识

1. 概念

吊顶又称顶棚（天棚）、天花板，是建筑物室内重要的装饰部位之一，具有保温、隔热、隔声和吸声等作用，又可以安装监控、空调、照明等设备。

2. 组成及分类

吊顶一般由吊筋、龙骨、面板、饰面等部分组成。

龙骨根据使用部位来划分，可分为主龙骨、次龙骨、边龙骨以及厂家专用龙骨等。

3. 常用材料

（1）吊筋材料。吊筋常采用木方、钢筋制作而成。

（2）龙骨材料。龙骨常采用木龙骨、轻钢龙骨、合金龙骨、钢龙骨等。

（3）面板材料。

1）石膏板、埃特板、防潮板。纸面石膏板主要分为纸面石膏板及装饰石膏板两种。埃特板是一种纤维增强硅酸盐平板（纤维水泥板），特点是强度高、耐久，经流浆法高温蒸压而成。防潮板又称三聚氰胺板，具有良好的防潮性能。

2）矿棉板。矿棉板是以矿渣棉为主要原料，具有吸声、不燃、隔热、抗冲击、抗变形等优越性能。

3）金属板、金属格栅。金属装饰板是以不锈钢板、防锈铝板、电化铝板、镀锌板等为基板，进行进一步的深加工而成。多见的有金属方板、金属条板、金属造型板等。

4）其他面板。木饰面、塑料板、玻璃饰面板用作吊顶装饰材料大多经过工厂加工，成为成品装饰挂板后运至施工现场，由专业施工人员直接挂接在基层龙骨上，这种材料样式繁多，表现形式各异，能够体现设计人员的不同风格。

8.8.2　U 形轻钢龙骨纸面石膏板吊顶施工

1. 施工工艺流程

弹线→安装吊杆→安装水电管线杆→安装主、次龙骨→安装罩面板→安装压条。

2. 施工要点

（1）弹线。根据顶棚设计标高，沿墙面四周弹线定出顶棚安装的标准线，再根据大样图在顶棚上弹出吊点位置并复核吊点间距。

（2）安装吊杆。采用膨胀螺栓或射钉固定吊挂杆件。吊杆一般可用钢筋制作，上人顶棚的吊杆一般采用直径为 6～10mm 的钢筋，如果吊杆（吊索）长度大于 1500mm，应在吊（吊索）上设置反向支撑，如图 8 - 19 所示。龙骨在遇到断面较大的机电设备或通风管道时，应加设挂件。吊顶灯具、风口及检修口等应设附加次龙骨及吊杆（吊索）。

（3）安装龙骨。

1）安装主龙骨。主龙骨安装时间距小于 1200mm。主龙骨分为不上人 UC38 小龙骨（见图 8 - 20），上人 UC50、UC60 大龙骨（见图 8 - 21）两种类型。主龙骨宜平行房间长向安装，同时应适当起拱。

跨度大于 15m 以上的顶，应在主龙骨上每隔 15m 加一道大龙骨，并垂直主龙骨焊接牢固。

如有大的造型顶棚，造型部分应用角钢或扁钢焊接成框架，并应与楼板连接牢固。

2）安装次龙骨。次龙骨应紧贴主龙骨安装，次龙骨间距 300～600mm。用 T 形镀锌铁片连接件把次龙骨固定在主龙骨上时，次龙骨的两端应搭在 L 形边龙骨的水平翼缘上。次龙骨不得搭接。在通风、水电等洞口周围应设附加龙骨，附加龙骨的连接用拉铆钉铆固。

3）安装罩面板。

①饰面板应在自由状态下固定，防止出现弯棱、凸鼓的现象；还应在棚顶四周封闭的情况下安装固定，防止板面受潮变形。

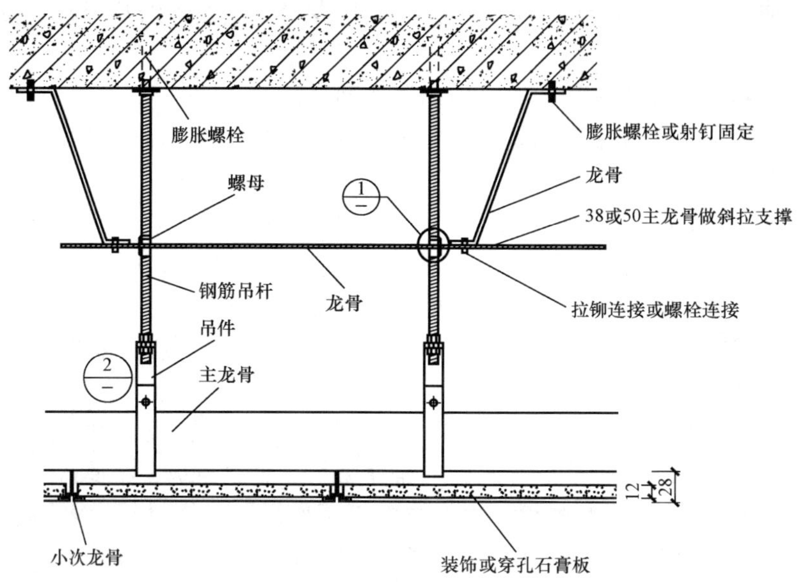

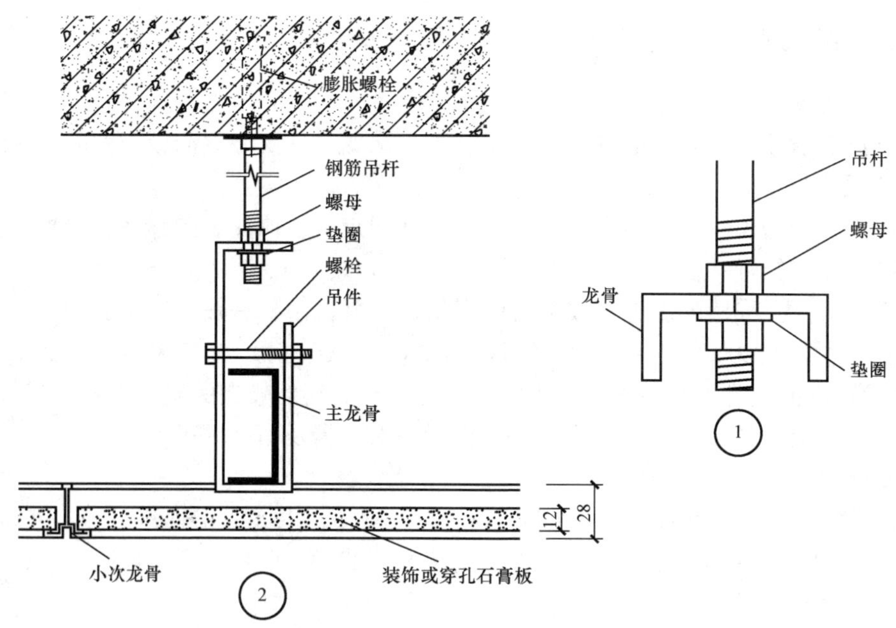

图 8-19　吊杆上设反向支撑

②纸面石膏板的长边（即包封边）应沿纵向次龙骨铺设。

③自攻螺钉与纸面石膏板边的距离，用面纸包封的板边宜为 10～15mm，切割的板边宜为 15～20mm。

④固定次龙骨的间距以 300mm 为宜。

⑤钉距宜为 150～170mm，自攻螺钉应与板面垂直，已弯曲、变形的螺钉应剔除，并在相隔 50mm 的部位另安螺钉。

⑥安装双层石膏板时，面层板与基层板的接缝应错开，不得在一根龙骨上。

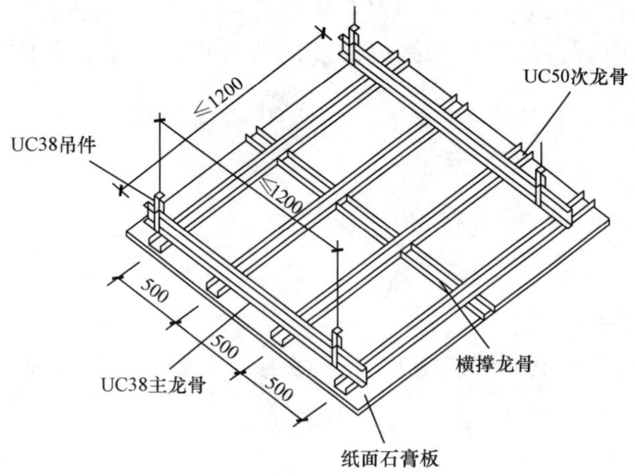

图 8-20　不上人龙骨石膏板吊顶透视图

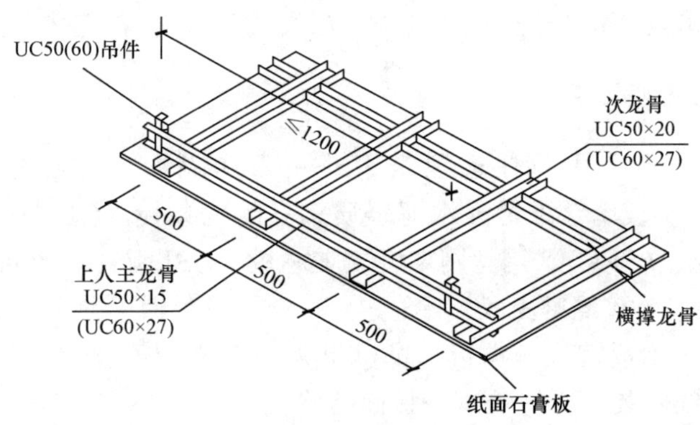

图 8-21　上人龙骨石膏板吊顶透视图

⑦纸面石膏板与龙骨固定，应从一块板的中间向板的四边进行固定，不得多点同时作业。

⑧螺钉头宜略埋入板面，但不得损坏纸面，钉眼应作防锈处理并用石膏腻子抹平。

3. 质量控制

（1）主控项目。

1）吊顶标高、尺寸、起拱和造型应符合设计要求。

2）饰面材料的材质、品种、规格、图案和颜色应符合设计要求。

3）吊顶工程的吊杆、龙骨和饰面材料的安装必须牢固。

4）吊杆、龙骨的材质、规格、安装间距及连接方式应符合设计要求。金属吊杆、龙骨应经过表面防腐处理。

（2）一般项目。

1）饰面材料表面应洁净、色泽一致，不得有翘曲、裂缝及缺损。压条应平直、宽窄一致。

2）饰面板上的灯具、烟感器、喷淋头、风口箅子等设备的位置应合理、美观，与饰面板的交接应吻合、严密。

3）金属吊杆、龙骨的接缝应均匀一致，角缝应吻合表面应平整，无翘曲、锤印。

4）吊顶内填充吸声材料的品种和铺设厚度应符合设计要求，并应有防散落措施。

8.9 隔墙工程

8.9.1 基本知识

1. 概念

隔墙是分割建筑物内部空间的非承重墙，在构造上要求隔墙自重轻、厚度薄、刚度好、拆装方便。

2. 分类

（1）按结构形式分类，可分为条板式、骨架式、活动式、砌筑式等。

（2）按使用材料分类，可分为木质隔墙、石膏板隔墙、玻璃隔墙、金属隔墙等。

（3）按使用功能分类，可分为拼装式、推拉式、折叠式、卷帘式等。

8.9.2 轻质条板隔墙工程施工

轻质条板隔墙适用于公用及住宅建筑中非承重内隔墙，大致有蒸压加气混凝土板（ALC板或NALC板）、玻璃纤维增强水泥轻质多孔隔墙条板（GRC）、轻集料混凝条板隔墙板、轻质复合隔墙板（PRC）、钢丝网架轻质夹芯板（GSJ板）等产品种类。

1. 施工工艺流程（加气混凝土板）

基层处理→放线→抬板就位→锯板→榫槽批浆→安装U形卡件→安装隔墙板→安装门窗框→设备、电气管线安装→板缝处理→板面装修。

2. 施工要点

（1）基层处理。安装墙板前，用水准仪和水准尺复核基层标高，检查基层平整度，清理隔墙板与顶面、地面、墙面的结合部位，凡凸出墙地面的浮浆、混凝土块等必须剔除并扫净，结合部位应找平。

（2）放线。在结构地面、墙面及顶面，根据图纸，用墨斗弹好隔墙定位边线及门窗洞口线，并按板幅宽弹分挡线。

（3）抬板就位。条板隔墙一般都沿垂直方向安装。将堆放的条板隔墙抬上手翻车，一人推车，一人扶板，运送到安装位置并测量其尺寸，如图8-22所示。

图8-22 抬板就位

（4）锯板。根据需要的尺寸用切割机来进行切割，在切割时，为降低扬尘，可沿切割缝边切割边洒水。

（5）榫槽批浆。条板拼缝、条板顶端与主体结构黏结处都可采用胶黏剂，胶黏剂一般采用建筑胶聚合物砂浆。一般在条板的三面要满抹黏结砂浆，拼接时要以挤出砂浆或胶黏剂为宜，挤出的砂浆或胶黏剂应及时清理干净。

（6）安装 U 形卡件。根据定位线，用射钉枪将 U 形卡固定在结构梁和板上，且每一块板不少于两个点，如图 8-23 所示。

图 8-23　安装 U 形卡

（7）安装隔墙板。将三面挂浆的板材从手翻车竖起，用撬棒双手协调，边推墙板边撬墙板，同时调整墙板的垂直度与安装位置，上端卡入 U 形卡内，下端距离基层板面 30～60mm，在条板下部打入木楔，并应楔紧，且木楔的位置应选择在条板的实心肋处。应利用木楔调整位置，两个木楔为一组，使条板就位，可将板垂直向上挤压，顶紧梁、板底部，调整好板的垂直度后再固定，如图 8-24 所示。每块墙板安装后，应用靠尺检查墙面垂直和平整情况，如发现偏差较大，应及时调整。

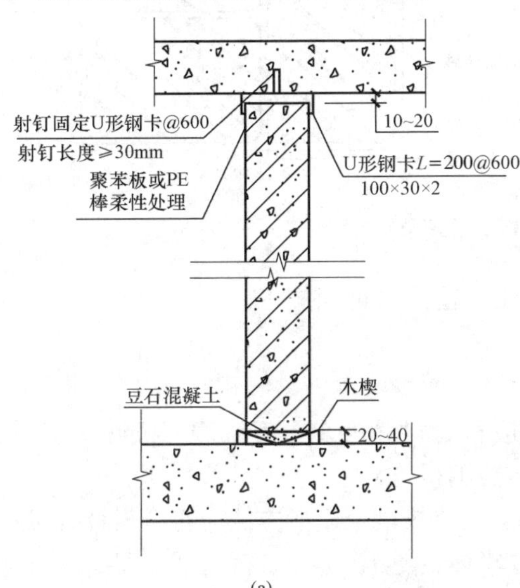

(a)

(b)

图 8-24　条板固定

（a）条板固定示意图；（b）条板现场固定图

隔墙板安装顺序应从门洞口处向两端依次进行，门洞两侧宜用整块板。无门洞的墙体，应从一端向另一端顺序安装。墙板固定后，在板下填塞1∶2水泥砂浆或细石混凝土，待填塞的砂浆或细石混凝凝固达到10MPa以上强度后，应将木楔撤除，再用1∶2水泥砂浆或细石混凝土堵严木楔孔，如图8-25所示。

图8-25 板下填缝

对于双层墙板的分户墙，安装时应使两面墙板的拼缝相互错开，拼缝宜设在另一侧板中位置。

(8) 安门窗框。在墙板安装的同时，应按定位线顺序立好门框，门框和板材采用粘钉结合的方法固定。隔墙板安装门窗时，应在角部增加角钢补强。

(9) 电气安装。利用条板孔内敷软管穿线和定位钻单面孔，对非空心板，则可利用拉大板缝或开槽敷管穿线，管径不宜超过25mm。用2号水泥胶黏剂固定开关、插座，用膨胀水泥砂浆填实抹平。

(10) 板缝处理。板缝在填缝前应用毛刷蘸水湿润，填缝时应在板两侧同时把缝填实，填缝材料采用石膏或膨胀水泥或厂家配套填缝剂。刮腻子之前先用宽度100mm耐碱玻纤网格布塑性压入两层腻子之间，提高板缝的抗裂性，如图8-26所示。隔墙板安装后10d，检查所有缝隙是否黏结良好，有无裂缝，如出现裂缝，应查明原因后进行修补。

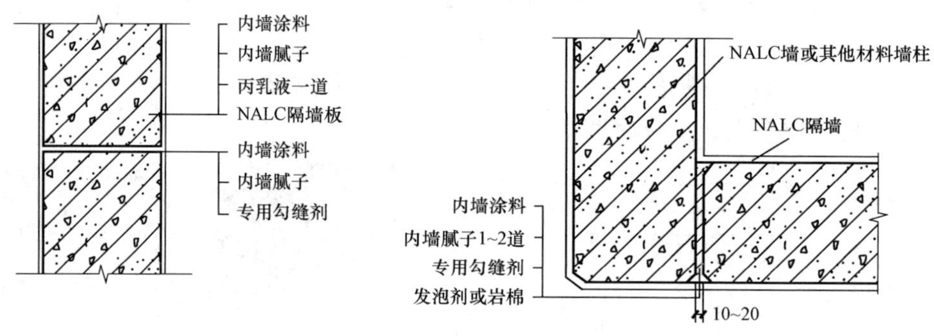

图8-26 板缝处理节点

(11) 板面装修。一般采用涂料饰面，施工同前涂料饰面施工。

3. 质量控制

(1) 主控项目。

1) 隔墙板材的品种、规格、性能、颜色应符合设计要求。有隔声、隔热、阻燃、防潮等特殊要求的工程，板材应有相应性能等级的检测报告。

2) 安装隔墙板材所需预埋件、连接件的位置、数量及连接方法应符合设计要求。

3) 隔墙板材安装必须牢固。隔墙与周边墙体的连接方法应符合设计要求，并应连接牢固。

4) 隔墙板材所用接缝材料的品种及接缝方法应符合设计要求。

(2) 一般项目。

1）隔墙板材安装应垂直、平整、位置正确，板材不应有裂缝或缺损。

2）板材隔墙表面应平整光滑、色泽一致、洁净，接缝应均匀、顺直。

3）隔墙上的孔洞、槽、盒应位置正确、套割方正、边缘整齐。

轻质板材隔墙安装的允许偏差和检验方法应符合表 8-11 的规定。

表 8-11　　轻质板材隔墙安装的允许偏差和检验方法

项次	项目	允许偏差（mm）				检验方法
		复合轻质墙板		石膏空心板	钢丝网水泥板	
		金属夹芯板	其他复合板			
1	立面垂直度	2	3	3	3	用 2m 垂直检测尺检查
2	表面平整度	2	3	3	3	用 2m 靠尺和塞尺检查
3	阴阳角方正	3	3	3	4	用直角检测尺检查
4	接缝高低差	1	2	2	3	用钢直尺和塞尺检查

习　　题

一、名词解释

1. 冲筋　2. 滴水线（槽）　3. 后塞口　4. 泛碱

5. 涂料　6. 腻子　7. 龙骨　8. 隔墙

二、简答题

1. 简述一般抹灰（外墙、内墙）施工工艺流程。
2. 简述抹灰工程施工中空鼓现象产生的原因及如何防治。
3. 铝合金门窗施工质量要求有哪些？
4. 简述楼地面工程的构造层次，并画出各层的构造示意图。
5. 简述墙面贴瓷砖施工工艺流程及施工要点。
6. 简述地面铺装施工工艺流程及施工要点。
7. 简述内墙乳胶漆施工工艺流程。
8. 简述涂料工程的施工方法有哪些？
9. 简述外墙石材干挂法的施工工艺流程及施工要点。
10. 简述轻质条板隔墙施工工艺流程及施工要点。

第9章　高层建筑施工

本章主要讲述高层建筑深基坑支护、垂直运输机具、脚手架、模板工程及高强混凝土工程施工等内容。

职业能力目标

1. 具有编制一般深基坑支护、高层建筑悬挑式脚手架施工方案，选择垂直运输机具的能力。

2. 具有参与组织高层建筑施工的能力。

9.1　基本知识

9.1.1　高层建筑定义

根据《民用建筑设计统一标准》规定，高度大于27m的住宅建筑和高度大于24m的非单层公共建筑，且建筑总高度小于等于100m的称为高层建筑；建筑总高度大于100m时称为超高层建筑。

9.1.2　高层建筑分类

高层建筑按结构材料分为钢筋混凝土结构、钢结构、钢-混凝土组合结构和混合结构等，以钢筋混凝土结构和钢结构为主。

钢-混凝土组合结构是指在同一个结构部位采用不同的结构材料形成的结构形式，如型钢混凝土结构、钢管混凝土结构等。混合结构是指在同一座高层建筑的不同部位采用不同的结构材料形成的结构形式，如钢框架与混凝土核心筒组成的框筒结构体系等。这两种结构由于其优越的经济效益和结构性能，将是今后国内外高层建筑采用的主要结构形式。

高层建筑按结构体系分为框架结构、框架-剪力墙结构、剪力墙结构、框肢剪力墙结构、框架-筒体结构和筒体结构等，如图9-1所示。

1. 框架结构

框架结构体系是利用梁、柱组成的纵、横两个方向的框架形成的结构体系。其主要优点是建筑平面布置灵活，可形成较大的建筑空间，建筑立面处理也比较方便。主要缺点是侧向刚度较小，当层数较多时，会产生过大的侧移，易引起非结构性构件（如隔墙、装饰等）破坏进而影响使用，所以又称为柔性结构体系。常用于公共建筑、工业厂房等。

2. 剪力墙结构

剪力墙结构利用建筑物的墙体（内墙和外墙）做成剪力墙，既承受垂直荷载，也承受水平荷载。剪力墙一般为钢筋混凝土墙，厚度大于等于160mm。剪力墙结构的优点是：侧向刚度大，水平荷载作用下侧移小，称为刚性结构体系，在180m高度范围内都可以适用。缺

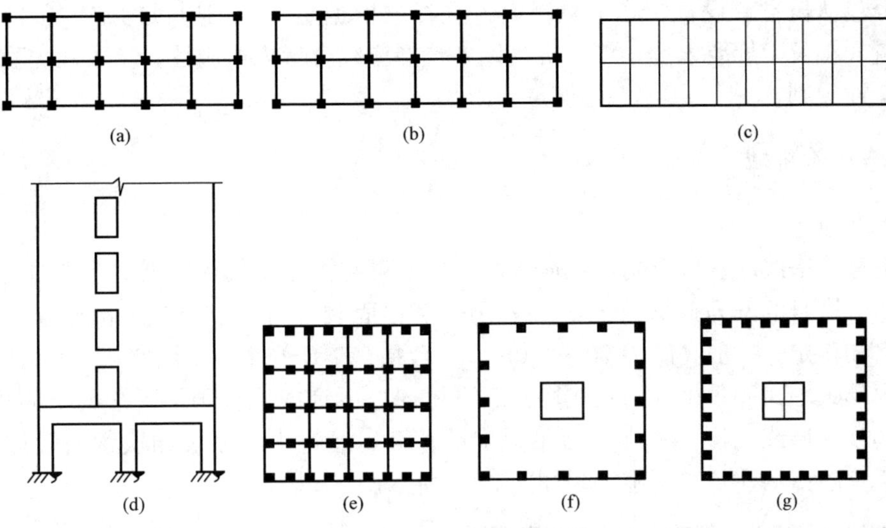

图 9-1　高层建筑结构类型

（a）框架结构；（b）框架-剪力墙结构；（c）剪力墙结构；（d）框肢剪力墙结构；（e）组合筒结构；（f）框架-筒体结构；（g）筒中筒结构

点是：剪力墙的墙段长度不宜大于 8m，且间距小，结构建筑平面布置不灵活，结构自重也较大。多应用于小开间的住宅和旅馆等，不适用于大空间的公共建筑。

3. 框架-剪力墙结构

框架-剪力墙结构体系是在框架结构中设置适当剪力墙的结构体系。它具有框架结构平面布置灵活、空间较大的优点，又具有侧向刚度较大的优点。框架-剪力墙结构中，剪力墙主要承受水平荷载，竖向荷载主要由框架承担。框架-剪力墙结构适用于不超过 170m 高的建筑。

4. 筒体结构

筒体结构体系是框架和剪力墙结构体系发展而成的空间体系，由若干片纵横交错的框架或剪力墙与楼板连接围成的筒状结构体系。在高层建筑中，特别是超高层建筑中，水平荷载越来越大，起着控制作用。筒体结构便是抵抗水平荷载最有效的结构体系，并能形成较大的空间，且建筑平面布置灵活。筒体结构可分为框架-核心筒结构、筒中筒结构以及多筒结构等。适用于高度不超过 300m 的超高层建筑，尤其在地震区更能显示其优越性。

9.2　高层建筑的施工机具

9.2.1　施工机械设备选择的依据和原则

现代高层建筑施工主要特点有：垂直运输量大，运距高；结构工程、装修工程和设备工程齐头并进，交叉作业多；工期紧张，施工人员上下楼层进出工作面频繁，人员交通量大；组织管理工作复杂。为保证高层建筑施工顺利进行，并取得良好的经济效益，必须正确选择并合理利用相应的施工机具。

施工项目机械设备的供应渠道有企业自有设备调配、市场租赁设备、专门购置机械设备、专业分包队伍自带设备。施工机械设备选择的依据是：施工项目的施工条件、工程特点、工程量大小及工期要求等。施工机具设备选择应综合考虑适应性、高效性、稳定性、经济性和安全性原则。

9.2.2 垂直运输机械

1. 塔式起重机

（1）附着式塔式起重机。附着式塔式起重机的塔身固定安装在建筑物外侧的钢筋混凝土基础上，随着塔身的升高，每隔 20m 左右用一套锚固装置与高层建筑结构相连接，以保证塔身的刚度和稳定。一般高度为 70～100m，适合狭窄工地施工，如图 9-2 所示。

（2）内爬式塔式起重机。内爬式塔式起重机通过电梯或楼板预留开孔的空间进行爬升，一次可以爬升一层或二层楼；来自塔吊上部的荷载，通过支承系统和楔紧装置传给楼板结构。特别适宜超高层建筑结构施工，如图 9-3 所示。

图 9-2 附着式塔式起重机

图 9-3 内爬式塔式起重机

（3）塔式起重机的选用。在选择塔式起重机时，需要考虑多个因素，包括施工面积、建筑高度、施工进度、起重需求等。以下是一些选择塔式起重机的原则和建议：

1）参数合理。

工作半径：根据建筑外形尺寸，作图确定工作半径参数。考虑起重臂长度、工程计划工期、施工进度和塔式起重机配置台数。

起重高度：从塔身顶部或基础顶部到吊钩中心的垂直距离，确保起重高度满足施工需求。

起重量和起重力矩：根据施工物体的重量和位置，确定所需的起重能力。

2）施工区域覆盖。塔式起重机应覆盖全部施工场地，包括材料卸车吊运场地和材料加工场。对于使用大模板的项目，要求覆盖所有施工部位。

3）形式合适。根据建筑高度和复杂程度，选择合适的塔式起重机。一般说来，16 层以下的高层建筑适合使用轨道式塔式起重机，而 25 层以上的高层建筑则适合使用附着式或内爬式塔式起重机。

4）经济安全。综合考虑租赁、购买和现有条件，选择经济效益最好且有安全保障的塔式起重机。

（4）塔式起重机智能系统。

1）塔机安全监控系统。系统由主机、显示器和传感器组成，如图9-4所示。

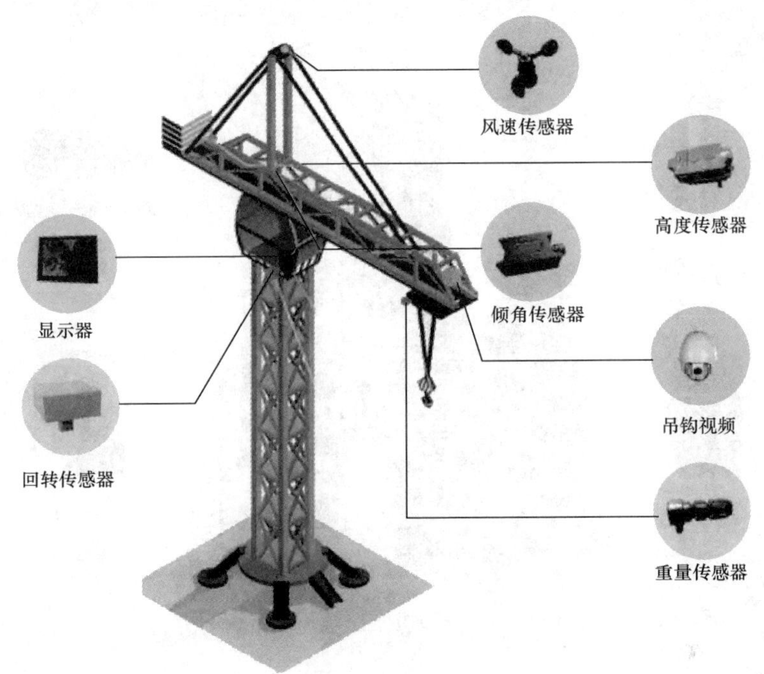

图9-4　塔机安全监控系统安装位置示意图

其系统功能可以实现：塔吊运行数据采集、工作状态实时显示、单机运行状态监控、区域保护实时监控、塔吊群防碰撞监控、远程可视化监控平台、手机短信报警告知。

2）吊钩可视化系统。塔吊吊钩可视化系统是基于塔吊作业行业需求，根据实际工况，向市场推出的一款全新智能化视频作业引导系统。该引导系统能实时以高清晰图像向塔吊司机展现吊钩周围实时的视频图像，使司机能够快速、准确做出正确的操作和判断，解决了施工现场塔吊司机的视觉死角，远距离视觉模糊，语音引导易出差错等行业难题，能够有效避免事故的发生。

塔吊智能化监控系统是新形势下提高工地现场施工效率、减少安全事故率、减少人力成本、推广数字化标准工地等不可缺少的行业利器。

2. 施工电梯

施工电梯又称施工升降机，是一种安装于建筑物外部，供运送施工人员和建筑材料的垂直提升机械。采用施工电梯运送施工人员上、下楼层，可节省工时，减轻工人体力消耗，提高劳动生产率。

（1）施工电梯的选用。多数施工电梯为人货两用，少数为仅供货用。电梯按其驱动方式可分为齿条驱动和绳轮驱动两种。高层建筑外用施工电梯的机型选择，应根据建筑体型、建筑面积、运输总重、工期要求、造价等确定。从节约施工机械费用出发，对20层以下的高层建筑工程，宜使用绳轮驱动施工电梯；25 层，特别是 30 层以上的高层建筑应选用齿轮齿条驱动施工电梯。

（2）电梯智能系统。施工升降机安全监控系统通过技术手段对升降机使用过程和行为及时监管，控制设备运行过程中的危险因素和安全隐患，实现建筑升降机运行实时动态的远程监控、远程报警和远程告知等，有效地防范和减少了升降机安全生产事故发生。升降机监控系统的组成如图 9-5 所示。

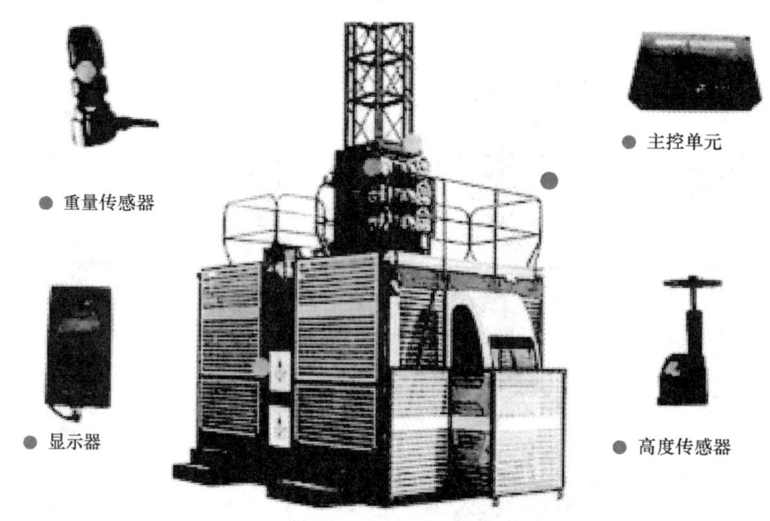

图 9-5　升降机监控系统的组成

3. 混凝土泵

混凝土泵能连续完成高层建筑混凝土的水平运输和垂直运输，配以布料杆或布料机，还可以方便地进行混凝土水平浇筑，从而极大地提高了混凝土施工的机械化水平，用于超高层建筑工程时更显示出它的优越性。目前，我国已使用混凝土泵施工高度超过 600m 以上超高层建筑。

按工作方式混凝土泵分为固定式和移动式两种；按泵的工作原理则分为挤压式和活塞式两种，其中液压柱塞式混凝土泵采用较多。

根据施工经验，多层、高层建筑基础工程以及 6～7 层以下的主体结构工程（包括裙房），以采用汽车式移动混凝土泵进行混凝土浇筑为宜。在垂直输送高度超过 80～100m 情况下，可以采用两台固定式中压混凝土泵进行接力输送，在财力、设备条件允许时，也可采用 1 台固定式高压混凝土泵输送。

混凝土泵的设置处，应场地平整坚实，道路畅通，供料方便，距离浇筑地点近，便于配管，接近排水设施，供水、供电方便。在混凝土泵的作业范围内，不得有高压线等障碍物。当高层建筑采用接力泵泵送混凝土时，接力泵的设置位置应使上、下泵的输送能力匹配。设置接力泵的楼面应验算其结构所能承受的荷载，必要时应采取加固措施。

9.2.3　施工用脚手架

高层建筑施工用外脚手架主要有悬挑式脚手架、附着升降式脚手架、悬吊式脚手架等。

1. 悬挑式脚手架

悬挑式外脚手架是利用建筑结构外边缘向外伸出的悬挑结构来支承外脚手架，将脚手架的荷载全部或部分传递给建筑结构。悬挑脚手架的关键是悬挑支承结构，它必须有足够的强度、刚度和稳定性，并能将脚手架的荷载传递给建筑结构。

（1）适用范围。在高层建筑施工中，遇到以下三种情况时，可采用悬挑式外脚手架。

1）±0.000 以下结构工程回填土不能及时回填，而主体结构工程必须立即进行，否则将影响工期。

2）高层建筑主体结构四周为裙房，脚手架不能直接支承在地面上。

3）超高层建筑施工，脚手架搭设高度超过了架子的允许搭设高度，因此，将整个脚手架按允许搭设高度分成若干段，每段脚手架支承在由建筑结构向外悬挑的结构上。

（2）悬挑支承结构。悬挑支承结构主要有以下两类：

1）用型钢作梁挑出，端头加钢丝绳（或用钢筋花篮螺栓拉杆）斜拉，组成悬挑支承结构。由于悬出端支承杆件是斜拉索（或拉杆），又简称为斜拉式［见图 9-6（a）、（b）］。斜拉式悬挑外脚手架悬出端支承杆件是斜拉索（或拉杆），其承载能力由拉杆的强度控制，因此，断面较小，能节省钢材，且自重轻。

2）用型钢焊接的三脚桁架作为悬挑支承结构，悬出端的支承杆件是三脚斜撑压杆，又称为下撑式［见图 9-6（c）］。下撑式悬挑外脚手架，悬出端支承杆件是斜撑受压杆杆，其承载能力由压杆稳定性控制，因此，断面较大，钢材用量较多。

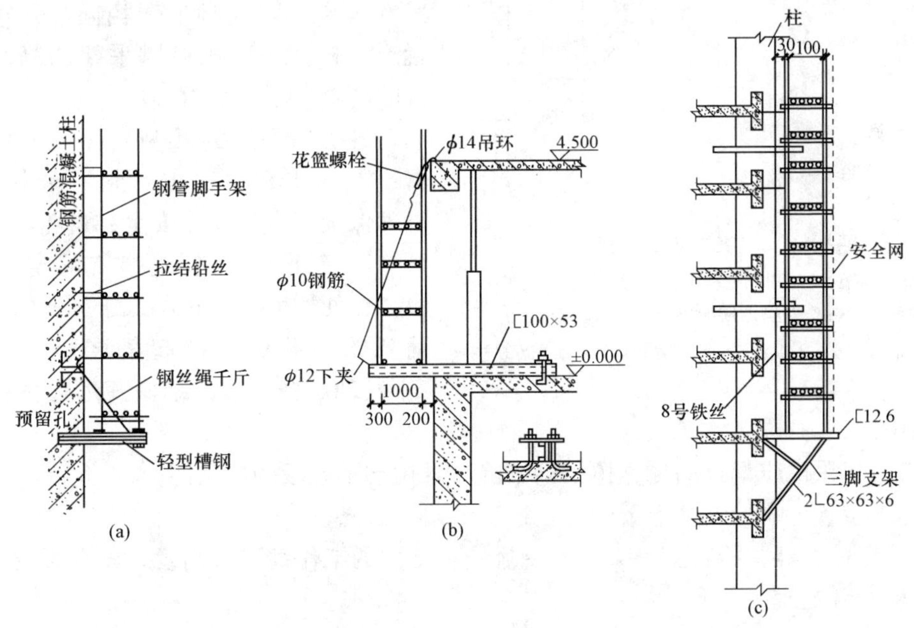

图 9-6　悬挑支撑结构的结构形式

（a）、（b）斜拉式；（c）下撑式

（3）构造及搭设要点。

1）斜拉式支承结构可在楼板上预埋钢筋环，外伸钢梁（工字钢、槽钢等）插入钢筋环内固定或钢梁一端埋置在墙体结构的混凝土内。外伸钢梁另一端加钢丝绳斜拉，钢丝绳固定到预埋在建筑物内的吊环上。

2）下撑式支承结构可将钢梁一端埋置在墙体结构的混凝土内或后置预埋锚板，另一端利用钢管或角钢制作的斜杆连接，斜杆下端焊接到混凝土结构中的预埋或后置钢板上（见图 9-7）。当结构中钢筋过密，挑梁无法埋入时，可采用预埋件，将挑梁与预埋件焊接。

3）根据结构情况和工地条件采用其他可靠的形式与结构连接。

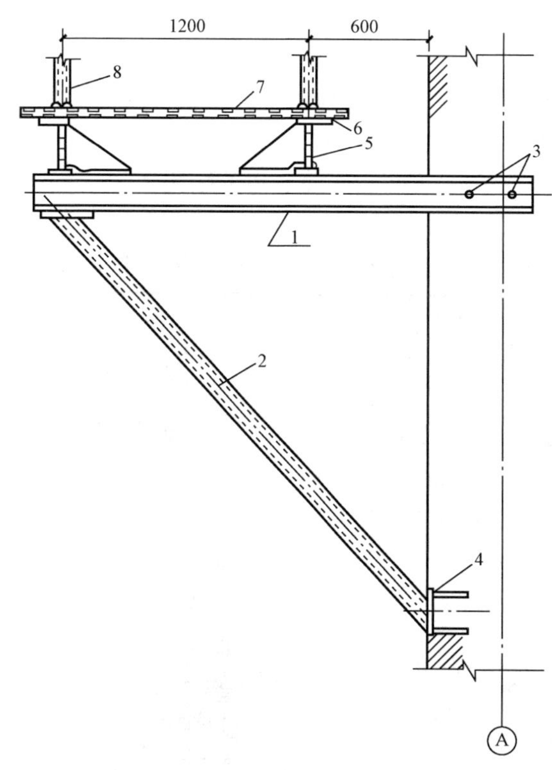

图 9-7　三脚桁架式挑架

1—型钢挑架；2—圆钢管斜杆；3—埋入结构内的钢挑梁端部穿以钢筋增加锚固；4—预埋件；5—纵向钢梁；6—压板；7—槽钢横梁；8—脚手架立柱

4）当支承结构的纵向间距与上部脚手架立杆的纵向间距相同时，立杆可直接支承在悬挑的支承结构上。当支承结构的纵向间距大于上部脚手架立杆的纵向间距时，则立杆应支承在设置于两个支承结构之间的两根纵向钢梁上。

5）上部脚手架立杆与支承结构应有可靠的定位连接措施，以确保上部架体的稳定。通常在挑梁或纵向钢梁上焊接 150～200mm、外径 40mm 的短钢管，将立杆套在短钢管上顶紧固定，并同时在立杆下部设置扫地杆。

6）悬挑支承结构以上部分的脚手架搭设方法与一般外脚手架相同，并按要求设置连墙杆。一次悬挑脚手架的高度（或分段的高度）不得超过 20m。

悬挑脚手架的外侧立面一般均应采用密目网（或其他围护材料）全封闭围护，以确保架上人员操作安全和避免物件坠落。

7）新设计组装或加工的定型脚手架段，在使用前应进行不低于 1.5 倍使用施工荷载的静载试验和起吊试验，试验合格（未发现焊缝开裂、结构变形等情况）后方能投入使用。

8）塔式起重机应具有满足整体吊升（降）悬挑脚手架段的起吊能力。

9）必须设置可靠的人员上下的安全通道（出入口）。

10）使用中应经常检查脚手架段和悬挑支承结构的工作情况，当发现异常时及时停止作业，进行检查和处理。

11）锚固型钢的主体结构混凝土强度等级不得低于 C20。

2. 附着升降式脚手架

附着升降式脚手架，是指仅需搭设一定高度并附着于工程结构上，依靠自身的升降设备和装置，随工程结构施工逐层爬升，并能实现下降作业的外脚手架。这种脚手架适用于现浇钢筋混凝土结构的高层建筑。

《建筑施工附着升降脚手架管理暂行规定》强调对从事附着升降式脚手架工程的施工单

位实行资质管理，未取得相应资质证书的不得施工。对附着升降脚手架实行认证制度，即所使用的附着升降脚手架必须经过国家建设行政主管部门组织鉴定或者委托具有资格的单位进行认证。

（1）构造。附着升降脚手架按爬升构造方式分为导轨式、主套架式、悬挑式、吊拉式（互爬式）等（见图9-8）。无论采用哪一种附着升降式脚手架，其技术关键是：

1）与建筑物有牢固的固定措施。

2）升降过程均有可靠的防倾覆措施。

3）设有安全防坠落装置和措施。

4）具有升降过程中的同步控制措施。

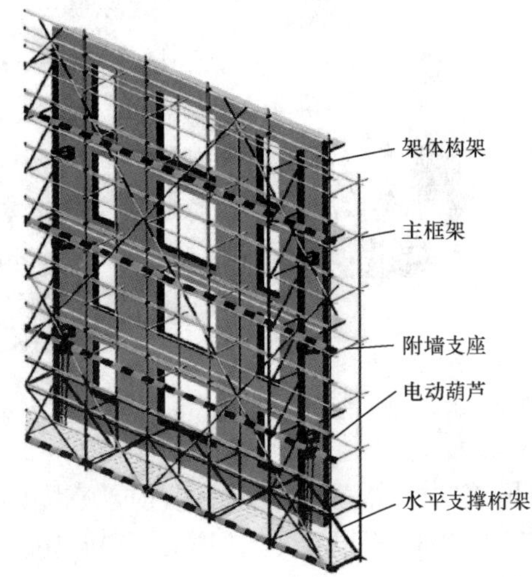

图9-8　附着升降脚手架示意图

（2）验收。

1）附着升降脚手架安装前应具有下列文件：

①相应资质证书及安全生产许可证。

②附着升降脚手架的鉴定或验收证书。

③产品进场前的自检记录。

④特种作业人员和管理人员岗位证书。

⑤各种材料、工具的质量合格证、材质单、测试报告。

⑥主要部件及提升机构的合格证。

2）附着升降脚手架应在首次安装完毕；提升或下降前；提升、下降到位，投入使用前这三个阶段进行检查与验收，合格后方可作业。

3）附着升降脚手架所使用的电气设施和线路应符合现行行业标准《施工现场临时用电安全技术规范》的要求。

3. 悬吊式脚手架

悬吊式脚手架又称吊篮，它结构轻巧、操纵简单、安装、拆除速度快，升降和移动方便，在外墙装饰工程施工、外墙面的清洁保养及修理等作业中得到广泛应用。

（1）构造。吊篮的构造是由结构顶层伸出挑梁，挑梁的一端与建筑结构连接固定，挑梁的伸出端上通过滑轮和钢丝绳悬挂吊篮。

电动吊篮整机由悬挂机构、悬吊平台、提升机、安全锁、工作钢丝绳、安全钢丝绳和电器箱及电器控制系统等主要部分组成，如图9-9所示。

图9-9 电动吊篮构造

吊篮结构由薄壁型钢组焊而成，也可由钢管扣件组搭而成。可设单层工作平台，也可设置双层工作平台。平台工作宽度为1m，每层允许荷载为7000N。双层平台吊篮自重约600kg，可容纳4人同时作业。

（2）验收。

1）高处作业吊篮在使用前必须经过施工、安装、监理等单位的验收，未经验收或验收不合格的吊篮不得使用。

2）高处作业吊篮应按规定逐台逐项验收，并应经空载运行试验合格后，方可使用。

9.3 高层建筑基坑工程施工

高层建筑深基坑工程施工前，应编制基坑工程专项施工方案，其内容应包括：支护结构、地下水控制、土方开挖和回填等施工技术参数，基坑工程施工工艺流程，基坑工程施工方法，基坑工程施工安全技术措施，应急预案，基坑监测要求等。

9.3.1 深基坑支护

深基坑支护方案的选择应根据基坑周边环境、工程地质、水文情况、基坑形状、开挖深度、施工拟采用的挖方、排水方法、施工作业设备条件、安全等级和工期要求以及技术经济效果等因素加以综合全面的考虑。

支护结构一般由挡土和支撑拉锚两部分组成，前者称为挡土结构（或围护结构），后者称为支锚结构。

基坑支护结构的类型主要有灌注桩排桩围护墙、板桩围护墙、咬合桩围护墙、型钢水泥土搅拌墙、地下连续墙、水泥土重力式围护墙、土钉墙等。

1. 深层搅拌水泥土桩墙

深层搅拌水泥土桩墙是以深层搅拌机就地将边坡土和压入的水泥浆强力搅拌形成连续搭接的水泥土桩挡墙，水泥土与其包围的天然土形成重力式挡墙支挡周围土体，使边坡保持稳定。

（1）特点及适用范围。深层搅拌水泥土桩挡墙具有挡土挡水双重功能，坑内无支撑，便于机械化挖土作业；施工机具相对较简单，成桩速度快；使用材料单一，节省三材，造价较低。但这种重力式支护相对位移较大，不适宜用于深度较大的基坑。适用于淤泥、淤泥质土、黏土，粉质黏土、粉土、具有薄夹砂层的土、素填土等地基承载力特征值不大于150kPa的土层，作为基坑截水及较浅基坑（不大于6m）的支护工程。

（2）施工工艺流程。利用水泥作固化剂，将土与水泥强制拌和，使土硬结形成具有一定强度和遇水稳定的水泥土加固桩。深层搅拌水泥土挡土桩施工流程见第2章水泥土搅拌桩复合地基。

若将深层水泥土单桩相互搭接施工，即形成重力坝式挡土墙。常见的布置形式有连续壁状挡土墙和格栅式挡土墙，如图9-10所示。

（3）施工要点。

1）施工前，应进行成桩工艺及水泥掺入量或水泥浆的配合比试验，以确定相应的参数。

2）施工机具应优先选用喷浆型双轴深层搅拌机械，也可采用高压喷射注浆桩（又称旋喷桩）或粉体喷射桩（又称粉喷桩）代替。

3）采用高压喷射注浆桩，施工前应通过试喷试验，确定不同土层旋喷固结体的最小直径，高压喷射施工技术参数等。

4）深层搅拌机械就位时应对中，最大偏差不得大于20mm，并且调平机械的垂直度，偏差不得大于1%桩长。深层搅拌单桩的施工应采用搅拌头上、下各两次的搅拌工艺。

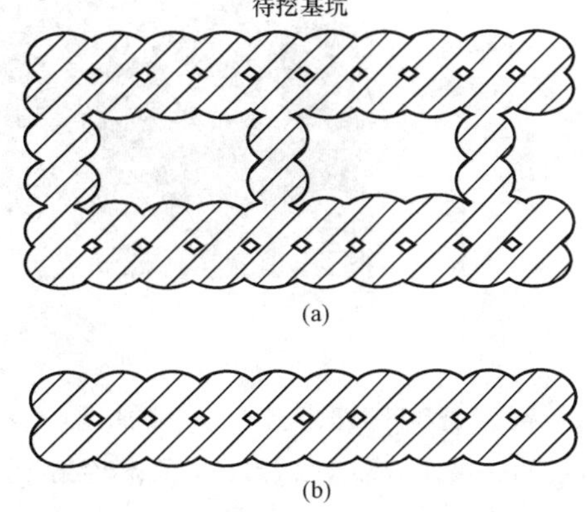

图9-10　深层搅拌水泥土挡土桩施工流程
（a）隔栅式挡土墙；（b）连续壁状挡土墙

5）水泥土桩挡墙采取切割搭接法施工。在前桩水泥土尚未固化时进行后序搭接桩施工，相邻桩的搭接长度不宜小于200mm，搭接宽度按设计要求，喷浆工艺的施工时间间隔不宜大于10h。施工开始和结束的头尾搭接处，应采取加强措施，消除搭接缝。

6）深层搅拌桩和高压喷射注浆桩，当设置插筋或H型钢时，桩身插筋应在桩顶搅拌或旋喷完成后及时进行，插入长度和露出长度等均应按计算和构造要求确定，H型钢靠自重下插至设计标高。

7）深层搅拌桩和高压喷射桩水泥土墙的桩位偏差不应大于50mm，垂直度偏差不宜大于0.5%。

8）水泥土墙的质量检验应在施工后一周内进行开挖检查或采用钻孔取芯等手段检查成桩质量，若不符合设计要求应及时调整施工工艺；水泥土墙应在设计开挖龄期采用钻芯法检测墙身完整性，钻芯数量不宜少于总桩数的2%，且不少于5根；并应根据设计要求取样进行单轴抗压强度试验。

9）水泥土挡墙应有28d以上的龄期，达到设计强度要求时，方能进行基坑开挖。

2. 灌注桩排桩支护

排桩式围护结构又称桩排式地下墙，它是把单个桩体，如钻孔灌注桩、挖孔桩及其他混合式桩等并排连续起来形成的地下挡土结构。排桩式围护结构属板式支护体系，是以排桩作为主要承受水平力的构件，并以水泥土搅拌桩、压密注浆、高压旋喷桩等作为防渗止水措施的围护结构形式。

（1）构造组成及分类。灌注桩排桩支护通常由支护桩、支撑（或土层锚杆）及防渗帷幕等组成（见图9-11）。排桩根据支撑情况分为悬臂式支护结构、锚拉式支护结构、内撑式支护结构和内撑-锚拉混合式支护结构。

图9-11 灌注桩排桩支护

排桩按桩的排列形式分为间隔式、双排式和连接式等（见图9-12）。间隔式是每隔一定距离设置一桩，成排设置，在顶部设联系梁（冠梁）连成整体共同工作。双排桩是将桩前后设成梅花形，按两排布置，桩顶也设有联系梁（冠梁）成门式刚架，以提高抗弯刚度，减小位移。连续式是一桩连一桩形成一道连续排桩，在顶部也设有联系梁连成整体共同工作。

挡土灌注桩支护，一般采取每隔一定距离设置，缺乏阻水、抗渗功能，在地下水较大的基坑应用，会造成桩间土大量流失，桩背土体被掏空，影响支护土体的稳定。为了提高挡土灌注桩的抗渗透功能，一般在挡土排桩的基础上，在桩间再加设水泥土桩，以形成一种挡土灌注桩与水泥土桩相互组合而成的支护体系，如图9-13所示。

这种组合支护的做法：先在深基坑的内侧设置直径0.6～1.0m的混凝土灌注桩，间距1.2～1.5m；然后在紧靠混凝土灌注桩的内侧，与外桩相切设置直径0.8～1.5m的高压喷射注浆桩（又称喷桩），以旋喷水泥浆方式形成具有一定强度的水泥土桩与混凝土灌注桩紧密结合，组成一道防渗帷幕。

该法的优点：既可挡土又可防渗；施工比连续排桩节省水泥、钢材，造价较低；施工噪声低，振动小，对环境影响小；自身刚度、强度较大。缺点：多一道施工高压喷射注浆桩工序，施工速度慢，质量难控制，需处理泥浆。该法适用于土质条件差、地下水位较高、要求

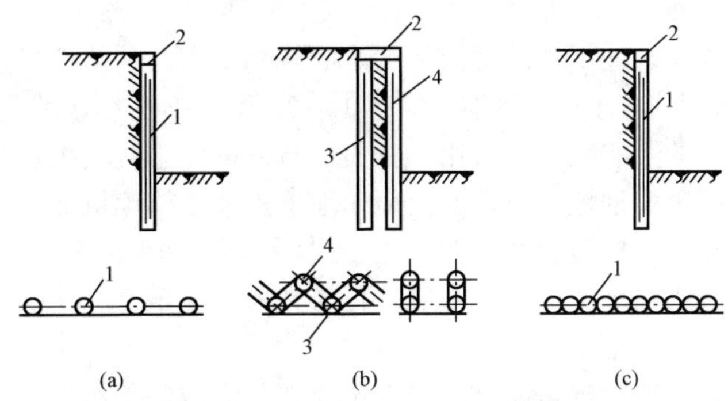

图 9－12　挡土灌注桩支护
（a）间隔式；（b）双排式；（c）连续式
1—挡土灌注桩支护；2—连续梁（圈梁）；3—前排桩；4—后排桩

既挡土又挡水防渗的支护结构。

（2）适用条件。适用于可采取降水或止水帷幕的基坑，除悬臂式支护适用于浅基坑外，其他几种支护方式都适用于深基坑。

（3）施工工艺流程：同灌注桩施工。

（4）施工要点。

1）灌注桩排桩应采取间隔成桩的施工顺序，已完成浇筑混凝土的桩与邻桩间距应大于 4 倍桩径，或间隔施工时间应大于 36h。

2）灌注桩顶应充分泛浆，高度不应小于 500mm；水下灌注混凝土时混凝土强度应比设计桩身强度提高一个强度等级进行配制。

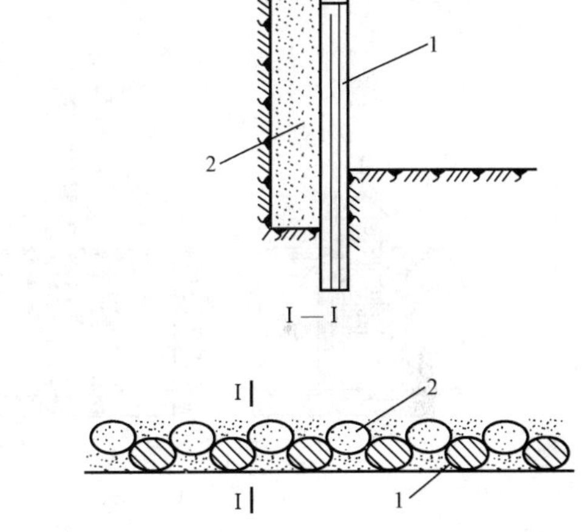

图 9－13　挡土灌注桩与水泥土桩组合支护
1—挡土灌注桩；2—水泥土桩

3）灌注桩外截水帷幕宜采用水泥土搅拌桩；截水帷幕与灌注桩排桩间的净距宜小于 200mm；采用高压旋喷桩时，应先施工灌注桩，再施工高压旋喷截水帷幕。

4）排桩顶部应设钢筋混凝土冠梁连接，冠梁宽度水平方向不宜小于桩径。冠梁高度竖直方向不宜小于梁宽 0.6 倍。排桩与桩顶冠梁的混凝土强度等级宜大于 C25，当冠梁作为连系梁时可按构造配筋（见图 9－14）。

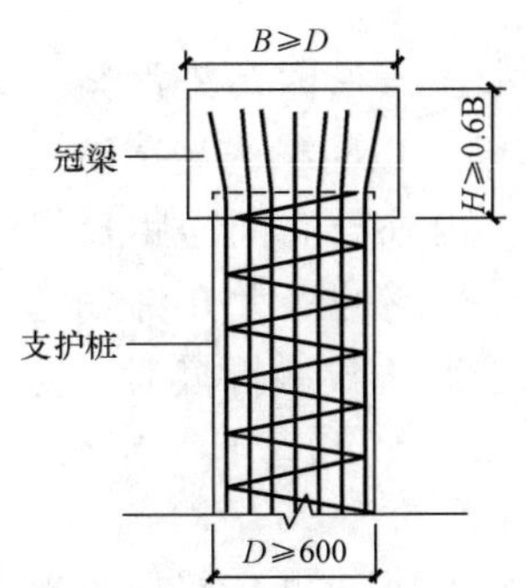

图 9－14　桩顶冠梁示意图

5）基坑开挖后，排桩的桩间土防护可采用钢丝网混凝土护面、砖砌等处理方法；当桩间渗水时，应在护面设泄水孔。当基坑面在实际地下水位以上且土质较好，暴露时间较短时，可不对桩间土进行防护处理。

3. 地下连续墙

地下连续墙是在地面上利用各种挖槽机械，沿支护轴线，在泥浆护壁条件下，开挖出一条狭长深槽，清槽后在槽内吊放钢筋笼，然后用导管法浇筑水下混凝土，筑成一个单元槽段，如此逐段进行，在地下筑成一道连续的钢筋混凝土墙，作为截水、防渗、承重、挡土结构。

（1）特点及适用范围。地下连续墙的特点是墙体刚度大、整体性好，基坑开挖过程安全性高，支护结构变形较小；施工振动小，噪声低，对环境影响小；墙身具有良好的抗渗能力，坑内降水时对坑外的影响较小；可用于密集建筑群中深基坑支护及逆作法施工；可作为地下结构的外墙；可用于多种地质条件。但由于地下连续墙施工机械的因素，其厚度具有固定的模数，不能像灌注桩一样对桩径和刚度进行灵活调整，且地下连续墙的成本较为昂贵，因此，地下连续墙只有用在一定深度的基坑工程或其他特殊条件下才能显示其经济性和特有的优势。

（2）施工工艺流程。地下连续墙施工过程主要划分为准备工作阶段、成槽阶段和浇筑混凝土阶段三个阶段。地下连续墙按单元槽段逐段施工，每段施工工艺流程如图 9-15 所示。

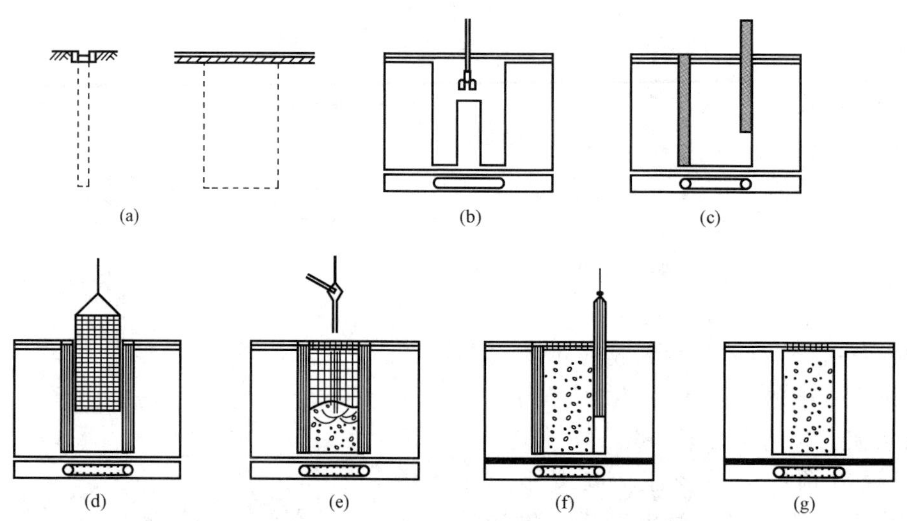

图 9-15　地下连续墙施工程序

（a）导墙施工；（b）挖土；（c）安装锁口管；（d）安放钢筋笼；（e）浇筑混凝土；（f）拔出锁口管；（g）墙段施工完毕

（3）施工要点。

1）导墙施工。导墙也叫槽口板，是地下连续墙槽段开挖前沿墙面两侧构筑的临时性结构，具有成槽导向、防止槽口塌方、存储泥浆、稳定泥浆液位、围护槽壁稳定等作用。导墙一般为现浇的钢筋混凝土结构，也有钢制或预制钢筋混凝土结构。

导墙顶墙面应水平，且至少应高于地面约 100mm，以防地面水流入槽内污染泥浆。导墙内墙面应垂直且平行于地下连续墙轴线，导墙底面应与原土面密贴，以防槽内泥浆渗入导墙后侧。墙面平整度应控制在 5mm 内，墙面垂直度不大于 1/500。内外导墙间净距比设计的地下连续墙厚度大 40～60mm，净距的允许偏差为±5mm，轴线距离的最大允许偏差为±10mm。导墙应对称浇筑，强度达到 70%后方可拆模。现浇钢筋混凝土导墙拆模后，应立即加设上、下两道木支撑，防止导墙向内挤压，支撑水平间距为 1.5～2.0m，上下为 0.8～1.0m，如图 9-16 所示。

2）泥浆护壁施工。在地下连续墙挖槽时，泥浆起到护壁、携渣、冷却机具和切土滑润作用。泥浆输送距离不宜超过 200m，否则应在适当地点位置设置泥浆回收接力池。

施工时应严格控制泥浆液位，确保泥浆液位在地下水位0.5m以上，并不低于导墙顶面以下0.3m，液位下落及时补浆，以防槽壁坍塌。为减少泥浆损耗，在导墙施工中遇到的废弃管道要堵塞牢固；施工时遇到土层空隙大、渗透性强的地段应加深导墙。

图9-16　导墙内水平支撑

在施工中定期对泥浆指标进行检查测试，随时调整，做好泥浆质量检测记录。

为防止泥浆污染，浇筑混凝土时导墙顶加盖板阻止混凝土掉入槽内；挖槽完毕应仔细用抓斗将槽底土渣清完，以减少浮在上面的劣质泥浆数量；禁止在导墙沟内冲洗抓斗；不得无故提拉浇筑混凝土的导管，并注意经常检查导管水密性。

3）开挖单元槽段。

①单元槽段划分。地下连续墙施工时，预先沿墙体长度方向把地下连续墙划分为若干个一定长度的施工单元，该施工单元称“单元槽段”，挖槽是按一个个单元槽段进行挖掘，在一个单元槽段内，挖槽机械挖土时可以是一个或几个挖掘段。单元槽段长度应是挖槽机挖槽长度的整数倍，一般采用挖槽机最小挖掘长度（即一个挖掘单元的长度）为一单元槽段。地质条件良好，施工条件允许，也可采用2～4个挖掘单元组成一个槽段，槽段长度一般为4～8m。

按地下连续墙的平面形状，划分单元槽段的常见形式如图9-17所示。本书介绍直线形槽段。

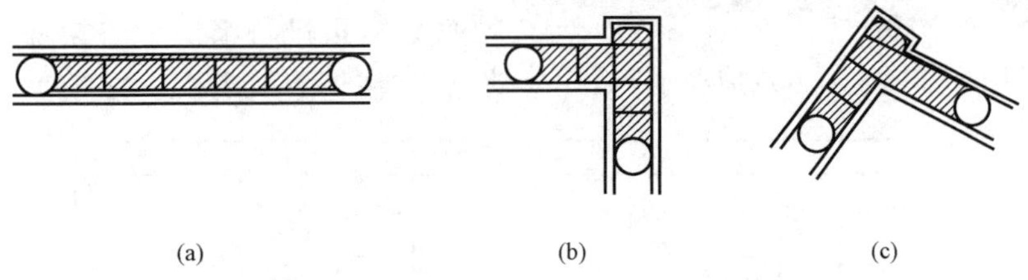

图9-17　单元槽段形式

（a）直线形槽段；（b）直角形槽段；（c）拐角形槽段

槽段分段接缝位置应尽量避开转角部位及与内隔墙连接位置，以保证地下连续墙有良好的整体性和足够的强度。

②成槽作业顺序。首先根据已划分的单元槽段长度，在导墙上标出各槽段的相应位置。一般可采取两种施工顺序：顺槽法，按序（顺墙）施工：顺序为1，2，3，4，…，n，将施工的误差在最后一单元槽段解决。跳槽法，按间隔施工：即（$2n-1$），（$2n+1$），（$2n$），能保证墙体的整体质量，但较费时。

采用接头管的单元槽段的施工顺序如图9-18所示。

③抓斗式成槽作业施工方法。抓斗式成槽机（见图9-19）结构简单，易于操作维修，运转费用低，广泛应用在较软弱的冲积地层。掘进深度遇硬层时受限，降低成槽工效，需配合其他方法一起使用。

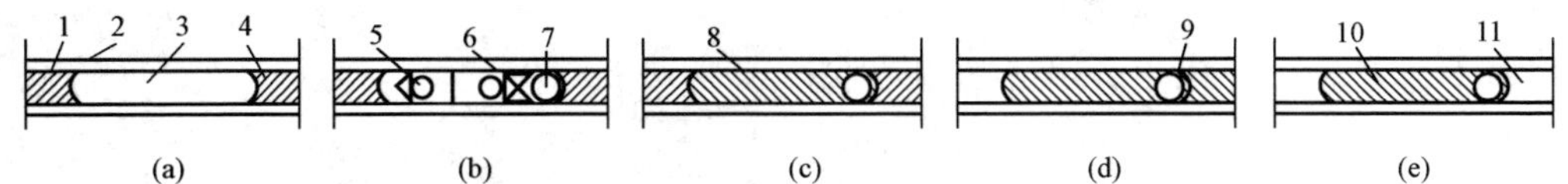

图 9-18　单元槽段施工顺序

(a) 挖槽；(b) 吊放接头管钢筋笼；(c) 浇筑混凝土；

(d) 拔接头管；(e) 形成半圆接头，挖下一槽段

1—已完成槽段；2—导墙；3—已挖完槽段；4—未开挖槽段；5—混凝土导管；6—钢筋笼；

7—接头管；8—混凝土；9—拔管后形成的圆孔；10—已完成槽段；11—开挖新槽段

图 9-19　抓斗式成槽机

导杆抓斗安装在起重机上，抓斗连同导杆由起重机操纵上下、起落卸土和挖槽，抓斗挖槽通常用“分条抓”或“分块抓”两种方法，如图 9-20 所示。

④清基。挖槽结束后清除以沉渣为主的槽底沉淀物的工作称为清基。地下连续墙槽孔的沉渣如不清除，会在底部形成夹层，可能会造成地下连续墙沉降量增大，承载力降低，减弱隔水防渗性能，会使混凝土的强度、流动性、浇筑速度等受到不利影响，还可能造成钢筋笼上浮或不能吊放到预定深度。清基的方法有沉淀法和置换法两种。沉淀法是在土渣基本都沉至槽底之后再进行清底。置换法是在挖槽结束后，在土渣尚未沉淀之前就用新泥浆把槽内的泥浆置换出来，使槽内泥浆的相对密度在 1.15 以下。我国多用置换法清基。

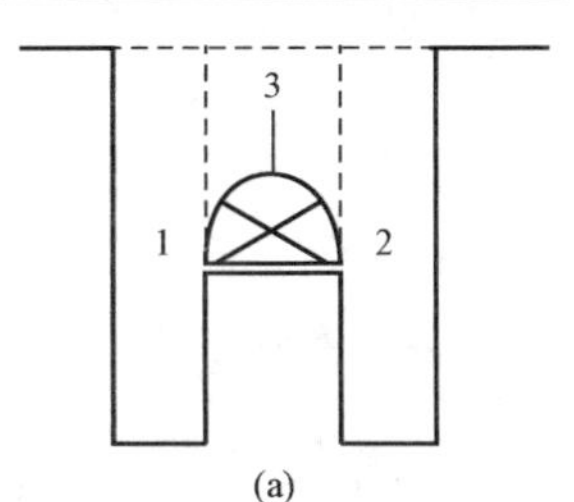

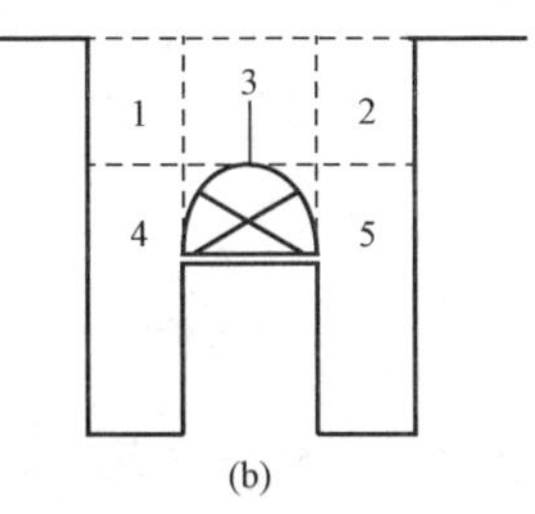

图 9-20　抓斗挖槽

(a)“分条抓”槽法；(b)“分块抓”槽法

1、2、3、4…抓槽顺序

4）接头管施工。接头管的吊装应垂直缓慢下放，严格控制垂直度。接头管背后应填实，并应露出导墙顶 1.5～2.0m 以上。接头管在混凝土初凝后开始提升，每 30min 提升一次，每次 50～100mm，应在混凝土终凝前全部拔出。接头管起拔应垂直、匀速、缓慢、连续，不应损坏接头处的混凝土，起拔后应及时清洗干净。

5）安放钢筋笼。钢筋笼按设计及相关要求制作好，其起吊、运输和吊放应制订施工方案，不得在此过程中产生不能恢复的变形。

插入钢筋笼时应使钢筋笼对准单元槽段中心，垂直而又准确的插入槽内（见图 9 - 21）。钢筋笼入槽时，吊点中心应对准槽段中心，然后徐徐下降，此时应注意不得因起重臂摆动或其他影响而使钢筋笼产生横向摆动，造成槽壁坍塌。钢筋笼入槽后应检查其顶端高度是否符合设计要求，然后将其搁置在导墙上。若钢筋笼分段制作，吊放时需接长，下段钢筋笼应垂直悬挂在导墙上，然后将上段钢筋笼垂直吊起，上下两段钢筋笼成直线连接。

6）浇筑混凝土。水下混凝土应采用导管法连续浇筑。钢筋笼吊放就位后应及时灌注混凝土，间隔不宜超过 4h。导管在首次使用前应进行气密性试验，保证密封性能。浇筑混凝土时，导管应距槽底 0.5m，浇筑过程中导管下口总是埋在混凝土内 1.5m 以上。混凝土浇筑应均匀连续，间隔时间不宜超过 30min。槽内混凝土面上升速度不宜小于 3m/h，同时不宜大于 5m/h。混凝土浇筑面宜高出设计标高 300～500mm，以便在明确混凝土强度情况下，将设计标高以上的浮浆层凿除。

图 9 - 21　钢筋笼下放

7）注浆。混凝土达到设计强度后方可进行墙底注浆。注浆管应采用钢管，单元槽段内不少于 2 根，槽段长度大于 6m 时宜增加注浆管。注浆管下端应伸到槽底 200～500mm，注浆压力应控制在 2MPa 以内，注浆总量达到设计要求或注浆量达到 80% 以上，压力达到 2MPa 可终止注浆。

图 9 - 22　土层锚杆支护

4. 土层锚杆支护结构

土层锚杆又称土锚杆，它一端插入土层中，另一端与挡土结构拉结，借助锚杆与土层的摩擦阻力产生的水平抗力抵抗土侧压力来维护挡土结构的稳定。土层锚杆是在深基坑侧壁的土层钻孔至要求深度，或在扩大孔的端部形成柱状或球状扩大头，在孔内放入钢筋，钢管或钢丝束、钢绞线，灌入水泥浆或化学浆液，使其与土层结合成为抗拉（拔）力强的锚杆，如图 9 - 22 所示。在锚杆的端部通过横撑（钢横梁）借螺母联结或再张拉施加预应力将挡土结构受到的侧压力，通过拉杆传给稳定土层，以达到控制基坑支护的变形，保持基坑土体和坑外建筑物稳定的目的。

（1）构造组成。土层锚杆由锚头、支护结构、拉杆、锚固体等部分组成（见图 9 - 23）。土层锚杆根据主动滑动面，分为自由段 L_{fa}（非锚固段）和锚固段 L_c（见图 9 - 24）。

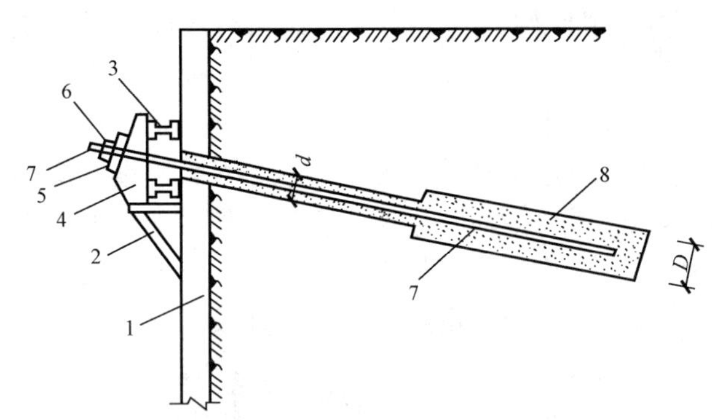

图9-23 土层锚杆构造

1—挡土灌注桩（支护）；2—支架；
3—横梁；4—台座；5—承压垫板；
6—紧固器（螺母）；7—拉杆；
8—锚固体（水泥浆或水泥砂浆）

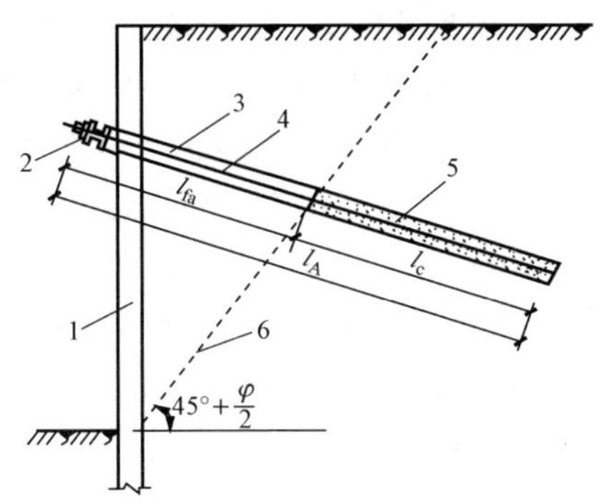

图9-24 土层锚杆长度的划分

1—挡土灌注桩（支护）；2—锚杆头部；
3—锚孔；4—拉杆；5—锚固体；
6—主动土压裂面 L_{fa} 和锚固段 L_c

锚头由台座、承压垫板和紧固器等组成，通过钢横梁及支架将来自支护的力牢固地传给拉杆，台座用钢板或C35混凝土做成，应有足够的强度。拉杆可用钢筋、钢管、钢丝束或钢绞线等。锚固体由水泥浆在压力下灌浆成形。

（2）特点及适用范围。土层锚杆能简化基础结构，使结构轻巧、受力合理，并有少占场地、施工简便、缩短工期、降低造价、适应性强等优点。可以用作深挖基坑坑壁的临时支护，也可以作为工程构筑物的永久性基础。在房屋基坑的挡土结构上使用，可以有效地阻止周围土层坍塌、位移和沉降。

（3）土层锚杆施工。

1）施工工艺流程。施工准备→土方开挖→测量、放线定位→移机就位→校正孔位调整角度→钻孔→插钢筋（或安钢绞线）→压力灌浆→养护→上锚头（如H型钢或灌注桩则上腰梁及锚头）→预应力张拉→锚头（锚具）锁定。

2）施工要点。

①施工准备。查明锚杆施工区域的地下管线、地质水文等情况。根据施工方案，合理选择施工设备、器具、各种材料，相关的电源、注浆管钢索、腰梁、预应力张拉设备等准备就绪。

工程锚杆施工前，按锚杆尺寸宜取两根锚杆进行试验性作业，检验锚杆质量，考核施工工艺和施工设备的适应性，掌握锚杆施工各个参数。

②钻孔。钻孔前按设计及土层定出孔位作出标记。钻机就位时应测量校正孔位的垂直、水平位置和角度偏差，钻进应保证垂直于坑壁平面，钻进时应控制钻进速度、压力及钻杆的平直。对于自由段钻进速度可稍快；对锚固段，尤其在扩孔时，钻进速度宜适当降低。应保证钻孔位置正确，随时调整锚孔位置及角度。锚杆水平方向孔距误差不大于50mm，垂直方向孔距误差不大于100mm。钻孔底部偏斜尺寸不大于长度的3%。

③安放拉杆。拉杆使用前，要除锈和除油污，孔口附近拉杆钢筋应先涂一层防锈漆，并用两层沥青玻璃布包扎做好防锈层。成孔后即将通长钢拉杆插入孔内，在拉杆表面设置定位器，间距在锚固段为2m左右，在非锚固段为4～5m。插入拉杆时应将灌浆管与拉杆绑在一

起同时插入孔内，放至距孔底保持500mm。

④锚杆灌浆。灌浆可以形成锚固段，将锚杆锚固在土层中并防止钢拉杆腐蚀。锚杆灌浆材料多用水泥浆，也可采用水泥砂浆，砂用中砂，并过筛，砂浆强度等级不宜低于100MPa。灌浆方法分一次灌浆法和二次灌浆法两种。一次灌浆法是用压浆泵将水泥浆经胶管压入拉杆管内，再由拉杆端注入锚孔，管端保持离底150mm。随着水泥浆灌入，逐步将灌浆管向外拔出至孔口，待浆液回流至孔口时，用水泥袋纸等捣孔入内，再用湿黏土封堵孔口，并严密捣实，再以0.4～0.6MPa的压力进行补灌，稳压数分钟即告完成。二次灌浆法是在一次灌浆形成注浆体的基础上，对锚杆锚固段进行二次高压劈裂注浆，使浆液向周围地层挤压渗透，形成直径较大的锚固体并提高周围地层力学性能，可提高锚杆承载能力。

⑤腰梁安装。腰梁是传力结构，将锚头轴拉力进行有效传递，分成水平力及垂直力。腰梁安装有直接安装法和整体吊装法。直接安装法是把工字钢放置在围护墙上，垫平后焊板组成箱梁，安装较为方便，但后焊缀板的焊缝质量较难控制。整体吊装法是在现场将梁分段组装焊接，再运到坑内整体吊装安装。该方法质量可靠，可与锚杆施工流水作业，但安装时要有吊运机具，较费工时。

⑥张拉与锚固。锚杆压力灌浆后，养护一段时间，按设计和工艺要求安装好腰梁，并保证各段平直，腰梁与挡墙之间的空隙要紧贴密实，并安装好支承平台。待锚固段的强度大于15MPa并达到设计强度等级的70%～80%后方可进行张拉，张拉与锚固方法同前预应力工程施工。

5. 土钉墙支护

土钉墙是用于土体开挖时保持基坑侧壁或边坡稳定的一种挡土结构，主要由密布于原位土体的土钉、黏附于土体表面的钢筋混凝土面层、土钉之间的被加固土体和必要的防水系统组成，如图9-25和图9-26所示。土钉是置于原位土体中的细长受力杆件，通常可采用钢筋、钢管、型钢等。面层通常采用钢筋混凝土结构，可采用喷射工艺或现浇工艺。面层与土钉通过连接件进行连接，连接件一般采用钉头筋或垫板，土钉之间的连接一般采用加强筋。土钉墙支护一般需设置防排水系统，基坑侧壁有透水层或渗水土层时，面层可设置泄水孔。

(1) 特点及适用范围。土钉墙的结构较合理，施工设备和材料简单，操作方便灵活，施工速度快捷，对施工条件要求不高，造价较低；但其不适合变形要求较为严格或较深的基坑，对用地红线有严格要求的场地具有局限性。

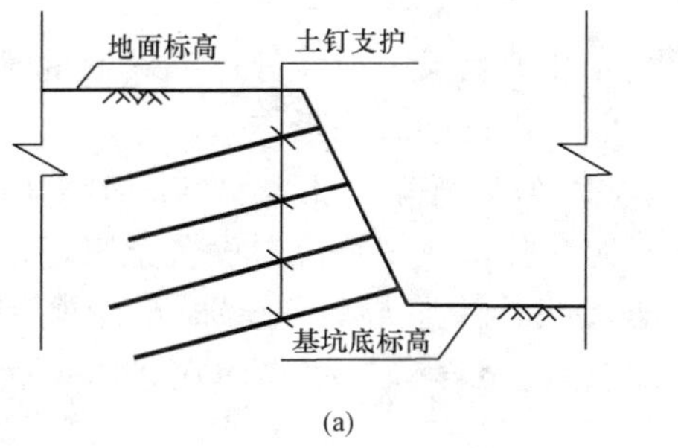

(a)

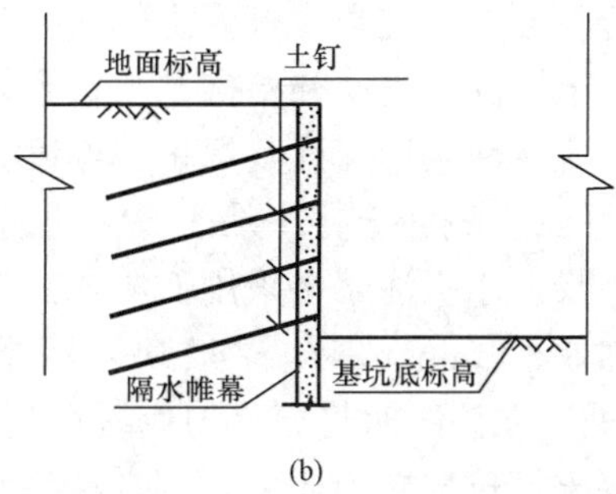

(b)

图9-25 土钉墙典型剖面

(a) 土钉墙；(b) 土钉与止水帷幕结合的复合土钉墙

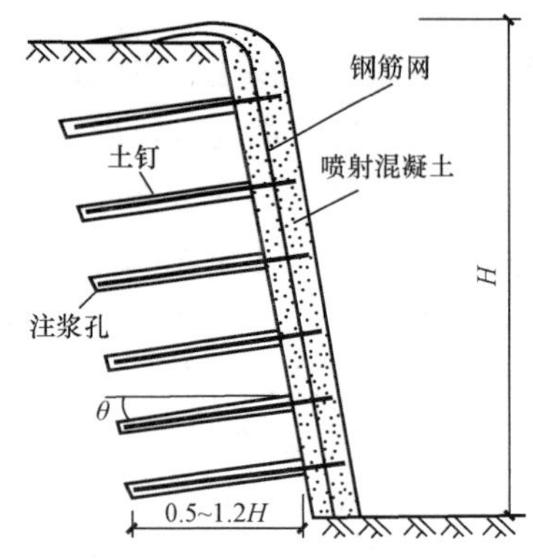

图 9-26 土钉墙构造

（2）施工工艺流程。开挖工作面→修整坡面→施工第一层面层→土钉定位→钻孔→清孔检查→放置土钉→注浆→绑扎钢筋网→安装泄水管→施工第二层面层→养护→开挖下一层工作面→重复上述步骤直至基坑设计深度。

（3）施工要点。

1）开挖工作面、修坡。基坑土方应分层开挖，且应与土钉支护施工作业紧密协调和配合。挖土分层厚度应与土钉竖向间距一致，开挖标高宜为相应土钉位置下200mm，逐层开挖并施工土钉，严禁超挖。每层土开挖完成后应进行修整，并在坡面施工第一层面层，若土质条件良好，可省去该道面层，开挖后应及时完成土钉安设和混凝土面层施工；在淤泥质土层开挖时，应限时完成土钉安设和混凝土面层。完成上一层作业面土钉和面层后，应待其达到70%设计强度以上后，方可进行下一层作业面的开挖。开挖应分段进行，一般每层的分段长度不宜大于30m。

2）土钉施工。土钉施工根据选用的材料不同分为钢筋土钉施工和钢管土钉施工。

钢筋土钉施工是按设计要求确定孔位标高后先成孔，一般采用小型钻孔机械钻进，放入护壁套管，再冲水钻进。钻到设计位置后应继续供水洗孔，待孔口溢出清水为止。成孔过程中应按土钉编号逐一记录取出土体的特征、成孔质量等，并将取出土体与设计认定的土质对比，发现有较大的偏差时要及时修改土钉的设计参数。

钢管土钉施工一般采用气动潜孔锤或钻探机打入法，即在确定孔位标高处将管壁留孔的钢管保持与面层一定角度打入土体内。

插入土钉前应清孔和检查。土钉置入孔中前，先在其上安装连接件，以保证钢筋处于孔位中心位置且注浆后保证其保护层厚度。连接件一般采用钢筋或垫板。

3）注浆。钢筋土钉注浆前应将孔内残留或松动的杂土清除。注浆材料一般采用水泥浆或水泥砂浆。水平注浆多采用低压或高压，注浆时应在孔口或规定位置设置止浆塞，注满后保持压力3～5min；斜向注浆则采用重力或低压注浆，注浆导管底端插至距孔底250～500mm处，在注浆时将导管匀速缓慢地撤出，过程中注浆导管口始终埋在浆体表面下。有时为提高土钉抗拔能力还可采用二次注浆工艺。

4）混凝土面层施工。应根据施工作业面分层分段铺设钢筋网，钢筋网之间的搭接可采用焊接或绑扎，钢筋网可用插入土中的钢筋固定。钢筋网宜随壁面铺设，与坡面间隙不小于20mm。土钉与面层钢筋网的连接可通过垫板、螺帽及端部螺纹杆、井字加强钢筋焊接等方式固定。

喷射混凝土一般采用混凝土喷射机，施工时应分段进行，同一分段内喷射顺序应自下而上，喷头运动一般按螺旋式轨迹一圈压半圈均匀缓慢移动；喷头与受喷面应保持垂直，距离宜为 0.6～1.0m，一次喷射厚度不宜小于 40mm；在钢筋部位可先喷钢筋后方以防其背面出现空隙。混凝土上下层及相邻段搭接结合处，搭接长度一般为厚度的 2 倍以上，接缝应错开。混凝土终凝 2h 后应喷水养护，保持混凝土表面湿润，养护期视当地环境条件而定，宜为 3～7d。喷射混凝土强度可用试块进行测定，每批至少留取 3 组试件，每组 3 块。

5）排水系统的设置。基坑边若含有透水层或渗水土层时，混凝土面层上应做泄水孔，即按间距 1.5～2.0m 均布设长 0.4～0.6m、直径不小于 40mm 的塑料排水管，外管口略向下倾斜，管壁上半部分可钻透水孔，管中填满粗砂或圆砾作为滤水材料，以防土颗粒流失。

6. 排桩内支撑

对深度较大、面积不大、地基土质较差的基坑，为使围护排桩受力合理和受力后变形小，常在基坑内沿围护排桩（墙），竖向设置一定支承点组成内支撑式基坑支护体系，以减少排桩的无支长度，提高侧向刚度，减小变形。

（1）特点及适用范围。排桩内支撑支护的优点是：受力合理，安全可靠，易于控制围护排桩墙的变形；但内支撑的设置给基坑内挖土和地下室结构的施工带来不便，需要通过不断换撑来加以克服。适用于各种不易设置锚杆的松软土层及软土地基支护。

（2）构造组成。一般由挡土结构和支撑结构组成，二者构成一个整体，共同抵挡外力的作用。支撑结构一般由围檩（横挡）、水平支撑和立柱等组成（见图 9-27）。

内支撑材料一般有钢支撑和钢筋混凝土两类（见图 9-28）。

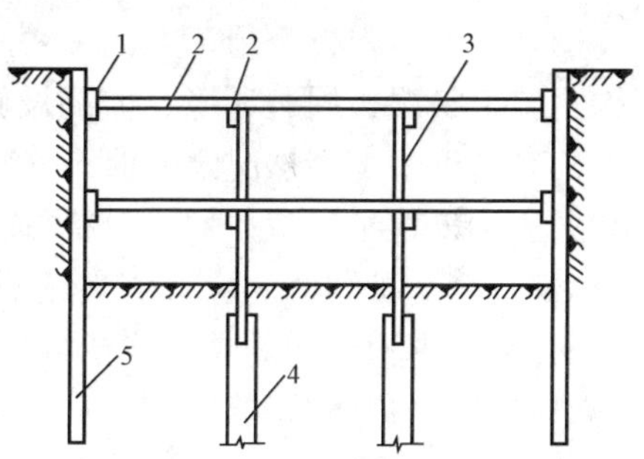

图 9-27　内支撑支护

1—围檩；2—水平支撑；3—立柱；4—立柱桩；5—围护结构

9.3.2　深基坑监测

监测是指在基坑工程施工过程中，对基坑围护结构及周围地层，附近建筑物、地下管线等的受力和变形进行的量测。深基坑监测的目的在于确保基坑工程本身的安全，对基坑周围环境进行有效的保护，检验设计所用参数及假定的正确性，并为改进设计，提高工程整体水平提供依据。

基坑监测应由建设方委托具有相应资质的第三方实施。监测的技术要求应包括监测项目、监测频率和监测报警值等。

1. 深基坑监测的内容

深基坑监测的内容一般可包括以下部分：

（1）坑周土体变位测量；

（2）围护结构变形测量及内力测量；

（3）支撑结构轴力测量；

（4）土压力测量；

（5）地下水位及孔隙水压力测量；

(a)

(b)

(c)

图9-28 内支撑
(a) 混凝土支撑；(b) 钢管支撑；(c) 型钢支撑

(6) 相邻建（构）筑物及地下管线、隧道等保护对象的变形测量。

一般来说，大型工程均需测量这些项目，特别是位于闹市区的大、中型工程，而中、小型工程则可选择几项来测。基坑工程中，测斜及支撑结构轴力的量测必不可少，因为它们能综合反映基坑变形、基坑受力情况，直接地反馈基坑的安全度。

2. 深基坑检测要求

(1) 基坑工程施工前，应编制基坑工程监测方案并按规定对某些基坑工程的监测方案进行专项论证。

(2) 基坑工程的现场监测应采用仪器监测与现场巡视检查相结合的方法。

(3) 基坑工程整个施工期内，每天均应有专人进行巡视检查。巡视检查应主要包括支护结构、施工状况、周边环境、监测设施及其他巡视检查内容。

(4) 当出现下列情况之一时，必须立即进行危险报警，并应通知有关各方对基坑支护结构和周边环境保护对象采取应急措施。

1) 基坑支护结构的位移值突然明显增大或基坑出现流砂、管涌、隆起或陷落等。

2) 基坑支护结构的支撑或锚杆体系出现过大变形、压屈、断裂、松弛或拔出的迹象。

3) 基坑周边建筑的结构部分出现危害结构的变形裂缝。

4) 基坑周边地面出现较严重的突发裂缝或地下裂缝、地面下陷。

5) 基坑周边管线变形突然明显增长或出现裂缝、泄漏等。

6) 冻土基坑经受冻融循环时，基坑周边土体温度显著上升，发生明显的冻融变形。

7) 出现其他危险需要报警的情况。

9.3.3 深基坑土方开挖工程

在深基坑土方开挖前，要制定土方工程专项方案并通过专家论证，要对支护结构、地下水位及周围环境进行必要的监测和保护。

1. 土方开挖方法

深基坑工程的挖土方法主要有放坡挖土、分层挖土、分段挖土、盆式挖土、中心岛式（也称墩式）挖土等几种，应根据基坑面积大小、开挖深度、支护结构形式、环境条件等因素选用。

(1) 放坡开挖。放坡开挖经济，无支撑施工，施工作业空间大，工期短。适用于基坑四周空旷，有场地可供放坡，周围无临近建筑设施的情况。但软弱地基因需较大量地基加固，故不宜挖深过大（见图9-29）。

对深度大于 5m 的土质边坡，应分级放坡开挖，设置分级过渡平台，各级过渡平台的宽度为 1.0～1.5m，必要时台宽可选 0.6～1.0m。

(2) 分层挖土。分层挖土是将基坑按深度分为多层进行逐层开挖（见图 9-30）。分层厚度，软土地基应控制在 2m 以内；硬质土可控制在 5m 以内为宜。开挖顺序可从基坑的某一边向另一边平行开挖，或从基坑两头对称开挖，或从基坑中间向两边平行对称开挖，也可交替分层开挖，可根据工作面和土质情况决定。

图 9-29　放坡开挖

(3) 分段挖土。分段挖土是将基坑分成几段或几块分别进行开挖。分块开挖，即开挖一块浇筑一块混凝土垫层或基础，必要时可在已封底的坑底与围护结构之间加设斜撑，以增强支护的稳定性。

(4) 盆式挖土。盆式挖土是先分层开挖基坑中间部分的土方，基坑周边一定范围内的土暂不开挖（见图 9-31）。

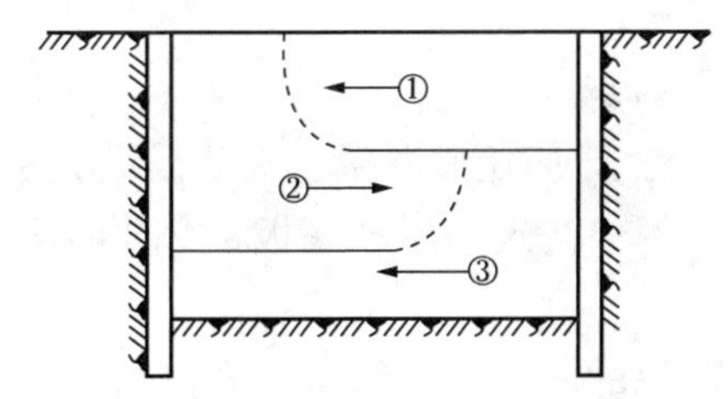

图 9-30　分层开挖示意图

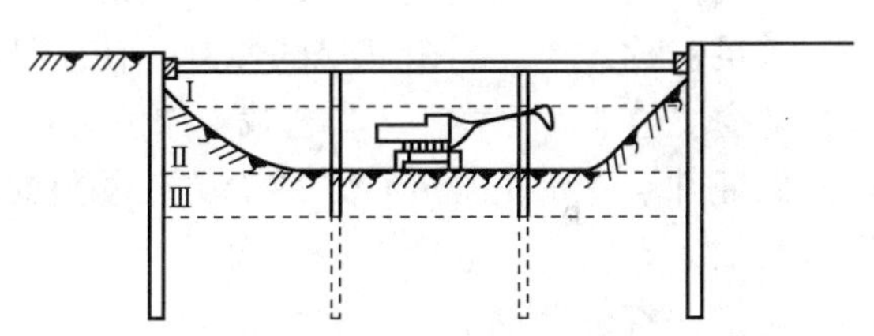

图 9-31　盆式挖土示意图

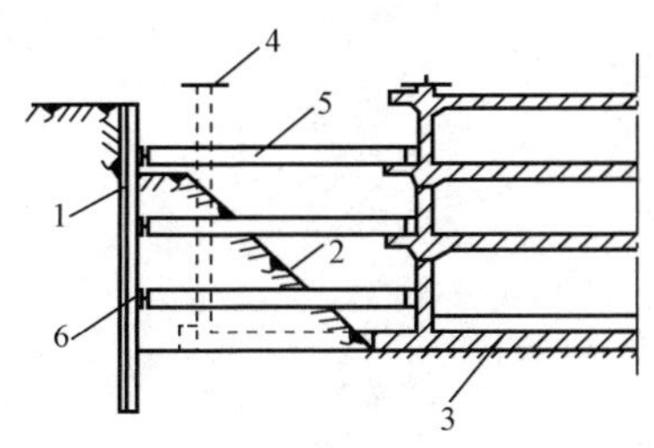

图 9-32　盆式开挖内支撑示意图
1—钢板桩或灌注桩；2—后挖土方；3—先施工地下结构；4—后施工地下结构；5—钢水平支撑；6—钢横撑

可视土质情况按 1∶0.1～1∶1.25 放坡，以增强围护结构的稳定性，待中间部分的混凝土垫层、基础或地下室结构施工完成之后，再用水平支撑或斜撑对四周围护结构进行支撑，并突击开挖周边支护结构内部分被动土区的土，每挖一层支一层水平横顶撑（见图 9-32），直至坑底，最后浇筑该部分混凝土。本法优点是对于支护挡墙受力有利，时间效应小，但大量土方不能直接外运，需集中提升后装车外运。采用逆作法的基坑开挖面积较大时，宜采用盆式开挖。

(5) 中心岛式挖土。中心岛式挖土（见图 9-33）是先开挖基坑周边土方，在中间留土墩作为支点搭设栈桥，挖土机可利用栈桥下到基坑挖土，运土的汽车也可利用栈桥进入基坑运土，可有效加快挖土和运土的速度。

土墩留土高度、边坡的坡度、挖土分层与高差应经仔细研究确定。挖土也分层开挖，一般先全面挖去一层，然后中间部分留置土墩，周围部分分层开挖。挖土多用反铲挖土机，如

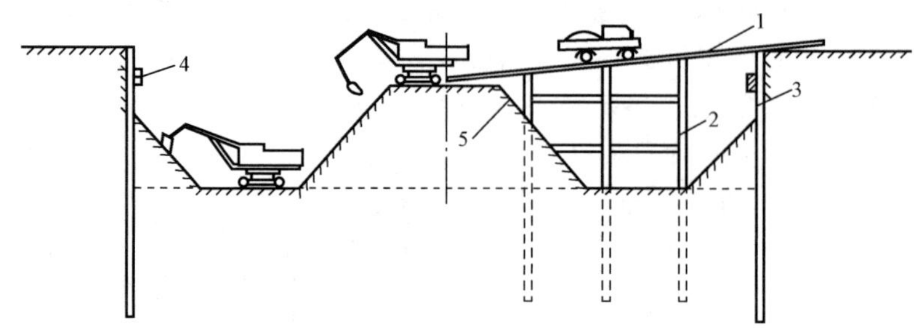

图 9-33 中心岛（墩）式挖土示意图

1—栈桥；2—支架或利用工程桩；3—围护墙；4—腰梁；5—土墩

基坑深度很大，则采用向上逐级传递方式进行土方装车外运。

中心岛（墩）式挖土宜用于大型基坑，支护结构的支撑形式为角撑、环梁式或边桁架式，中间具有较大空间情况。由于首先挖去基坑四周的土，支护结构受荷时间长，在软黏土中时间效应显著，有可能增大支护结构的变形量，对于支护结构受力不利。

2. 土方开挖要求

（1）减少开挖过程中的土体扰动范围，采用分层分块开挖且其空间几何尺寸能最大限度地限制支护墙体的变形和周边土体的位移与沉降。

（2）满足对称开挖、均衡开挖的原则，使基坑受力均衡。

（3）减少坑边地面荷载，严禁超载。如发现基底土超挖，应用素混凝土或砂石回填夯实。

（4）保证井点降水正常进行，减少坑底暴露时间，尽快浇筑垫层和底板，必要时可对坑底土层进行加固，防止坑底隆起变形大。

（5）对于先打桩后挖土的工程，要考虑由于打桩造成的应力集聚和基坑开挖时的应力快速释放对桩所产生的不利影响，防止桩位移和倾斜。因此，在群桩打设后，宜停留一段时间，并用降水设备预降水，待打桩机具的应力有所释放、孔隙水压力有所降低，被扰动的土体重新固结后，再开挖基坑土方。

（6）对邻近建（构）筑物及地下设施的应采取保护措施。

9.4 高层建筑钢筋混凝土结构主体施工

9.4.1 模板工程

高层建筑因混凝土工程量大，其模板系统除传统的钢模板等拼装模板外，多采用成套工具式模板系统，以加快施工速度。

1. 大模板

大模板施工技术，是采用工具式大型模板，配以相应的起重吊装机械，以工业化生产方式在施工现场浇筑混凝土墙体的一种成套模板技术。

（1）分类。

1）按板面材料分为木质模板、金属模板、化学合成材料模板。

2）按组拼方式分为整体式模板、模数组合式模板、拼装式模板。

3）按构造外形分分为平模、小角模、大角模、筒子模。

大模板的板面是直接与混凝土接触的部分，它承受着混凝土浇筑时的侧压力，要求具有足够的刚度，表面平整，能多次重复使用。钢板、木（竹）胶合板以及化学合成材料面板等均可作为面板的材料，其中常用的为钢板和木（竹）胶合板。

（2）构造。大模板由板面系统、支撑系统、操作平台和附件组成，分为桁架式大模板、组合式大模板、拆装式大模板、筒形模板以及外墙大模板。

组合式大模板通过固定于大模板板面的角模，能把纵横墙的模板组装在一起，房间的纵横墙体混凝土可以同时浇筑，故房屋整体性好。它还具有稳定、拆装方便、墙体阴角方正、施工质量好等特点，并可以利用模数条模板加以调整，以适应不同开间、进深的需要。

组合式大模板由板面系统、支撑系统、操作平台及附件组成，如图 9 - 34 所示。

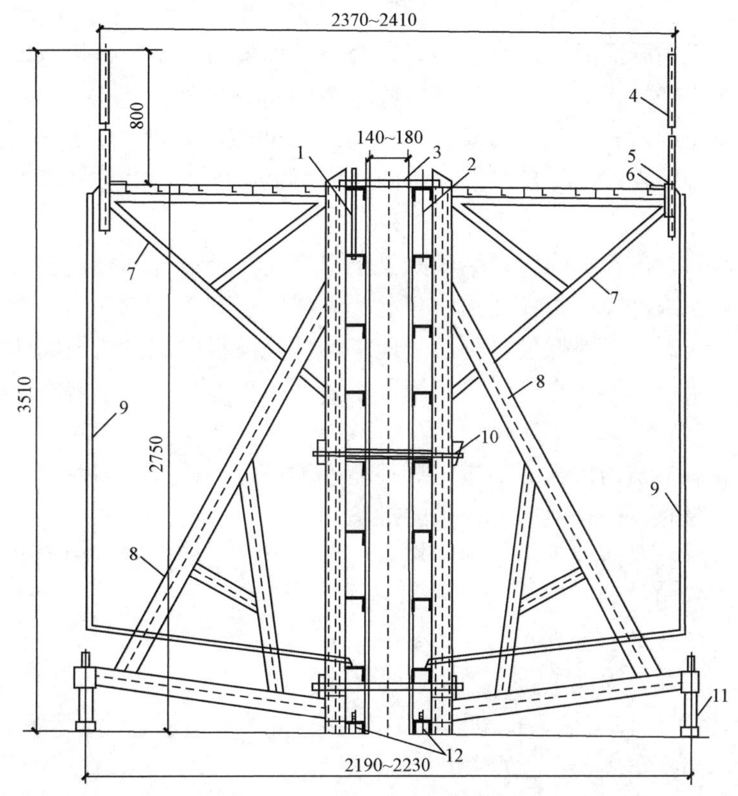

图 9 - 34　组合式大模板构造

1—反向模板；2—正向模板；3—上口卡板；4—活动护身栏；5—爬梯横担；6—螺栓连接；7—操作平台斜撑；8—支撑架；9—爬梯；10—穿墙螺栓；11—地脚螺栓；12—地脚

板面系统由面板、竖肋、横肋以及龙骨组成。支撑系统由支撑架和地脚螺栓组成，其功能是保持大模板在承受风荷载和水平力时的竖向稳定性，同时用以调节板面的垂直度。操作平台是施工人员操作的场所和运行的通道，操作平台系统由操作平台、护身栏、铁爬梯等部分组成。操作平台设置于模板上部，用三脚架插入竖肋的套管内，三脚架上满铺脚手板。附件包括穿墙螺栓与塑料套管、上口卡子等。

（3）大模板施工。

1）施工工艺流程。弹线→接槎部位处理→安装门窗洞口模板→模底接缝处理→安装内横墙模板→安装内纵墙模板→安装堵头模板→安装外墙内侧模板→安外墙外侧模板。

2）施工要点。

①模板安装。按照方案要求，安装模板支架平台架。

墙体大模板安装应按单元房间进行，先以一个房间的大模板安装成敞口的闭合结构，再逐步进行相邻房间的大模板安装。每个单元房间按先安装内墙大模板、后安装外墙大模板的顺序进行。

安装内墙大模板时，应按顺序对号吊装就位，先安装横墙大模板、后安装纵墙大模板，先安装大墙平模、后安装角模，并通过调整地脚螺钉，用“双十字”靠尺反复检查校正模板的垂直度。

合模前检查钢筋、水电预埋管件、门窗洞口模板、穿墙套管是否遗漏，位置是否准确，安装是否牢固或是否削弱混凝土断面过多等，合反号模板前将墙内杂物清理干净。

安装反号模板，经校正垂直后用穿墙螺栓将两块模板锁紧。

正反模板安装完后检查角模与墙模，模板与墙面间隙必须严密，防止漏浆、错台现象。检查每道墙上口是否平直，用扣件或螺栓将两块模板上口固定。办完模板工程预检验收，方准浇筑混凝土。

②大模板的拆除。模板拆除时，结构混凝土强度应符合设计和规范要求，混凝土强度应以保证表面及棱角不因拆除模板而受损，且混凝土强度达到1.2MPa。

拆除模板：首先拆下穿墙螺栓，再松开地脚螺栓使模板向后倾斜与墙体脱开。如果模板与混凝土墙面吸附或黏结不能离开时，可用撬棍撬动模板下口。但不得在墙体上撬模板，或用大锤砸模板。

拆除全现浇混凝土结构模板时，应先拆外墙外侧模板，再拆除内侧模板。

当风力大于5级时，停止对墙体模板的拆除。

模板拆除后，应及时清理干净，并按规定堆放。拆模时要注意保护大模板、穿墙螺栓和卡具等，以便重复使用。

（4）大模板安全技术。

大模板堆放的安全要求如下：

1）筒模可用拖车整体运输，也可拆成平模用拖车水平叠放运输。平模叠放运输时，垫木必须上下对齐，绑扎牢固。车上严禁坐人。

2）平模存放时，必须满足地区条件要求的自稳角。大模板存放在施工楼层上，必须有可靠的防倾倒措施，并垂直于外墙存放。在地面存放模板时，两块大模板应采用板面对板面的存放方法，长期存放应将模板连成整体。对没有支撑或自稳角不足的大模板，应存放在专用的堆放架上，或者平卧堆放，严禁靠放到其他模板或构件上，以防下脚滑移倾翻伤人。

2. 液压滑升模板

滑模施工技术是利用一套1m多高的模板及液压提升设备，按照工程设计的平面尺寸组成滑模装置，连续不断地进行竖向现浇混凝土构件施工的一种成套模板技术（见图9-35）。

其工艺特点是模板一次组装成型，装拆工序少，能连续滑升作业，施工速度快，工业化程度高，结构整体性能好。滑模工艺是高层现浇混凝土剪力墙结构和筒体结构采用的主要工业化施工方法之一。

（1）适用范围。

1）高层民用建筑的剪力墙、框剪、筒体结构。

2）高层工业厂房、烟囱、水塔等构筑物。

3）桥梁、隧道等工程（见图 9－36）。

4）水利水电工程中的坝体、闸门等结构。

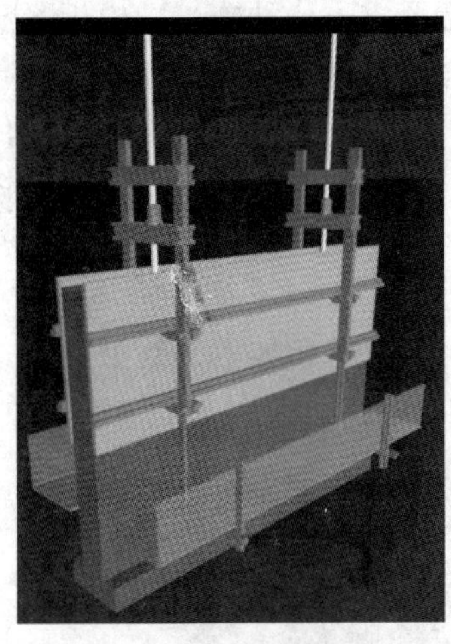

图 9－35　滑模

图 9－36　桥墩滑模施工

（2）构造。滑模装置主要由模板系统、操作平台系统、液压提升系统及施工精度控制系统等部分组成，如图 9－37 所示。

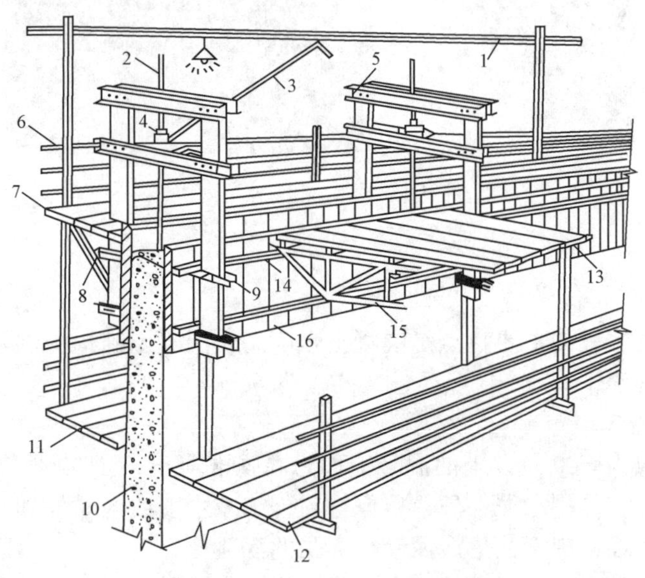

图 9－37　滑模装置构造示意图

1—支架；2—支承杆；3—油管；4—千斤顶；5—提升架；6—栏杆；7—外平台；8—外挑架；9—收分装置；10—混凝土墙；11—外吊平台；12—内吊平台；13—内平台；14—上围圈；15—桁架；16—模板

（3）滑模装置组装。滑模施工的特点之一，是将模板一次组装好，一直使用到结构施工完毕，中途一般不再变化。因此，滑模的组装工作，一定要严格按照设计要求及有关操作技术规定进行。滑模组装完毕，应按规范要求进行质量验收。

3. 爬升模板

爬升模板简称爬模，是通过附着装置支承在建筑结构上，以液压油缸或千斤顶为爬升动力，以导轨为爬升轨道，随建筑结构逐层爬升、循环作业的施工工艺，如图 9－38 所示。

爬升模板由于综合了大模板和滑升模板的优点，已形成了一种施工中模板不落地，混凝土表面质量易于保证的快捷、有效的施工方法，特别适用于高耸建（构）筑物竖向结构浇筑施工。爬升模板既有大模板施工的优点，如模板板块尺寸大，成型的混凝土表面光滑平整，能够达到清水混凝土质量要求；又有滑升模板的特点，如自带模板、操作平台和脚手架随结构的增高而升高，抗风能力强，施工安全，速度快等；同时施工精度更高，施工速度和节奏更快更有序，施工更加安全，适用范围更广阔。

目前爬升模板技术有多种形式，常用的有：模板与爬架互爬技术、新型导轨式液压爬模（提升或顶升）技术、新型液压钢平台爬升（提升或顶升）技术。

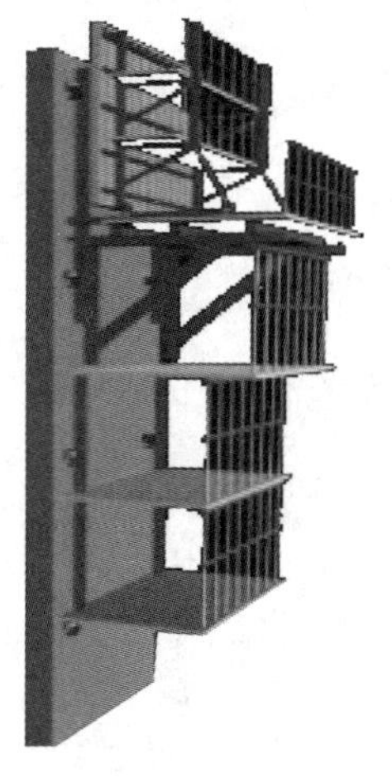

图 9－38 爬模施工

9.4.2 混凝土工程

高层建筑混凝土工程的主要特点是混凝土强度高，混凝土结构构件几何尺寸大，常常遇到大体积混凝土工程施工。

1. 高强混凝土施工

一般把强度等级为 C60 及以上的混凝土称为高强混凝土，C100 强度等级以上的混凝土称为超高强混凝土。它是用水泥、砂、石原材料外加减水剂或同时外加粉煤灰、F 矿粉、矿渣、硅粉等混合料，经常规工艺生产而获得高强的混凝土。

混凝土的高强化和高强混凝土的流态化是当代混凝土科学发展的方向。高强混凝土有以下优点：可以有效地减轻结构自重；可以有效地提高混凝土的耐久性；因为材料高强，构件的截面积可以减少，因而材料用量减少，建筑物也能获得更大的空间；高强混凝土变形小，从而使构件的刚度得以提高，大大改善了建筑物的变形性能。

（1）配制。配制高强混凝土，要综合采取以下措施：精选水泥、骨料等各项原材料；必须掺用高效减水剂，以降低用水量和水灰比；掺用优质的矿物掺合料，以改善水泥石和界面区的微结构，提高致密性和胶结强度；仔细选择配合比，确定合理的砂率和水灰比，以降低水泥用量并提高混凝土的强度；严格控制施工质量，做好早期养护。

（2）施工要点。

1）加强质量控制和质量保证。应从原材料进料、储存、计量、装料、搅拌、运输、振捣、养护等各个环节加以监控，要制订各类人员职责。

2）宜采用泵送施工。浇筑过程中应注意混凝土的流动性和均匀性，避免出现空鼓、缺陷等问题。

3）应使用振动器振捣密实。振捣应该均匀、全面，并避免过度振捣导致混凝土开裂。

4）加强养护。高强混凝土在浇筑完毕后应在 8h 以内加以覆盖并浇水养护，或在外表喷、刷养护剂。浇水养护时间，不得少于 14 昼夜。

5）施工记录。高强混凝土施工过程中应该及时记录施工情况。记录应包括施工日期、施工人员、施工方法、原材料使用情况、振捣情况等。

6）施工检查。高强混凝土施工中需要进行施工检查。检查应包括混凝土的强度、密实性、平整度、尺寸等。

7）质量验收。高强混凝土施工完成后需要进行质量验收。质量验收应根据设计要求进行，验收标准除按照《混凝土结构工程施工质量验收规范》执行外，还应包括浇筑过程中的坍落度变化情况及凝结时间。

当环境温度与标准养护的差距较大时，应同时留取在现场环境条件下养护的比照试块。标准养护的试块宜比普通强度混凝土所需的增强 1～2 倍，以测定早期及后期强度变化。

2. 大体积混凝土施工

我国《大体积混凝土施工标准》里规定：混凝土结构物实体最小几何尺寸不小于 1m 的大体量混凝土，或预计会因混凝土中胶凝材料水化引起的温度变化和收缩而导致有害裂缝产生的混凝土，称为大体积混凝土。

大体积混凝土施工过程中，由于水泥的水化作用是放热反应，大体积混凝土又有一定的保温性能，因此，混凝土内部升温幅度较表面要大得多，而在温度达到峰值后的降温过程中，内部又比表面慢得多。这些过程中，混凝土的各部分由于热胀冷缩（温度变形）以及其相互约束及外界约束的作用而在混凝土内产生的应力（温度应力）是非常复杂的。只要温度应力超过混凝土所能承受的极限值，混凝土就会开裂。

因此，应在大体积混凝土的工程设计、强度等级选择、后期强度利用、材料选择、配比的设计、制备、运输、施工，养护以及浇筑过程中温度的监测和应急预案的制定等技术环节，采取一系列的技术措施。

（1）裂缝控制。大体积混凝土应按基础、柱、墙大体积混凝土的特点采取针对性裂缝控制技术措施，并编制施工方案。

1）优化设计混凝土配合比。大体积混凝土配合比的设计除应符合规定的强度等级、耐久性、抗渗性、体积稳定性等要求外，尚应符合大体积混凝土施工工艺特性的要求。在混凝土制备前，应进行常规配合比试验，并进行水化热、泌水率、可泵性等对大体积混凝土控制裂缝所需的技术参数的试验，必要时其配合比设计应通过试泵送。大体积混凝土配制可掺入缓凝、减水、微膨胀等外加剂。

大体积混凝土应选用水化热低的通用硅酸盐水泥，减少水泥用量；混凝土拌和物的坍落度不宜大于180mm；拌和水用量不宜大于170kg/m³；降低拌和水温度（拌和水中加冰屑或用地下水）；骨料用水冲洗降温，避免暴晒等。

2）合理进行构造设计。

①合理的平面和立面设计，避免截面的突出，从而减小约束应力。

②合理布置分布钢筋，尽量采用小直径、密间距，变截面处加强分布筋。

③大体积混凝土宜采用后期强度作为配合比设计、强度评定及验收的依据。基础混凝土龄期可取为60d（56d）或90d；柱、墙混凝土强度等级不低于C80时，龄期可取为60d（56d）。采用混凝土后期强度时，龄期应经设计单位确认。

④采用滑动层（如涂刷沥青一道、干铺油毡一层等）来减小基础的约束。

3）采取恰当的施工技术措施。

①用保温隔热法对大体积混凝土进行养护。

②大体积混凝土施工时，应对混凝土进行温度控制，并应符合下列规定：

a. 混凝土入模温度不宜大于30℃；混凝土浇筑体最大温升值不宜大于50℃。

b. 在覆盖养护阶段，混凝土浇筑体表面以内40～80mm位置处的温度与混凝土浇筑体表面温度差值不宜大于25℃；结束覆盖养护后，混凝土浇筑体表面以内40～80mm位置处的温度差值不宜大于25℃；混凝土浇筑体内部相邻两测点的温度差值不宜大于25℃。

c. 混凝土降温速率不宜大于2.0℃/d；当有可靠经验时，降温速率要求可适当放宽。

③超长大体积混凝土应选用留置变形缝、后浇带或跳仓法施工。

当采用跳仓法时，跳仓的最大分块单向尺寸不宜大于40m（见图9-39），跳仓间隔施工的时间不宜小于7d，跳仓接缝处应按施工缝的要求设置和处理。

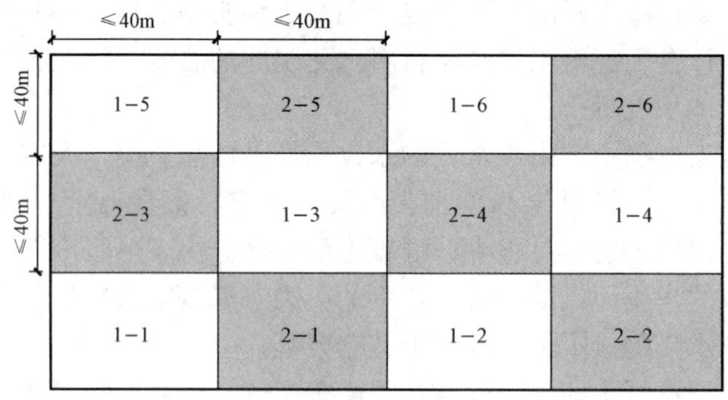

图9-39 跳仓法顺序示意

④大体积混凝土浇筑要求。

a. 混凝土浇筑层厚度应根据所用振捣器作用深度及混凝土的和易性确定，整体连续浇筑时宜为300～500mm，振捣时应避免过振和漏振。

b. 整体分层连续浇筑或推移式连续浇筑，应缩短间歇时间，并应在前层混凝土初凝之前将次层混凝土浇筑完毕。当层间间歇时间超过混凝土初凝时间时，层面应按施工缝处理。

c. 混凝土浇筑宜从低处开始，沿长边方向自一端向另一端进行。当混凝土供应量有保证时，也可多点同时浇筑。

d. 混凝土的浇灌应连续有序，减少施工缝，保证结构的整体性。

e. 混凝土应采取振捣棒振捣。

f. 混凝土宜采用泵送方式和二次振捣工艺（见图9-40）。在振动界限（指混凝土允许进行二次振捣的时刻）以前对混凝土进行二次振捣，防止因混凝土沉落而出现的裂缝，减少内部微裂，增加混凝土密实度，使混凝土抗压强度提高，从而提高抗裂性。

⑤及时对大体积混凝土浇筑面进行多次抹压处理（见图9-41），排除表面的泌水，消除最先出现的表面裂缝。

图9-40　二次振捣

图9-41　二次抹压

⑥合理设置测温点。基础大体积混凝土环境温度测点应距基础边一定位置，柱、墙大体积混凝土环境温度测点应距结构边一定位置。

⑦结构内部测温应与混凝土浇筑、养护过程同步进行。

⑧加强混凝土养护。用草袋和塑料薄膜进行保温和保湿，应专人负责保温养护工作，并应进行测试记录。保湿养护持续时间不宜少于14d，应经常检查塑料薄膜或养护剂涂层的完整情况，并应保持混凝土表面湿润。保温覆盖层拆除应分层逐步进行，当混凝土表面温度与环境最大温差小于20℃时，可全部拆除。

（2）质量控制。

1）大体积混凝土施工前，应对混凝土浇筑体的温度、温度应力及收缩应力进行试算，确定混凝土浇筑体的温升峰值、里表温差及降温速率的控制指标，制定相应的温控技术措施。

2）大体积混凝土浇筑体内监测点布置，应反映混凝土浇筑体内最高温升、里表温差、降温速率及环境温度。

3）在每条测试轴线上，监测点位不宜少于4处，应根据结构的平面尺寸布置。

4）沿混凝土浇筑体厚度方向，应至少布置表层、底层和中心温度测点，测点间距不宜大于500mm。表层温度宜为混凝土浇筑体表面以内50mm处的温度；底层温度宜为混凝土浇筑体底面以上50mm处的温度。

5）大体积混凝土浇筑体里表温差、降温速率及环境温度的测试，在混凝土浇筑后，每昼夜不应少于4次；入模温度测量，每台班不应少于2次。

9.4.3 高层建筑变形监测

我国《建筑变形测量规范》规定，建筑变形测量是对建筑物或构筑物的场地、地基、基础、上部结构及周边环境受荷载作用而产生的形状或位置变化进行观测，并对观测结果进行处理、表达和分析的工作。

（1）建筑在施工期间的变形测量要求。

1）对各类建筑，应进行沉降观测，宜进行场地沉降观测、地基土分层沉降观测和斜坡位移观测。

2）对基坑工程，应进行基坑及其支护结构变形观测和周边环境变形观测；对一级基坑，应进行基坑回弹观测。

3）对高层和超高层建筑，应进行倾斜观测。

4）当建筑出现裂缝时，应进行裂缝观测。

5）建筑施工需要时，应进行其他类型的变形观测。

（2）变形监测点的布设应根据建筑结构、形状和场地工程地质条件等确定，点位应便于观察、易于保护，标志应稳固。

（3）变形测量的基准点分为沉降基准点和位移基准点，需要时可设置工作基点。

（4）变形观测的点位设置，观测时间等要求按照施工方案执行。

（5）当建筑变形观测过程中发生下列情况之一时，必须立即实施安全预案，同时应提高观测频率或增加观测内容：

1）变形量或变形速率出现异常变化。

2）变形量或变形速率达到或超出预警值。

3）周边或开挖面出现塌陷、滑坡情况。

4）建筑本身、周边建筑及地表出现异常。

5）由于地震、暴雨、冻融等自然灾害引起的其他异常变形情况。

9.5 高层建筑钢结构施工

9.5.1 钢结构材料

（1）钢结构工程中，常用钢材有普通碳素钢、优质碳素结构钢、普通低合金钢等三种。

（2）钢材的品种、规格、性能等应符合现行国家产品标准和设计要求。进口钢材产品的质量应符合设计和合同规定标准的要求。

（3）钢材的堆放要便于搬运，要尽量减少钢材的变形和锈蚀，钢材端部应树立标牌，标牌应标明钢材规格、钢号、数量和材质验收证明书。

9.5.2 钢结构构件的制作加工

1. 准备工作

钢结构构件加工前，应先进行施工详图设计、审查图纸、提料、备料、工艺试验和工艺规程的编制、技术交底等工作。施工详图和节点设计文件应经原设计单位确认。

2. 生产工艺流程

放样→号料→切割下料→平直矫正→边缘及端部加工→滚圆→煨弯→制孔→钢结构组装→焊接→摩擦面的处理→涂装。

9.5.3　钢结构构件的连接

钢结构的连接方法有焊接、普通螺栓连接、高强度螺栓连接和铆接，详见第 6 章。

9.5.4　构件成品验收

钢结构构件制作完成后，应根据《钢结构工程施工质量验收规范》及其他相关规范、规程的规定进行成品验收。钢结构构件加工制作质量验收，可按相应的钢结构制作工程或钢结构安装工程检验批的划分原则划分为一个或若干个检验批进行。

构件出厂时，应提交产品质量证明（构件合格证）和下列技术文件：

（1）钢结构施工详图，设计更改文件，制作过程中的技术协商文件。

（2）钢材、焊接材料及高强度螺栓的质量证明书及必要的实验报告。

（3）钢零件及钢部件加工质量检验记录。

（4）高强度螺栓连接质量检验记录，包括构件摩擦面处抗滑移系数的试验报告。

（5）焊接质量检验记录。

（6）构件组装质量检验记录。

9.5.5　高层钢结构安装施工

（1）准备工作。包括：钢构件预检；定位轴线、标高和地脚螺栓的检查；钢构件现场堆放；安装机械的选择、安装流水段的划分和安装顺序的确定、劳动力的进场等。

（2）多层及高层钢结构吊装。在分片区的基础上，多采用综合吊装法，其吊装程序一般是：平面从中间或某一对称节间开始，以一个节间的柱网为一个吊装单元，按钢柱→钢梁→支撑顺序吊装，并向四周扩展。垂直方向由下至上组成稳定结构，同节柱范围内的横向构件，通常由上向下逐层安装。采取对称安装、对称固定的工艺，有利于将安装误差积累和节点焊接变形降低到最小。

安装时，一般按吊装程序先划分吊装作业区域，按划分的区域、平等顺序同时进行。当一片区吊装完毕后，即进行测量、校正、高强度螺栓初拧等工序，待几个片区安装完毕，再对整体结构进行测量、校正、高强度螺栓终拧、焊接。接着，进行下一节钢柱的吊装。

一般钢结构标准单元施工顺序如图 9-42 所示。

（3）高层建筑的钢柱通常以 2～4 层为一节，吊装一般采用一点正吊。钢柱安装到位、对准轴线、校正垂直度、临时固定牢固后才能松开吊钩。

安装时，每节钢柱的定位轴线应从地面控制轴线直接引上，不得从下层柱的轴线引上。在每一节柱子范围内的全部构件安装、焊接、栓接完成并验收合格后，才能从地面控制轴线引测上一节柱子的定位轴线。

（4）同一节柱、同一跨范围内的钢梁，宜从上向下安装。钢梁安装完后，宜立即安装本节柱范围内的各层楼梯及楼面压型钢板。

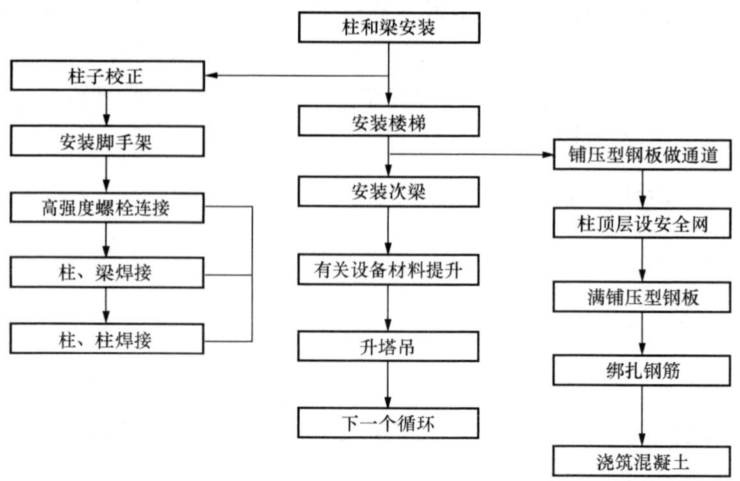

图 9 - 42　钢结构标准单元施工顺序

（5）结构安装时，应注意日照、焊接等温度变化引起的热影响对构件伸缩和弯曲引起的变化，并应采取相应措施。

9.6　高层建筑钢 - 混凝土组合结构施工

钢 - 混凝土组合结构是指钢材（包括劲性钢材、柔性钢材、钢纤维）和混凝土组成整体共同工作的结构，简称组合结构。广泛用于建筑工程、桥梁工程、公路及城市道路工程、地下工程、海洋工程及特殊容器等结构中。

钢 - 混凝土组合结构有各种不同组合方式的类型。常见的有压型钢板 - 混凝土组合板结构、钢 - 混凝土组合梁结构、型钢混凝土结构、钢管混凝土结构、外包钢混凝土结构、钢纤维混凝土结构。

9.6.1　型钢混凝土组合结构的基本知识

由混凝土包裹型钢做成的结构称为型钢混凝土（也称劲性混凝土）组合结构。其特征是在型钢结构的外面有一层混凝土外壳，混凝土强度等级宜大于等于 C30。

图 9 - 43　型钢钢筋骨架

型钢混凝土中的型钢，除采用轧制型钢外，还广泛采用焊接型钢，配合使用钢筋和钢箍（见图 9 - 43）。型钢分为实腹式和空腹式两类。实腹式型钢可由型钢或钢板焊成，常用截面形式为 I、工、［、T、十等和矩形及圆形钢管。空腹式构件的型钢由缀板或缀条连接角钢或槽钢组成。实腹式型钢制作简便，承载能力大；空腹式型钢较节省材料，但其制作费用较多。

型钢混凝土梁和柱是最基本的构件。

型钢混凝土组合结构的优点如下：

（1）型钢混凝土中型钢不受含钢率的限制，型钢混凝土构件的承载能力高于同样外形的钢筋混凝土构件的承载能力，因而可以减小构件截面积。对于高层建筑，构件截面积减小，可以增加使用面积和层高。型钢混凝土框架较钢框架可节省钢材50%或更多。

（2）型钢在混凝土浇筑之前已形成钢结构，具有较大的承载能力，能承受构件自重和施工荷载，可将模板悬挂在型钢上，模板不需设支撑，简化支模，加快施工速度。在高层建筑中型钢混凝土不必等待混凝土达到一定强度就可继续施工上层，可缩短工期。由于无临时立柱，为进行设备安装提供了可能。

（3）型钢混凝土组合结构的延性比钢筋混凝土结构明显提高，尤其是实腹式型钢，因而此种结构有良好的抗震性能。

（4）型钢混凝土组合结构在耐久性、耐火性等方面优于钢结构。

9.6.2　型钢混凝土施工

型钢混凝土结构是钢结构与混凝土结构的组合体，这二者的施工方法都可以应用到型钢混凝土结构中。但由于二者同时并存，因此也有一些特点，充分利用这些特点就能使施工效率提高。

1. 型钢和钢筋工程

（1）型钢骨架施工应遵守钢结构的有关规范和规程。

（2）安装柱的型钢骨架时，先在上下型钢骨架连接处进行临时连接，纠正垂直偏差后再进行焊接或高强度螺栓固定，然后在梁的型钢骨架安装后，要再次观测和纠正因荷载增加、焊接收缩或螺栓松紧不一而产生的垂直偏差。

（3）施工中应确保现场型钢柱拼接和梁柱节点连接的焊接质量，其焊缝质量应满足一级焊缝质量等级要求。对一般部位的焊缝，应进行外观质量检查，并应达到二级焊缝质量等级要求。

（4）工字形和十字形型钢柱的腹板与翼缘、水平和劲肋与翼缘的焊接应采用坡口熔透焊缝，水平加劲肋与腹板连接可采用角焊缝。

（5）箱形柱隔板与柱的焊接，宜采用坡口熔透焊缝。

（6）栓钉焊接前，应将构件焊接面的油、锈清除；焊接后栓钉高度的允许偏差应在±2mm以内，同时按有关规定抽样检查其焊接质量。

（7）在梁柱接头处和梁的型钢翼缘下部，由于浇筑混凝土时有部分空气不易排出，或因梁的型钢翼缘过宽妨碍浇筑混凝土（见图9-44），因此要在一些部位预留排除空气的孔洞和混凝土浇筑孔（见图9-45）。

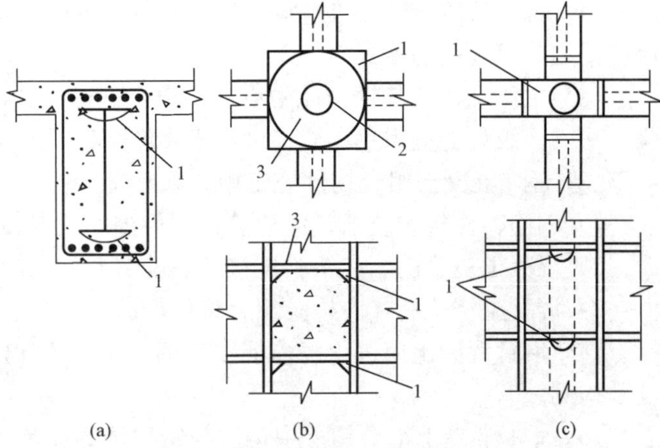

图9-44　混凝土不易充分填满的部位

1—混凝土不易充分填满部位；
2—混凝土浇筑孔；3—柱内加劲肋板

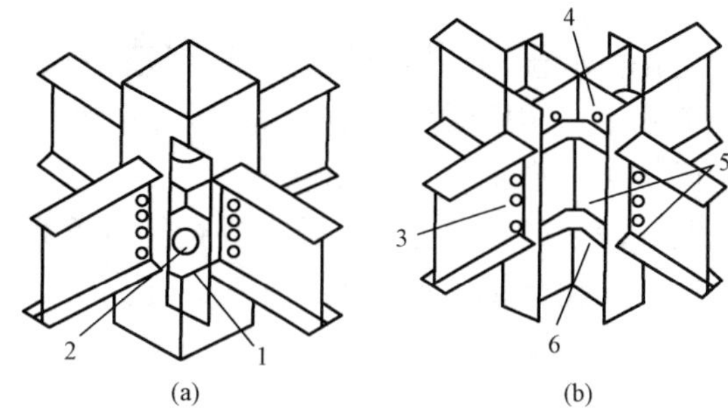

图9-45 梁柱接头处预留孔洞位置
1—柱内加劲肋板；2—混凝土浇筑孔；
3—箍筋通过孔；4—梁主筋通过孔；
5—排气孔；6—柱腹板加劲肋

（8）型钢混凝土结构的钢筋绑扎，与钢筋混凝土结构中的钢筋绑扎基本相同。由于柱的纵向钢筋不能穿过梁的翼缘，因此柱的纵向钢筋只能设在柱截面的四角或无梁的部位。

（9）在梁柱节点部位，柱的箍筋要在型钢梁腹板上已留好的孔中穿过，由于整根箍筋无法穿过，只好将箍筋分段，再用电弧焊焊接。不宜将箍筋焊在梁的腹板上，因为节点处受力较复杂。

（10）如腹板上开孔的大小和位置不合适时，征得设计者的同意后，再用电钻补孔或用铰刀扩孔，不得用气割开孔。

2. 模板工程与混凝土工程

（1）型钢混凝土结构中有型钢骨架，在混凝土未硬化之前，型钢骨架可作为钢结构来承受荷载，因此，施工中可利用型钢骨架来承受混凝土的重量和施工荷载，为降低模板费用和加快施工创造了条件。

（2）可将梁底模用螺栓固定在型钢梁或角钢桁架的下弦上，可完全省去梁下模板的支撑。楼盖模板可用钢框木模板和快拆体系支撑，达到加速模板周转的目的。

（3）施工时有关型钢骨架的安装，应遵守钢结构有关的规范和规程。

（4）型钢混凝土结构的混凝土浇筑，应遵守有关混凝土施工的规范和规程。在梁柱接头处和梁型钢翼缘下部等混凝土不易充分填满处，要仔细进行浇筑和捣实。型钢混凝土结构外包的混凝土外壳，要满足受力和耐火的双重要求，浇筑时要保证其密实度和防止开裂。

9.6.3 质量控制

（1）钢-混凝土组合结构验收应同时覆盖钢构件、钢筋和混凝土等各部分，针对隐蔽工序应采用分段验收的方式。

（2）主体结构及其钢构件中设计要求全焊透的一、二级焊缝内部缺陷检验应采用无损探伤方法，一级焊缝应采用100%的内部缺陷检验，二级焊缝检验比例不应低于20%。

（3）钢-混凝土组合构件施工中，隐蔽工序验收应符合下列规定：

1）钢筋、模板安装前，应检验钢构件施工质量。

2）混凝土浇筑前，应检验连接件、栓钉和钢筋的施工质量。

3）混凝土浇筑后，应检验组合构件的施工质量。

（4）钢管混凝土应进行浇灌混凝土的施工工艺评定，主体结构管内混凝土的浇灌质量应全数检测。

（5）钢-混凝土组合构件中钢筋与钢构件的连接质量验收应符合下列规定：

1）采用绕开法连接时，应检验钢筋锚固长度。

2）采用开孔法连接时，应检验钢构件上孔洞质量和钢筋锚固长度。

3）采用套筒或连接件时，应检验钢筋与套筒或连接件的连接质量。

4）钢筋与钢构件直接焊接时，应检验焊接质量。

9.6.4 安全技术

（1）在施工组织设计或施工技术方案中应按国家、行业相关规定并结合工程特点编制包括临边与洞口作业、攀登与悬空作业、操作平台、交叉作业及安全网搭设的安全防护技术措施等内容的高处作业安全技术措施。

（2）建筑施工高处作业前，应对安全防护设施进行检查、验收，验收合格后方可进行作业；验收可分层或分阶段进行。

（3）高处作业施工前，应对作业人员进行安全技术教育及交底，并应配备相应的防护用品。

（4）高处作业施工前，应检查高处作业的安全标志、安全设施、工具、仪表、防火设施、电气设施和设备，确认其完好，方可进行施工。

（5）高处作业人员应按规定正确佩戴和使用高处作业安全防护用品、用具，并应经专人检查。

（6）对施工作业现场所有可能坠落的物料，应及时拆除或采取固定措施。高处作业所用的物料应堆放平稳，不得妨碍通行和装卸。工具应随手放入工具袋；作业中的走道、通道板和登高用具，应随时清理干净；拆卸下的物料及余料和废料应及时清理运走，不得任意放置或向下丢弃。传递物料时不得抛掷。

（7）施工现场应按规定设置消防器材，当进行焊接等动火作业时，应采取防火措施。

（8）在雨、霜、雾、雪等天气进行高处作业时，应采取防滑、防冻措施，并应及时清除作业面上的水、冰、雪、霜。当遇有6级以上强风、浓雾、沙尘暴等恶劣气候，不得进行露天攀登与悬空高处作业。暴风雪及台风暴雨后，应对高处作业安全设施进行检查，当发现有松动、变形、损坏或脱落等现象时，应立即修理完善，维修合格后再使用。

（9）需要临时拆除或变动安全防护设施时，应采取能代替原防护设施的可靠措施，作业后应立即恢复。

（10）安全防护设施验收资料应包括下列主要内容：

1）施工组织设计中的安全技术措施或专项方案；

2）安全防护用品用具产品合格证明；

3）安全防护设施验收记录；

4）预埋件隐蔽验收记录；

5）安全防护设施变更记录及签证。

（11）安全防护设施验收应包括下列主要内容：

1）防护栏杆立杆、横杆及挡脚板的设置、固定及其连接方式；

2）攀登与悬空作业时的上下通道、防护栏杆等各类设施的搭设；

3）操作平台及平台防护设施的搭设；

4）防护棚的搭设；

5）安全网的设置情况；

6）安全防护设施构件、设备的性能与质量；

7）防火设施的配备；

8）各类设施所用的材料、配件的规格及材质；

9）设施的节点构造及其与建筑物的固定情况，扣件和连接件的紧固程度。

（12）安全防护设施的验收应按类别逐项检查，验收合格后方可使用，并应作出验收记录。

（13）各类安全防护设施，应建立定期、不定期的检查和维修保养制度，发现隐患应及时采取整改措施。

习　　题

一、名词解释

1. 高层建筑　2. 框架结构体系　3. 剪力墙结构体系
4. 框架 - 剪力墙结构体系　5. 筒体结构体系　6. 灌注桩排桩支护
7. 地下连续墙　8. 土层锚杆支护　9. 土钉墙支护
10. 高强度混凝土　11. 大体积混凝土

二、简答题

1. 高层建筑的结构体系包括哪些？
2. 简述塔式起重机的选用原则。
3. 简述深层搅拌水泥土墙施工工艺。
4. 简述灌注桩排桩支护施工工艺。
5. 简述建筑地下连续墙施工工艺。
6. 简述土层锚杆施工工艺。
7. 简述土钉墙支护施工工艺。
8. 深基坑监测的内容有哪些？
9. 深基坑土方开挖的方法有哪些？
10. 高层建筑模板工程主要有哪几种？
11. 高强混凝土的优点有哪些？
12. 大体积混凝土产生温度裂缝的主要原因是什么？
13. 大体积混凝土施工要点有哪些？
14. 当建筑变形观测过程中发生什么情况时必须立即实施安全预案？
15. 钢结构的现场连接方式有哪些？
16. 钢 - 混凝土组合结构有哪些组合类型？
17. 型钢混凝土组合结构的优点有哪些？

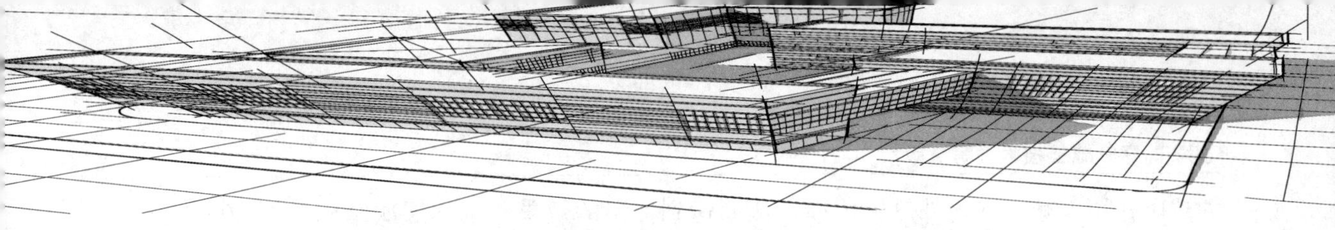

第10章　保温工程施工

本章主要讲述屋面保温工程施工、外墙保温工程施工、楼（地面）保温工程施工相关内容。

职业能力目标

1. 能够组织保温工程施工。
2. 能够在施工过程中正确执行相关质量、安全标准。

10.1　屋面保温工程施工

屋面保温工程是建筑节能这一系统工程中的重要组成部分。建筑物能源消耗的30%～50%是通过屋面与围护结构损失的，因而提高屋面的保温功能是降低建筑物能源消耗的有效措施。屋面保温是通过在屋面系统中设置保温层，增加屋面系统的热阻来达到，保温效果取决于保温材料的性能。

屋面保温工程可采用板状高效保温材料、加贴绝热反射膜的保温材料、现场整体喷涂保温材料等。常用屋面保温材料有聚苯板、硬质聚氨酯泡沫塑料等有机材料，保温层厚度为25～80mm；水泥膨胀珍珠岩板、水泥膨胀蛭石板、加气混凝土等无机材料，保温层厚度为80～260mm。

屋面隔热可采用架空、蓄水、种植或加贴绝热反射膜的隔热层。架空屋面宜在通风较好的建筑物上采用，不宜在寒冷地区采用。当屋面防水等级为Ⅰ级、Ⅱ级时，或在寒冷地区、地震地区和振动较大的建筑物上，不宜采用蓄水屋面。种植屋面根据地域、气候、建筑环境、建筑功能等条件，选择相适应的屋面构造形式。

10.1.1　施工准备

（1）熟悉图纸，编制施工方案，对施工人员进行安全技术交底。

（2）进场的保温材料应验收检验，验收检验项目主要有：板状保温材料检查表观密度或干密度、压缩强度或抗压强度、导热系数、燃烧性能。纤维保温材料应检验表观密度、导热系数、燃烧性能。

（3）保温材料的储运、保管应采取防雨、防潮、防火措施，并分类存放。

（4）清理基层，保持基层平整、干燥、干净。

（5）现场配置防火设备。

10.1.2　构造及基本要求

1. 正置式屋面保温

正置式屋面是一种传统的屋面构造方式，是将保温层设置在防水层下面，通过保温材料的热阻作用，减少室内外热量传递，从而达到保温的效果。基本层次结构如图10-1所示。在正置式屋面中，保温层的基本要求如下：

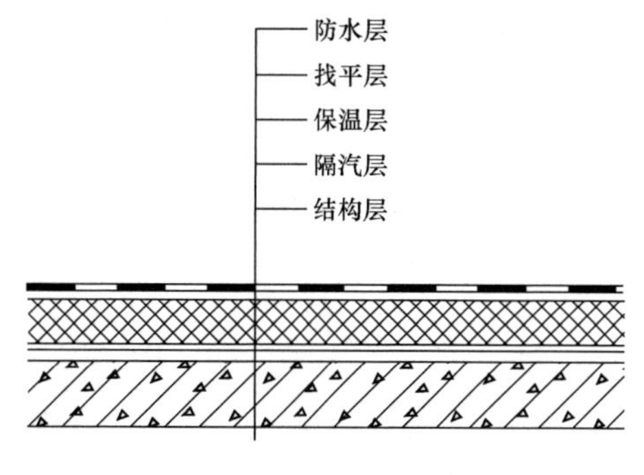

图10-1 正置式保温屋面构造

(1) 保温材料应具有良好的保温性能和稳定性，能够有效地减缓室内外热量的传递，同时防止保温层受潮、变形等问题。应选择吸水率低且长期浸水不变质的保温材料，如珍珠岩、水泥聚苯板、加气混凝土、陶粒混凝土、聚苯乙烯板（EPS）等。

(2) 保温层的厚度应根据当地气候条件、建筑物使用功能等因素进行选择，以确保其保温效果符合设计要求。

(3) 保温层应铺设平整、密实，避免出现空鼓、开裂等问题，以保证其保温效果和使用寿命。

(4) 保温层应具有一定的机械强度，能够承受施工和使用过程中的荷载作用，不易被压坏或变形。

2. 倒置式屋面层次

倒置式屋面构造层次如图10-2所示。保温层置于防水层的上面，保护了防水层，因而防水层寿命长，约为正置式屋面的3～5倍；同时可以省去隔汽层，不需做排汽措施，较正置式屋面构造简单。倒置式屋面要求保温层必须采用低吸水率（体积吸水率小于或等于3%）的保温材料。倒置式屋面保温层要求如下：

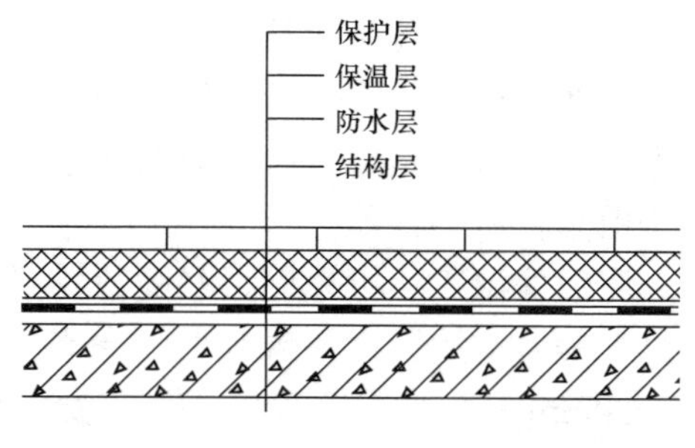

图10-2 倒置式保温屋面构造

(1) 倒置式屋面坡度不宜大于3%。当大于3%时，应在结构层采取防止防水层、保温层及保护层下滑的措施。坡度大于10%时，应在结构层上沿垂直于坡度方向设置防滑条。

(2) 当采用二道防水设防时，宜选用防水涂料作为其中一道防水层；硬泡聚氨酯防水保温复合板可作为次防水层。

(3) 倒置式屋面保温层的厚度应根据《民用建筑热工设计规范》进行计算；其设计厚度应按照计算厚度增加25%取值，且最小厚度不得小于25mm。

(4) 低女儿墙和山墙的保温层应铺到压顶下；高女儿墙和山墙内侧的保温层应铺到顶部；保温层应覆盖变形缝挡墙的两侧；屋面设施基座与结构层相连时，保温层应包裹基座的上部。

(5) 保温层板材施工，坡度不大于3%的不上人屋面可采用干铺法，上人屋面宜采用黏结法。坡度大于3%的屋面应采用黏结法，并应采用固定防滑措施。

3. 架空屋面

架空屋面也称为通风降温屋面或隔热屋面，是在屋面防水层上采用薄型制品架设一定高度的空间，利用空气的流动带走太阳辐射热量，从而降低屋顶表面温度的一种屋面形式。架空屋面的构造做法一般是在防水层上面砌筑一定高度和间距的砖墩，然后在砖墩上架设预制混凝土板，如图10-3所示。架空屋面具有构造简单、施工方便且造价相对较低等特点，架空屋面保温隔热要求如下：

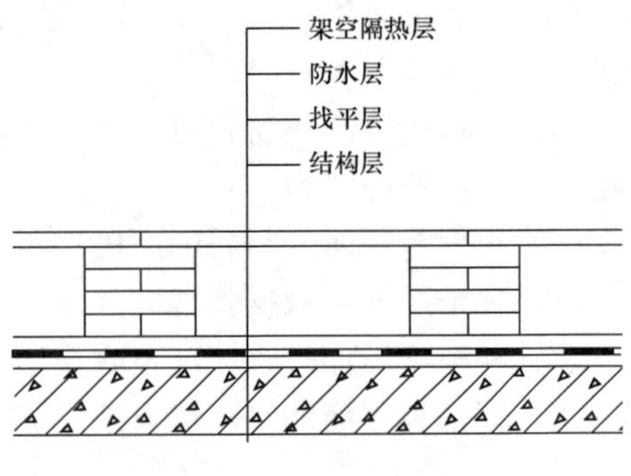

图 10-3　架空屋面构造

(1) 架空屋面的坡度不宜大于 5%，架空隔热层的架空高度应按照屋面宽度或坡度大小来确定；如设计无要求，一般以 100～300mm 为宜。

(2) 架空墩砌成条形，成为通风道，不让风产生紊流。屋面过大、宽度超过 10m 时，应在屋脊处开孔架高，形成中部通气孔，称为通风屋脊。

(3) 架空隔热层的进风口，宜设置在当地炎热季节最大频率风向的正压区，出风口宜设置在负压区。

(4) 架空隔热层施工时，应根据架空板的尺寸弹出支座中线。

(5) 架空隔热制品架设在防水层上时，支座部位的防水层上应采取加强措施，操作时不得损坏防水层。

(6) 铺设架空板时应将灰浆刮平，随时扫净屋面防水层上的落灰、杂物等，保证架空隔热层气流畅通。

(7) 架空板的铺设应平整、稳固；缝隙宜采用水泥砂浆或混合砂浆嵌填，并应按设计要求留变形缝。

(8) 架空隔热板距女儿墙不小于 250mm，以保证屋面胀缩变形的同时，防止堵塞和便于清理。

(9) 架空隔热制品混凝土板的混凝土强度等级不应低于 C20，板内宜配置钢筋网片。

(10) 架空隔热制品的支座，非上人屋面应采用强度等级不低于 MU7.5 的砌块材料，上人屋面应采用不低于 MU10 的砌块材料。

4. 种植屋面

种植屋面是在屋面防水层上覆土或覆盖锯木屑、膨胀蛭石、膨胀珍珠岩、轻砂等多孔松散材料，进行种植花草、蔬菜或攀缘植物等作物的屋面形式。种植屋面构造层次多（见图 10-4），又有给水排水系统，施工程序复杂，技术要求高。种植屋面保温层要求如下：

(1) 种植屋面不宜设计为倒置式屋面。屋面坡度大于 50%时，不宜做种植屋面。

(2) 种植屋面防水层应采用不少于两道防水设防，上道应为耐根穿刺防水材料。两道防水层应相邻铺设且防水层的材料应相容。

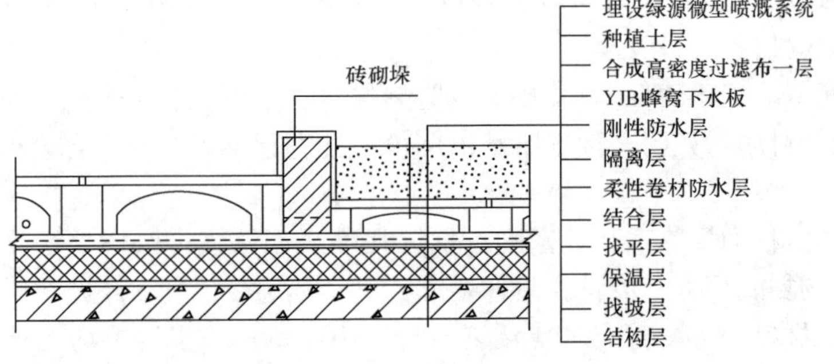

图 10-4　种植屋面构造

（3）当屋面坡度大于20%时，绝热层、防水层、排（蓄）水层、种植土层均应采取防滑措施。

（4）种植屋面绝热材料可采用喷涂硬泡聚氨酯、硬泡聚氨酯板、挤塑聚苯乙烯泡沫塑料保温板等轻质绝热材料，不得采用散状绝热材料。

（5）耐根穿刺防水材料的厚度应符合相关规定。

（6）种植屋面可根据各地区气候特点、屋面形式、植物种类等情况，增减构造层次。

（7）种植平屋面排水坡度不宜小于2%；天沟、檐沟的排水坡度不宜小于1%。

（8）种植坡屋面的绝热层应采用黏结法和机械固定法施工。

10.1.3 保温屋面施工

1. 施工工艺流程

基层处理→弹线→保温层铺设→质量验收。

2. 施工要点

（1）当设计有隔汽层时，先施工隔汽层，然后再施工保温层。隔汽层四周应向上沿墙面连续铺设，并高出保温层表面不得小于150mm。

（2）块状材料保温层施工时，相邻板块应错缝拼接，分层铺设的板块上、下层接缝应相互错开，板间缝隙应采用同类材料嵌填密实。铺贴方法有干铺法、粘贴法和机械固定法。

（3）纤维材料保温层施工时，应避免重压，并应采取防潮措施。屋面坡度较大时，宜采用机械固定法施工。

（4）喷涂硬泡聚氨酯保温层时，喷嘴与施工基面的间距应由试验确定。一个作业面应分遍喷涂完成，每遍喷涂厚度不宜大于15mm，喷涂后20min内严禁上人。作业时，应采取防止污染的遮挡措施。

（5）现浇泡沫混凝土保温层施工时，浇筑出口离基层的高度不宜超过1m，泵送时应采取低压泵送。泡沫混凝土应分层浇筑，一次浇筑厚度不宜超过200mm，保湿养护时间不得少于7d。

（6）保温层施工环境温度要求：干铺的保温材料可在负温度下施工；用水泥砂浆粘贴的块状保温材料不宜低于5℃；喷涂硬泡聚氨酯宜为15～35℃，空气相对湿度宜小于85%，风速不宜大于3级；现浇泡沫混凝土宜为5～35℃；雨天、雪天、5级风以上的天气停止施工。

3. 质量控制

（1）保温隔热材料。

1）用于屋面节能工程的保温隔热材料的品种、规格，按进场批次，每批随机抽取3个试样进行检查，并对质量证明文件按照其出厂检验批进行核查，应符合设计要求和相关标准的规定。

2）保温隔热材料的导热系数、密度、抗压强度或压缩强度、燃烧性能，全数核查。质量证明文件及进场复验报告，应符合设计要求。

3）保温隔热材料，进场时应对其导热系数、密度、抗压强度或压缩强度、燃烧性能进行复验。复验应为见证取样送检，核查复验报告，符合设计要求。

（2）屋面保温隔热层。屋面保温隔热层的敷设方式、厚度、缝隙填充质量及屋面热桥部位的保温隔热做法应符合设计要求和有关标准的规定。

（3）屋面的通风隔热架空层。屋面的通风隔热架空层的架空高度、安装方式、通风口位置及尺寸应符合设计及有关标准要求。架空层内不得有杂物。架空面层应完整，不得有断裂和露筋等缺陷。

10.2　外墙保温工程施工

10.2.1　基本知识

1. 外墙保温工程分类

（1）外墙内保温：在外墙内表面使用预制保温材料粘贴、拼接、抹面或直接做保温砂浆层，以达到保温目的。该系统施工较简单，施工进度快，造价较低，在工程中经常被采用。但结构热桥的存在容易导致局部结露，从而造成墙面发霉、开裂，极易发生空鼓和开裂。

（2）外墙外保温：在外墙外表面进行保温的技术，通常由保温层、保护层和固定材料（胶黏剂、锚固件等）构成。根据施工做法不同分为：粘贴保温板薄抹灰外保温系统、胶粉聚苯颗粒保温浆料外保温系统、EPS板现浇混凝土外保温系统、EPS钢丝网架板现浇混凝土外保温系统、胶粉聚苯颗粒浆料贴砌EPS板外保温系统、现场喷涂硬泡聚氨酯外保温系统。出于安全考虑，近年来我国各省市陆续发布了关于禁限使用某些类型外墙外保温技术的通知，如禁止使用胶黏剂或锚栓以及两种方式组合的施工工艺外墙外保温系统；禁止使用燃烧性能指标低于B1级的保温材料等。

（3）外墙夹心保温：将保温材料置于同一外墙的内、外侧墙片之间，内、外侧墙片均可采用传统的黏土砖、商品混凝土空心砌块等。该技术具有防水性；墙体的内外层具有保护保温材料的作用；对保温材料的防火性能要求不高，大部分材料均可使用；但冷热桥现象严重；抗震性差。

（4）外墙自保温：墙体自身的材料具有节能阻热的功能，通过选择合适的保温材料和墙体厚度的调整即可达到节能保温的目的，即墙体围护结构材料本身具有一定的保温隔热性能。该技术的优点是将围护结构和保温隔热功能结合，构造简单、省工省料，维护成本低。但起步较晚，目前在国内的应用还不够广泛。

2. 外墙保温材料

用于建筑外墙保温的节能材料主要有聚苯乙烯泡沫塑料板（EPS及XPS）、岩（矿）棉板、玻璃棉毡以及超轻的聚苯颗粒保温浆料等。

外墙保温使用的材料必须符合设计要求及国家有关标准的规定，严禁使用国家明令禁止使用与淘汰的材料。材料进场验收时应遵守下列规定：

（1）对材料的品种、规格、包装、外观和尺寸等进行检查验收，并应经监理工程师（建设单位代表）确认，形成相应的验收记录。

（2）对材料的质量证明文件进行核查，并应经监理工程师（建设单位代表）确认，纳入工程技术档案。进入施工现场用于节能工程的材料均应具有出厂合格证、中文说明书及相关性能检测报告；进口材料和设备应按规定进行出入境商品检验。

（3）对墙体节能材料，应在施工现场抽样复验，复验应为见证取样送检，复验内容如下：

1）保温材料的导热系数、密度、抗压强度或压缩强度。

2）黏结材料的黏结强度。

3）增强网的力学性能、抗腐蚀性能。

10.2.2 外墙内保温工程施工

1. 增强石膏聚苯复合保温板外墙内保温施工

（1）基本构造。采用增强石膏聚苯复合保温板，在外墙内面用石膏胶黏剂进行粘贴，然后在板面铺设耐碱玻纤涂塑网格布并满刮腻子，最后在表面做饰面施工。其基本构造如图10-5所示。

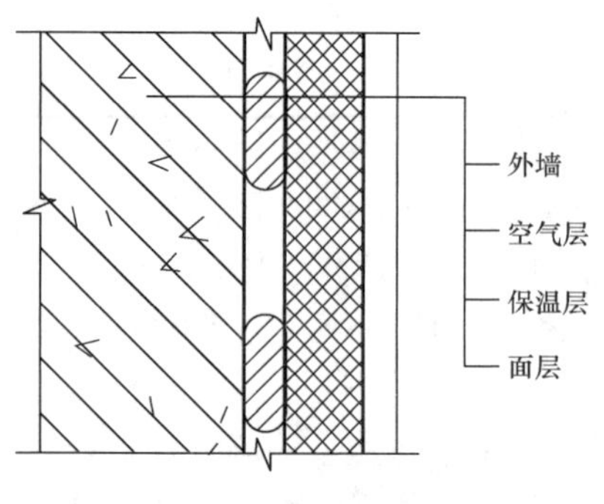

图10-5 增强石膏聚苯复合保温板外墙内保温基本构造

（2）适用范围。增强石膏聚苯板复合保温板适用于各气候区域的钢筋混凝土、混凝土砌块、多孔砖其他非黏土砖等外墙内保温施工，但不宜用于厨房、卫生间等潮湿的房间。

（3）施工工艺流程。基层处理→分挡、弹线→配板→抹冲筋点→安装接线盒、管卡、埋件→粘贴防水保温踢脚板→粘贴、安装保温板→板缝处理、粘贴玻纤网格布→保温墙面刮腻子→饰面→检测验收。

（4）施工要点。

1）施工前基层墙面应进行处理，特别是结构墙体表面凸出的混凝土或砂浆要剔平，表面应清理干净，预埋件要留出位置或埋设完。

2）根据开间或进深尺寸及保温板实际规格，预排保温板。排板应从门窗口开始，非整板放在阴角，有缺陷的板应修补，弹线时应按保温层的厚度在墙、顶上弹出保温墙面的边线。按防水保温踢脚层的厚度在地面上弹出踢脚边线，并在墙面上弹出踢脚的上口线。

3）抹冲筋点。在冲筋点位置，用钢丝刷刷出直径不少于100mm的洁净面并浇水润湿，并刷一道聚合物水泥浆。用1∶3水泥砂浆做ϕ100冲筋点，厚度20mm左右（空气层厚度），在需设置埋件处做出200mm×200mm的灰饼。

4）粘贴防水保温踢脚板。在踢脚板内侧，上下各按200～300mm的间距布设粘贴点，同时在踢脚板底面及侧面满刮胶黏剂，按线粘贴踢脚板。粘贴时用橡皮锤贴紧敲实，挤实碰头灰缝，并将挤出的胶黏剂随时清理干净。粘贴踢脚板必须平整和垂直，踢脚板与结构墙间的空气层控制在10mm左右。

5）粘贴、安装保温板。将接线盒、管卡、埋件的位置准确地翻样到板面，并开出洞口。在冲筋点、相邻板侧面和上端满刮胶黏剂，并且在板中间抹梅花状粘贴石膏点，数量应大于板面面积的10%，按弹线位置直接与墙体粘牢。粘贴后的保温板整体墙面必须垂直平整，板缝及接线盒、管卡、埋件与保温板开口处的缝隙，应用胶黏剂嵌塞密实。

6）保温墙上贴玻纤网布。保温板安装完和胶黏剂达到强度后，检查所有缝隙是否黏结良好。板拼缝处、墙面阴角和门窗口阳角处加贴玻纤网格布，粘贴时要压实、粘牢、刮平。然后在板面满贴玻纤布一层，玻纤布应横向粘贴，粘贴时用力拉紧、拉平，上下搭接不小于

50mm，左右搭接不小于 100mm。

7）待玻纤布粘贴层干燥后，墙面满刮 2～3mm 石膏腻子，分 2～3 遍刮平，与玻纤布一起组成保温墙的面层，最后按设计规定做内饰面层。

2. 胶粉聚苯颗粒保温浆料玻纤网格布聚合物砂浆外墙内保温施工

（1）基本构造。胶粉聚苯颗粒保温浆料玻纤网格布聚合物砂浆外墙内保温系统由界面层、胶粉聚苯颗粒保温浆料保温层、抗裂防护层和饰面层构成。其基本构造如图 10-6 所示。

（2）适用范围。适用于夏热冬冷和夏热冬暖地区钢筋混凝土、混凝土砌块、多孔砖、其他非黏土砖等外墙内保温施工和寒冷地区无条件实现外保温的楼梯间、电梯间等部位的局部保温。

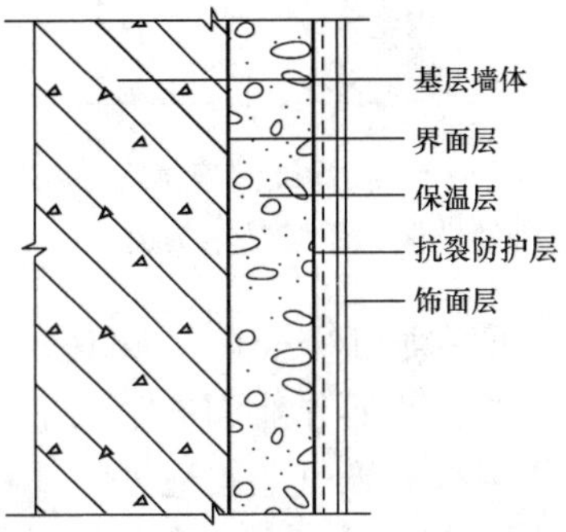

图 10-6　胶粉聚苯颗粒保温浆料玻纤网格布聚合物砂浆外墙内保温系统基本构造

（3）施工工艺流程。基层处理→喷刷基层界面砂浆→吊垂直线、弹控制线→抹胶粉聚苯颗粒保温浆料→抹胶粉聚苯颗粒找平浆料→抹抗裂砂浆复合增强网布→粉刷涂料→检测验收。

（4）施工要点。

1）基层处理。基层均应做界面处理，用喷枪或滚刷均匀喷刷。

2）界面砂浆基本干硬后方可抹保温浆料，保温浆料应分层抹灰，每层抹灰厚度宜为 20mm 左右，间隔时间应在 24h 以上。第一遍抹灰应压实，最后一遍抹灰厚度宜控制在 10mm 左右。

3）门窗边框与墙体连接应预留出保温层的厚度，缝隙应分层填塞密实并做好门窗框表面的保护。

4）保温层固化干燥后方可抹抗裂砂浆，抗裂砂浆抹灰厚度为 3～4mm，然后压入玻纤网格布，网格布搭接宽度不小于 100mm。楼梯间隔墙等需要加强的位置应铺贴双层网格布，底层网格布采用对接，面层网格布采用搭接。门窗洞孔边角处应沿 45°方向提前设置增强网格布，网格布尺寸宜为 400mm×200mm。

5）抹完抗裂砂浆 24h 后方可进行饰面施工。

10.2.3　喷涂硬泡聚氨酯外墙外保温系统

1. 基本构造

喷涂硬泡聚氨酯外墙外保温系统是指由聚氨酯硬泡保温层、界面层、抹面层、饰面层构成，形成于外墙外表面的非承重保温构造的总称。其聚氨酯硬泡保温层采用专用的喷涂设备，将 A 组分料和 B 组分料按一定比例从喷枪口喷出后瞬间均匀混合，迅速发泡，在外墙基层上形成无接缝的聚氨酯硬泡体，基本构造如图 10-7 所示。

2. 适用范围

采取防火构造措施后，喷涂硬泡聚氨酯外墙外保温系统可适用于各类气候区域，建筑高度在 100m 以下的住宅建筑和 24m 以下的非幕墙建筑，基层墙体为混凝土或砌体结构。

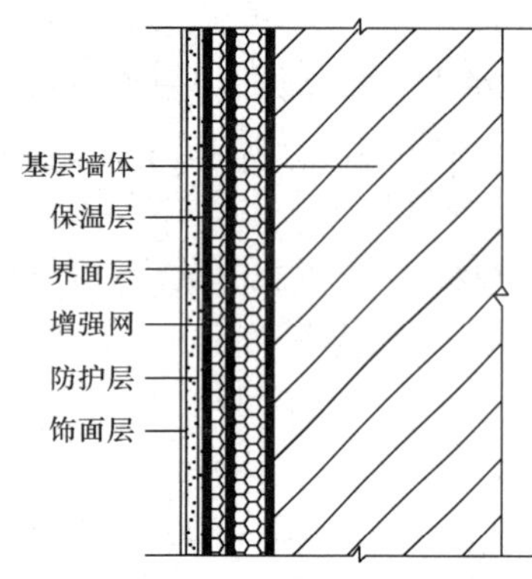

图10-7 喷涂硬泡聚氨酯外墙外保温系统基本构造

3. 施工工艺流程

基层处理→吊垂线、弹控制线→门窗口等部位遮挡→喷涂硬泡聚氨酯保温层→修整硬泡聚氨酯保温层→涂刷聚氨酯专用界面剂→抹面胶浆复合增强网→饰面层→检测验收。

4. 施工要点

（1）基层处理。基层墙体应干燥、干净，坚实平整，平整度超差时可用抹面砂浆找平，找平后允许偏差应小于4mm，潮湿墙面和透水墙面宜先进行防潮和防水处理，必要时外墙基层应涂刷界面剂。

（2）硬泡聚氨酯喷涂施工。喷涂施工前，门窗洞口及下风口宜做遮蔽，防止泡沫飞溅污染环境。喷涂施工时的环境温度宜为10～40℃，风速应不大于5m/s（3级风），相对湿度应小于80%，雨天不得施工。喷枪头距作业面的距离不宜超过1.5m，移动的速度要均匀（见图10-8）。在作业中，上一层喷涂的聚氨酯硬泡表面不粘手后，才能喷涂下一层。喷涂后的聚氨酯硬泡保温层应避免雨淋，表面平整度允许偏差不大于6mm，且应充分熟化48～72h后，再进行下道工序的施工。

（3）硬泡聚氨酯保温层处理。聚氨酯保温层表面应用聚氨酯专用界面剂进行涂刷。

（4）防护层抹灰。硬泡聚氨酯保温层经过处理后用抹面胶浆进行找平刮糙，抹面胶浆中应复合玻纤网格布或热镀锌钢丝网。

图10-8 硬泡聚氨酯喷涂

10.2.4 质量控制

1. 主控项目

（1）所用材料和半成品、成品的品种、规格、性能必须符合设计和有关标准的要求。

（2）墙体节能工程的施工，应符合相关规定。

（3）板状保温材料厚度用钢针插入和尺量检查，检查隐蔽工程验收记录。其负偏差不得大于3mm，现场喷涂的保温材料厚度不得有负偏差。

（4）外墙采用内置保温板现场浇筑混凝土墙体时，保温板的安装应位置正确、接缝严密，保温板在浇筑混凝土过程中不得移位、变形。钢丝网的位置及间距应符合设计和标准要求，保温板内外表面及钢丝网表面应预喷涂界面剂，与混凝土黏结应牢固。

（5）饰面层采用饰面板开缝安装时，保温层表面应按设计要求采取相应的防水措施。

（6）墙体节能工程各类饰面层的基层及面层施工，应符合设计和《建筑装饰装修工程质量验收标准》的要求，并应符合相关规定。

（7）保温砌块砌筑的墙体，应采用具有保温功能的砂浆砌筑。砌筑砂浆的强度等级及导热系数应符合设计要求。

2. 一般项目

(1) 进场节能保温材料与构件的外观和包装应完整、无破损，符合设计要求和产品标准的规定。

(2) 保温层表面应平整洁净、无裂缝，接槎平整，线角顺直、清晰。

(3) 增强网应铺压严实，不得有空鼓、褶皱、翘曲、外露等现象，搭接长度必须符合规定要求。加强部位的做法应符合设计要求。

(4) 设置空调的房间，其外墙热桥部位应按设计要求采取隔断热桥措施。

(5) 施工产生的墙体缺陷，如穿墙套管、脚手眼、孔洞等，应按照施工方案采取隔断热桥措施，不得影响墙体热工性能。

(6) 墙体保温板材的粘贴面积、粘贴方法和接缝方法应符合施工方案要求。保温板接缝应平整严密。

(7) 墙体采用保温浆料时，保温浆料层宜连续施工；保温浆料厚度应均匀、接槎应平顺密实。

(8) 墙体上容易碰撞的阳角、门窗洞口及不同材料基体的交接处等特殊部位，其保温层应采取防止开裂和破损的加强措施。

10.3　楼（地）面保温工程施工

在建筑围护结构中，也可以通过楼（地）面向外传导热量。楼（地）面保温隔热可以概括为以下三类：

(1) 不采暖地下室顶板保温隔热。当地下室不采暖时，其上方的顶板需要做好保温隔热处理，以防止热量通过顶板散失。

(2) 室外接触楼、地面保温隔热。楼板下方直接与室外气候接触的情况下，需要对楼、地面进行保温隔热处理，以降低因温差引起的热量损失。

(3) 室内楼层间楼面保温隔热。针对室内不同楼层之间的楼面，在需要的情况下（如上层为采暖空间而下层不采暖），应采取保温隔热措施，以减少层间热传递。

10.3.1　楼板下做保温层

1. 施工工艺流程

基层处理→安装保温板→固定保温板→抹面处理→吊顶施工。

2. 施工要点

(1) 材料选择。根据保温、隔热、耐火等级等要求来选择合适的保温材料。常用的有膨胀聚苯板（EPS 板）、挤塑聚苯板（XPS 板）、岩棉板等。

(2) 基层处理。确保楼板基层平整、干燥，无油污和灰尘，这是保证保温材料能够良好附着的基础。

(3) 安装保温板。使用专用胶黏剂将保温板粘贴在楼板下方。这一步骤需要确保保温板之间的接缝紧密，以避免热桥效应。

(4) 固定保温板。采用机械锚固方式进一步固定保温板，确保其在后续使用过程中的稳定性，尤其是在有振动或外力作用的情况下。

（5）抹面处理。在保温板上涂抹聚合物抹面胶浆作为保护层，这有助于增强保温层的耐久性。

（6）吊顶施工。在处理好的保温层上进行吊顶施工，不仅能够进一步提升保温效果，还能够美化室内环境，隐藏上层的管线设备。吊顶可以选择石膏板、矿棉板等多种材料。

10.3.2 楼板面做保温层

采用地板辐射采暖的楼、地面，在楼、地面基层完成后，在该基层上先铺保温材料，再将交联聚乙烯、聚丁烯、耐热聚乙烯或铝塑复合等材料制成的管道，按一定的间距，双向循环的盘曲方式固定在保温材料上，然后回填细石混凝土，经平整振实，最后在其上铺设地面材料。

1. 施工工艺流程

基层处理→铺设保温层→安装加热管道→回填细石混凝土→铺设地面材料。

2. 施工要点

（1）基层处理。确保基层坚实平整，无空鼓、裂缝等质量问题。

（2）铺设保温层。在基层上铺装一层保温性能良好的保温材料，如挤塑聚苯板（XPS）、聚氨酯泡沫板或其他低导热系数的材料，以减少向下及向四周的热量损失。保温材料的厚度和类型根据设计要求选择。

（3）安装加热管道。使用交联聚乙烯（PE-X）等耐高温、耐腐蚀且具有较好柔韧性的材料制成的管道，按照设计要求布设，以确保热能分布均匀。管道固定通常采用专用卡钉或支撑系统，确保管道平直稳定，不会因混凝土浇筑而移位变形。

（4）回填细石混凝土。管道敷设完成后，在其上方覆盖一层细石混凝土进行回填，并用振捣器平整振实，使混凝土与管道紧密贴合，既保护了管道，又形成了均匀传热的楼板。

（5）铺设地面材料。在硬化后的细石混凝土表面，根据设计需求和装饰效果，可以铺设瓷砖、木地板、地毯等各种地面装饰材料。地面材料的选用应考虑到导热性能和耐磨性。

10.3.3 质量控制

地面节能工程的施工应在主体或基层质量验收合格后进行。施工过程中应及时进行质量检查、隐蔽工程验收和检验批验收，施工完成后应进行地面节能分项工程验收。

1. 隐蔽工程验收

应对基层、被封闭的保温材料厚度、保温材料黏结、隔断热桥部位进行隐蔽工程验收，并应有详细的文字记录和必要的图像资料。

2. 地面节能分项工程检验批划分

地面节能分项工程检验批划分应符合下列规定：

（1）检验批可按施工段或变形缝划分；

（2）当面积超过200m^2时，每200m^2划分为一个检验批，不足200m^2也为一个检验批；

（3）不同构造做法的地面节能工程应单独划分检验批。

3. 主控项目

（1）用于地面节能工程的材料质量。

1）地面节能工程使用的保温材料品种和规格应符合设计要求和相关标准的规定。

2）地面节能工程使用的保温材料应符合设计要求。

（2）地面节能工程施工。

1）地面节能工程施工前，应对基层进行处理，使其达到设计和施工方案的要求。

2）地面保温层、隔离层、保护层等各层的设置和构造做法以及保温层的厚度应符合设计要求，并应按施工方案施工。

3）地面节能工程的施工质量应符合下列规定：

①保温板与基体之间、各构造层之间的黏结应牢固，缝隙应严密。

②保温浆料应分层施工。

③穿越地面直接接触室外空气的各种金属管道应按设计要求，采取隔断热桥的保温措施。

（3）有防水要求的地面。检查节能保温做法不得影响地面排水坡度，保温层面层不得渗漏。

（4）有采暖要求的地面。有采暖要求的地面全数对照设计观察检查，应符合设计要求。

（5）保温层的表面防潮层、保护层。全数观察检查，应符合设计要求。

4. 一般项目

采用地面辐射供暖的工程，其地面节能做法应符合设计要求，并应符合《辐射供暖供冷技术规程》的规定。

习　　题

一、名词解释

1. 正置式屋面　　2. 倒置式屋面　　3. 架空屋面　　4. 种植屋面
5. 外墙内保温　　6. 外墙外保温

二、简答题

1. 常见的屋面保温材料有哪些?
2. 简述增强石膏聚苯复合保温板外墙内保温系统的构造形式及施工工艺。
3. 简述胶粉聚苯颗粒保温浆料玻纤网格布聚合物砂浆外墙内保温系统的构造形式及施工工艺。
4. 简述喷涂硬泡聚氨酯外墙外保温系统的构造形式及施工工艺。
5. 外墙保温节能系统有哪些?
6. 简述地面保温施工时不同项目的质检标准。

第11章　季节性施工

本章主要讲述冬期、雨期、高温天气施工的特点、原则和施工准备；各分部分项工程季节性施工方法、注意事项及安全技术。

职业能力目标

1. 具有编制冬期、雨期、暑期施工方案并组织施工的能力。
2. 能在施工过程中正确执行相关质量、安全标准。

11.1　冬期施工

11.1.1　冬期施工的特点、原则和施工准备

当气温低于0℃时，应立即采取冬期施工措施，以防止建筑工程遭受冻害。

冬期施工的起止时间，即各地采取冬期施工措施的大致时间，可根据《建筑工程冬期施工规程》的规定。冬期施工期限的划分原则是：根据当地多年气温资料统计，当室外日平均气温连续5d稳定低于5℃时进入冬期施工；当室外日平均气温连续5d高于5℃时解除冬期施工。

1. 冬期施工的特点

(1) 冬期施工是质量事故多发期。在冬期施工中，长时间的持续负低温、大的温差、强风、降雪和反复的冰冻，经常造成建筑施工的质量事故。

(2) 冬期施工质量事故发现滞后性。冬期发生质量事故往往不易觉察，到春天解冻时，一系列质量问题才暴露出来，这种事故的滞后性给解决质量事故带来很大的困难。

(3) 冬期施工的计划性和准备工作时间性很强。冬期施工时，经常由于时间紧促，仓促施工，而发生质量事故。

2. 冬期施工应遵循的原则

冬期施工应遵循的原则应符合《建筑工程冬期施工规程》的规定，确保工程质量；经济合理，使增加的措施费用最少；所需的热源及技术措施材料有可靠的来源，并使此消耗的能源最少；工期能满足规定要求。

3. 冬期施工的准备工作

(1) 组织准备。

1) 根据建设工程项目的施工总进度计划要求，确定建设工程要进行的冬期施工部位和分部分项工程。

2) 做好冬期施工安全教育工作。

3) 加强冬期劳动保护，做好防滑、防冻、防煤气中毒工作。对供电线路做好检查，防止触电事故发生。

4）设立室外气温观测点，安排好冬期测温人员，在进入冬期施工前15d开始进行大气测温，掌握日气温状况并与当地气象台建立联系，及时收集气象预报情况，防止寒流突然袭击。

（2）技术准备。在进入冬期施工前，应根据工程特点及气候条件做好冬期施工方案编制。做好冬期施工混凝土、砂浆配合比、掺外加剂的试配试验工作。钢构件对温度变化的敏感性强，进入冬期施工前，应提前做好焊接工艺评定。

（3）现场准备。

1）冬期施工前认真查看现场总平面布置图，临水、临电平面布置图及相关资料，了解各类临时地下、地上管线、管沟平面位置及标高，找出要保温的地上管线及要保温的管沟等，并按施工方案保温。

2）为了防止大雪封路，保证施工道路畅通，现场配备道路清扫机械，随时进行道路的清运工作。搭建加热用的锅炉房、搅拌站，敷设管道，对锅炉进行试火试压，对各种加热的材料、设备要检查其安全可靠性。

3）要采取防滑措施。大风雪后及时检查脚手架，雪后必须将架子上的积雪清扫干净，并检查马道平台，防止空中坠落事故发生。

4）冬期风大，物件要做好相应固定，防止被风刮倒或吹落伤人，机械设备按操作规程要求，5级风以上应停止工作。

（4）资源准备。

1）设置百叶箱、温度计等测温设备，监控每天气温以指导冬期施工。

2）大型机械设备要做好油料的储备、机械润滑油的更换补充以及其他检修保养工作，以便在冬期施工期间运转正常。

3）根据冬期施工的部位和分部分项工程，选择适当的保温材料，如塑料布、棉被、苯板、岩棉管等。

4）配备足够的消防器材，并应及时检查更换。

11.1.2 土方工程冬期施工

1. 冻土的定义

当温度低于0℃，含有水分而冻结的各类土称为冻土，把冬季土层冻结的厚度称为冻结深度。土在冻结后，体积比冻前增大的现象称为冻胀。

2. 地基土的保温防冻

地基土的保温防冻是在土层未冻结之前，采取一定的措施使基础土层免遭冻结或减少冻结的一种方法。在土方冬期开挖中，土的保温防冻法是最经济的方法之一。常用方法有松土防冻法、覆盖雪防冻和隔热材料防冻等。

（1）对于大面积的土方工程宜采用翻松耙平法施工，在拟施工的部位应将表层土翻松耙平，其厚度宜为250～300mm，宽度为开挖时冻结深度的两倍加基槽（坑）底宽之和。

（2）在初冬降雪量较大的土方工程施工地区，宜采用雪覆盖法。开挖前，在即将开挖的场地宜设置篱笆或用其他材料堆积成墙，高度宜为500～1000mm，间距宜为10～15m，并应与主导风向垂直。面积较小的基槽（坑）可在预定的位置上挖积雪沟（坑），深度宜为300～500mm，宽度为预计深度的两倍加基槽（坑）底宽之和。

（3）对于开挖面积较小的基槽（坑），宜采用保温材料覆盖法。保温材料可用炉渣、锯末、刨花、稻草草帘、膨胀珍珠岩等再加盖一层塑料布。保温材料的铺设宽度为待挖基槽（坑）宽度的两倍加基槽（坑）底宽之和。

（4）已挖好较小基槽（坑）的保温与防冻可采用暖棚保温法，在已挖好的基槽（坑）上，宜搭好骨架铺上基层，覆盖保温材料。也可搭塑料大棚，在棚内采取供暖措施。若不能及时进行下道工序施工时，应在基槽（坑）底面铺设一层珍珠岩、稻草、炉渣等保温材料，上面搭设密封的塑料大棚。

（5）基槽（坑）挖完后不能及时进行下道工序施工时，为了防止基槽（坑）的底部或相邻建筑物的地基及其他设施受冻，应在基底标高上预留适当厚度土层，并覆盖保温材料进行保温。

3. 冻土的开挖

冻土的开挖根据冻土层厚度可采用人工、机械和爆破方法。

（1）人工挖掘冻土可采用锤击铁楔子劈冻土的方法分层进行挖掘。

（2）机械挖掘冻土可根据冻土层厚度选用推土机松动、挖掘机开挖或重锤冲击破碎冻土等方法，其设备可按表11-1选用。

表11-1　冻土挖掘设备选择

冻土厚度（mm）	选择机械
＜500	铲运机、推土机、挖掘机
500～1000	大马力推土机、松土机、挖掘机
1000～5000	重锤或重球

（3）对于冻土层较厚、开挖面积较大的土方工程，可使用爆破法。

4. 冻土的融化

冻土融化方法应视其工程量大小，冻结深度和现场施工条件等因素确定。可选择烟火烘烤、蒸汽融化、电热等方法，并应确定施工顺序。

（1）工程量小的工程项目可采用烟火烘烤法，其燃料可选用刨花、锯末、谷壳、树枝皮及其他可燃废料。在拟开挖的冻土上将铺好的燃料点燃，并用铁板覆盖，火焰不宜过高，并应采取可靠的防火措施。

（2）当热源充足、工程量较小时，可采用蒸汽融化法。把带有喷气孔的钢管插入预钻好的冻土孔中，通蒸汽融化。

（3）在电源比较充足工程量又不大时，可用电热法融化冻土。

5. 冬期回填土施工

冬期回填土应尽量选用未受冻的、不冻胀的土壤进行回填施工。填土前，应清除基础上的冰雪和保温材料。填方边坡表层1m以内，不得用冻土填筑。填方上层应用未冻的、不冻胀的或透水性好的土料填筑。冬期填方每层铺土厚度应比常温施工时减少20%～25%，预留沉降量应比常温施工时适当增加。

室外的基槽（坑）或管沟可用含有冻土块的土回填，但冻土块体积不得超过填土总体积的15%，而且冻土块的粒径应小于150mm。室内地面垫层下回填的土方填料中不得含有冻土块。管沟底至管顶0.5m范围内不得用含有冻土块的土回填。回填工作应连续进行，防止基土或已填土层受冻。

11.1.3　桩基础工程冬期施工

（1）冻土地基可采用非挤土桩（干作业钻孔桩、挖孔灌注桩等）或部分挤土桩（沉管灌注桩、预应力混凝土空心管桩等）施工。

（2）非挤土桩和部分挤土桩施工时，当冻土层厚度超过 500mm，冻土层宜选用钻孔机引孔，引孔直径应大于桩径 50mm。

（3）钻孔机的钻头宜选用锥形钻头并镶焊合金刀片。钻进冻土时应加大钻杆对土层的压力，并防止摆动和偏位。钻成的桩孔应及时覆盖保护。

（4）振动沉管成孔应制定保证相邻桩身混凝土质量的施工顺序，拔管时，应及时清除管壁上的水泥浆和泥土。当成孔施工有间歇时，宜将桩管埋入桩孔中进行保温。

（5）灌注桩的混凝土施工应符合下列要求：

1）混凝土材料的加热、搅拌、运输、浇筑应按混凝土工程冬期施工有关规定进行。

2）混凝土浇筑温度应根据热工计算确定，且不得低于 5℃。

3）地基土冻深范围内的和露出地面的桩身混凝土养护应按本节混凝土工程冬期施工有关规定进行。

4）在冻胀性地基土上施工，应采取防止或减小桩身与冻土之间产生切向冻胀力的防护措施。

（6）预应力混凝土空心管桩施工应符合下列要求：

1）施工前，桩表面应保持干燥与清洁。

2）起吊前，钢丝绳索与桩机的夹具应采取防滑措施。

3）沉桩施工应连续进行，施工完成后应采用袋装保温材料覆盖于桩孔上保温。

4）多节桩连接可采用焊接或机械连接。焊接和防腐要求应遵照本节钢结构工程冬期施工有关规定执行。

5）起吊、运输与堆放应符合本节钢结构工程冬期施工有关规定。

6）冬期桩的现场试压工作，除遵照《建筑基桩检测技术规范》“单桩竖向抗压静载试验”和“单桩竖向抗拔静载试验”进行外，在冬期试桩还应考虑以下因素：

①要消除试桩在冻结深度内冻结的基土对其承载力的影响，因此，在灌注桩试桩时要采取隔离措施，一般可在冻层内干卷两层油毡纸制成的筒（层间无黏结），放置于桩孔内，然后灌注桩身混凝土，或在入冻以前将桩周围土（直径按冻深决定）进行珍珠岩袋覆盖防冻。

②桩试压前，搭设保温暖棚。在试压期间，棚内温度要保持在零度以上，以保证试验用的仪表和设备油路运转正常。

11.1.4　基坑支护冬期施工

（1）基坑支护冬期施工宜选用排桩和土钉墙的方法。

（2）采用液压高频锤法施工的型钢或钢管排桩基坑支护工程，应考虑对周边建筑物、构筑物和地下管道的振动影响。

1）当在冻土上施工时，应预先用钻机引孔，引孔的直径应大于型钢的最大边缘尺寸。

2）型钢或钢管的焊接应按本节钢结构工程冬期施工有关规定进行。

（3）钢筋混凝土灌注桩的排桩施工应符合本节桩基础工程冬期施工的规定，并符合下列要求：

1）基坑土方开挖应待桩身混凝土达到设计强度时方可进行，且不宜低于C25。

2）基坑土方开挖前，排桩上部的自由端和外侧土应进行保温。

3）桩身混凝土施工可选用氯盐型防冻剂。

（4）锚杆施工应遵守下列规定：

1）锚杆注浆的水泥浆配制可掺入适量的氯盐型防冻剂。

2）锚杆体钢筋端头与锚板的焊接应遵守本节钢结构工程冬期施工的相关规定。

3）预应力锚杆张拉应待锚杆水泥浆体达到设计强度后方可进行。张拉力应为常温的90%，待气温转至5℃以上时，再张拉至100%。

（5）土钉墙混凝土面板施工应符合下列要求：

1）面板下宜铺设60～100mm厚聚苯乙烯泡沫板。

2）浇筑后的混凝土应按本节混凝土工程冬期施工相关规定立即进行保温养护。

11.1.5 砌体工程冬期施工

《砌体结构工程施工质量验收规范》规定：当室外日平均气温连续5d稳定低于5℃，或当日最低气温低于0℃时，砌体工程应采取冬期施工措施。

砌体工程冬期施工时，砌体砂浆在负温下冻结后，会影响水泥硬化，使砂浆强度降低。砂浆中的水泥由于水分冻结而停止水化，且砂浆体积膨胀，产生冻融应力，使水泥结构遭受破坏，降低砂浆黏结力。若砂浆在砌筑后马上遭受冻结，则最终强度损失较大；若砂浆在砌筑后达到一定强度时再受冻结，则最终强度损失较小。因此，可采取一些措施、方法来降低冰点、加速砂浆早期强度增长，以保证砂浆在遭受冻结时已达到一定的强度。

1. 材料要求

（1）普通砖、空心砖、灰砂砖、混凝土小型空心砌块、加气混凝土砌块和石材在砌筑前，应清除表面污物、冰雪等，遭水浸后冻结的砖或砌块不得使用。

（2）砂浆宜优先采用普通硅酸盐水泥拌制；冬期砌筑不得使用无水泥拌制的砂浆。

（3）石灰膏、黏土膏或电石膏等宜保温防冻，如遭冻结，应经融化后方可使用。

（4）拌制砂浆所用的砂，不得含有直径大于10mm的冻结块和冰块。

（5）拌和砂浆时，水的温度不得超过80℃，砂的温度不得超过40℃。当水温超过规定时，应将水、砂先行搅拌，再加水泥，以防出现假凝现象。

（6）冬期砌筑砂浆的稠度，宜比常温施工时适当增加，可通过增加石灰膏或黏土膏的办法来解决。

2. 施工方法

砌体工程的冬期施工方法有外加剂法、冻结法、暖棚法等。由于掺外加剂砂浆在负温条件下强度可以持续增长，砌体不会发生沉降变形，施工工艺简单，因此，砖石工程的冬期施工，应以外加剂法为主。对保温绝缘、装饰等有特殊要求的工程，对地下工程或急需使用的工程，可采用冻结法或暖棚法。

（1）掺盐砂浆法。掺盐砂浆法是在砂浆中掺入一定量的氯化钠（氯化钙）或亚硝酸钠等盐类外加剂。氯盐应以氯化钠为主，当气温低于−15℃时，也可与氯化钙复合使用。由于掺氯盐可降低水的冰点，具有一定的抗冻早强作用，可使砂浆在一定的负温下不致冻结，维持水泥的水化作用继续进行。该方法成本低，使用方便，早强效果好，但对绝缘、装饰等有特殊要求的工程应慎重使用此方法。

1）掺盐砂浆使用时的温度不应低于－5℃，当设计无要求，且最低气温不大于－15℃时，砌筑承重砌体的砂浆强度等级应按常温施工提高 1 级，以弥补砂浆冻结后其后期强度降低的影响。

2）掺盐砂浆法砌筑砖砌体，应采用“三一法”进行操作，使砂浆与砖的接触面能充分结合，提高砌体的抗压、抗剪强度。不得大面积铺灰，减少砂浆温度的失散。采用掺盐砂浆法砌筑砌体，砌体转角处和交接处应同时砌筑，对不能同时砌筑而又必须留置的临时间断处，应砌成斜槎。砌体表面不应铺设砂浆层，宜采用保温材料加以覆盖，继续施工前，应先用扫帚扫净砖表面，然后再施工。

3）冬期施工砂浆试块的留置，除应按常温规定要求外，应增加不少于 1 组与砌体同条件养护的试块，测试检验 28d 强度。

4）掺盐砂浆会使砌体析盐、吸湿，并对钢筋有锈蚀作用，所以应再加亚硝酸钠盐以阻锈。但对下列工程部不允许采用掺盐砂浆：

①对装饰工程有特殊要求的建筑物。

②使用湿度大于 80％的建筑。

③配筋、钢埋件无可靠防腐措施的砌体。

④接近高压线的建筑（如变电所、发电站等）。

⑤经常处于地下水位变化范围内，以及在地下未设防水层的结构。

（2）冻结法。冻结法是在室外用热砂浆进行砌筑，砂浆不掺加外加剂，砂浆有一定强度后砌体很快冻结，受冻的砂浆可获得较大的冻结强度，而且冻结的强度随气温的降低而增高，利用冻结强度来保证砌体的承载力与稳定性，但当气温升高而砌体解冻时，砂浆强度几乎为零。当气温升高转入正温后，水泥水化作用继续进行，砂浆强度可不断增长。

1）冻结法允许砂浆在砌筑后遭受冻结，且在解冻后其强度仍可继续增长，所以，对有保温、绝缘、装饰等特殊要求的工程和受力配筋砌体以及不受地震区条件限制的其他工程，均可采用冻结法施工。

2）冻结法施工的砂浆，经冻结、融化和硬化 3 个阶段后，使砂浆强度，砂浆与砖石砌体间的黏结力都有不同程度的降低。砌体在融化阶段，由于砂浆强度接近于零，将会增加砌体的变形和沉降。所以对空斗墙、毛石墙、砖薄壳、双曲砖拱、筒式拱及承受侧压力的砌体；在解冻期间可能受到振动或动力荷载的砌体；在解冻时，不允许发生沉降的砌体结构不宜选用。

采用冻结法施工时，应按照“三一法”砌筑，对于房屋转角处和内外墙交接处的灰缝应特别仔细砌合。砌筑时一般应采用一顺一丁的砌筑法。冻结法施工中宜采用水平分段施工，墙体一般应在一个施工段的范围内，砌筑至一个施工层的高度，不得间断。每天砌筑高度和临时间断处均不宜大于 1.2m。不设沉降缝的砌体，其分段处的高差不得大于 4m。

砌体在解冻时，由于砂浆的强度接近于零，所以增加了砌体解冻期间的变形和沉降，其下沉量比常温施工增大 10％～20％。解冻期间，由于砂浆遭冻后强度降低，砂浆与砌体之间的黏结力减弱，致使砌体在解冻期间的稳定性较差。采用冻结法施工的砌体在解冻期内应制定观测加固措施，并应保证对强度、稳定性和均匀沉降的要求，如发现裂缝、不均匀下沉等情况，应分析原因并立即采取加固措施。

（3）暖棚法。暖棚法是利用简易结构和廉价的保温材料，将需要砌筑的砌体和工作面临时封闭起来，棚内加热，使之在正温条件下砌筑和养护。暖棚法费用高、热效率低、劳动效率不高，因此宜少采用。一般地下工程、基础工程以及量小又急需使用的砌体，可考虑采用暖棚法施工。

（4）快硬砂浆法。快硬砂浆法是用快硬硅酸盐水泥、加热的水和砂拌和制成的快硬砂浆，在受冻前能比普通砂浆获得更高的强度。主要适用于热工要求高、湿度大于60%及接触高压输电线路和配筋的砌体。

11.1.6 钢筋工程冬期施工

负温条件下，随着温度的降低，钢筋的力学性能发生变化：屈服点和抗拉强度提高，伸长率和抗冲击韧性降低，脆性增加。影响钢筋负温力学性能的因素很多，一般有冷拉影响、化学成分影响、焊接影响、工艺缺陷影响等。

冷拉钢筋应采用热轧钢筋加工制成，钢筋冷拉温度不宜低于−20℃，预应力钢筋张拉温度不宜低于−15℃。钢筋负温冷拉方法可采用控制应力的方法或控制冷拉率的方法，控制应力应较常温提高，冷拉率的确定应与常温时相同。在负温下冷拉后的钢筋，应逐根进行外观质量检查，其表面不得有裂纹和局部颈缩。当温度低于−20℃时，不得对HRB335、HRB400钢筋进行冷弯操作，以避免在钢筋弯点处发生强化，造成钢筋脆断。

钢筋在负温条件下，可采用闪光对焊、电弧焊、气压焊及电渣压力焊等焊接方法，焊接时应尽量在室内或临时钢筋棚内进行。若只能在室外焊接，当环境温度低于−20℃时，不宜施焊。雪天或施焊现场风力超过5.4m/s（3级风）时，应有挡风遮蔽措施。焊后未冷却的接头，严禁碰到冰雪、水。

11.1.7 混凝土工程冬期施工

1. 起止日期

《建筑工程冬期施工规程》规定：室外日平均气温连续5d稳定低于5℃的初日作为冬期施工的起始日期。同样，当气温回升时，取第一个连续5d日平均气温稳定高于5℃的末日作为冬期施工的终止日期。初日和末日之间的日期即为冬期施工期。

2. 基本原理

新浇混凝土在养护初期遭受冻结，当气温恢复到正温后，即使正温养护到一定龄期，也不能达到其设计强度，这就是混凝土的早期冻害。混凝土的早期冻害是由于混凝土内部的水结冰所致。试验证明，混凝土在浇筑后立即受冻，抗压强度损失约50%，抗拉强度损失约40%。若混凝土在受冻前达到某一强度值后才遭冻结，此时混凝土强度足以抵抗自由水结冰产生的冻胀应力，在混凝土解冻后强度还能继续增长，可达到原设计强度等级，对强度影响不大，只是增长缓慢而已。因此，为避免混凝土遭冻结而带来的危害，必须使混凝土在受冻前达到一定的强度值，这一强度值通常称为混凝土冬季施工的临界强度，即混凝土允许受冻而不致使其各项性能遭到损害的最低强度。

普通混凝土采用硅酸盐水泥、普通硅酸盐水泥配制时，其受冻临界强度不应小于设计混凝土强度等级的 30%；采用矿渣硅酸盐水泥、粉煤灰硅酸盐水泥、火山灰质硅酸盐水泥、复合硅酸盐水泥时，不应小于设计混凝土强度等级的 40%。对有抗渗要求的混凝土，不宜小于设计混凝土强度等级值的 50%。

3. 材料要求

（1）水泥。混凝土冬期施工应优先选用硅酸盐水泥和普通硅酸盐水泥，水泥强度等级不低于 42.5，最小水泥用量不宜低于 280kg/m³。

（2）骨料。冬期施工时，对骨料除要求没有冰块、雪团外，还要求清洁、级配良好、质地坚硬，不应含有易被冻坏的矿物。在掺用含钾、钠离子的防冻剂混凝土中，不得采用活性骨料或在骨料中混有这类物质的材料。

（3）拌和水。拌和水中不得含有导致延缓水泥正常凝结硬化的杂质，以及能引起钢筋和混凝土腐蚀的离子。

（4）外加剂。冬期施工选用的外加剂有引气剂、早强剂、早强减水剂、防冻剂等，外加剂的选用应符合《混凝土外加剂应用技术规范》的相关规定。

钢筋混凝土掺用氯盐类防冻剂时，氯盐掺量不得大于水泥质量的 1.0%。掺用氯盐的混凝土应振捣密实，且不宜采用蒸汽养护。氯盐类防冻剂不得在下列结构使用：在高湿度空气环境中使用的结构；经常受雨、水淋的结构；与含有酸、碱或硫酸盐等侵蚀介质相接触的结构；电解车间和直接靠近直流电源的结构等。

（5）混凝土矿物掺合料。应选用Ⅰ级粉煤灰，或细度小于 12%的超细粉煤灰。硅灰通常在冬期施工中和磨细粉煤灰或磨细矿渣复合使用，掺量一般不超过 10%。

（6）保温材料。保温材料必须保持干燥，并要加强堆放管理，注意不要与冰雪混杂在一起堆放。在选择保温材料时，以导热系数小，密封性好，坚固耐用，防风防潮，价格低廉、质量轻，便于搬运和支设，能够多次重复使用者为优。

4. 施工方法

混凝土工程冬期施工养护方法一般分为非加热养护和加热养护两大类，非加热养护方法有冷混凝土法、负温混凝土法、掺外加剂法、蓄热法、扩大蓄热法、综合蓄热法。加热养护方法有蒸汽养护法、暖棚法、电热法、红外线热养护法。

混凝土冬期施工方法一般分为混凝土养护期间不加热、混凝土养护期间加热和综合方法三类。

（1）非加热养护方法。

1）蓄热法。蓄热法是将混凝土的组成材料进行加热，然后搅拌，在经过运输、振捣后仍具有一定温度，浇筑后的混凝土周围用保温材料严密覆盖。利用这种预加的热量和水泥的水化热量，使混凝土缓慢冷却，并在冷却过程中逐渐硬化，当混凝土温度降至 0℃时可达到抗冻临界强度或预期的强度要求。

蓄热法具有经济、简便、节能等优点，混凝土在较低温度下硬化，其最终强度损失小，耐久性较高，可获得较优质量。但蓄热法施工强度增长较慢，因此，宜选用强度等级较高、水化热较大的硅酸盐水泥、普通硅酸盐水泥或快硬硅酸盐水泥，同时选用导热系数小、价廉耐用的保温材料。保温层敷设后要注意防潮和防止透风，对于构件的边棱、端部和凸角要特别加强保温，新浇筑混凝土与已硬化混凝土连接处，为避免热量的传导损失，必要时应采取局部加热措施。

《建筑工程冬期施工规程》规定：当室外最低气温不低于－15℃时，地面以下的工程，或表面系数小于 $5m^{-1}$ 的结构，应优先采用蓄热法养护。

2）综合蓄热法。综合蓄热法是通过高效能的保温围护结构，使加热拌制的混凝土缓慢冷却，充分利用高标号的水泥水化热和掺入相应的化学外加剂，或采用短时外部加热的综合措施，来提高混凝土的早期强度，增加减水和防冻效果，使混凝土温度在降低到冰点前就能达到预期的强度。

3）扩大蓄热法。在蓄热法工艺的基础上，在混凝土中掺入化学防冻外加剂，以延长硬化时间和提高抗冻坏能力。

蓄热法和扩大蓄热法主要是使混凝土缓慢冷却至冰点前达到允许受冻的临界强度；综合蓄热法则要求混凝土在养护期间达到受荷强度。

（2）加热养护方法。

1）蒸汽养护法。混凝土工程的蒸汽加热分为两种情况：一种是让蒸汽与混凝土直接接触，利用蒸汽的湿热作用来养护混凝土；另一种是将蒸汽作为热载体，通过某种形式的散热器，将热量传导给混凝土使混凝土升温。前者有蒸汽室和蒸汽套法以及内部通汽法，而毛管法和热模法则属于后者。

蒸汽养护法的主要优点：蒸汽含热量高，湿度大，成本较低。缺点：温度、湿度难以保持均匀稳定，热能利用率低，现场管道多，容易发生冷凝和冰冻。

蒸汽加热法的分类见表11-2。

表11-2　　混凝土蒸汽养护法的适用范围

方法	简述	特点	使用范围
棚罩法	用帆布或其他罩子内部通蒸汽养护混凝土	设施灵活，施工简便，费用较小；但耗气量大，温度不易均匀	预制梁、板、地下基础、沟道等
蒸汽套法	制作密封保温外套，分段送汽养护混凝土	温度能适当控制，加热效果取决于保温构造，设施复杂	现浇梁、板、框架结构、墙、柱等
热模法	模板外侧配置蒸汽管，加热模板养护	加热均匀，温度易控制，养护时间短，设备费用大	垂直构件、墙、柱及框架结构
内部通气法	结构内部留孔道，通蒸汽加热养护	节省蒸汽，费用较低，入汽端易过热，需处理冷凝水	预制梁、柱、桁架等，现浇梁、柱，框架单梁

2）电热法。电热法是利用电流通过不良导体混凝土或电阻丝所发出的热量来养护混凝土。电加热法是由电能转换为热能来加热养护混凝土的一种冬期施工方法，也可用于常温季节，作为一种加速混凝土硬化的措施。电加热法一般属于干热高温养护，混凝土强度发展迅速，效率高，但控制不当容易脱水，目前已很少大量采用。

5. 拆模与混凝土成熟度

（1）拆模。混凝土养护到规定时间，应根据同条件养护试块试压，证明混凝土达到规定拆模强度后方可拆模。对加热法施工的构件模板和保温层，应在混凝土冷却到＋5℃后方可拆模。当混凝土和外界温差大于20℃时，拆模后的混凝土应注意覆盖，使其缓慢冷却。在拆除模板过程中若发现混凝土有冻害现象，应暂停拆模，经处理后方可拆模。

（2）混凝土成熟度。由于热工计算的数据是依据以往的天气气象资料和气象预报取得，实际养护温度与计算温度有可能有较大的出入。为了使选定的冬期施工方案对混凝土早期强度的增长处于正常的控制状态，用成熟度方法可以方便地对其进行预测，作为施工中掌握混凝土强度增长情况的参考数据。所谓混凝土早期强度，是指混凝土浇筑完毕后 1～3d 的强度。

成熟度是养护期间的养护温度和养护时间的乘积，单位为℃·h或℃·d。其原理是：相同配合比的混凝土，在不同的温度和时间下养护，只要成熟度相同，其强度大致相同。

6. 质量检验和温度测定

（1）外加剂应经检查试验合格后选用，应有新产品合格证或试验报告单。

（2）混凝土冬期施工，外加剂应溶解成一定浓度的水溶液，按要求准确计量加入。

（3）检查水和骨料的加热温度，混凝土出机、浇筑、硬化过程的温度降低，每工作班至少测量 4 次；测定混凝土温度降至 0℃的强度，并做好检查测试记录。

（4）混凝土浇筑过程中的试块留置与常温下施工相同外，还应增加两组补充试块与构件同条件养护，用于测定混凝土受冻前的强度和与构件同条件养护 28d 后转入标准 28d 的强度。

7. 施工要点

（1）冬期施工配制混凝土宜选用硅酸盐水泥或普通硅酸盐水泥。采用蒸汽养护时，宜选用矿渣硅酸盐水泥。

（2）冬期施工混凝土配合比应根据施工期间环境气温、原材料、养护方法、混凝土性能要求等经试验确定，并宜选择较小的水胶比和坍落度。

（3）冬期施工混凝土搅拌前，原材料的预热应符合下列规定：

1）宜加热拌和水。当仅加热拌和水不能满足热工计算要求时，可加热骨料。拌和水与骨料的加热温度可通过热工计算确定，加热温度不应超过表 11-3 的规定。当水和骨料的温度仍不能满足热工计算要求时，可提高水温至 100℃，但水泥不能与 80℃以上的水直接接触。

表 11-3　拌和水及集料的最高温度

序号	水泥强度等级	拌和水（℃）	集料（℃）
1	强度等级小于 42.5 级普通硅酸盐水泥、矿渣硅酸盐水泥	80	60
2	强度等级等于和大于 42.5 级普通硅酸盐水泥、矿渣硅酸盐水泥	60	40

2）水泥、外加剂、矿物掺合料不得直接加热，应事先储于暖棚内预热。

（4）混凝土拌和物的出机温度不宜低于 10℃，入模温度不应低于 5℃。对预拌混凝土或需远距离输送的混凝土，混凝土拌和物的出机温度可根据运输和输送距离经热工计算确定，但不宜低于 15℃。大体积混凝土的入模温度可根据实际情况适当降低。

（5）混凝土浇筑后，对裸露表面应采取防风、保湿、保温措施，对边、棱角及易受冻部位应加强保温。在混凝土养护和越冬期间，不得直接对负温混凝土表面浇水养护。

（6）施工期间的测温项目与频次应符合表 11-4 的规定。

表 11-4　　施工期间的测温项目与频次表

测温项目	频次
室外气温	测量最高、最低气温
环境温度	每昼夜不少于 4 次
搅拌机棚温度	每一工作班不少于 4 次
水、水泥、矿物掺合料、砂、石及外加剂溶液温度	每一工作班不少于 4 次
混凝土出机、浇筑、入模温度	每一工作班不少于 4 次

（7）混凝土养护期间的温度测量应符合下列规定：

1）采用蓄热法或综合蓄热法时，在达到受冻临界强度之前应每隔 4～6h 测量一次。

2）采用负温养护法时，在达到受冻临界强度之前应每隔 2h 测量一次。

3）采用加热法时，升温和降温阶段应每隔 1h 测量一次，恒温阶段每隔 2h 测量一次。

4）混凝土在达到受冻临界强度后，可停止测温。

（8）冬期施工混凝土强度试件的留置应增设与结构同条件养护试件，养护试件不应少于 2 组。同条件养护试件应在解冻后进行试验。

11.1.8　钢结构工程冬期施工

1. 施工要点

（1）绑扎、起吊钢构件的钢索与构件直接接触时，要加防滑隔垫。凡是与构件同时起吊的节点板、安装人员使用的挂梯、校正用的卡具、绳索必须绑扎牢固。

（2）在负温度下安装钢结构所使用的专用机具、设备，应进行提前调试，必要时进行负温下试运行。对特殊要求的高强度螺栓、扳手、超声波探伤仪、测温计等，也要在低温下进行调试和标定。

（3）在负温度下安装过程中，需要提供临时固定或连接的，宜采用螺栓连接形式。高强度螺栓接头摩擦面必须干净、干燥，不得有积雪、结冰、泥土、油污，并不得雨淋。检查符合要求后，方可拧紧螺栓，以保证达到设计要求的抗滑移系数。

（4）钢结构冬期焊接要编制焊接工艺。在一节钢柱构件安装、校正、栓接并预留焊缝收缩量后，平面上从结构中心开始向四周对称扩展焊接，严禁在结构外圈向中心焊接。同一个水平构件的两端不得同时进行焊接，待一端焊接完成并冷却到环境温度后，再焊接另一端。

（5）负温度下安装的钢结构主要构件（柱子、主梁、支撑等），安装后应立即进行校正，并进行永久固定，以使当天安装的构件形成空间稳定体系，确保钢结构的安装质量和施工过程中的安全。

（6）钢结构材料对温度较敏感，在冬期安装时，必须有调整尺寸偏差的措施。特别对由于温差引起高、长、大构件的伸长、缩短、弯曲等偏差，绝不可忽视。

（7）负温下进行钢-混凝土组合结构的组合梁和组合柱施工时，浇筑混凝土前应采取措施对钢结构部分加温至 5℃。

2. 防腐涂装

（1）在负温度条件下，钢结构禁止使用水基涂料，且涂料应符合负温条件下涂刷的性能要求。

（2）负温度下涂刷，为了加快涂层干燥速度，可用热风、红外线照射干燥。干燥温度和时间由试验确定。

（3）钢结构制作前，应对构件隐蔽部位、夹层、成型后难以操作的复杂节点提前除锈、涂刷。

（4）室内防腐涂装作业时，应有通风措施。露天作业时，雨、雪、大风天气或构件上有薄冰时不得进行涂刷工作。

（5）构件涂装后需要运输时，应防止磕碰、地面拖拉、涂层损坏。

（6）油漆工应有特殊工种作业操作证。

（7）环境温度低于－10℃时，应停止涂刷作业。

11.1.9　屋面工程冬期施工

屋面各层在施工前，均应将基层上面的冰、水、积雪和杂物等清扫干净，所用材料不得含有冰雪冻块。

1. 保温层施工

（1）冬期施工采用的屋面保温材料应符合设计要求，并不得含有冰雪、冻块和杂质。

（2）干铺的保温层可在负温度下施工，采用沥青胶结的整体保温层和板状保温层应在气温不低于－10℃时施工，采用水泥、石灰或乳化沥青胶结的整体保温层和板状保温层，应在气温不低于 5℃时施工。如气温低于上述要求，应采取保温、防冻措施。

（3）采用水泥砂浆粘贴板状保温材料以及处理板间缝隙，可采用掺有防冻剂的保温砂浆。防冻剂掺量应通过试验确定。

（4）干铺的板状保温材料在负温施工时，板材应在基层表面铺平垫稳，分层铺设。板块上、下层缝隙应相互错开，缝隙应采用同类材料的碎屑填嵌密实。

（5）雪天和 5 级风及以上天气不得施工。

（6）当采用倒置式屋面进行冬期施工时，应符合以下要求：

1）倒置式屋面冬期施工，应选用憎水性保温材料，施工之前应检查防水层平整度及有无结冰、霜冻或积水现象，合格后方可施工。

2）当采用 EPS 板或 XPS 板做倒置式屋面的保温层，可用机械方法固定，板缝和固定处的缝隙应用同类材料碎屑和密封材料填实。表面应平整无瑕疵。

3）倒置式屋面的保温层上应按设计要求做覆盖保护。

2. 找平层施工

找平层应牢固坚实、表面无凹凸、起砂、起鼓现象。如有积雪、残留冰霜、杂物等应清扫干净，并应保持干燥。

采用水泥砂浆或细石混凝土找平层时，应符合下列规定：

（1）应依据气温和养护温度要求掺入防冻剂，且掺量应通过试验确定。

（2）采用氯化钠作为防冻剂时，宜选用普通硅酸盐水泥或矿渣硅酸盐水泥，不得使用高铝水泥。施工温度不应低于－7℃。

3. 防水层施工

冬期施工的屋面防水层采用卷材时，可用热熔法和冷黏法施工。屋面防水层施工时环境气温应符合一定的要求，见表 11 - 5。

表 11-5　防水材料施工环境气温要求

防水材料	施工环境气温
高聚物改性沥青防水卷材	热熔法不低于－10℃
合成高分子防水卷材	冷黏法不低于 5℃；焊接法不低于－10℃
高聚物改性沥青防水涂料	溶剂型不低于 5℃；热熔型不低于－10℃
合成高分子防水涂料	溶剂型不低于－5℃
防水混凝土、防水砂浆	符合混凝土、砂浆相关规定
改性石油沥青密封材料	不低于 0℃
合成高分子密封材料	溶剂型不低于 0℃

当采用涂料做屋面防水层时，应选用合成高分子防水涂料（溶剂型），施工时环境气温不宜低于－5℃，在雨、雪天和五级风及以上时不得施工。

4. 隔气层施工

隔气层可采用气密性好的单层卷材或防水涂料。冬期施工采用卷材时，可采用花铺法施工，卷材搭接宽度不应小于 80mm。采用防水涂料时，宜选用溶剂型涂料。隔气层施工时气温不应低于－5℃。

11.1.10 装饰装修工程冬期施工

1. 抹灰工程

室外抹灰应待其完全解冻后进行；室内抹灰应待抹灰的一面解冻深度大于等于墙厚的一半时进行，不得采用热水冲刷冻结的墙面或用热水消除墙面的冰霜。

抹灰工程冬期施工时，房屋内部大面积抹灰采用热作法，室外抹灰采用冷作法，气温低于－2℃时宜暂停施工。

室内抹灰工程结束后，在 7d 以内保持室内温度不低于 5℃。当采用热空气加温时，应注意通风，排除湿气。当抹灰砂浆中掺入防冻剂时，温度可相应降低。

（1）热作法。热作法是利用房屋的永久热源或临时热源来提高和保持操作环境的温度，使装饰工程在正常温度条件下进行。采用热作法施工时，应设专人进行测温，距地面以上 500mm 处的环境温度应大于等于 5℃，并且需要保持至抹灰层基本干燥为止。热作法施工的具体操作方法与常温施工基本相同，但应注意以下几点：

1）在进行室内抹灰前，应封好门窗口、门窗口的边缝、脚手眼及孔洞等。对施工洞口、运料口及楼梯间等要做好封闭保温措施。在进行室外施工前，应尽量利用外架子搭设暖棚。

2）需要抹灰的砌体，应提前加热，使墙面保持在 5℃以上，以便湿润墙面时不会结冰，砂浆和墙面可以牢固黏结。

3）用临时热源加热时，应随时检查抹灰层的温度，如干燥过快发生裂纹时，应进行洒水湿润，使其与各层能很好地黏结，防止脱落。

4）用热作法施工的室内抹灰工程，应在每个房间设置通风口或适当开放窗户，定期通风，排除湿空气。

5）用火炉加热时，必须装设烟囱，严防煤气中毒。

6）抹灰工程所用的砂浆，在正温度的室内或临时暖棚中制作。砂浆使用时的温度在

5℃以上。为了获得砂浆应有温度，可采用热水搅拌。

（2）冷作法。冷作法是低温条件下在砂浆中掺入一定量的防冻剂（氯化钠、氯化钙、亚硝酸钠等），在不采取采暖保温措施的情况下进行抹灰作业。

1）施工用的砂浆配合比和化学附加剂的掺入量，应根据工程具体要求由试验室确定。

2）采用氯化钠的化学附加剂时，应由专人配制成溶液，提前两天用冷水配制 1：3（质量比）的浓溶液，使用时再加清水配制成若干种符合要求比重的溶液。氯盐防冻剂严禁用于高压电源部位和油漆墙面的水泥砂浆基层。

3）冷做法施工所用的砂浆须在暖棚中制作。砂浆要求随拌随用，冻结后的砂浆应待融化后再搅拌均匀方可使用，砂浆使用时的温度应控制在 5℃以上。

4）防冻剂的掺入量是根据砂浆的总含水量计算的，其中包括石灰膏和砂子的含水量。

5）采用氯盐作防冻剂时，砂浆内埋设的铁件均需涂刷防锈漆。

6）抹灰基层表面如有冰、霜、雪时，可用与抹灰砂浆同浓度的防冻剂热水溶液冲刷，将表面杂物清除干净后再行抹灰。

7）当施工要求分层抹灰时，底层灰不得受冻。抹灰砂浆在硬化初期应采取防止受冻的保温措施。

2. 饰面砖（板）工程

外墙面的饰面板、饰面砖及陶瓷锦砖施工，不宜进行冬期施工，当需要进行施工时，应采用暖棚法进行。

建筑块材地面工程施工时，对于采用掺有水泥、石灰的拌和料铺设以及用石油沥青胶结料铺贴时，各层环境温度不应低于 5℃；采用有机胶黏剂粘贴时，不应低于 10℃；采用砂、石材料铺设时，不应低于 0℃。

细木板、多层板等木质材料应离开热源 0.5m，避免过热开裂、变形。

3. 其他装饰工程的冬期施工

冬期进行涂料工程、裱糊工程等，应采用热作法施工。应尽量利用永久性的采暖设施。室内温度应在 5℃以上，并保持均衡，不得突然变化。

涂料工程冬期施工应注意通风换气和防尘，墙面要求保持干燥。

外墙铝合金、塑料框、大扇玻璃不宜在冬期安装，如必须在冬期安装，应使用易低温施工的硅酮密封胶，其施工环境最低气温不宜低于－5℃，施工宜在中午气温较高时进行。

11.1.11　冬期施工安全技术

（1）冬期施工主要应做好防火、防寒、防毒、防爆等工作。

（2）冬期施工前各类脚手架要加固，加设防滑设施，及时清除积雪。

（3）易燃材料必须经常注意清理，必须保证消防水源的供应，保证消防道路的畅通。

（4）严寒时节，施工现场应根据实际需要和规定配设挡风设备。

（5）要防止一氧化碳中毒，防止锅炉爆炸。

11.2　雨期施工

雨期施工时，施工现场重点应解决好截水和排水问题。截水是在施工现场上游设截水沟，阻止场外水流入施工现场。排水是在施工现场内合理规划排水系统，并修建排水沟，使雨水按要求排至场外。水沟横断面和纵向坡度应按照施工期最大流量确定，一般水沟横断面不小于 0.5m×0.5m，纵向坡度一般不小于 3‰，平坦地区不小于 2‰。

11.2.1 施工特点

（1）具有突然性。雨期施工的开始具有突然性。由于暴雨、山洪等恶劣气象往往不期而至，这就需要雨期施工的准备和防范措施及早进行。

（2）具有突击性。因为雨水对建筑结构和地基基础的冲刷或浸泡具有严重的破坏性，必须迅速及时的防护，才能避免给工程造成损失。

（3）持续时间长。雨期往往持续时间很长，阻碍了工程（主要包括土方工程、屋面工程等）顺利进行，拖延工期，对这一点应事先有充分估计并做好合理安排。

11.2.2 施工要求

（1）编制施工组织计划时，要根据雨期施工的特点，将不宜在雨期施工的分项工程提前或拖后安排。对必须在雨期施工的工程应制定有效的措施，进行突击施工。

（2）合理进行施工安排，做到晴天抓紧室外工作，雨天安排室内工作，尽量缩小雨天室外作业时间和工作面。

（3）密切注意气象预报，做好抗台防汛等准备工作，必要时应及时加固在建的工程。

（4）做好建筑材料防雨防潮工作。

11.2.3 施工准备

（1）施工现场及生产、生活基地的排水设施畅通，雨水可从排水口顺利排除。

（2）现场道路路基碾压密实，路面硬化处理。道路要起拱，两旁设排水沟，不滑、不陷、不积水。

（3）大型高耸物件有防风加固措施，外用电梯要做好附墙。

（4）在相邻建筑物、构筑物防雷装置保护范围外的高大脚手架、井架等，安装防雷装置。

（5）施工现场的木工、钢筋、混凝土、卷扬机械、空气压缩机等有防潮、防雨的操作棚和相应保护措施。

（6）袋装水泥应存入仓库。仓库要求不漏、不潮，水泥底层架空通风，四周有排水沟。

（7）砂石堆放场地四周有排水出路（保证一定的排水坡度），防止淤泥渗入。

（8）楼层露天的预留洞口均做防漏水处理。地下室人防出入口、管沟口等加以封闭并设防水门槛。室外露天采光井全部用盖板盖严并固定，同时铺上塑料薄膜。

（9）雨期所需材料要提前准备，对降水偏高，可能出现大洪、大汛趋势的时期，储备数量要酌情增加。

11.2.4 各分部分项工程雨期施工的一般要求

1. 建筑地基基础工程

（1）基坑坡顶做 1.5m 宽散水、挡水墙，四周做混凝土路面。基坑内，沿四周挖砌排水沟、设集水井，用排水泵抽至市政排水系统。

(2) 土方开挖施工中，基坑内临时道路上铺渣土或级配砂石，保证雨后通行不陷。自然坡面防止雨水直接冲刷，遇大雨时覆盖塑料布。

(3) 土方回填应避免在雨天进行。

(4) 锚杆施工时，如遇地下水孔壁坍塌，可采用注浆护壁工艺成孔。

(5) CFG桩施工，槽底预留的保护土层厚度不小于0.5m。

2. 砌体工程

(1) 雨天不应在露天砌筑墙体，对下雨当日砌筑的墙体应进行遮盖。继续施工时，应复核墙体的垂直度，如果垂直度超过允许偏差，应拆除重新砌筑。

(2) 砌体结构工程使用的湿拌砂浆，除直接使用外必须储存在不吸水的专用容器内，并根据气候条件采取遮阳、保温、防雨等措施，砂浆在使用过程中严禁随意加水。

(3) 对砖堆加以保护，确保块体湿润度不超过规定，淋雨过湿的砖不得使用，雨天及小砌块表面有浮水时，不得施工。

3. 模板工程

(1) 雨天使用的木模板拆下后应放平，以免变形。钢模板拆下后应及时清理、刷脱模剂(遇雨应覆盖塑料布)，大雨过后应重新刷一遍。

(2) 模板拼装后应尽快浇筑混凝土，防止模板遇雨变形。若模板拼装后不能及时浇筑混凝土，又被雨水淋过，则浇筑混凝土前应重新检查、加固模板和支撑。

(3) 制作模板用的多层板和木方要堆放整齐，且须用塑料布覆盖防雨，防止被雨水淋而变形，影响其周转次数和混凝土的成型质量。

4. 钢筋工程

(1) 雨天施焊应采取遮蔽措施，焊接后未冷却的钢筋接头应避免遇雨急速降温。

(2) 为保护后浇带处的钢筋，基础后浇带两边各砌一道宽120mm、高200mm的砖墙，上用硬质材料或预制板封口(板缝应密封处理)。雨后要检查基础底板后浇带，对于后浇带内的积水必须及时清理干净，避免钢筋锈蚀。楼层后浇带可以用硬质材料封盖临时保护。

(3) 钢筋机械必须设置在平整、坚实的场地上，设置机棚和排水沟，焊机必须接地，焊工必须穿戴防护衣具，以保证操作人员安全。

5. 混凝土工程

(1) 雨期施工期间，对水泥和掺合料应采取防水和防潮措施，并应对粗、细骨料含水率实时监测，及时调整混凝土配合比。

(2) 应选用具有防雨水冲刷性能的模板脱模剂。

(3) 雨期施工期间，对混凝土搅拌、运输设备和浇筑作业面应采取防雨措施，并应加强施工机械检查维修及接地接零检测工作。

(4) 除采用防护措施外，小雨、中雨天气不宜进行混凝土露天浇筑，且不应开始大面积作业面的混凝土露天浇筑；大雨、暴雨天气不应进行混凝土露天浇筑。

(5) 雨后应检查地基面的沉降，并应对模板及支架进行检查。

(6) 应采取防止基槽或模板内积水的措施。基槽或模板内和混凝土浇筑分层面出现积水时，应在排水后再浇筑混凝土。

(7) 混凝土浇筑过程中，对因雨水冲刷致使水泥浆流失严重的部位，应采取补救措施后再继续施工。

（8）浇筑板、墙、柱混凝土时，可适当减小坍落度。梁板同时浇筑时应沿次梁方向浇筑，此时如遇雨而停止施工，可将施工缝留在弯矩剪力较小处的次梁和板上，从而保证主梁的整体性。

（9）混凝土浇筑完毕后，应及时采取覆盖塑料薄膜等防雨措施。

6. 钢结构工程

（1）现场应设置专门的构件堆场，场地平整，满足运输车辆通行要求。有电源，水源、排水通畅。堆场的面积满足工程进度需要，若现场不能满足要求时可设置中转场地。露天设置的堆场应对构件采取适当的覆盖措施。

（2）高强螺栓、焊条、焊丝、涂料等材料应在干燥、封闭环境下储存。

（3）雨期由于空气比较潮湿，焊条储存应防潮并进行烘烤，同一焊条重复烘烤次数不宜超过两次，并由管理人员及时做好烘烤记录。

（4）焊接作业区的相对湿度不大于90%；如焊缝部位比较潮湿，必须用干布擦净并在焊接前用氧炔焰烤干，保持接缝干燥，没有残留水分。

（5）雨天构件不能进行涂刷工作，涂装后4h内不得雨淋。风力超过5级时，室外不宜喷涂作业。

（6）雨天及五级（含）以上大风不能进行屋面保温的施工。

（7）吊装时，构件上如有积水，安装前应清除干净，但不得损伤涂层，高强螺栓接头安装时，构件摩擦面应干净，不能有水珠，更不能雨淋和接触泥土及油污等脏物。

（8）如遇上大风天气，柱、主梁、支撑等大构件应立即进行校正，位置校正正确后，立即进行永久固定，以防止发生单侧失稳。当天安装的构件，应形成空间稳定体系。

7. 防水工程

（1）防水工程严禁在雨天施工，五级风及其以上时不得施工防水层。

（2）防水材料进场后应存放在干燥通风处，严防雨水浸入受潮，露天保存时应用防水布覆盖。

（3）雨期进行防水混凝土和其他防水层施工时，应采取防雨措施。

1）基础底板的大体积混凝土应避免在雨天进行。如突然遇到大雨或暴雨，不能浇筑混凝土时，应将施工缝设置在合理位置并采取适当的措施，已浇筑的混凝土用塑料布覆盖，待大雨过后清除积水再继续浇筑。

2）热熔法施工防水卷材时，施工中途下雨，应做好已铺卷材的封闭和防护工作。

3）涂料防水层涂膜固化前如有降雨可能时，应提前做好已完涂层的保护工作。

8. 保温工程

应采取有效措施，避免保温材料受潮，保持保温材料处于干燥状态。

屋面工程在雨天不得进行保温层施工，已施工的保温层应采取遮盖措施，防止雨淋。

9. 装饰装修工程

（1）中雨、大雨或五级（含）以上大风天气，不得进行室外装饰装修工程的施工；空气相对湿度过高时应考虑合理的工序技术间歇时间。

（2）高层建筑幕墙施工必须做好防雷保护装置。

（3）抹灰、粘贴饰面砖、打密封胶等黏结工艺施工，尤其应保证基底或基层的含水率符合施工要求。

(4) 混凝土或抹灰基层涂刷溶剂型涂料时，含水率不得大于 8%；涂刷水性涂料时，含水率不得大于 10%；木质基层含水率不得大于 12%。

(5) 裱糊工程不宜在相对湿度过高时施工。

(6) 雨天应停止在外脚手架上施工，大雨后要对脚手架进行全面检查，并认真清扫，确认无沉降或松动后方可施工。

11.2.5　安全技术

(1) 雨期施工主要应做好防雨、防风、防雷、防电、防汛等工作。

(2) 基础工程应设排水沟、基槽、坑沟等，雨后积水应设置防护栏或警告标志，超过 1m 的基槽、基坑应设支撑。

(3) 一切机械设备应设置在地势较高、防潮避雨的地方，要搭设防雨棚。机械设备的电源线路要绝缘良好，要有完善的保护接零。

(4) 脚手架要经常检查，发现问题要及时处理或更换加固。

(5) 高层建筑、脚手架和构筑物要按电气专业规定设临时避雷装置。

11.3　高温天气施工

11.3.1　各分部分项工程施工要求

1. 砌体工程

(1) 现场拌制的砂浆应随拌随用，当施工期间最高气温超过 30℃时，应在 2h 内使用完毕。预拌砂浆及蒸压加气混凝土砌块专用砂浆的使用时间应按照厂方提供的说明书确定。

(2) 采用铺浆法砌筑砌体，施工期间气温超过 30℃时，铺浆长度不得超过 500mm。

(3) 砌筑普通混凝土小型空心砌块砌体，遇天气干燥炎热，宜在砌筑前对其喷水湿润。

2. 混凝土工程

当日平均气温达到 30℃及以上时，应按高温施工要求采取措施。高温施工时，对露天堆放的粗、细骨料应采取遮阳防晒等措施，必要时，可对粗骨料进行喷雾降温。高温施工混凝土配合比设计除应符合规范规定外，尚应符合下列规定：

(1) 应考虑原材料温度、环境温度、混凝土运输方式与时间对混凝土初凝时间、坍落度损失等性能指标的影响，根据环境和采取温控措施的实际情况，对混凝土配合比进行调整。

(2) 宜在近似现场运输条件、时间和预计混凝土浇筑作业最高气温的天气条件下，通过混凝土试拌和与试运输的工况试验后，调整并确定适合高温天气条件下施工的混凝土配合比。

(3) 宜采用低水泥用量的原则，并可采用粉煤灰取代部分水泥。宜选用水化热较低的水泥。

(4) 混凝土坍落度不宜小于 70mm。

(5) 混凝土的搅拌应符合下列规定：

1) 应对搅拌站料斗、储水器、皮带运输机、搅拌楼采取遮阳防晒措施。

2）对原材料进行直接降温时，宜采用对水、粗骨料进行降温的方法。当对水直接降温时，可采用冷却装置冷却拌和用水并应对水管及水箱加设遮阳和隔热设施，也可在水中加碎冰作为拌和用水的一部分。混凝土拌和时掺加的固体冰应确保在搅拌结束前融化，且在拌和用水中应扣除其重量。

3）混凝土拌和物出机温度不宜大于 30℃。必要时，可采取掺加干冰等附加控温措施。

（6）混凝土宜采用白色涂装的混凝土搅拌运输车运输；对混凝土输送管应进行遮阳覆盖，并应洒水降温。

（7）混凝土浇筑入模温度不应高于 35℃。

（8）混凝土浇筑宜在早间或晚间进行，且宜连续浇筑。当水分蒸发速率大于 1kg/（m^2 · h）时，应在施工作业面采取挡风、遮阳、喷雾等措施。

（9）混凝土浇筑前，施工作业面宜采取遮阳措施，并应对模板、钢筋和施工机具采用洒水等降温措施，但浇筑时模板内不得有积水。

（10）混凝土浇筑完成后，应及时进行保湿养护。

3. 钢结构工程

（1）钢构件预拼装宜按照钢结构安装状态进行定位，并应考虑预拼装与安装时的温差变形。

（2）钢结构安装校正时应考虑温度、日照等因素对结构变形的影响。施工单位和监理单位宜在大致相同的天气条件和时间段进行测量验收。

（3）大跨度空间钢结构施工应考虑环境温度变化对结构的影响。

（4）高耸钢结构安装的标高和轴线基准点向上转移过程时应考虑环境温度和日照对结构变形的影响。

（5）涂装环境温度和相对湿度应符合涂料产品说明书的要求，产品说明书无要求时，环境温度不宜高于 38℃，相对湿度不应大于 85%。

4. 防水工程

（1）防水材料储运应避免日晒，并远离火源，仓库内应有消防设施。

（2）大体积防水混凝土炎热季节施工时，应采取降低原材料温度、减少混凝土运输时吸收外界热量等降温措施，入模温度不应大于 30℃。

（3）防水工程不宜在高于防水材料的最高施工环境气温下施工，并应避免在烈日暴晒下施工。防水材料施工环境最高气温控制见表 11 - 6。

表 11 - 6　防水工程施工环境最高气温　℃

防水材料	施工环境最高气温	防水材料	施工环境最高气温
现喷硬泡聚氨酯	30	油毡瓦	35
溶剂型涂料	35	改性石油沥青密封材料	35
水乳型涂料	35	水泥砂浆防水层	30

（4）夏季施工，屋面如有露水潮湿，应待其干燥后方可进行防水施工。

（5）防水材料应随用随配，配制好的混合料宜在 2h 内用完。

5. 保温工程

（1）聚合物抹面胶浆拌和水温度不宜大于 80℃，且不宜低于 40℃。

（2）拌和完毕的 EPS 板胶黏剂和聚合物抹面胶浆每隔 15min 搅拌一次，1h 内使用完毕。

6. 建筑装饰装修工程

（1）装修材料的储存保管应避免受潮、雨淋和暴晒。

（2）烈日或高温天气应做好抹灰等装修面的洒水养护工作，防止出现裂缝和空鼓。

（3）涂饰工程施工现场环境温度不宜高于 35℃。室内施工应注意通风换气和防尘，水溶性涂料应避免在烈日暴晒下施工。

（4）塑料门窗储存的环境温度应低于 50℃。

（5）抹灰、粘贴饰面砖、打密封胶等黏结工艺施工，环境温度不宜高于 35℃，并避免烈日暴晒。

11.3.2　施工管理措施

（1）成立夏季工作领导小组，对施工现场管理和职工生活管理做到责任到人，切实改善职工食堂、宿舍、办公室、厕所的环境卫生，定期喷洒杀虫剂，防止蚊、蝇滋生，杜绝常见病的流行。

（2）做好用电管理，夏季是用电高峰期，定期对电气设备逐台进行全面检查、保养，禁止乱拉电线，特别是对职工宿舍的电线及时检查，加强用电知识教育。

（3）加强对易燃、易爆等危险品的储存、运输和使用的管理，在露天堆放的危险品采取遮阳降温措施。严禁烈日曝晒，避免发生泄漏，杜绝一切自燃、火灾、爆炸事故。

（4）对高温作业人员进行就业和入暑前的体格检查，凡检查不合格者不得在高温条件下作业。合理安排工人作息时间，确保工人劳逸结合、有足够的休息时间。日最高气温达到 39℃以上时，应停止作业。

（5）施工现场应视高温情况向作业人员免费供应符合卫生标准的含盐清凉饮料。

（6）施工现场应设置休息场所，场所应能降低热辐射影响，内设有座椅、风扇等设施。

（7）改善集体宿舍的内外环境，宿舍内有必要的通风降温设施，确保作业人员的充分休息，减少因高温天气造成的疲劳。

（8）高温时段发现有身体感觉不适的作业职工，及时按防暑降温知识急救方法处理或请医生诊治。

习　　题

一、名词解释

1. 冬期施工　　2. 掺盐砂浆法　　3. 冻结法
4. 暖棚法　　5. 混凝土受冻临界强度　　6. 蓄热法
7. 综合蓄热法　　8. 热作法　　9. 冷作法

二、简答题

1. 简述冬期施工的特点、原则。
2. 冬期施工应做哪些施工准备工作？
3. 砌体工程冬期施工方法有哪些？简述外加剂法的施工工艺。

4. 混凝土及钢筋混凝土冬期施工的起止日期是如何规定的？

5. 混凝土冬期施工方法有哪些？如何选择？

6. 什么是混凝土的成熟度？

7. 雨期施工准备应做好哪些准备工作？

8. 各分项工程在雨期施工有哪些注意事项？

9. 各分项工程在高温天气施工有哪些注意事项？

10. 高温天气施工防暑降温措施有哪些？

第12章　绿色建筑施工

本章主要讲述绿色施工与传统施工的区别；四节一环保（节材、节能、节地、节水以及环境保护）在工程中的应用；建筑绿色施工新型技术及建筑垃圾的处理方法。

职业能力目标

1. 能运用绿色施工新型技术进行施工。
2. 能够在绿色施工过程中正确运用四节一环保的方法。
3. 能够在施工中对建筑垃圾的正确处理。

12.1　绿色施工概念

绿色施工是在保证质量、安全等基本要求的前提下，通过科学管理和技术进步，最大限度地节约资源，减少对环境负面影响，实现节能、节材、节水、节地和环境保护（“四节一环保”）的建筑工程施工活动。

绿色施工与传统施工的比较如下。

1. 相同点

（1）相同的对象：无论哪种施工方式，都是为工程项目建设服务。

（2）相同的资源：人、设备、材料等。

（3）相同的实现方法：工程管理与工程技术方法。

2. 不同点

（1）施工目标不同。二者在保证安全文明、工程质量和施工工期以及成本受控的基础上，传统施工以追求效益最大化为目标，绿色施工以保护环境和国家资源为前提，最大限度实现资源节约，增加以节约资源保护环境为核心内容的绿色施工目标。

（2）“节约”内容不同。绿色施工的目的在于实现“四节一环保”，这种“节约”与传统意义的“节约”的区别表现为：

1）出发点不同：绿色施工强调的是在环境保护前提下的节约资源，而不是单纯追求经济效益的最大化。

2）着眼点不同：绿色施工强调的是以“节材、节水、节能、节地”为目标的“四节”，所侧重的是对资源的保护与高效利用，而不是从降低成本的角度出发。

3）效果不同：绿色施工往往会造成施工成本的增加，需要在施工过程中增加对国家稀缺资源的保护措施，需要投入一定的绿色施工措施费。

4）效益观不同：绿色施工虽然可能导致施工成本增大，但从长远来看，将使国家或相关地区的整体效益增加，社会和环境效益改善。

12.2 四节一环保

12.2.1 节材与材料资源利用

绿色建筑理念是在设计之初就选择那些对环境影响较小的材料，施工过程中也需要对各种材料资源进行合理的使用和循环利用，尽量减少浪费和报废的产生，通过使用再生材料、可回收材料、生物基材料和新型环保材料等，可以最大限度的节约天然资源，实现材料的可持续利用。

1. 节材措施的目标

施工现场应制定具体的节材措施，建立完善的节材管理、限额领料等制度；坚持因地制宜，优先选用质量符合设计要求的当地材料，缩短运输距离，节约运输耗能，减少运输损耗。

通过所制定的节材措施，跟踪、落实节材情况，淘汰不符合绿色建造要求的材料。根据绿色建造的需求，强化技术管理，对传统施工工艺进行改进，达到节约材料，提高材料利用率，减少材料资源的浪费，推进绿色建造技术的应用。

2. 节材措施的主要内容

（1）钢材节约措施。

1）高强钢筋。高强钢筋是指抗拉屈服强度达到400MPa及以上的钢筋，具有强度高、综合性能优的特点。采用高强钢筋替代目前大量使用的335MPa级钢筋，平均可节约钢材用量12%以上。

2）计算机软件钢筋下料。借助各类工程软件进行计算机软件钢筋翻样、优化下料、统计算量等。该类软件以钢筋工程施工中的钢筋下料翻样、钢筋加工、钢筋算量等主要工序为目标，操作方法简单、直观、下料精准。

3）定尺钢筋。项目可根据工程实际需要委托钢材生产厂家定尺生产非标准规格的钢材，直接应用，避免现场二次加工有效减少钢材的损耗。

4）智能化钢筋加工设备。高强钢筋采用智能化钢筋加工设备，无需操作人员长期监控，解放劳动力，工效高，加工误差小。

5）闪光对焊封闭箍筋技术。利用对焊机使两端金属接触，通过低电压的强电流，待金属被加热到一定温度变软后，进行轴向加压顶锻形成对焊接头，工艺简单，节省钢材效果显著。

6）大直径钢筋直螺纹连接技术。钢筋直螺纹连接技术是指在热轧带肋钢筋的端部制作出直螺纹，利用带肋螺纹的连接套筒对接钢筋，操作简便、全天候施工、加工效率高。广泛应用于直径16mm及其以上的HRB335、HRB400和HRB500级钢筋的连接。

7）钢筋机械锚固。钢筋机械锚固是将螺帽与垫板合二为一的锚固板，通过直螺纹连接方式，与钢筋端部相连形成钢筋机械锚固装置。它具有锚固刚度大、锚固性能好、方便施工等优点，有利于商品化供应，适用于热轧带肋钢筋。

8）钢筋焊接网。钢筋焊接网（见图12-1）是一种在工厂用焊网机焊接成型的网状钢筋制品。采用焊接网可显著提高钢筋工程质量，大量降低现场钢筋安装工时，缩短工期，节约钢材，具有较好的综合经济效益。广泛适用于现浇钢筋混凝土结构和预制构件的配筋，特别适用于房屋的楼板、屋面板、地坪墙体以及桥面铺装和桥墩防裂网。

9）施工现场钢筋集中加工。施工现场钢筋集中加工，可配置大型起重设备，避免材料在场内多次倒运，降低劳动强度，提高加工效率，减少钢筋损耗。

10）建筑用成型钢筋制品加工与配送。在固定的加工厂，盘条或直条钢筋经过一定的加工工艺程序，由专业的机械设备制成钢筋制品供应给项目工程。推广建筑用成型钢筋制品（见图 12-2），可以提高作业效率、钢筋加工制品质量，减少材料损耗，降低能耗和排放。

图 12-1　钢筋焊接网

图 12-2　成型钢筋

11）材料存放措施。钢材、机电安装管材、钢筋设施料堆放区地面应硬化，按规格批次分区分类架空堆放并标识，明确物资名称、规格型号、数量及检验状态等信息。

12）钢筋废料回收利用。施工现场钢材加工产生的短小钢筋可制作成马凳、梯子筋、排水沟箅子、架板等（见图 12-3、图 12-4）。

图 12-3　剪力墙梯子筋图

图 12-4　马凳筋

13）新型定型钢筋马凳。新型定型钢筋马凳（见图 12-5）由工厂定型加工，底部撑角有两道防锈工艺，符合各种工况和楼板厚度。布置间距一般为 1m×1m，可以精确控制楼板厚度和钢筋保护层厚度。

（2）混凝土工程节约措施。

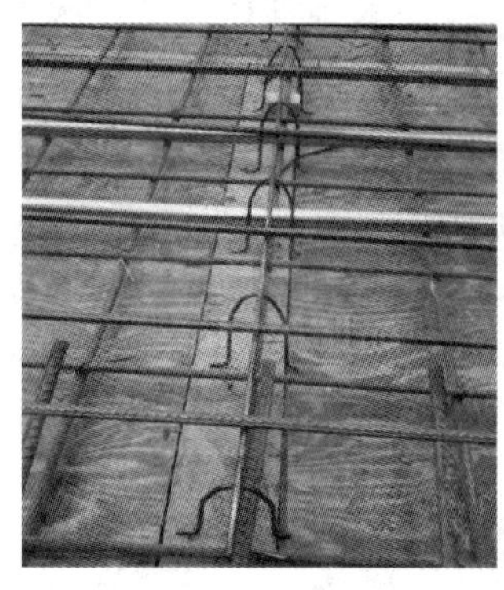

图 12 - 5　新型定型钢筋马凳

1）预拌混凝土。采用预拌混凝土，进场称重计量，按需供应，既可减少现场湿作业，又能精确控制混凝土进场量，可有效避免材料浪费。

2）高性能混凝土。高性能混凝土以耐久性作为设计的主要指标，针对不同用途要求，加入一种或几种掺合料，实现混凝土的耐久性、工作性、适用性、强度、体积稳定性和经济性等性质。

3）混凝土配合比优化。根据施工所处环境及季节差异，合理调整粉煤灰、矿粉和硅粉等掺合料的用量，严格控制水灰比和水化热，节省水泥用量。

4）混凝土再生骨料。利用施工现场产生的建筑垃圾，加工为混凝土再生粗、细骨料，可用于配制 C25 及以下强度等级的非结构构件、混凝土再生骨料及中小型混凝土构件制品。

5）混凝土余料利用。集中回收混凝土余料，利用混凝土施工余料制作盖板、过梁和异形砌块等小型构件，变废为宝，减小现场环境压力。

6）预制装配式混凝土结构。

施工方面优势：预制装配式混凝土结构可以连续地按顺序完成工程的多个或全部工序，消除工序衔接的停闲时间，实现立体交叉作业，减少施工人员，从而提高工效、降低物料消耗、减少环境污染，为绿色施工提供保障。

无需木模：预制装配式混凝土结构能够解决现阶段多数施工建筑工地采用现场浇筑的模式，降低木制模板的使用量。

现场秩序规范化：预制装配式混凝土结构实现了场外浇筑和养护，在达到强度后才进场装配，施工现场无需搭建支撑和脚手架，保证现场秩序的高标准。

安全性更高：预制装配式混凝土结构能够有效降低安全问题产生概率，有效预防安全事故。

建筑垃圾减少：预制装配式混凝土结构在较大程度上减少建筑垃圾（占城市垃圾总量的 30%～40%），如废钢筋、废铁丝、废竹木材、废弃混凝土等。

7）结构高精度找平冲筋件。结构高精度找平冲筋件（见图 12 - 6）为硬质 PVC 材质，按高度分为 100、120、130、140、150mm 等种类，误差为±0.2mm。安装简易快速，强度高，抗滑移，可精确控制楼板厚度作为冲筋件，以顶面为找平基准进行混凝土楼面找平收光，高精度控制楼面混凝土平整度。

（3）砌体工程节约措施。

1）新型砌体块材的选用。

①混凝土砌块。新型砌体块材的选用应根据工程实际推广应用新型砌体材料（见图 12-7），限制使用烧结黏土砖制品，严禁使用烧结黏土实心砖。

②砂加气混凝土砌块。砂加气混凝土砌块（见图 12-8）抗渗性能好，干收缩率小，计算机控制自动化生产线生产，尺寸精确，砌筑灰缝仅有 2～3mm，墙面可免粉刷。

③混凝土模卡砌块。混凝土模卡砌块（见图 12-9）是利用混凝土或轻集料混凝土为原料制成的带有小企口的砌块，砌筑时无需水泥砂浆，采用榫接，叠砌后采用轻集料灌浆，可替代构造柱，无需预留马牙槎，省工省料且隔声、隔热性能优异。

图 12-6　结构高精度找平冲筋

2）预拌砂浆。施工现场应采用预拌砂浆。预拌砂浆可分为干混砂浆和湿拌砂浆两种，由专业化厂家生产，用于建设工程中的各种拌和物，具有健康环保、质量稳定、节能舒适等特点。

(a)

(b)

图 12-7　混凝土砌块

(a) 混凝土多孔砖；(b) 混凝土空心砌块

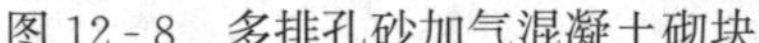

图 12-8　多排孔砂加气混凝土砌块

图 12-9　混凝土模卡砌块

薄层砂浆砌筑灰缝控制在 3～5mm，节约砂浆材料，同时砂浆铺摊均匀，形态好，砌筑质量有保证。

3）砌体预排砖工厂化加工。砌体施工作业前，进行施工图设计，现场采用实际尺寸预排识别图纸，进行施工优化，降低施工难度，提高操作的精度和效率。实施工厂化加工，利用深化设计图和材料清单，集中加工各类标准化半成品材料，统筹利用，杜绝浪费。

（4）装饰工程节约措施。

1）机械抹灰。机械抹灰工作原理是利用灰浆泵和空气压缩机将灰浆及压缩空气送入喷枪，在喷嘴前形成灰浆射流，将灰浆喷涂在墙体上。喷涂前人工做灰饼冲筋，喷涂后人工收面。机械抹灰主要特点是工效高，适用于大面积抹灰工程施工（见图12-10）。

图12-10　机械抹灰

2）陶瓷墙地砖。块材施工前应根据铺贴房间的实际平面尺寸，从材料规格选择、排砖方式、镶贴工艺等方面进行策划，预先排版，集中加工，整砖铺贴，减少或避免现场块材裁切，降低材料损耗。

3）人造板材。使用人造板材替代实木板材，减少木材砍伐对环境的破坏。常用人造板材有胶合板、细木工板、蜂窝板、纤维板、阻燃板、刨花板和塑料板材。

4）壁纸。壁纸施工应根据墙面实际尺寸提前策划和设计，有计划的定量采购，尽量避免现场对材料的裁切。

12.2.2　节能与能源利用

绿色建筑提倡在设计和施工各个阶段都要致力于节能减排，从建筑形象的设计和布局、节能材料的选用、高效设备的安装以及施工组织管理等方面做出努力，实现建筑项目的整体节能。在绿色建筑施工过程中，应采取多种措施以实现节能减排。

1. 合理规划施工工期和工序

合理规划施工工期和工序，避免因等待和交通带来的能源浪费。可以优化施工方案，确保物资和机械设备的连续运转，减少空载运转时间，这可以显著提高能源利用效率。

2. 选用节能环保的施工机械和机具

在选购施工机械时，应考虑其额定功率和实际需要的功率是否匹配，避免选购功率过大的机械设备，保证其高效运行。施工机械应定期维护保养，保证其处于最佳工况，减少能源损失。施工机械运转时应监测其工作状态，及时关闭空载运转的机械，可以减少约30%的能源浪费。

3. 采用节能技术和可再生能源

对施工现场的照明、供暖等设施采用节能技术和可再生能源，如使用LED灯和智能照明控制系统可以大幅减少照明能源消耗；采用太阳能发电、光伏发电为供电系统提供清洁电力；地源热泵系统可以利用地下稳定的地温为施工现场提供供暖空调。

4. 加强施工人员的节能环保意识

加强施工人员的节能环保意识，减少材料和资源浪费。通过培训教育，提高施工人员对节能减排的认识，减少因个人行为导致的能源浪费，如关闭未使用的电器，修补漏气和漏水管道，适当控制室内温度等，这些措施总体上可以减少 10％～15％的能源消耗。

5. 机械设备与机具

在选择施工机械和机具时，应优先选用节能环保产品，从发动机、传动系统、电气系统等方面入手。如尽量采用电力驱动而非柴油驱动的机械，使用新式锂电池而非铅酸电池，选择低排放的发电机组等。同时，对机械设备进行定期维护保养，保证其高效运转，减少能源浪费。

总的来说，选择节能环保高效的施工机械并做好运行管理，是实现施工机械节能的关键。

6. 生产、生活及办公临时设施

施工现场的临时用房、工棚等设施同样应采用节能技术和可再生能源。

在采暖和空调系统方面，应使用高效节能的热交换器、变频空调机组和环保制冷剂，并采用太阳能、地源热泵等清洁能源。使用可变频驱动技术可以根据温度变化调速运转，高效采暖及制冷，可以减少 30％左右的能源消耗。

在照明系统方面，应使用 LED 灯具、天然光管道等，使用 LED 照明可以减少 60％以上的照明电力，采用天然光管道等措施充分利用自然光进行照明，可再减少 30％～40％的照明用电。

在给排水系统方面，应回收雨水和废水。雨水收集系统可以将雨水收集过滤后用于临时房和工棚的给水系统。废水处理达到一定标准后用于临时工程用于洗车、灌溉绿化等，可以节省自来水用量 30％以上。

在办公和生活设施方面，选择节能认证的产品。如采用节能办公计算机、空调、照明产品，选用节水型卫生洁具等，合理使用并定期维护各类生活和办公设备，都可以在一定程度上减少能源损失。

综上，临时设施的节能改造与管理是施工现场节能的重要内容之一。通过建立临时用房和工棚的节能管理制度，选择和使用节能环保产品，运用新技术回收再生资源，不断提高人员的节能意识，这些措施可以最大限度地减少生产生活临时设施导致的环境污染和资源浪费。

12.2.3　节地与施工用地保护

绿色建筑提倡在施工前做好全面规划，选择合适的施工用地，制定科学的施工方案与手续，加强施工管理，最大限度的减少施工活动对环境的影响。

临时用地指施工方在施工期间临时占用的场地，用于存放施工材料、机械设备、办公和生产生活。临时用地的选择和管理对环境影响至关重要。

1. 临时用地选择原则

临时用地的选择原则主要包括占地面积适宜、位置便利、地形地貌适宜、原地质土壤条件好、财产损失小、环保能达到要求等。应避免选取良田、林地等高价值地块，尽量选择荒地、废弃地等，以减少对周边环境的影响。在选择临时用地时，还需要考虑其规模是否能满足施工所需要的生产场地、料场场地、生活区场地、建筑垃圾场地等，同时还要考虑临时用地与施工现场的距离，不宜选择离施工现场太远的用地。

2. 占地面积严格控制

临时用地的占地面积应根据施工组织设计和施工方法严格控制，避免过大占地。在设计临时用地布局时，还需考虑不同功能区的空间布置和面积要求。

3. 环境影响有效控制

环境影响主要体现在土壤、废气、废水、固体废物等。应根据具体情况采取隔离、遮盖、监测、收集处理等措施进行控制。如控制物料堆放高度和遮盖以减少扬尘，设置隔离带防止扬尘扩散；临时用地上产生的生活污水和生活垃圾必须进行收集和处理，达标排放或运离现场，不能直接排入周边环境。此外，还应设置环境监测点，定期监测土壤、空气、水等，并针对超标情况采取措施。

4. 恢复临时用地

施工结束后，恢复临时用地至最初状态或更佳状态。需要对土壤进行复垦和改良，消除施工对周围环境的影响，这有利于环境保护和资源再生利用。

图12-11 扬尘噪声监测系统

5. 施工总平面布局

施工临时设施的空间布置，包括施工场地划分、交通运输组织、生产区和生活区布局等。

（1）施工用地分区。施工用地分区是实现不同功能区隔离和环境影响控制的基础，通常将施工用地划分为生产区、生活区、堆放区、交通运输区等。不同功能区应相互隔离，并根据需要设置隔离带。

（2）施工内部交通组织。施工内部交通组织包括设置施工内部道路、人行道、车行道以及必要的交通标识。内部道路应与公共道路隔离，人车分流，有利于交通安全和施工用地管理。

（3）生产区和生活区环境影响控制。生产区和生活区环境影响主要来源于噪声、扬尘、废水、生活垃圾等，应本着源头预防的原则进行控制。如适当隔离或遮盖噪声源；收集当地生活污水与生活垃圾达标排放；根据需要在重点部位设置监测点（见图12-11），定期监测环境影响因素等。

（4）周边环境影响控制。施工用地周边环境影响控制重点主要是遮蔽和隔离施工扰动。如设置施工围栏与临时排水系统；在周边设置护栏与警示标识；遮蔽施工灯光避免光污染；收集处理施工房屋雨水与废水等。另外，应在周边环境敏感目标处设置监测点，将环境影响控制在规定范围内。

12.2.4 节水与水资源利用

在工程桩基施工、基坑降水、结构等施工中应用节水和水回收利用技术，尽可能的降低工程成本，节约水资源，使整个工程施工期间各施工区、加工场、生活区满足消防、降尘、车辆冲洗、工具冲洗、混凝土养护等的用水要求，在整个工程施工过程中，还要注意用水安全。

1. 提高水资源利用率

(1) 循环用水装置。车辆冲洗设施采用循环用水装置，利用有组织排水将车辆冲洗，污水经排水沟回流到沉泥池，经过三级沉淀处理后排入储水池，再由加压泵加压到供水管对车辆进行自动冲洗，当储水池内水量不足时，可通过自来水补给。

(2) 生活污水收集利用。将施工现场洗涮、盥洗、洗浴等生活污水梯级应用，经加压泵用于卫生间冲洗等（见图12-12）。

(3) 浴室污水用作卫生间冲水。通过合理设计，将浴室设置在卫生间楼上，可利用浴室污水冲洗卫生间，提高用水效率，节约用水。

图12-12 施工现场污水处理

(4) 现场污水经中水处理后回收利用。施工现场污水可先经三级沉淀，再经中水处理，提高用水等级用于现场降尘、绿化灌溉等。

(5) 混凝土施工废水再利用。混凝土输送泵泵管清洗时，向泵管中注入清水，利用输送泵工作，将泵管和布料机管内残留物冲洗干净，冲洗废水经设置在结构采光竖井或室内电梯井的废水管道输送至楼下，经三级沉淀后集中排入储水池，通过变频加压水泵实现循环利用。废水回收管道顶端宜为漏斗形，避免污水遗洒造成污染，沉淀池中泥砂应定期进行清理。

(6) 绿化喷灌。喷灌绿化（见图12-13）是在施工现场绿化层下预埋灌溉管道，水加压之后通过喷头对绿化进行灌溉，易于控制灌溉量，杜绝传统漫灌对水资源造成的浪费。

图12-13 喷灌绿化

2. 施工现场水收集综合利用技术

施工过程中应高度重视施工现场非传统水源的水收集与综合利用，该项技术包括基坑施工降水回收利用技术、雨水回收利用技术、现场生产和生活废水回收利用技术。

(1) 基坑施工降水回收利用技术：①利用自渗效果将上层滞水引渗至下层潜水层中，可使部分水资源重新回灌至地下的回收利用技术；②将降水所抽水体集中存放施工时再利用。

（2）雨水回收利用技术是指在施工现场将雨水收集后，经过雨水渗蓄、沉淀等处理，集中存放再利用。回收水可直接用于冲刷厕所、施工现场洗车及现场洒水控制扬尘。

（3）现场生产和生活废水利用技术是指将施工生产和生活废水经过过滤、沉淀或净化等处理达标后再利用。经过处理或水质达到要求的水体可用于绿化、结构养护用水以及混凝土试块养护用水等。

12.2.5 环保工程施工

环保工程施工主要包括扬尘控制、噪声控制、光污染和水污染以及土壤保护及建筑垃圾。

1. 扬尘控制

建筑施工现场扬尘的污染源主要有土石方作业、施工现场颗粒材料运输、材料堆放、建筑垃圾清理和旧建筑物的拆除等施工现场四周围墙及场区内围挡，使用可周转式、定型化、标准化、工具化围挡，减少拆除产生的垃圾量，提高周转率，节约成本。

在运送土方、垃圾、设备及建筑材料等物质时，不污损场外道路。施工扬尘控制技术包括施工现场道路、塔吊、脚手架等部位自动喷淋降尘和雾炮降尘技术、施工现场车辆自动冲洗技术。

（1）自动喷淋降尘系统主要安装在临时施工道路、脚手架上。塔吊自动喷淋降尘系统是指在塔吊安装完成后通过塔吊旋转臂安装的喷水设施，用于塔臂覆盖范围内的降尘、混凝土养护等。

（2）雾炮降尘系统的特点是风力强劲、射程高（远）、穿透性好，可以实现精量喷雾，雾粒细小，能快速将尘埃抑制降沉，工作效率高、速度快，覆盖面积大（见图12-14）。

图12-14 喷雾抑尘

（3）施工现场车辆自动冲洗系统由供水系统、循环用水处理系统、冲洗系统、承重系统、自动控制系统组成，采用红外位置传感器启动自动清洗及运行指示的智能化控制技术。水池采用四级沉淀、分离，处理水质，确保水循环使用。

2. 建筑施工噪声污染

建筑现场噪声来源主要为机械设备使用和人为活动产生噪声。在城市市区范围内或居民区周边施工时，建筑施工噪声排放应符合现行国家标准《建筑施工场界环境噪声排放标准》。

施工噪声控制技术是通过选用低噪声设备、先进施工工艺或采用隔声屏、隔声罩等措施有效降低施工现场及施工过程噪声的控制技术。

（1）隔声屏是通过遮挡和吸声减少噪声的排放。隔声屏可模块化生产，装配式施工，选择多种色彩和造型进行组合、搭配与周围环境协调，如图12-15所示。

（2）隔声罩是把噪声较大的机械设备（搅拌机、混凝土输送泵、电锯等）封闭起来，有效地阻隔噪声的外传。隔声罩外壳由一层不透气的具有一定重量和刚性的金属材料制成，一般用 2～3mm 厚的钢板，铺上一层阻尼层，阻尼层常用沥青阻尼胶浸透的纤维织物或纤维材料，外壳也可以用木板或塑料板制作，轻型隔声结构可用铝板制作。

图 12 - 15　隔声屏

(3) 设置封闭的木工用房，以有效降低电锯加工时噪声对施工现场的影响。

(4) 施工现场应优先选用低噪声机械设备，优先选用能够减少或避免噪声的先进施工工艺。

3. 光污染控制

施工中应避免光污染对作业人员及周边环境的影响，应对夜间照明、焊接等作业采用遮光罩等遮挡措施，降低光污染危害。

4. 水污染控制

水污染是指因某种物质的介入，导致水体化学、物理、生物或者放射性等方面特性的改变，造成水质恶化，影响水的有效利用，危害人体健康或者破坏生态环境。

施工单位的污水排放应委托有资质的单位进行水质检测并符合《污水综合排放标准》的有关要求。非传统水源和现场循环利用水在使用过程中，应对水质进行检测。砂浆及混凝土的搅拌水应达到《混凝土用水标准》有关要求，并制定卫生保障措施，避免对人、工程质量及环境产生不良影响。施工现场存放的油料及化学溶剂等应设专门库房，废料和化学溶剂应集中处理。施工机械设备主生的油污，要设接油盘集中处理。生活区要设置过滤网，食堂设隔油池，并与市政管网污水线相连。

5. 土壤保护及建筑垃圾

目前城市建筑垃圾已经占到垃圾总量的 30%～40%，这些垃圾不易降解，对土壤及环境产生长期影响。

建筑垃圾资源化利用是指建筑垃圾就近处置、回收直接利用或加工处理后再利用。制定建筑垃圾减量化计划：建筑垃圾不宜超过 400t/万 m^2。加强建筑垃圾的回收再利用，力争建筑垃圾的再利用和回收率达到 30%，建筑物拆除产生的废弃物的再利用和回收率大于 40%。对于碎石类、土石方类建筑垃圾，采用地基填埋、铺路等方式提高再利用率，力争再利用率大于 50%。施工现场生活区设置封闭式垃圾容器，施工场地生活垃圾实行袋装化，及时清运。对建筑垃圾进行分类，并收集到现场封闭式垃圾站，集中运出。

建筑垃圾中的许多废弃物经分拣、剔除或粉碎后，大多可以作为再生资源重新利用（见图 12 - 16）。

(1) 利用废弃建筑混凝土和废弃砖石生产粗细骨料，可用于生产相应强度等级的混凝土、砂浆或制备，如砌块、墙板、地砖等建材制品。粗细骨料添加固化类材料后，也可用于公路路面基层。

(2) 利用废砖瓦生产骨料，可用于生产再生砖、砌块、墙板、地砖等建材制品；废旧砖瓦为烧黏土类材料，经破碎碾磨成粉体材料时，具有火山灰活性，可以作为混凝土掺合料使

图 12-16 建筑垃圾的处理

用，替代粉煤灰、矿渣粉、石粉等。

（3）渣土可用于筑路施工、桩基填料、地基基础等。

（4）对于废弃木材类建筑垃圾，尚未明显破坏的木材可以直接再用于重建建筑，破损严重的木质构件可作为木质再生板材的原材料或造纸等。

（5）废弃路面沥青混合料可按适当比例直接用于再生沥青混凝土；废弃道路混凝土可加工成再生骨料用于配制再生混凝土。

（6）废钢材、废钢筋及其他废金属材料可直接再利用或回炉加工。

（7）废玻璃、废塑料、废陶瓷等建筑垃圾视情况区别利用。

（8）对模板的使用应进行优化拼接，减少裁剪量：对木模板应通过合理的设计和加工制作提高重复使用率的技术；对短木方采用指接接长技术，提高木方利用率。

（9）对二次结构的加气混凝土砌块隔墙施工中，做好加气块的排块设计，在加工车间进行机械切割，减少工地加气混凝土砌块的废料。

12.3 建筑绿色施工新型技术

12.3.1 基坑施工封闭降水技术

基坑封闭降水是指在坑底和基坑侧壁采用截水措施，在基坑周边形成止水帷幕，阻截基坑侧壁及基坑底面的地下水流入基坑，在基坑降水过程中对基坑以外地下水位不产生影响的降水方法；基坑施工时应按需降水或隔离水源。

12.3.2 施工现场太阳能、空气能利用技术

施工现场太阳能光伏发电照明技术是利用太阳能电池组件将太阳光能直转化为电能储存并用于施工现场照明系统的技术。

太阳能热水技术是利用太阳光将水温加热的装置。太阳能热水器分为真空管式太阳能热水器和平板式太阳能热水器。

空气能热水技术是运用热泵工作原理，吸收空气中的低能热量，经过中间介质的热交换，并压缩成高温气体，通过管道循环系统对水加热的技术。具有高效节能的特点，较常规电热水器的热效率高达 380%～600%，制造相同的热水量，比电辅助太阳能热水器利用能效高，耗电只有电热水器的 1/4。

12.3.3　绿色施工在线监测评价技术

绿色施工在线监测及量化评价技术是根据绿色施工评价标准，通过在施工现场安装智能仪表并借助 GPRS 通信和计算机软件技术，随时随地以数字化的方式对施工现场能耗、水耗、施工噪声、施工扬尘、大型施工设备安全运行状况等各项绿色施工指标数据进行实时监测、记录、统计、分析、评价和预警的监测系统和评价体系。

绿色施工涉及管理、技术、材料、工艺、装备等多个方面。根据绿色施工现场的特点以及施工流程，在确保施工各项目都能得到监测的前提下，绿色施工监测内容应尽可能全面，用最小的成本获得最大限度的绿色施工数据。

12.3.4　工具式定型化临时设施技术

工具式定型化临时设施包括标准化箱式房、定型化临边洞口防护、加工棚、构件化 PVC 绿色围墙、预制装配式马道、可重复使用临时道路板等。

12.3.5　垃圾管道垂直运输技术

在建筑物内部或外墙外部设置封闭的大直径管道，将楼层内的建筑垃圾沿着管道靠重力自由下落，通过减速门对垃圾进行减速，最后落入专用垃圾箱内进行处理。垃圾运输管道主要由楼层垃圾入口、主管道、减速门、垃圾出口、专用垃圾箱、管道与结构连接件等构件组成，可以将该管道直接固定到施工建筑的梁、柱、墙体等主要构件上，安装灵活，可多次周转使用，特别适用高层建筑的垃圾垂直运输。

12.3.6　透水混凝土与植生混凝土应用技术

透水混凝土是由一系列相连通的孔隙和混凝土实体部分骨架构成的具有透气和透水性的多孔混凝土，透水混凝土主要由胶结材和粗骨料构成，有时会加入少量的细骨料。由于不用细骨料或只用少量细骨料，其粗骨料用量比较大，透水混凝土路面的铺装施工整平使用液压振动整平辊和抹光机等，对不同的拌和物和工程铺装要求，应选择适当的振动整平方式并施加合适的振动能，过振会降低孔隙率，施加振动能不足，可能导致颗粒黏结不牢固而影响到耐久性。

植生混凝土是以水泥为胶结材，大粒径的石子为骨料制备的。能使植物根系生长于其孔隙的大孔混凝土，它与透水混凝土有相同的制备原理，但由于骨料的粒径更大，胶结材用量较少，所以形成孔隙率和孔径更大，便于灌入植物种子和肥料以及植物根系的生长。植生混凝土的制备工艺与透水混凝土本相同，但注意的是浆体黏度要合适，保证将骨料均匀包裹，不发生流浆离析或因干硬不能充分黏结的问题。植生地坪的植生混凝土可以在现场直接铺设浇筑施工，也可以预制成多孔砌块后到现场用铺砌方法施工。

12.3.7 混凝土楼地面一次成型技术

地面一次成型工艺是在混凝土浇筑完成后，用直径150mm钢管压滚压平提浆，刮杠调整平整度，或采用激光自动整平、机械提浆方法，在混凝土地面初凝前铺撒附磨混合料（精钢砂、钢纤维等），利用磨光机磨平，最后进行修饰工序。与传统施工工艺相比具有避免地面空鼓、起砂、开裂等质量通病，增加了楼层净空尺寸，提高地面的耐磨性和缩短工期等优势，同时省去了传统地面施工中的找平层，对节省建材、降低成本效果显著。

12.3.8 建筑物墙体免抹灰技术

采用新型模板体系、新型墙体材料或采用预制墙体，使墙体表面允许偏差、观感质量达到免抹灰或直接装修的质量水平。

现浇混凝土墙体：通过材料配制、细部设计、模板选择及安拆，混凝土拌制、浇筑、养护、成品保护等诸多技术措施，使现浇混凝土墙达到准清水免抹灰效果。

对非承重的围护墙体和内隔墙可采用免抹灰的新型砌筑技术，采用粘接砂浆砌筑，砌块尺寸偏差控制为1.5～2mm，砌筑灰缝为2～3mm。对内隔墙也可采用高质量预制板材，现场装配式施工，刮腻子找平。

习　　题

一、名词解释

1. 绿色施工　　2. 四节一环保　　3. 临时用地
4. 基坑施工封闭降水技术　　5. 透水混凝土　　6. 植生混凝土

二、简答题

1. 简述绿色建筑与传统建筑的区别。
2. 节材措施主要包括什么？
3. 节能与能源利用主要包括什么？
4. 节地与施工用地保护主要包括什么？
5. 节水与水资源利用主要包括什么？
6. 建筑垃圾的处理方法有哪些？

参 考 文 献

[1]《建筑施工手册》(第5版)编委会．建筑施工手册［M］．5版．北京：中国建筑工业出版社，2013.
[2] 赵育红．建筑施工技术［M］．北京：中国电力出版社，2014.
[3] 李辉，黄敏．建筑施工技术［M］．4版．重庆：重庆大学出版社，2023.
[4] 全国一级建造师执业资格考试用书编写委员会．一级建造师建筑工程管理与实务［M］．北京：中国建筑工业出版社，2024.
[5] 杨莹．建筑工程测量［M］．北京：机械工业出版社，2021.
[6] 中华人民共和国国家质量监督检验检疫总局．GB/T 14684—2022《建设用砂》［S］．北京：中国标准出版社，2011.
[7] 陕西省建筑科学研究院．GB 50924—2014 砌体结构工程施工规范［S］．北京：中国建筑工业出版社，2012.
[8] 黄敏，吴俊峰．装配式建筑施工与施工机械［M］．2版．重庆：重庆大学出版社，2021.
[9] 任少强，邓林，张巍．建筑工程施工工艺实施与管理实践（中级）．北京：机械工业出版社，2022.
[10] 罗琼，王娜．装配式建筑施工技术［M］．重庆：重庆大学出版社，2023.
[11] 郭德友．高分子类防水卷材在城市轨道交通防水工程中的应用探讨［J］．中国建筑防水．2021（08）：38－42＋49.
[12] 丁示昭．建筑工程管理与实务［M］．北京：中国建筑工业出版社，2022.
[13] 杨国立．高层建筑施工［M］．2版．北京：化学工业出版社，2018.
[14] 吴荣昌．外墙真石漆施工工艺及质量通病防治研究［J］．重庆建筑，2020，19（12）：4.1671－9107.
[15] 肖维思，庄然，唐务生．抹灰机器人施工研究［J］．施工技术（中英文），2023，52（11）：22－26.
[16] 陈宣佑，纪强溪．轻质隔墙条板的施工工艺研究［C］//北京力学会．北京力学会第二十七届学术年会论文集．中国矿业大学（北京）力学与建筑工程学院，2021：3.2021.001913.
[17] 于晴，杨春峰．绿色建筑与绿色施工［M］．北京：清华大学出版社，2017.
[18] 焦营营．智慧工地与绿色施工技术［M］．北京：中国矿业大学出版社，2019.
[19] 本书编写组．建筑工程绿色施工指导手册［M］．北京：中国建材工业出版社，2016.
[20] 赵晓妮．BIM技术在预制装配式建筑绿色施工中的应用［J］．建材与装饰，2018，(49)：19－20.
[21] 李季．新型绿色节能技术在建筑工程施工中的应用［J］．科学技术创新，2018，(34)：124－125.